高等院校经济管理类专业应用型系列教材

环境会计

Environmental Accounting

主 编 张亚连

中国财经出版传媒集团

经济科学出版社

Economic Science Press

图书在版编目（CIP）数据

环境会计 / 张亚连主编 . —北京：经济科学出版社，2021.6（2025.1 重印）
高等院校经济管理类专业应用型系列教材
ISBN 978 - 7 - 5218 - 2642 - 5

Ⅰ. ①环…　Ⅱ. ①张…　Ⅲ. ①环境会计-高等学校-教材　Ⅳ. ①X196

中国版本图书馆 CIP 数据核字（2021）第 126105 号

责任编辑：杜　鹏　胡真子
责任校对：刘　昕
责任印制：邱　天

环境会计
张亚连　主　编
经济科学出版社出版、发行　新华书店经销
社址：北京市海淀区阜成路甲 28 号　邮编：100142
会计分社电话：010-88191441　发行部电话：010-88191522
网址：www. esp. com. cn
电子邮箱：esp_ bj@ 163. com
天猫网店：经济科学出版社旗舰店
网址：http：//jjkxcbs. tmall. com
固安华明印业有限公司印装
787 × 1092　16 开　22 印张　480000 字
2021 年 9 月第 1 版　2025 年 1 月第 3 次印刷
ISBN 978 - 7 - 5218 - 2642 - 5　定价：52. 00 元
（图书出现印装问题，本社负责调换。电话：010 - 88191545）
（版权所有　侵权必究　打击盗版　举报热线：010 - 88191661
QQ：2242791300　营销中心电话：010 - 88191537
电子邮箱：dbts@ esp. com. cn）

前 言
PREFACE

"经济越发展，会计越重要。"会计由"民间"到"官厅"，由"工具"到"决策"，由"计小利"到"计一国"乃至天下之财富（周守华，2020）。党的十六大以来，党中央相继提出发展低碳经济、循环经济，建立资源节约型、环境友好型社会的发展理念和战略举措。党的十七大报告进一步明确提出建设生态文明的新要求。党的十八大把生态文明建设提高到"五位一体"新高度。党的十九大报告更是明确提出，建设生态文明必须树立和践行"绿水青山就是金山银山"的理念。同时，党的十八届三中全会通过的《中共中央关于全面深化改革若干重大问题的决定》提出，"加快建立国家统一的经济核算制度，编制全国和地方资产负债表……探索编制自然资源资产负债表，对领导干部实行自然资源资产离任审计。建立生态环境损害责任终身追究制"。这一方面强化了我国生态环境保护、建设美丽中国的基本要求；另一方面彰显了生态环境保护与治理对国民财富计量和创造的重要意义。由此可见，我国的环境会计真正登上了"大雅之堂"，并肩负着生态环境保护、建设美丽中国的重任。

环境会计研究始于 20 世纪 70 年代初期。我国对环境会计的研究起步相对较晚，20 世纪 80 年代末环境会计的概念才引入中国，随后学者们开展了有关环境会计相关概念、要素确认与计量、信息披露等理论框架的研究，并将环境会计划分为环境财务会计和环境管理会计两大分支。但党的十六大以来，在党中央相继提出发展循环经济、低碳经济，建立资源节约型、环境友好型社会，推动绿色发展，建设生态文明等新发展理念和战略举措的背景下，我国环境会计研究呈现出了新的关注热点和专题领域。本教材将新发展理念融入环境会计框架，创新并拓宽了环境会计的研究内容，从而有力推动了环境会计实务发展与生态文明建设实践。

本教材分为上、下两篇，主要突出计量实务和案例。上篇主要介绍环境会计的形成与发展、环境会计的计量理论及方法、环境财务会计与环境管理会计；下篇分 5 个专题深入探讨环境会计的前沿内容，分别是碳会计、森林生态会计、资产弃置义务会计、土壤修复义务污染会计及绿色核算原理与实务。本教材重点突出有关环境会计的计量技术和方法探索，并引入森林生态会计和绿色核算专题，旨在突出农林生态的学科特色，介绍了森林生态会计核算及绿色核算的具体实务等内容。除特色专题外，本教材配有课件、习题与案例分析题（包括部分答案），可作为大学和有关单位的环境会计教学和培训用书，也可为企业开展环境会计工作提供参考。

本教材由张亚连教授主编，负责拟订提纲、文本校对、文献整理和统稿等工作。肖序教授任顾问。刘承智教授、颜剩勇教授任副主编。各章的撰写分工如下：第一、第二章由张亚连教授编写；第三、第四章由刘承智教授编写；第五、第六章由颜剩勇教授编写；第七、第八章由张亚连教授、周慧滨副教授、汪平凯高级会计师编写；第九、第十章由张亚连教授、覃盛华讲师、宋璇副教授编写。

本教材系湖南省研究生高水平教材立项资助成果（湘教通〔2019〕370号），也是中南林业科技大学立项资助教材。本教材借鉴了国内公开出版的有关教材和论文，重点吸收了国内环境会计研究权威肖序教授团队与温作民教授的一些最新研究成果。值此出版之际，笔者对相关学者们表示衷心感谢。此外，特别感谢王曹、白雪、唐昕颖、苏昌萍、张静、谷丽云、张阳、罗若兰、曾嘉彬、郭会玲、谭周来、蔡靖怡、邱明亮、晏资敏、孙颖等研究生的积极参与和辛勤劳动。

作为一直耕耘在环境会计领域的一线教学和科研工作者，我们深知环境会计研究的重要性与复杂性，该领域值得我们去进一步研究和思考。由于该类教材相对较少，在内容构成上较独特，加之笔者精力、能力有限，教材中难免存在部分疏漏和不当之处，恳请广大同仁和读者朋友批评指正，以便再版时更臻完善。

编 者

2021 年 4 月

目　录
CONTENTS

第1章　环境会计概述

【学习目标】
(1) 了解环境会计产生的背景及理论基础。
(2) 熟悉和掌握环境会计的概念、分类、目标。
(3) 理解和掌握环境会计的内容。

【学习要点】
理解和掌握环境会计的概念、分类、职能、假设、原则以及核算内容和方法。

【案例引导】
履行环境保护责任是对企业的基本要求，也是创建资源节约型、环境友好型社会的需要。更好地履行环保责任，不仅可以改善企业的形象，提高企业的声誉，也可以帮助实现企业的可持续发展。社会是企业赖以生存的土壤，企业可通过社会公益事业的投入，帮助落后地区逐步发展经济生活、社会生活，从而提升企业形象和消费者对企业的认可程度，实现双赢。

随着社会对环境保护的重视，银行也开始引入道德投资观念，积极参与到环境保护工作中，越来越多的银行把是否有利于环境保护作为评价贷款项目的重要依据，探讨在现行体制下绿色金融保护和治理环境的方法。

民生银行（600016）——有效应对气候变化，促进客户节能环保

2010年，民生银行出台《中国民生银行绿色信贷政策指导意见》，要求总行有关部门和经营机构积极开展多元化、多层次的绿色信贷产品开发和创新：针对低碳产业的金融需求和风险特征，根据产业发展阶段开辟信贷支持领域，开发适宜民生银行特点的绿色信贷产品。2010年6月5日，民生银行在北京设立首家绿色金融专营机构，集中优势资源增加绿色金融产品的供给。专营机构将优先支持东城区"北京绿色金融商务区"的发展，并为北京环境交易所"合同能源管理投融资交易平台"提供基金托管服务、并购贷款业务、分离交易业务、短期融资融券、中期票据等多种信贷产品，加大"绿色信贷产品"供给，建立绿色审批通道，与北京绿色经济共同发展。同时，银行将加大信贷产品和衍生产品的创新力度，为企业提供投资理财、财务顾问、结构化融资、融资租赁等金融服务；研究并试行绿色股权、知识产权、碳排放权质押等标准化贷款融资模式和低碳金融产品，有效解决中小型环保企业融资难问题，为节能环保提供更多金融支持。

浦发银行（600000）——打造金融业低碳银行

浦发银行善用金融资源，通过信贷投向政策指引，把更多的信贷资源投放到绿色环保行业。2006～2009年，浦发银行三年累计向绿色环保行业投放信贷总额达1 000亿元。2010年，浦发银行当年投入节能环保行业贷款214.61亿元，当年退出高污染高耗能行业存量贷款227亿元。

浦发银行积极开展金融创新，不断推出特色绿色金融服务：率先推出《绿色信贷综合服务方案》；率先试水碳金融，成功开展首单清洁发展机制（clean development mechanism，CDM）财务顾问项目。率先联合发起成立中国第一个自愿减排联合组织等行动后，2010年，浦发银行持续创新：推出合同能源管理融资；创新排放权（碳权）交易金融服务，推出以化学需氧量（chemical oxygen demand，COD）和二氧化硫排污权为抵押品的抵押贷款。作为业内引领者，参加国家发改委《能效及可再生能源融资指导手册》编写项目。浦发银行作为牵头行，为国内首个海上风电示范项目——东海海上风电成功实施了银团融资和清洁发展机制应收账款质押相结合的创新融资方式。

早在2008年，浦发银行就在全国商业银行中率先推出针对绿色产业的《绿色信贷综合服务方案》，其中包括法国开发署（Agence Française De Développement，AFD）能效融资方案、国际金融公司（International Finance Corporation，IFC）能效融资方案、清洁发展机制财务顾问方案、绿色股权融资方案和专业支持方案，旨在为国内节能减排相关企业和项目提供综合、全面、高效、便捷的金融服务。

2010年，浦发银行发布《上海浦东发展银行信贷投向政策指引（2010年度）》，明确提出对节能减排领域的信贷支持。

资料来源：王立彦，蒋洪强. 环境会计［M］. 中国环境出版社，2014.

1.1 环境会计产生的背景

认识、探索并解决因自然资源过度消耗和生态环境急速恶化所引发的一系列环境问题应是环境会计产生的必然需求和重要动因。

1.1.1 人类探索环境问题是企业环境会计产生的必然需求

回顾人类认识和解决环境问题的探索历程，人类面对环境问题主要经历了沉痛的代价、宝贵的觉醒和历史性的飞跃三个阶段。其中，沉痛的代价是指在全球工业化飞速发展的同时，人类生存环境也遭受了严重的破坏，并为此付出了沉痛的代价，从20世纪30年代开始，英、美、日等发达国家相继发生了震惊世界的八大公害事件，如比利时马斯河谷烟雾事件、美国洛杉矶烟雾事件、英国伦敦烟雾事件、日本水俣病事件等。宝贵的觉醒则是指人类开始对日趋严重的环境问题有了觉醒和认识，并先后出版过三本著名的关注环境问题的书。它们分别是：(1) 由美国著名海洋生物学家蕾切尔·卡逊（Rachel Carson）所撰述的《寂静的春天》，该书揭示了人类为了追求利润而破坏生态环境的事实，并宣称"不解决环境问题，人类将生活在幸福的坟墓之中"。(2) 1972 年由世界各地的数十位专家学者汇聚于罗马所提出的一份报告——《增长的极限》，该报告中有一句精辟的言论，"没有环境保护的繁荣是推迟执行的灾难"。(3) 1972 年在斯德哥尔摩联合国召开的第一次人类环境会议上由有关专家所撰写的《只有一个地球》一书，书中提出重要观点："不进行环境保护，人们将从摇篮直接到坟墓。"第三阶段则是历史性的飞跃。经历了沉痛的代价和宝贵的觉醒之后，人类不断反思，在环境问题上有了更深入的认识，最有标志性的是四次历史性的飞跃。第一次飞跃是 1972 年 6 月首次联合国人类环境会议的召开，会议通过了人类环境宣言，确立了对环境问题的共同看法和原则，并将会议开幕日确定为世界环境日。第二次飞跃则是 1992 年 6 月在巴西里约热内卢召开的联合国环境与发展大会，首次把经济发展与环境保护结合起来，并提出了可持续发展战略，确立"共同但有区别的责任"原则为国际环境与发展合作的基本原则。第三次飞跃体现为在 2002 年 8 月南非召开的可持续发展世界首脑会议上提出了可持续发展的三大支柱，即经济发展、社会进步和环境保护，并明确经济发展和社会进步必须与环境保护相协调。第四次飞跃是在 2012 年 6 月巴西召开的联合国可持续发展大会上讨论了可持续发展目标，指出绿色经济是实现可持续发展的重要手段，并正式通过了《我们憧憬的未来》这一成果文件。

1.1.2　实现我国工业绿色发展是企业环境会计产生的重要动因

随着环境保护和可持续发展进程的不断深入，世界各国纷纷出台政策措施，推进绿色经济发展，例如，英国政府出台了《创建低碳计划——英国温室气候减排路线图》和《低碳转型计划》，欧盟发布了《2050 低碳经济路线图》。国际组织与多边机构也积极推动绿色发展，联合国环境规划署与世界气象组织成立了政府间气候变化委员会，实施了绿色经济等一系列气候变化领域的项目。联合国开发计划署、世界银行等多边机构也逐步将气候变化业务主流化，并提出了"可持续发展目标"（sustainable development goals，SDGs），这一目标也被称为"新千年发展目标 2.0"。SDGs 更加强调统筹考虑社会发展、经济发展和环境保护之间的内在联系，改变以往未能足够重视环境支柱的弊端。

SDGs 对于我国推进环境保护和可持续发展，既是机遇也是挑战。从机遇来看，一方面，上述四次历史性飞跃中所召开的会议为我国加强环境保护提供了重要借鉴和外部条件，促使我国积极参与国际环境发展领域的合作与治理，并出台加强环境保护的战略举措；另一方面，清晰、明确的全球可持续发展目标对于我国制定中长期的可持续发展战略将具有重要的借鉴意义。在实现目标的过程中，国际合作尤其是绿色技术领域的合作将更加广泛和深入，这将为我国加快绿色转型、实现生态文明提供更多的机会。从挑战来看，我国将承受更多的国际压力，转型空间可能会被迫压缩。我国已拥有世界第二位的经济总量和每年近7%的经济增速，但环境压力也趋于加大。为此，中央下定壮士断腕的决心，从调整能源结构着力，从防治大气污染突破，将节能减排作为经济社会发展规划的约束性指标。例如，国务院已经出台专项计划强力推进污染减排，为"十三五（2016～2020年）"时期大气污染防治列出了一幅明晰的路径图和时间表。当然，政府主导治理还须全民参与，其中，工业是应对气候变化的重点领域。

"十三五"时期是实现工业绿色发展的攻坚阶段，到2020年，解决生态型负产品问题，倡导绿色发展理念，成为工业全领域全过程的普遍要求。据相关理论分析，企业经济行为具有正负双重效应，在产生经济利益和福利等正效应时，也会对经济、环境或社会产生一系列负效应，这类负效应称为"生态型负产品"。它具有内生性的特征，严重制约了经济可持续发展，并对生态环境产生不利的影响，例如，造成水、土地及矿产资源等的浪费，导致生态环境受到大气、水、噪声、固体废料、有毒化学物品及放射性物质的污染，自然生态平衡遭到破坏，诸如上述种种影响都会造成生态系统与经济系统的矛盾和冲突。综观相关文献，有关解决生态系统与经济系统间矛盾和冲突的研究成果梳理如下：（1）经济增长控制在自然财富极限之下。此途径在理论上可行，但实际上成立的前提是有缺陷的，经济增长离不开自然财富的增长。（2）"零增长理论"的诠释。自然财富极限不变的假设下，经济系统与自然系统协调的条件是经济停止增长。但此途径也是不可行的，因为现实经济增长的停止从来就不是合理经济行为的目的。（3）经济增长的同时扩张自然财富的极限。例如，木材—煤炭—石油—核能的利用过程就是从能源方面改变了自然财富的极限。上述成果的提出和应用给工业绿色发展奠定了坚实的理论基础。

据相关统计，在"十三五"时期，2015年绿色低碳能源占工业能源消费量比重为12%，2020年为15%；2015年钢铁、有色、建材、石化、化工和装备制造六大高耗能行业占工业增加值比重为27.8%，2020年降至25%。因此，我们必须加快推进工业绿色发展，把绿色发展融入我国工业化和城镇化进程，强化企业在推进绿色发展中的主体地位，激发企业履行社会责任的积极性。这不仅有利于我国推进供给侧结构性改革，促进工业稳增长、调结构，也有利于节能降耗、实现降本增效，还有利于增加生态型正产品和服务有效供给并补齐绿色发展短板。

综上所述，对于"十三五"目标的实现，绿色发展是关键。例如，政府工作报告中确立2020年的减排目标，单位GDP的碳排放强度较2015年水平下降40%～45%，这对各级地方政府和企业都形成刚性约束，使积极探索节能减排、研究气候变化及其影响成为当下企业创新现有管理制度和方法的重中之重。有效落实碳减排政策规划，需借助一定的管理工具，即利用会计等有效的微观经济管理手段来确认、计量和披露碳排放影响，重新审视传统会计体系，寻求其中嵌入环境会计的发展空间，将纯生态问题转变为经济问题。"环境会计"由此应运而生。

1.2　建立环境会计的必要性和可行性分析

1.2.1　我国建立环境会计的必要性

近年来，我国的工业和城市化发展迅速，传统的、粗放的工业发展模式，消耗了大量的资源、能源，造成了污染，增加了事后处理的负荷和难度；重型的、污染重的经济结构，在短期内还呈上升趋势，例如，基础工业、原材料工业还要加快发展，乡镇企业还要大发展；规模结构不合理，原始型的环境污染与资源破坏短期内还不能消除；工业设备落后，资源和能源消耗高、浪费大；企业管理不善造成的浪费和跑、冒、滴、漏还相当普遍；执法不严、违法不究、以权代法的现象还普遍存在；不认真执行环境影响评价和"三同时"（指新建、改建、扩建的基本建设项目、技术改造项目、区域或自然资源开发项目，其防治环境污染和生态破坏的设施，必须与主体工程同时设计、同时施工、同时投产使用），污染防治资金渠道不畅通、治理资金不足，环保队伍的削弱等。这些问题制约了我国经济、社会的健康发展，如果继续走传统的经济发展之路，沿用高消耗、高能耗、高污染粗放型经济增长模式，以末端处理为环境保护的主要手段，那么只能阻碍我国进入真正现代化的速度。

科学技术的发展，人口的增加，社会需求的膨胀，造成了自然资源被过度开采，环境污染日趋严重，这从根本上制约了经济的发展和人们生活水平的提高。此外，在市场经济下，企业在追求自身利益最大化的同时，往往过度开发和污染自然资源，从而加剧了我国的资源与环境的恶劣形势。资源的枯竭和环境的恶化，从根本上制约着我国经济的发展和人民生活水平的提高。

随着社会经济的发展，环境问题已成为当今世界的一个热点问题，由于环境问题的严重性，各个国家政府和国际组织都对环境问题给予密切的关注，比如，我国已经建立起部分环境质量数据库，其中环境质量数据有城市空气质量预报、城市空气质量日报、海水浴场水质周报、流域断面水质周报，并且每年评选环境友好企业。关于环境纪念日，2 月 2 日为世界湿地日，3 月 12 日为中国植树节，3 月 22 日为世界水日，3 月 23 日为世界气象日，4 月 22 日为世界地球日，9 月 14 日为世界清洁地球日等，这些纪念日正说明各国对环境问题的重视。党的十六届五中全会明确提出了"建设资源节约型、环境友好型社会"，并首次把建设资源节约型和环境友好型社会确定为国民经济与社会发展中长期规划的一项战略任务。《中共中央关于制定国民经济与社会发展第十一个五年规划的建议》也将"建设资源节约型、环境友好型社会"提到前所未有的高度。"十二五"规划纲要首次提出了"绿色发展"的概念，绿色发展不仅关乎未来五年中国的前进步伐，也将为国家长期可持续发展奠定基础。"十二五"规划纲要明确要求，面对日趋强化的资源环境约束，必须增强危机意识，树立绿色、低碳发展理念，以节能减排为重点，健全激励与约束机制，加快构建资源节约、环境友好的生产方式和消费模式，增强可持续发展能力，提高生态文明水平。积极应对全球气候变化、加强资源节约和管理、大力发展循环经济、加大环境保护力量、促进生态保护和修复、加强水利和防灾减灾体系建设是六大绿色发展支柱，是实现资源环境约束性指标的保障，也将为中国的绿色发展奠定坚实基础。"十二五"规划纲要首次提出以构建生态安全屏障、强化生态保护与治理、建立生态补偿机制为内容的生态安全战略，目的是从源头上扭转生态环境恶化的趋势，为促进人与自然和谐付出努力。中国环境保护可以概括为两个重点、四个战略等。其中，"两个重点"是指解决影响可持续发展的环境问题、解决损害群众健康的环境问题；四个战略是深化总量减排、强化环境质量改善、防范环境风险、保障城乡平衡发展。这些足以说明环境问题已经成为全社会不可忽视的问题。社会经济政策对环境影响的责任可以说是可持续发展的核心。会计核算经济业绩和它所产生的环境影响是把环境问题融入经济政策的第一步。环境会计日益成为各国公司关注的焦点，在这期间，不同国家或国际组织颁布了许多规定，例如，北美自由贸易协定要求管理考虑每个公司决策的环境含义。

会计作为企业向信息使用者提供信息的工具，理所当然应该提供企业的环境信息，会计人员和会计研究者都理应承担相应的责任，积极投身于环保活动，积极探索如何建立和完善与社会经济发展息息相关的环境会计，使经济、自然和社会共同走向可持续发展。依靠会计信息所做出的决策指导经济和社会行为，如果这些行为破坏环境，会计应该对此负责，至少是部分的负责。会计有责任提供表明企业在社会的作用以及对社会所做出贡献的信息。依靠会计信息所做的决策应该能使资源得到有效利用、环境得到保护、企业利润得到公平的分配。但在传统会计中，资产＝负债＋所有者权益，收入－费用＝利润，这两个会计恒等式中都没有考虑到环境、自然资源及其提供的服务所产生的收入和生产过程中产生的环境负债等；既没有考虑经济过程对自然环境的利用，也没有考虑经济过程会对自然环境带来什么影响；不包括自然环境提供的物质和服务，不考虑自然环境资产存量的减少。以煤炭生产为例，采矿企业计算其生产中创造的增加值时，只扣除在煤炭开采过程中所消耗的各种产品投入，并不扣除所开采的矿产资源价值；以煤炭作能源的企业计算其增加值时，只扣除其消耗的能源价值，不考虑燃煤排放的废弃物对环境功能的破坏价值。目前有些国家对环境的破坏不仅没有受到惩罚，反而在国家政策方面如税收政策上给予支持。例如，美国纳税政策规定，对破坏的地面进行修整和维护费用从纳税中扣除。与之相对应，当我们计算一定时期积累了多少资产的时候，却没有将上述生产过程对环境的利用所造成的自然资产减少包括在内。由此很容易给人们造成这样的印象：经济产出仅是经济投入的结果，不包括对自然环境的利用；而自然环境存量的动态变化只是纯粹的自然过程，与当期经济过程没有关系。这样，自然环境成为游离于经济过程之外的存在，经济系统与自然环境系统仿佛是完全分离而不相关联的。

马库斯·米尔思（Markus J. Milne，1996）认为，公司会计特别是管理会计忽视了与私人组织相关的广泛的非市场活动以及它们对生物物理环境的影响。在传统管理会计中，正式的决策分析忽视了公司活动的社会成本与利益。把环境问题纳入会计中的部分原因是其他学科特别是自然和社会学科的发展，这些学科分析环境问题已经有了很长的历史。传统会计程序集中在经济交易的数量计量而忽视了环境污染资源耗费以及对文化和道德价值影响的社会成本。管理会计反映公司决策包括环境问题的要求有许多理由。如果管理会计师的作用是支持公司决策系统，那么当前的管理会计是不完整的。由于没有包括环境影响，管理会计就可能向决策者提供不充足的信息从而使其做出不知情的决策。相应地，如果其他人（如环境工程师和科学家）向决策者提供环境影响信息，管理会计师应该至少意识到这种信息对他们的会计分析所产生的可能限制，这种意识将推动更综合的公司决策支持系统的发展。自然环境本身对污染有自净的作用，当污染在生态环境吸纳的范围之内，人类可以对污染视而不见。但是，当污染超出环境承载能力，环境问题还没有被纳入企业中，一是因为环境意识不存在或很低；二是以人类为中心，经济利益胜过于环境利益；三是提供企业财务信息的会计本身在处理环境问题方面存在致命的逻辑。斯蒂芬·威尔（Hon. Stephen Wiel，1991）认为，传统环境会计核算残留物污染时使用的是鸵鸟数学来处理残留物污染。其象征性地看起来就像下面的逻辑：环境成本大于零，并且环境成本小于无穷大，因此，环境成本等于零。这种"旧数学"逻辑粗略地概括如下：

（1）残留物污染破坏我们人类生活环境和自然环境（环境成本大于零）；

（2）这种破坏有一个真实的有限值（环境成本小于无穷大）；

（3）我们可以确定一个上限值，但是我们不能精确地确定它；

（4）我们处理破坏值就好像它不存在。

结果就是传统会计不对环境污染进行核算，就像企业经营没有产生环境污染一样。这种传统环境会计对经济市场的影响是重大的。公司和消费者对排放到空气里的残留污染物不支付任何代价，所以就没有动机减少它们。因此，我们需要将新的核算环境污染的思想注入传统会计中，内部化我们企业经营的一部分环境影响或全部的经济价值。企业应该认识到生态系统可持续的重要性，并设计适当的方法计量可持续。传统会计虽然也考虑了一部分环境问题，但仅仅从会计主体内部加以考虑，没有把会计主体放在整个环境系统加以考虑。环境会计的建立将弥补这一缺陷。环境会计就是研究企业外部成本内部化的会计问题。

控制环境污染的最主要障碍是企业不愿意对环境的破坏负责。许多企业有钱清除环境污染，但却不那样做，原因是没有相关的法律迫使企业那样做。同样，对于把污染成本作为私人成本的组成部分，会计人员不起主导作用。对企业施加越来越多的社会压力，使它们对其生产活动所造成的环境破坏采取措施纠正显然是不现实的。众所周知，不同企业和行业所造成的污染程度是不同的，那么消除这种污染付出的代价也不同。其结果是削弱了收益报表的可比性，效率高的可能变成无效，有足够的盈利记录可能变成损失。因此，实施环境会计、让环境问题在财务报表中得以反映显得尤为必要。具体体现在以下几个方面。

（1）国民经济的发展，需要环境会计。

第一，建立环境会计，是实施可持续发展战略目标的需要。社会进步和经济发展，一方面从环境中索取资源，改善其周围环境；另一方面也向环境中释放一定的废弃物，对环境造成一定的污染和破坏。这就要求我们在好好利用现存环境的同时，还需要对环境采取一定的保护措施，以免环境被无限制地破坏。因此，会计作为一种经济管理活动，应适应社会发展的需要和现代经济理论的变迁，把环境看成有价值并能被计量的经济资源，同时将资本化为环境资产，改变传统会计单一追求经济利益的成本核算办法，综合评价企业效益与社会经济发展的代价和得失，兼顾经济利益、社会利益和环境利益的平衡发展，以促进社会经济的可持续发展。可持续发展战略目标是既要实现经济效益又要实现社会效益，在促使企业取得经济效益的同时，高度重视生态环境和物质循环规律，合理开发和利用自然资源，努力提高环境效益和社会效益。环境会计要实现的目标与可持续发展战略的目标是一致的。因此，可持续发展呼吁环境会计的建立。

第二，我国严峻的环境资源现状，要求建立环境会计。21世纪中国经济发展最重要的因素将是自然资源。然而，对资源开发强度过大，造成了环境污染、水土流失、耕地面积减少、资源耗竭速度加快等环境问题；我国经济持续快速发展基本战略，要求人们在发展经济的过程中以资源、环境、生态保护为前提，制定适当的发展步骤，使社会与自然协调发展。这种发展模式将促使人们更加关注资源、环境和生态，准确核算相应的投入与产出，要求人们建立一套完整的环境会计理论，并融合到会计核算体系中。为此，建立一种将环境因素考虑在内的新的会计模式已势在必行。

第三，建立环境会计，是全球经济一体化的需要。随着全球经济一体化的发展，一方面，大量外资涌入中国，为了避免引进污染严重以及破坏、掠夺自然资源的生产项目，我们应尽快建立环境会计方面的准则。另一方面，随着全球经济一体化的发展，我国越来越多的企业到国外投资，我们应该培养我国企业适应对外披露环境会计信息的需求，从而使其适应某些投资所在国的要求。这些都迫切要求我国这样的发展中国家高度重视环境会计，以便在国际贸易中维护自身权益，赢得市场竞争的主动权。尤其是我国已加入世贸组织，在未来的时间里将有越来越多的外资企业到我国投资，同时也有越来越多的中国企业到国外投资，为了使会计披露的信息具有相关性和可比性、适应交易国的环保要求，企业就必须要披露环境会计信息。这样，我国的环境才能得到保护，我国才能更好地推进经济全球化。

（2）企业经济的发展，需要环境会计。

第一，建立环境会计，是企业自身发展的需要。传统的企业发展模式是高投入低产出，自然资源消耗高，利用率低，废弃排放物多，环境污染严重。这些粗放的生产方式严重损害了企业经济发展的环境基础，造成过度开发消耗资源、生态环境的再生和补偿能力严重滞后，这些都阻碍着企业自身进一步的发展。同时，在当前，我国企业不仅面临着激烈的国内竞争，而且必须接受世界经济环境的挑战。在全球环保潮流和污染日趋严重的双重压力下，企业的环境成本和费用与日俱增，产品定价不能不考虑环境影响，投资决策中考虑环境因素已是势在必行。因此，从长远的角度来看，企业只有增加环保方面的投入，重视环境会计，才能在减少环境恶化的同时，减少企业发展阻力，使企业在竞争中处于优势地位。

环境会计通过核算企业的社会资源成本，能够准确地反映国民生产总值和企业生产成本，促使企业挖掘内部潜力、维护社会资源和环境；而传统会计则无法为企业管理者和社会提供环境因素影响下的成本、产品价格的正确信息。从发展的观点来看，企业自身也要逐步树立起对环境会计的重视。

环境会计能够正确核算企业经营成果，准确分析企业财务风险，全面考虑经营管理者的业绩。在损益表中计算经营成果时，只有将企业对环境影响的耗费作为收入的减项反映，才能正确核算企业的经营成果；只有在负债总额中加上企业因对环境造成危害而形成的环保负债额，才能得出真实可靠的资产负债率，准确分析企业的财务风险。环境会计揭示企业履行社会责任的信息，可从社会的角度而不是仅从企业的角度来全面考核经营管理者的业绩。

环境会计是企业责任向社会扩展的必然结果。随着经济的发展，人们的需求也日趋多样化，不仅是对物质方面的需求以及精神生活和文化生活的需求，还有对良好生活环境的需求。这就要求企业从过去的单纯追求经济发展速度和效益转变为追求经济、社会、自然环境协调发展，同时必须承担社会责任，对企业有关的资源环境、废弃物以及生态环境的关系等进行反映和控制，计算和记录企业的环境成本和环境效益，向外界提供企业社会责任履行情况的信息。这样，我国企业才能更好地参与国际竞争、适应国际社会的要求。

第二，建立环境会计，是全面反映企业业绩的需要。在市场经济下，企业在追求自身利益最大化的同时，往往过度开发和污染自然资源，从而加剧了我国资源与环境的恶劣形势。而现实生活中，人们的环境保护意识不断增强，越来越要求企业提供更多的绿色产品。企业立足自身经济利益，也应增强环保意识、增大环保投入、降低能源消耗以及细化环保投入和产品的计量，计量取得的环境资源、负有的环保责任和发生的环境费用，确认取得的环境收益或损失，这样才能全面地衡量企业的效益状况，为企业目标的实现提供真实、可靠的信息。

第三，建立环境会计，是企业顺应国际潮流、增强自身竞争力的需要。加入WTO 后，企业不仅要面对国内竞争，更要应对残酷的国际竞争。传统会计只核算人类劳动消耗的成本补偿，并据此制定产品价格和计算盈亏。但是，国际上对环保日益重视，要求企业将自然资源的损耗进行核算，并计入损益。企业要适应国际形势，增强竞争力，就需要建立相应的环境会计，在进行产品定价时，考虑有关环境因素的影响，从而更充分地参与国际竞争。同时，环境会计有助于我国合理利用外资。伴随着资本的国际流动，环境污染密集产业也通过国际直接投资而产生国际转移。因此，为防止在引进外资的同时引进污染，我们有必要建立环境会计核算及披露体系。

第四，建立环境会计，是建立和完善企业资源管理制度的需要。环境会计的建立，有利于敦促企业转变过去"无偿使用"资源的错误观念，建立一套行之有效的资源利用制度，并通过环境资源会计内部管理制度，实现污染的治理、环境的保护、资源的利用等多个目标，发挥环境管理制度的最大效应。

（3）中国会计事业的发展，需要环境会计。

第一，建立环境会计，是我国会计改革和发展的需要。在市场经济下，会计不仅要为微观经济服务，而且要有助于宏观经济调控；不仅要考虑企业自身的利益，而且要兼顾社会效益。环境会计不仅核算与企业直接有关的资金和物质商品，而且对企业有关的资源环境、废弃物及其与生态环境的关系等进行反映和控制。环境会计所提供的信息不仅有经济性信息，还能为企业自身服务，能为社会大众服务。它是一种微观自主、宏观顾及的"微观宏观共振型"会计模式，符合市场经济的要求，有助于会计改革和发展。传统的企业发展模式是一种高损耗、高污染、高产出的粗放型模式，它严重损害了企业经济发展的环境基础。

第二，建立环境会计，是弥补传统会计在信息披露方面缺陷的需要。在传统会计中，不同的信息使用者对信息的需求各不相同、各有侧重，但共同的特点在于，所需要的会计信息主要侧重于以货币计量的财务性信息，侧重于个体或局部的经济目的，更强调微观效益、直接经济效益和眼前效益；同时，传统会计中的企业成本忽略对社会资源的无偿占用和污染，导致企业以牺牲环境质量为代价换取局部利益，从环境会计的观点来看，其所披露的会计信息必然成本不实、利润虚增。绿色会计的信息内容不仅包括能够以货币计量的信息，而且包括不能以货币计量的会计信息；不仅是为了满足个体或局部经济目的，而且更侧重于强调宏观利益、长远利益和社会整体利益。

第三，建立环境会计，是提高会计人员执业水平的需要。国际会计准则和我国目前执行的企业会计准则，有相当多的成分体现了环境要素内容，提出了许多对生态资源和自然资源会计确认、计量和核算方法及会计政策应用原则。公允价值不仅适用于金融工具的计量，还适用于生物资产等非金融工具的计量，对一些环境资产与环境负债等项目也是适用的，而公允价值和环境负债的具体会计政策的应用需要会计人员有较强的专业判断能力。环境会计的会计判断空间更大，它的建立对会计人员专业判断能力的提高无疑是一个"加速器"，而深刻理解和执行现行会计准则中有关资源环境的内容需要会计人员具备较强的执业能力。

总之，环境会计的建立和实施，既是现实之需，更是战略之举，既有利于落实绿色发展理念，同时也有利于使会计工作更具有全面性和系统性，环境会计应用工作只能加强不能削弱。

1.2.2　建立环境会计的可行性分析

建设和谐社会和科学发展观的落实，改革开放的不断深入，我国经济的不断发展，政府的高度重视，相关理论知识的不断完善和成熟，使我国实施环境会计成为可能和可行。具体阐述如下。

（1）绿色发展观为环境会计的发展指明了方向。保护环境、维护生态平衡是我国一项基本国策，是环境会计实行的政策基础。随着经济的发展和环境问题的日益突出，我国政府也越来重视环境和资源的保护，并在政策法规中予以体现。"十三五"规划着重强调了生态文明建设。在现代化建设中，我们必须把实现可持续发展作为一个重大战略，把节约资源、保护环境放到重要位置，使人口增长与社会生产力的发展相适应，使经济建设与资源、环境相协调，实现良性循环。按照建立和谐社会、树立和落实绿色发展观的要求，我国进一步致力于发展循环经济、优化产业结构、调整生产力布局、改善生态环境，以实现可持续发展。解决环境问题必须实现"历史性转变"，即"从主要用行政办法保护环境转变为综合运用法律、经济、技术和必要的行政办法解决环境问题"，就是要建立全新的环境经济政策体系。目前，我国已形成了以《中华人民共和国环境保护法》为主体的包括相关法律、条例、环境标准等在内的环境法律体系，为环境会计的实施创建了良好的政策环境。随着我国经济体制改革的深入进行和社会主义市场经济体制的逐步确立，自然资源市场也开始逐步建立和健全。在市场经济下，企业对环境保护所负责任的社会化，企业要从社会成本和社会效益方面来考虑其经营决策和管理方法，通过加强对自然环境的核算来真正提高效益，这些都为环境会计的实行创造了条件。

（2）我国会计准则和制度的完善为我国实施环境会计提供了理论基础和环境条件。近几年来，我国会计的基础规范工作逐渐完善，新的《企业会计准则》更能反映新经济形势下的会计特点，这一切为建立环境会计奠定了良好的基础，使得环境会计在建立的过程中可以减少一些工作量，能够更好地构建环境会计体系。环境会计所要研究的环境问题是一个全球问题，改革开放使我国的会计制度向国际惯例靠拢，并加入了会计国际化的行列。这些理论基础与环境条件为我国环境会计提供了可能。环境会计研究的资源与环境问题是一个全球性的问题，也引起了世界大多数国家的关注，并且有助于推动会计国际化的进程。我国于 2006 年 2 月颁布了新会计准则，并于 2007 年 1 月 1 日起正式实施，它将推动我国向更现代的经济模式过渡，并帮助投资者做出更明智的决定。新会计准则体系中，各具体会计准则的实质内容与国际财务报告准则具有明显的国际趋同性，为建立具有中国特色的环境会计理论与方法体系、将环境会计纳入传统会计系统、不断与国际会计组织及各国政府进行交流合作奠定了良好基础。

（3）相关学科技术的成熟，为环境会计的发展提供了条件。环境会计是环境学与会计学相互交叉渗透而形成的应用型学科，它主要运用会计学和环境学的理论和方法，加入其他学科的理论和方法，对经济发展和环境保护进行协调。它的具体应用涉及自然、经济、技术各方面，不仅直接与会计学、环境学相关，更与数学、经济学、生物学、技术科学、管理学等诸多学科在内容和研究领域上交叉渗透，从而产生多元化的理论方法体系。而这些相关学科在我国发展得已经比较成熟，能够适应建立环境会计的需要。

（4）绿色国民经济核算体系的建立，为推动环境会计的建立奠定了良好宏观基础。国内生产总值作为政府对本国经济运行进行宏观计量与诊断的重要指标，是衡量一国经济、生态与社会进步状况的最重要的标准。随着各国对可持续发展的深入认识，传统国内生产总值（gross domestic product，GDP）暴露出许多缺陷，不能真实地反映全球、国家或区域的发展情况。因此，为了经济的可持续发展，我国已初步建立了绿色国民经济核算体系，并在国内一些省份和地区试点。绿色 GDP 体系的建立和进一步完善，对环境会计的建立奠定了良好的宏观基础。同时，编制自然资源资产负债表以反映对环境资源的占有、使用和管理情况，考核一个环境保护主体的资源环境保护经济责任履行也需要环境会计。

（5）企业技术创新和改革，为环境会计创造了条件。从企业自身发展和社会责任来看，在推选清洁生产过程中适时引入绿色会计，反映和控制企业与生态环境的关系，计算和记录企业的环境成本和环境效益，向外界提供企业社会责任履行情况的信息，将有利于企业健康可持续发展。倘若企业在生产经营活动中所造成的污染不计入经营成本，而由国家和社会用全体纳税人的纳税来负担，无疑是损公肥私，严重违背法律的公平精神，使得有些企业盲目生产而不重视污染，进而导致环境污染和破坏越来越严重。在企业发展过程中，减少对环境的影响成为企业技术创新和改革一项重要任务，环境技术的创新及成熟为环境标准建立和完善提供引领，也为环境会计的建立创造了条件。

1.3　环境会计的概念、分类和目标

1.3.1　环境会计的概念

（1）联合国的提法。环境会计最早是由联合国试图改进国民经济核算体系时提出的。传统的以 GDP 计量国家福利和繁荣程度的做法不考虑自然资源的稀缺性和经济活动对环境的损害。对环境问题的认识引发了人们对改进国民收入会计的探讨。1992 年联合国提出了建立综合环境与经济会计系统（the system of integrated environmental and economic accounting，SEEA）的问题，1993 年联合国正式发布同名文告。该文告标志着环境会计方面一个决定性的发展，并对国民环境会计系统的设计产生了重大影响。在这里，环境会计指的是国民环境会计，核算对象实际上是国民经济。

　　不过，联合国的文件中也用环境会计来代表公司环境会计。《环境会计——当前问题、文摘和参考文献》中指出，国际会计与报告标准的政府间专家工作组（The Intergovernmental Working Group of Experts on International Standards of Accounting and Reporting，ISAR）已把环境会计作为一个主要的问题。ISAR 经过调查发现，在提供的对外报告中，公司的环境影响未得到充分披露，也很少有关于环境支出和负债一贯性的信息披露，从而使财务报告的使用者无法将企业的环境业绩和财务业绩联系起来。为此，ISAR 提出了一些建议，如在会计政策中披露记录环境负债和准备的方法等，并打算制定指南。在这里，环境会计的核算对象是企业，并且主要考虑的是企业的对外财务报告如何改进以反映企业与环境的相互影响。但是，要这么做，必须对传统的财务会计框架有所突破，构建新的会计框架。该文告指出，环境会计可以用实物计量，也可以采用货币计量。1999 年"改进政府在推进环境管理会计中的作用"专家工作组的第一次会议则提出了环境管理会计的概念，区别国民环境会计和财务报告框架下的公司环境会计。

　　（2）美国环境保护局的提法。美国环境保护局（Environmental Protection Agency，EPA）的主要任务是保护人类健康和自然环境。美国环保局同样也一直致力于推动环境会计项目。按照其观点，环境会计这一术语可以在三种不同的背景下使用：国民收入会计、财务会计和管理会计。国民收入会计是对宏观经济的计量，例如用 GDP 反映社会经济福利，在此背景下使用环境会计概念，则表示用实物或货币单位反映国家自然资源的消耗量，也称为"自然资源会计"。财务会计按照公认会计原则为企业的投资人、借款人和其他外部使用者提供财务报告，在此背景下使用环境会计概念，则指对环境负债和重大的环境成本进行估计和报告。管理会计要为企业内部管理需要进行信息的确认、收集和分析，在此背景下使用环境会计概念，则指在企业的经营和决策中利用环境成本与环境业绩的信息，如在成本分配、资本预算和流程或产品设计中考虑环境成本和效益。

　　（3）一些学者的提法。有些学者也从不同角度对环境会计做了阐述。经济学家们眼里的环境会计主要是指以国民经济为核算对象的国民经济核算体系如何反映环境的影响，如皮尔斯（Pearce，1989）、福伦德（Friend，1993）。会计界里的环境会计，除了宏观会计以外，更多考虑的是以企业为核算对象的微观会计。格雷等（Gray et al.，1987）在《公司社会报告——会计与受托责任》中指出，社会与环境会计是"将组织经济活动的社会与环境影响传递给社会中的特定利益关系集团和社会整体的过程。这样做是要将组织（特别是公司）的受托责任扩展到传统的向资本的提供者（主要是股东）提供财务信息的作用之外。这种扩展是基于公司除了为股东赚钱以外还有其他更多的责任的假设之上的"。此处，环境会计是作为社会会计的一个组成部分，并且考虑公司受托责任的扩大而提出的，其面向外部的使用者。格雷（Gray，1993）在《环境会计》中进一步指出对环境会计存在多种理解，在该书中指的是"可能受企业对环境问题影响的所有会计领域，包括了新兴的生态会计（eco-accounting）"。他指出，环境会计的内涵包括：计量或有负债和风险，对资产和资本项目进行重新评价，在诸如能源、废物和环境保护等主要领域进行成本分析，在资本项目评价中考虑环境因素，设计新的会计与信息系统，评价环境改进方案的成本和效益，设计以生态单位表示资产、负债和成本的会计方法。可以看出，格雷所说的环境会计指的是微观会计，并且包含了财务会计和管理会计的相关内容，同时，还考虑了非财务计量的生态会计。沙尔特格尔（Schaltegger，1996）在《公司环境会计》中将环境会计定义为对既定经济系统（包括企业、厂区、国家等）由环境导致的财务影响和生态影响进行记录、分析和报告的活动、方法和系统，并将环境会计系统划分为辨别环境要素的传统会计系统和生态会计系统。前者又包括辨别环境要素的财务会计和辨别环境要素的管理会计，主要以货币单位计量环境对企业产生的财务影响。后者以实物单位反映环境对企业的生态影响，根据信息使用者的不同又分成内部生态会计和外部生态会计。理性的环境管理，要求将传统会计系统与生态会计系统结合起来，从而构成环境会计系统。由此定义和框架可以看出，环境会计可以以公司为主体，也可以以国家为主体；可以用货币计量，也可以用实物计量。在《现代环境会计》中沙尔特格尔又对上述观点做了发展，指出环境会计可以是一种微观的方法，也可以是宏观方法。作为微观的方法，环境会计主要反映环境问题对组织财务业绩的影响和公司活动所造成的环境影响。在管理会计和财务会计领域讨论环境问题，可以提供主要的经济信息，而环境影响则通过生态会计和寿命周期评价来计量。生态会计被定义为"应用传统会计的原则和方法，采用生物物理单位收集、分类、分析和传递环境影响的信息的过程。"

综上所述，环境会计是会计的一个组成部分，广义上说，包括了宏观意义上的国民环境会计和微观意义上的企业环境会计。国民环境会计包括了国民收入会计的部分，也包括了利用宏观会计信息进行宏观决策的部分。而企业环境会计，按照传统会计的分类模式，根据使用者的不同，包括了两个分支，即根据主要的计量手段及反映内容的不同，又分为狭义的环境会计和生态会计。一个分支是满足企业外部利害关系集团需要的环境会计系统，主要涉及对环境负债和重大的环境成本进行对外报告，包括财务报告和非财务报告（即环境报告）。另一分支则主要用于满足企业管理当局进行环境管理的需要，即环境管理会计，其计量手段和反映的内容又有两种：一是对传统会计系统的修正，主要以货币形式计量与环境有关的活动对企业的财务影响；二是主要采用实物单位反映企业活动对环境的影响（环境业绩）。企业环境会计通过财务和非财务指标，全面分析环境活动的经营影响和经济活动的环境影响，以满足不同的利害关系集团对环境影响信息的需求。企业环境会计为环境审计的实施奠定了基础，由此构成的环境会计体系如图1-1所示。

本教材所研究的环境会计，是以微观企业为核算主体的，不考虑国民经济的核算问题。环境会计也称绿色会计，是以会计学为理论基础，并融合了可持续发展理论、环境管理学、环境经济学等多种学科而形成的一门新兴学科。它是一种核算企业社会资源成本的手段，它对企业拥有以货币来计量其在开发过程中造成的环境污染以及开发完成后进行环境治理所需的费用进行记录，再与开发后所能

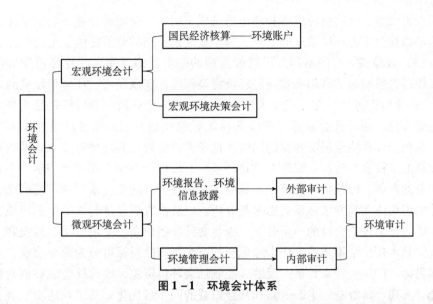

图 1 – 1　环境会计体系

获得的经济效益进行综合分析与比较，从而评估出开发活动所产生的环境绩效和环境问题对企业财务成果的影响，以便为决策者提供环境信息。环境会计的基本理论是在修正和批判传统会计理论的基础上产生和发展的。长期以来，传统会计理论只从人类经济活动的角度反映和监督企业资本及其运动，按权责发生制、历史成本和复式记账这三大会计基本支柱对发生的经济事项进行会计确认、计量、记录和报告，由环境所引发的经济问题在此得不到答案。环境会计则以人类的全部活动过程和整个生态环境资源为出发点，围绕自然资源耗费如何补偿的问题，努力对环境管理中各个层次的职责履行情况做出确认、计量和报告，在根本上改变了传统会计理论对整个会计要素的界定。与传统会计相比，二者之间存在诸多不同之处。

（1）企业基本假设不同。会计的对象是企业的经济活动所引起的财务状况。对企业性质的不同认识对会计工作有着重大影响。传统财务会计将企业视为"经济人"，这种假设的直接后果就是在经济活动中低成本地使用自然资源和不计后果地排放各种污染物。绿色会计根据可持续发展的要求，将企业看成"社会生态经济人"，强调现代企业在追求经济利益的同时也应追求社会利益和生态利益。在经济活动中追求三者的有机统一，有利于从根本上解决经济发展过程中所产生的资源环境问题。

（2）成本核算范围不同。传统财务会计的成本仅限于企业经济活动中市场交易所产生的经济成本，具体来说，就是与经济活动有关的物质成本、人力成本和部分自然资源成本，基本没有反映因经济活动而带来的环境成本和自然资源成本。成本计算的不合理使得传统财务会计不能正确反映经济活动中所发生的全部成本，也就无法为企业制定正确的政策提供正确信息。而绿色会计的成本范围是按照可持续发展的要求来确定的，它不仅反映了经济活动中的经济成本，也反映了经济活动所产生的非经济成本。这种社会总成本由与经济活动有关的物质成本、人力成本、自然资源成本和环境污染成本组成，全面地计量和揭示了企业生产活动给社会生态环境带来的后果，为企业制定正确的政策提供了正确信息。

（3）效益核算范围不同。可持续发展的基本目标就是在实现经济发展的同时，提高自然资源的利用率和减轻环境污染程度，实现经济、社会和环境的"三赢"。传统的财务会计在"经济人"假设下，认为企业最大的目标就是实现经济效益最大化，而对社会效益、环境效益等影响社会发展的非经济效益则不予考虑。绿色会计在注重经济效益的同时，也考虑社会效益和环境效益，亦即绿色会计核算的是社会总收益。绿色会计是环境学、环境经济学与发展经济学、会计学相结合的产物。绿色会计的理论问题应该是站在会计的角度来看待环境问题，用会计的思想体系和方法体系去思考与分析，以解决发展经济与维护生态环境方面的矛盾。作为现代会计的一个分支，绿色会计应当建立一个由目标、假设和原则组成的基本理论结构体系。作为绿色会计行为指南的目标可分为两个层次。一是基本目标。即用会计来计量、反映和控制社会环境资源，改善社会的环境与资源问题，实现经济效益、生态效益和社会效益的同步最优化。基于对环境宏观管理的要求，企业在进行生产经营和取得经济效益的同时，必须高度重视生态环境和物质循环规律，合理开发和利用自然资源，坚持可持续发展战略，尽量提高环境效益和社会效益。二是具体目标。即进行相应的会计核算，对自然资源的价值、自然资源的耗费、环境保护的支出以及改善资源环境所带来的收益等进行确认和计量，为政府环保部门、行业主管部门、投资者以及社会公众提供企业环境目标、环境政策和规划等有关资料。为相关客体提供环境会计信息的最终目标是控制和协调经济效益与环境资源的关系，实现环境效益、社会效益和经济效益的同步优化，实现经济发展、社会进步和环境保护的和谐统一。

1.3.2　环境会计的分类

环境会计作为一门跨学科的边缘应用性学科，主要是运用环境科学和会计学的基本理论与方法，辅之以其他学科相关知识，达到协调社会经济发展和生态环境保护的目的。在具有多年传统的环境管理系统和清洁生产计划的公司里，环境管理会计（environment management accounting，EMA）被用于提高信息系统的一致性和内部预算、成本计算和投资评价，环境管理系统、清洁生产和环境业绩计算的初试者在使用环境管理系统时往往在想，如果没有进行环境管理和清洁生产会损失多少钱？关于环境会计的分类，国内外学者观点差异显著。

近年来，有关环境会计分类的相关文献相对集中。例如，陈明坤提出把可持续发展会计或称环境会计分为自然会计、人文会计等，分别核算和控制在各种环境条件下的发展成本，以期取得最佳的发展效益，继续沿用传统会计四大假设，提出环境成本有原始成本和新成本。自然会计分为自然资源会计和环境保护会计。人文会计要站在公众利益的基础上，正确核算经济主体的经济效益和社会效益以及社会成本，为客观公正地评价经济主体的经营业绩提供有用的信息。人文环境会计是一门研究有关思想观念、价值趋向、思维方式、行为准则以及会计文化等社会人文方面对可持续发展影响的会计学分析问题。基于此，这是一种广义的环境会计分类。

谢琨（2003）提出了一个由货币—实物、时间分期、时间长度和信息搜集频次等维数构成的企业内部环境管理会计特征框架，将目前 EMA 方法和工具进行分类。他认为企业环境会计由三个主要部分组成：环境管理会计、外部环境会计和其他环境会计。各个子系统按信息计量单位分为相应的货币和实物计量系统。

蒋尧明（2001）认为，环境会计学的研究对象，是指环境管理主体反映和控制的对象，它的间接对象是环境资源的物流运动，它的直接对象是环境资源的价值运动，这种提法有创新之处。他把环境要素的确定也作为最基本的理论问题，实际上要素的确定属于环境会计应用理论问题。他认为环境会计学可分为宏观环境会计学和微观环境会计学两个层次。他强调将自然资源自身侵蚀也纳入环境会计（环境负债）核算。而这种观点是存在争议的。环境会计因企业承担社会责任而产生，自然资源自身侵蚀不属于社会责任，是大自然发展的规律，人类无法逆转。环境会计核算的是人类（企业）对资源的作用。而李连华认为环境会计在基本属性上仍属微观会计的范畴，反映和计量的是某一企业具有环境性质的经济活动。

斯特凡·沙尔特格尔和罗杰·伯里特（Stefan Schaltegger and Roger Burritt，2000）在《当代环境会计：问题、概念与实务》中提到，环境会计是会计的一个分支，有宏观和微观之分，该书关注的是微观层次的环境会计。该书提出了一个完整、系统的（微观）环境会计框架，将环境会计分为环境差别会计和生态会计两大类。其中，环境差别会计事实上是传统会计中处理环境问题的部分，它以货币为单位计量环境问题对公司带来的财务影响。根据传统会计的习惯分类，环境差别会计也相应地进一步被划分为管理会计、财务会计和其他会计三个分支。就环境差别会计的三个分支而言，所涉及的内容各有特色。管理会计主要处理环境成本有哪些？应如何对其进行跟踪？环境问题所导致的成本应如何处理？是分配到产品中去还是作为间接营业费用？管理会计师负有什么环境责任？财务会计主要处理环境问题导致的开支应当资本化还是费用化？关于（或有）环境负债的披露有哪些标准和指南？在会计上应如何处理？环境资产有哪些？如何对其进行计量？排污权交易许可证应当如何处理？等等。其他会计（即辅助的特定的会计系统，如税务会计、银行监管会计）则主要关注环境问题如何从各不同方面对企业产生影响，以税务会计为例，涉及的问题主要包括：对污染治理设备进行补贴的效果、可能性及其影响，垃圾补救成本如何从税款中扣除，等等。

相比之下，生态会计则是环境会计在传统会计领域之外的新发展，它以物理单位（例如千克、焦耳等）计量公司对环境造成的生态影响，并进一步划分为内部生态会计、外部生态会计和其他生态会计三个分支。内部生态会计主要是为了满足管理当局内部决策需要，收集以物理单位表示的生态系统信息，这是对传统管理会计系统所提供信息的一种必要补充。外部生态会计主要是为了满足那些关注公司环境问题的外部利益相关者的需求而收集和披露相关信息。其他生态会计则是为了有关监管部门的监管需要而提供以物理单位计量的信息。不过，除了税务机构和环保机构以外，越来越多的利益相关者例如银行、保险公司等也需要有关公司生态影响的信息，以作为对其进行风险评估的一部分。

从广义上讲，环境包括自然环境、人文环境、经济环境、政治环境等，环境会计应该对自然资源的消耗、环境污染、人力资源、政治成本、家政服务等进行核算与反映，可持续发展不仅指经济的可持续发展、自然资源的可持续发展，也包括人的可持续发展。传统会计仅注重对经济发展的核算与反映，而忽视了人与自然可持续发展的核算和反映。环境会计是在传统会计的基础上对经济、自然与人的可持续发展进行全面而系统的核算与反映。

借鉴众多会计学者研究的结果，本教材根据环境会计核算的内容和范围与传统会计的差异等对环境会计进行分类。按照环境会计核算的范围，环境会计可分为宏观环境会计和微观环境会计，微观环境会计主要核算企业污染产生的环境问题，微观层次环境会计可以应用于传统财务会计领域，主要关注环境负债以及重要环境成本的估计、报告等；也可以应用于传统管理会计领域，主要是指在企业的经营决策中利用环境成本、环境业绩信息，例如在成本分配、资本预算以及流程或产品设计中考虑环境成本和效益。至于环境价值如美景、自然资源价值等属于宏观环境会计范畴。按照环境会计核算的内容，环境会计可分为自然资源会计、环境污染会计，自然资源会计主要对自然资源如森林进行核算，环境污染会计主要核算企业经营活动引起的污染及其消除。按照环境会计与传统会计计量单位的不同，环境会计可分为传统环境会计和生态会计，传统环境会计是指采用传统的会计计量单位即货币计量单位进行核算，而生态会计主要采用物理单位如公斤或效用或文字说明进行反映。按照环境会计主要服务的对象（环境信息使用者）和是否必须遵守环境会计准则，环境会计可分为环境管理会计和环境财务会计，环境财务会计主要向外部信息使用者提供信息服务，必须严格遵守环境会计准则和相关规则，环境管理会计主要满足企业内部管理者决策对环境信息的需求，相对比较灵活，不需要遵守环境会计准则。上述分类最主要的分类是第一种分类即宏观环境会计和微观环境会计之分，其他分类都是在此基础上的延伸。

1.3.3 环境会计的目标

目标是指人们从事一项活动想要达到的境地或标准。会计目标是人们从事会计工作所要达到的境地或标准。会计目标是会计理论研究的逻辑起点，是会计活动的出发点和归宿，是联结会计理论与会计实务的桥梁。传统会计目标主要是向信息使用者提供对决策有用的信息。提供信息才是会计的目标，即人们运用会计干什么的问题。提供信息是会计第一层次的目标（或称内涵）。由谁提供信息、提供谁的信息、向谁提供信息、为何提供信息、提供何种信息、提供信息的质量以及提供信息的方式则构成会计目标的第二层次（或称外延），表明信息提供的来源与去向、数量与质量、范围与方式。

环境会计目标是在一定的环境或条件下环境会计活动所要达到的目的和结果，它集中而现实地体现了环境会计活动的宗旨，为环境会计实务指明了方向，在很大程度上也决定了环境会计方法的选择和发展。大多数学者把环境会计目标分为基本目标和具体目标，但是其中的内涵不同，有的把基本目标定位于经济效益、环境效益和社会效益的同步最优化，具体目标是充分揭示相关的环境会计信息，有的从宏观和微观环境管理角度提出基本目标和具体目标。有些学者认为，环境会计目标是环境会计研究最基础的概念，居于环境会计理论结构的最高层次，对环境会计其他问题的研究具有决定性影响。从他们的阐述看，环境会计目标决定环境会计本质，这是不正确的。本质是对结构的描述，不是目标决定的。但是他们又说在环境会计实践中，客观地决定其目标的因素主要有两个：一是环境信息使用者的需求；二是会计内在的本质属性。这样环境会计的本质决定环境会计的目标，前后矛盾。

康云雷和张瑞明（2011）从环境会计产生原因和解决问题的途径研究，将环境会计的目标分为基本目标和具体目标两个层次。环境会计的基本目标是实现经济效益、环境效益和社会效益的同步最优化，进而实现多目标协调与健康发展。传统会计理论只强调提高企业经济效益，将会导致环境效益和社会效益下降，最终亦会危及企业经济效益与未来可持续增长。提高经济效益和社会效益可以看作会计的目的，即人们为什么需要会计，而提供信息才是会计的目标。环境会计的具体目标是充分揭示相关的环境会计信息，为各信息使用者制定、实施与经营以及做环境决策提供帮助。

会计目标是会计结构的基础和逻辑起点，是会计活动的出发点和归宿。会计目标主要明确为什么提供会计信息，向谁提供会计信息和提供哪些会计信息等内容。从企业环境会计产生的原因及解决问题的途径看，企业环境会计的目标是多层次的，基本上可归纳为两大基本目标，从性质上可以看作"经济目标"和"社会环境目标"，两大基本目标又派生出许多具体目标，即向环境利害关系人提供有关企业环境会计信息，从而形成一个以一定规律联系的目标体系。陈思维（1998）提出的企业会计基本目标体系，很好地描述了环境会计目标的层次结构，如图 1 - 2 所示。

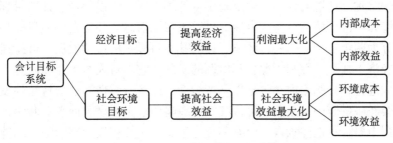

图 1 - 2　企业会计基本目标体系

1.3.3.1 基本目标：提高经济效益和社会效益

企业环境会计的基本目标是实现经济效益和社会效益的协调统一。传统会计只强调经济效益的单目标决策，而在经济增长的同时，环境问题层出不穷，最终会对经济社会的可持续发展带来重大影响。因此，环境会计应当在做经济决策时对环境和社会问题给予更多的关注，其基本目标也必须由经济效益的单目标决策拓展为经济效益与社会效益的协调统一，这是实现社会经济持续发展的根本要求。

1.3.3.2 具体目标：提供企业环境会计信息

企业环境会计是为企业实现可持续发展服务的，不同的环境会计信息使用者有不同的信息需求，对环境会计会提出不同的要求。一般而言，这些环境会计信息使用者主要有以下几类。

（1）企业投资者，由于企业的环境绩效会影响到企业财务的安全性和盈利能力，投资者会非常关心企业的环境绩效，要求企业披露环境方面的信息。

（2）企业债权人（主要指银行和保险公司），随着全社会对环保的重视，"绿色银行"的出现，使得债权人须知企业的环境风险是否影响其偿债能力，以及这种影响可能发生的时间及影响程度。

（3）政府管理部门，如环保机构，他们需要了解企业环境方面的信息，有利于修订环保法规和制定新的法规，最终达到保护环境、有效利用自然资源、实现经济可持续发展的目的。

（4）企业管理当局，他们需要利用环境会计信息加强环境管理，塑造企业良好形象，增强企业市场竞争力，全面提高企业的经济效益和社会效益。

（5）社会公众及其他，主要包括消费者、企业职工等。他们出于自身利益和环境道义上的考虑对企业环境信息披露十分重视，非常关心企业的环境问题。

葛家澍（1998）认为会计的本质是经济信息活动，阎达五（1993）认为会计是经济管理活动，本质是对结构的表达。经济信息活动体现了会计的信息结构，经济管理活动体现了会计的管理结构。罗素清（2014）认为环境会计目标必须体现环境会计的本质。会计的本质是为管理服务的经济信息活动。环境会计的本质是为可持续发展管理提供信息的活动，它体现了环境会计信息结构和可持续发展管理结构。环境会计的产生是基于可持续发展，所以环境会计的目标就是为自然环境和经济环境的可持续发展提供决策有用信息。环境会计的目标是有层次的，可分为两个层次：第一，环境会计的基本目标是可持续发展。可持续发展是指人口经济、社会环境和资源相互协调的发展，它不对人类生存和满足人类需求能力构成危害，其基本内涵包括生态持续性、经济持续性和社会持续性发展。企业是社会经济发展中的主角，可持续发展战略要求企业做到两点。其一，在生产经营过程中要自觉地注意自然生态环境保护，防止并积极治理污染，不能以牺牲环境为代价追求自身的经济利益；其二，走内涵扩大再生产道路，通过提高生产效率，充分利用环境资源，少投入多产出，谋求经济发展，而不能损害后代应该享受的环境资源。环境会计核算与报告将提供关于环境资源的利用、损失浪费、污染破坏和补偿恢复等方面的信息，从而促使企业以理性的观念，在注重经济效益的同时，高度重视生态环境和物质循环规律，合理开发和利用资源，努力提高社会效益和环境效益，从而达到可持续发展的远大目标。第二，环境会计的具体目标是向信息使用者提供决策有用的环境信息。

1.4 环境会计的基本框架与内容

环境会计假设、环境会计职能、环境会计核算原则、环境会计要素、环境会计核算内容与方法以及环境会计信息披露构成了环境会计的基本框架，本节着重探讨环境会计的基本框架及具体内容。

1.4.1 环境会计假设

环境会计研究和反映的对象具有高度的不确定性和复杂的变化过程，为了使其核算程序和方法有统一而稳定的前提，我们必须依据人们对环境资源的认识，做出合乎逻辑的推理和判断。环境会计作为会计学的一个新兴分支，其会计假设既有继承，也有修订甚至是创新。概括来说，环境会计的假设应该在全面坚持持续经营和会计分期的基础上，赋予会计主体新的含义，将传统的货币计量假设改造为多重计量，并增加可持续发展的假设（见表 1 - 1）。下面对修订的和创新的假设作简要分析。

表 1 - 1 　　　　　　　传统会计与环境会计基本假设对照

传统会计	会计主体假设		货币计量假设	持续经营假设	会计分期假设
环境会计	会计主体假设	可持续发展假设	多重计量假设	持续经营假设	会计分期假设

1.4.1.1 会计主体假设

会计主体是指会计核算服务的对象或者说是会计人员进行核算采取的立场及空间活动范围的界定。如果主体不明确，环境资产和环境负债就难以界定，环境收益与环境成本便无法衡量，因而环境会计中依然要有会计主体观念。

传统观点把会计主体仅仅看成一个独立的经济组织或非经济组织，不考虑其外部性（外部经济和外部不经济），没有把会计主体置于整个环境系统。环境会计的会计主体既应继承传统会计主体的一般含义，更应随着会计核算对象的变化而有所创新。会计以核算、控制（其中包括预测、决策）为职能特征，无论是财务会计还是管理会计，都有一个职能发挥作用的范围问题，即会计主体问题，环境会计也不例外。

将会计主体假设应用于环境会计，应在全面坚持原有精神的基础上，赋予其新的含义。环境资源是属于全人类的共有资产，但基于国家和地域的界限，环境资源的所有权、使用权拥有者不同，因此，我们对环境会计所提供的信息有严格的限制，即要求其控制在对环境资源具有独立所有权、使用权的某一国界或地域内，或是实际开发、使用环境资源的微观组织内。首先，将会计主体置于环境系统中，把游离于核算系统之外的环境资源价值损耗和补偿纳入会计核算系统，核算人类与环境系统的能量交换，以此来界定环境会计主体的空间范围。企业所控制的经济资源，绝不仅仅是传统观念上的人造资源，生态环境也是一种宝贵的经济资源。企业生产经营活动中使用了环境资源，那就要责无旁贷地承担来自法律、道义以及其他方面对环境资源的责任，而且应认真履行这种责任，并将履行情况向有关方做出报告。其次，会计主体虽然界定了会计核算和报告的范围，但没有任何单个主体的经营活动可以与世隔绝。也就是说，一个会计主体自身的经营活动都会对社会其他方面或生态环境造成某种影响，这种影响经常被人们称为外部性。其中，对受影响者有利的称为外部经济；反之，对受影响者不利的称为外部不经济。在环境会计出现之后，我们应当把与环境有关的外部性予以考虑，即环境会计中应用会计主体假设，不仅要考核和报告会计主体自身的经济性，而且还要考核和报告一个主体对外的不经济性。

因此，环境会计已经突破了企业主体这一狭隘的范围，延伸到整个自然界和人类社会。对于环境会计，环境会计的主体假设应注重会计主体的行为特性，而非所有权特性。它的目的是综合考虑全人类、不同代际之间经济与环境的可持续发展，因而一个组织活动的外部性必须被纳入环境会计考虑范围。环境会计不仅要对企业的所有者或股东服务，更应该对全社会负责。这就要求环境会计主体假设不仅要考核和报告会计主体自身的经济性，而且还要考核和报告一个主体对外的经济性或不经济性。

1.4.1.2　持续经营和会计分期假设

持续经营与会计分期这两个传统会计中的重要假设，同样也应该被应用到环境会计之中。持续经营假设是指会计主体在可预见的将来不会面临破产清算，能够长期存在下去，它所持有的环境资产将按原来的目的在正常的经营过程中被耗用，它所承担的环境负债也将按原来的承诺如期清偿。只有在此假设下，才能建立起环境会计计量和确认原则，解决环境资产计价等问题。会计分期假设是指企业持续经营中发生的各种经济业务和活动可以归属于人为要划分的各个期间比如年度，以便定期评估企业的环境业绩和经济效果并对外报告。

1.4.1.3　多重计量假设

会计作为一个经济信息系统，主要提供定量的信息。会计信息要定量，就必须选择计量单位和计量属性。企业环境会计作为会计一个分支应选择货币计量单位。货币计量的优点是能为不同质量、数量的物品提供一个统一的量度标准，并在此基础上进行价值计量，但将实物量度转化为货币量度受到现有科学水平和认识水平的限制，即使能够货币化，其精确度也不高。在这种情况下，用货币计量与非货币计量共同表现环境资源成为必要。而多种计量表现能够互相补充，提供更加完整准确的信息，满足各方面要求。多重计量假设还体现在货币计量形式内部也应该同时采用多重计量属性。按目前会计界一般认识，使用倾向于计量形式时，计量属性可以有以下几种：历史成本、现行成本、现行市价、可变现净值、未来现金流量现值。这些货币计量属性都有可能在环境会计计量中使用。除此之外，像机会成本、替代成本这些新兴计量属性也应在环境会计中使用。

1.4.1.4　可持续发展假设

可持续发展假设是环境会计基于自己的特殊性而增加的一个新的假设，大多数的环境会计研究者在此问题上持相同的观点。可持续发展的基本假设是指环境会计核算以会计主体在自然资源不枯竭、生态资源不降级的基础上，在有利于社会、经济可持续发展的前提下，追求自身的发展。可持续发展假设是在环境恶化的条件下作为环境会计主体的经济活动受其影响而提出的一种制约条件。如果自然资源开发过量、生态资源的降级加剧，会计主体的经济活动可能会被迫停止；如果环境资源能够得到有效的保护，会计主体的经济活动则可持续地进行下去。可持续发展假设基于这一原理，提出了会计主体进行正常活动的时间性规定。尽管会计主体的经济活动存在着很多的不确定性，但会计进行核算和监督的正常程序和方法都应立足于可持续发展。可持续发展理论是环境会计的理论基础和实践基础，具有以下特点。

（1）可持续发展包括经济可持续发展、环境资源可持续发展、社会可持续发展三方面以及相互间的高度统一和协调。社会总资本是由物质资本、人力资本和环境资本构成，因此，可持续发展的必要条件是社会总资本的非减或增值，充分条件是环境资本的非减或增值。

（2）可持续发展强调两个持续性：一是当代人的经济可持续发展，当代人要对过度耗用的资源进行补偿，不能蚀本；二是后代人的经济可持续发展，当代人不能侵占后代人的环境基础。当代人和后代人的两个持续性构成了一个国家（地区）发展的可持续性。

（3）与传统会计建立在单一的经济系统上不同，可持续发展假设使环境会计建立在经济环境系统之上，要反映社会经济系统和环境系统之间的价值流和物流，从而使企业的生产经营活动建立在经济环境系统的良性循环之上。

总之，在传统会计核算中，依据劳动价值论，自然资源和环境没有人类劳动的参与，没有市场交换形成的价值和价格，所以不能用货币进行计量，也就不能被纳入会计核算范围。在环境会计核算中，以自然资源耗费如何补偿为中心，以环境资产、环境费用等会计要素为核算内容，突破劳动价值理论，依据边际价值理论和效用理论，尽管自然资源和环境没有交换形成的价值和价格，但是它们向人类提供效用，是人类生存与发展的基础，所以假设环境是有价值的。正是由于环境是有价值的，随着人类的利用和开发，自然资源会不断减少，环境不断恶化。由于不可替代的、不可再生的原因，在现有的条件下，环境资源和良好环境是稀缺的。正是由于自然资源和环境是有价值和稀缺的，企业才需要将其纳入会计核算并且提供环境会计报告。

1.4.2 环境会计职能

会计目标是会计信息使用者向会计信息系统提出的主观要求，但会计目标的提出不能脱离和超越会计的职能。可持续发展对会计的职能提出了新要求。会计的职能是会计固有功能本质的体现，作为一个会计信息系统，现代会计的职能一般包括核算经济业务、监督经济活动过程、评价经营业绩、预测经营前景、提供决策依据五个方面。其中，会计的核算（反映）和监督（控制）职能是会计的基本职能。从根本上讲，社会的可持续发展，本身就包括企业的可持续发展，企业的可持续发展与社会经济的持续增长相互联系、相互促进。我国多数企业，尤其是企业管理层的环境意识和保护环境的自觉性还很薄弱，为了企业自身利益而不惜牺牲环境、浪费资源的现象屡有发生，改善直至杜绝这种现象的发生，在很大程度上依赖于企业成员整体素质的极大提高，同时，充分发挥环境会计的功能也是重要措施之一。因此，在社会可持续发展的条件下，环境会计上述五项职能的内涵应该进一步拓展，从而促进企业环境意识的极大提高，促进环境会计理论体系及其制度的建立健全。

会计的核算职能是以货币为主要计量单位，从价值量的角度反映经济活动的全过程。会计核算具有连续、系统、全面、综合的特点。环境会计主要确认和计量会计主体在一定时期的环境会计要素组织相应的会计核算，通过必要的计算、分析、汇总和加工，全面系统地反映环境成本和效益、资源利用成本和效益，为控制资源的合理利用、评价环境保护的效果提供必要的依据，也为预测环境保护和资源利用带来的未来效益提供参考依据和决策资料。

（1）监督职能。根据"谁开发谁保护，谁污染谁治理"的原则，环境会计的监督职能是通过用会计来计量、反映和控制环境保护和资源利用，引导企业的经营活动按照环境会计预定的目标和要求进行，保护和改善环境，节约和合理利用资源，保证企业的可持续发展，实现企业经济效益、自然生态效益和社会效益的同步优化。

（2）评价职能。发展并非只等于经济增长，确立可持续发展战略就是要从根本上走出"发展即经济增长"这一认识误区，倡导在协调人与自然关系、保持生态平衡的基础上，促进经济增长。这同时也对环境会计的评价职能提出了新的要求，会计的评价职能是通过会计报表的分析和对企业的经济活动整体评价来实现的。环境会计要求报告企业资源利用控制、资源成本计算和生态效益等环境会计信息，通过分析，从环境会计的角度评价企业经营活动的成败得失，促使企业在经营管理取得经济效益的同时，高度重视生态规律，合理开发和利用自然资源，努力提高生态效益和社会效益。

（3）预测职能。环境会计利用提供的具有预测价值的环境信息预测企业的经营前景与环境的关系。在西方国家，这种预测信息通常在财务报表以外的其他财务报告中揭示。在我国，类似于其他财务报告的财务情况说明书也会对整个企业未来的发展前景作出描述。环境会计以企业未来的资源利用、环境保护，特别是利用效率为预测对象，从可持续发展的角度，运用科学的方法对未来的经营活动进行预测并加以规划，这是它的主要职能之一。

（4）决策职能。现代会计的职能是提供有助于决策的信息，换句话说，就是提供信息和支持决策。决策是一个过程，是从收集数据、提供信息、讨论各种备选方案，直到最后做出选择最优方案的全过程。在这个过程中，环境会计提供信息的活动是其中的一部分，利用相关信息具有参与决策（提供决策支持）的职能。

一方面，可持续发展观本身是一种全新的文化价值观，另一方面，社会的可持续发展离不开企业的可持续发展，这一切又都有赖于全社会的共同努力。作为一种文化价值观的可持续发展观，需要人们正确认识企业与自然、企业与社会、企业与人之间的和谐关系，并在全社会养成一种有助于社会的可持续发展与企业本身的可持续发展的"生态经济"观念。通过环境会计目标和职能的明确，在建立和运用环境会计核算体系的同时，呼唤企业的环境意识，企业在认识自然与改造自然、认识社会与改造社会的过程中，将可持续发展视为生命线。

1.4.3　环境会计核算原则

如同会计假设一样，环境会计的原则体系也是既有继承，又有创新。一般而言，传统会计的 13 项原则基本上都应予以继承，但面对许多传统会计所没有接触过的新问题，环境会计必然要有一些自己特有的会计原则，例如传统会计的历史成本原则不一定适用于环境会计，因为企业需要核算的环境资源大多数不是由市场形成价格，不存在传统意义上的历史成本，而是按效用确定其价值。

环境会计原则问题是目前环境会计研究中最有争议的领域之一。例如，孟凡利（1999）认为，环境会计的一般原则包括兼顾经济效益和环境效益、外部影响的内部化、社会性、法规性、一定的灵活性、强制披露与自愿披露相结合。而许家林（2009）认为，环境会计的一般原则可具体化为真实性、预警性、充分披露、一致性、多种计价基础共用、社会性、政策性、重要性、稳定性和可比性等。安庆钊（1999）则认为，环境会计原则不仅建立在传统会计基础之上，而且还应遵守以下原则：社会性原则、公平性原则、对应性原则、强制性原则和灵活性原则。

本教材从环境会计的目标、对象和假设出发，通过逻辑演绎的方法对环境会计应遵循的主要原则作了初步探讨，认为除遵循传统会计核算的基本原则之外，环境会计还应遵循以下原则。

（1）社会性原则。社会性原则是指环境会计应基于社会有关方面的需要对外提供信息，应站在社会的高度考虑企业的业绩，对企业的评价应以社会效益与社会成本相配比而取得的社会利润为标准。

（2）经济效益和环境效益兼顾原则。经济效益和环境效益兼顾原则要求，企业环境会计对外提供会计信息和参与内部管理的过程中，必须同时兼顾经济效益和环境效益，并将二者尽可能有机融合起来，处处考虑环境因素，以满足各信息使用者的信息需求。

（3）多种计价基础并用原则。由于环境问题的特殊性及其计量的复杂性，环境会计可以历史成本为计价基础，也可根据实际采用现行成本、重置成本、机会成本等予以反映。

（4）法规和政策性原则。环境会计核算要体现国家的方针政策和法律的要求，环境法规强制会计理论和实务的开展特别是实务的进行必须认真遵守有关环境法规的要求，并以这些法规作为操作的基本标准。

（5）灵活性原则。由于环境问题的特殊性，各种不同规模企业所要核算的环境事项各不相同。灵活性原则要求企业在恪守有关会计规范的基础上，可根据自己的情况灵活选择核算内容和核算方法，贯彻会计核算中的成本—效益原则。

应当说，由于环境会计原则具有很强的实践性，要形成一套成熟的环境会计原则体系还需要很长一段时间。

1.4.4　环境会计要素

会计要素是根据交易或者事项的经济特征对会计对象的基本分类。会计要素的分类是进行会计核算的基础。环境会计的核算也要在对环境会计要素分类的基础上进行。我国会计界对环境会计要素的研究主要有四类观点："三要素论""四要素论""五要素论""六要素论"。"三要素论"的主要观点包括：（1）环境会计要素包括自然资源的损耗、环境保护支出和环境保护收益；（2）环境会计要素包括环境资产、环境成本和环境负债；（3）环境会计要素包括环境收入、环境会计收益和环境成本；（4）环境会计要素包括环境效益、环境费用和环境资产。"四要素论"的主要观点包括资源价值、环境成本、环境收益和环境利润，或者环境资产、环境负债、环境收益与环境支出。"五要素论"提出的环境会计要素应在资产、负债、收益、成本和损失中纳入资源环境内容。"六要素论"认为环境会计核算对象包括环境资产、环境负债、环境收益、环境收入、环境费用和环境利润。

环境会计的核算内容超出了资本流动的范围，因此，在环境会计理论中，需要重新定义会计要素，将"自然资产"加入资产类别，即所有人共有的"特定资产"：空气、矿产资源、海洋、臭氧层等；责任类别应确认企业的环境保护社会责任；自然资本应加入所有者权益类别；除了确认生产经营收入外，收入类别还应包括企业的积极污染控制，国家在实施环境保护政策时给予的税收减免、补贴和奖金；企业回收的"三废收入"；其他单位和个人支付的罚款收入和环境损害赔偿金；实施环保措施后，通过提高公司形象和信誉带来的经济和社会效益。

这里的成本不仅计算经济成本，还涵盖计算环境成本、社会成本和资源消耗，如生态环境治理费、补偿费和污水处理的研发费用，从而在一定程度上防止自然资源被企业无偿地占用和消费，或者以牺牲环境为代价来增加利润的情况。因此，有学者认为环境会计的核算范围应该是自然资源的使用成本、环境的使用成本和环境的开发与维护支出以及环境资源的价值补偿和收益过程。

1.4.5 环境会计核算内容与方法

1.4.5.1 环境会计核算内容

企业要进行环境会计核算，必须先确定环境会计要素，解决环境会计要素的确认和计量问题，并进行相应的会计处理，建立其账户体系，在这一点上，其与传统会计核算是相同的。环境会计要素是对环境会计对象的具体内容所做的分类，是会计对象的具体化，具体表现为环境资产、环境负债、环境成本、环境收益等环境会计要素，这种划分为大多数研究者所赞同，这些环境会计要素构成了环境会计核算的基本内容。现将上述四要素之间的相互联系描述出来，如图1-3所示。

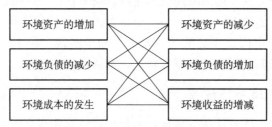

图 1-3 环境会计要素关系

从环境价值理论的观点出发，企业环境会计对象具体应包括以下内容。

（1）环境资产的概念。关于环境资产的概念，从现有的研究成果来看，主要有以下三种观点：第一种观点认为，环境资产是特定会计主体从已经发生的事项取得或加以控制、能以货币计量、可能带来未来效益的环境资源；第二种观点认为，环境资产是指由于符合资产的确认标准而被资本化的环境成本；第三种观点则包含了第一、第二种观点的内容，指出环境资产是企业因过去环境支出资本化或其他环境事项形成的，并由企业拥有或控制的资源，它预期会保护未来环境或给企业带来经济利益，包括因自身环境支出资本化和从其他方面（如接受捐赠）所形成的环境资产。本教材认为，在目前我国的实际情况下，更适宜于采用第一种观点，因为该种观点更有利于突出环境资产的特点和简化环境资产的核算。

（2）环境资产的特征及其分类。环境资产种类繁多，分类方式多种多样，各项资产之间关系错综复杂，但所有的环境资产都具有以下特征：①环境资产的开发利用具有不可逆性。不可逆性是指开发利用环境资产的行为破坏自然资源的原始状态后，若想使其恢复到未开发以前的状态，在技术上不可行或者必须经过一段相当漫长时间的特性。因此，在进行有关环境资产的开发利用决策时，要全面地考虑环境风险，慎重决策。②环境资产的变化符合生态平衡机制。环境资产在一定限度内的消耗，可以通过生态平衡机制的自我调节机能和再生机能补偿。如果超过了必要的限度，则可以引起生态系统的退化和失衡。③环境资产的稀缺性。有些资源具有不可再生性或其再生的时间相当漫长，过度开发利用和严重的污染，使可再生资源也具有了稀缺性。人类在开发利用环境资源时必须全面细致地考虑资源的合理配置问题和资源补偿问题。

环境资产的分类如下：①按照环境资产的形态分类，可分为自然资源和生态资源。自然资源是指由自然界长期形成、有人类生存的物质基础和经济发展的前提条件，包括土地、森林、水域等。生态资源是指独特的生态系统、地形地貌、野生生物群和优美的自然风景，以保持原状进入人类生产消费领域。②按照环境资产能否再生分类，可分为可再生资源和不可再生产资源。可再生资源是指能够依靠自然现象或人类的经济活动不断再生的资源，如空气、阳光、大气层等。不可再生资源是指在短时间内，不论通过何种活动都不能增加其储量的资源，且会随着开发利用而不断减少，如矿藏等。③按照环境的经济学意义分类，可分为自由取用资源和经济资源。自由取用资源是指数量丰富，任何可能的使用者都可以无偿使用的资源，如处女地、新鲜空气、天然水源。经济资源是指具有稀缺性，使用者必须付出一定代价才能使用的资源，如矿藏等。由于环境资源的过度开采，使自由取用资源逐渐向经济资源转化，其数量越来越少。

1.4.5.2 环境会计核算方法

环境会计核算方法是环境会计核算中运用核算环境会计要素的方法，是不可缺少的。本教材认为环境会计的核算可采用以下三种基本的方法：统计核算方法、会计核算方法、统计与会计相结合的核算方法。

其中，统计核算方法是指运用多种统计方法很直观地对环境会计要素状况进行总体的、大概的反映，主要的特点如下。

（1）采用多种计量尺度，包括实物尺度、劳动尺度和货币尺度，运用一系列的统计指标和统计图表来反映环境成本和环境负债、环境资产状况、环境效益（或环境效果）水平等情况。（2）以反映环境成本总体情况和环境成本—效益（或效果）水平为目的，不强调核算资料的完整性和精确性。（3）运用重点调查、典型调查、分组法等统计方法获取所要求的环境会计核算材料。（4）统计核算方法的优点是重点突出、简便易行，主要缺陷是数据不精确、可靠性差。

会计核算法是将环境因素纳入会计核算体系，对企业生产经营过程中发生的环境事项通过会计核算程序进行核算的一种方法。这种方法的特点有：（1）采用货币作为主要的计量尺度，辅以劳动计量尺度和实物计量尺度。（2）依据审核无误的会计凭证，记录环境经济业务的全过程。数据资料准确、可靠。（3）利用设置账户、复式记账、填制和审核会计凭证、登记账簿、各环境会计要素的计算和编制环境会计报表等会计的专门方法，按环境经济业务流程的全过程进行连续、系统、全面和综合的记录与反映。

统计与会计相结合的核算方法是指对于企业环境会计中的显性部分（即比较易于用会计方法反映的部分）应用会计核算方法反映，而对于环境会计中的隐性部分（即不易或不能准确计算的部分，如机会收益、机会成本等）则应用统计核算方法反映。它集统计、会计核算方法为一体。虽然核算工作量较大，但其能够全面、系统、完整地记录和反映企业的环境事项。

1.4.6 环境会计信息披露

1.4.6.1 披露内容

对于环境信息披露内容，目前中外的理论论述和概括差别很大。但本教材认为，就现阶段来说，我国环境信息披露的内容主要有以下方面。

（1）企业基本情况介绍。其大致包括企业名称、法人代表、联系人及联系方式、信息的所属年度、企业的主要生产经营活动描述（对于资源消耗严重的生产过程，报告中应重点强调）、企业员工人数、企业与自然环境的关系以及本企业在历史上的环境业绩等。

（2）企业环境政策及其态度与环境法规执行情况。这项工作我们可以通过填写表 1-2 和表 1-3 进行。

表 1-2 企业环境政策情况

企业的环境政策	发布日期	修订日期

表 1-3 企业环保法规的执行情况

项目	遵守（是/否）
1. "三同时"制度	
2. 排污收费制度	
3. 环境目标责任制	
4. 列入限期治理	
5. 环境影响评价制度	
6. 排污申报登记及排污许可证交易	
备注：	

（3）企业污染物排放方面的环境信息。企业可以通过表 1-4 和表 1-5 来披露各种废气、废水和固体废弃物的排放数量，从而间接反映企业的生产经营活动对环境的损害程度；通过环境成本表来反映企业某些生产过程或生产系统的环境

成本发生情况。当然，环境成本数据的获得必须建立在企业已设立环境成本的前提之下。

表1–4   污染物排放情况

项目	计量单位	上一年度		本年度	
		总量	允许排污量	总量	允许排污量
废水： 化学耗氧量 ……					
废气： 二氧化硫 ……					
固体废弃物： 煤渣 ……					
噪声： 放射性物质： ……					
备注：					

表1–5   企业环境成本

成本项目	上年度金额	本年度金额
生产成本：		
直接材料		
直接人工		
制造费用		
环境保护成本：		
环境治理费用		
环境预防费用		
环境补偿费用		
环境发展费用		
环保行政事业费		
环境损害成本：		
废气造成的损害		
废水造成的损害		
固体废弃物造成的损害		
备注：		

（4）企业的环境保护和污染治理情况。这一部分应描述以下内容：①污染治理投资情况；②治污情况及达标数量；③污染物排放及达标率；④污染物回收利用情况，包括回收总量、回收利用率、利用生产产值、回收利用收入、回收利用实现净利润等。

（5）企业在可持续发展方面的表现。该部分应叙述企业对可持续发展概念的理解以及可持续发展对于企业来讲意味着什么、为了符合可持续发展的要求企业应做些什么等之类的信息。

（6）企业的环境风险。随着环境保护法律、法规的不断完善和发展，企业将来可能要为今天损害环境的行为付出代价，这就是企业的环境负债。企业的利害关系人自然非常关心企业的环境负债情况，从而可以判断企业的环境风险。所以，企业应对其将来可能的环境责任作出合理估计，并以适当方式进行披露。

（7）第三方的环境审计。为了保证企业环境报告的客观、公正性和所披露环境信息的可靠性，企业应请独立的第三方如会计师事务所及注册会计师对其报告进行环境审计并出具审计意见。

对于上述内容的披露，本教材认为可以遵循循序渐进的原则进行：①先试点，后推广。即先在污染严重的行业选择环境管理基础良好的企业进行环境信息披露的试点，等做法成熟后向全行业推广，然后再推广到更广泛的行业中去。例如，西方国家发布环境报告企业的不断增多，不仅有摩托罗拉、克莱斯勒等大企业发布环境报告，许多中小企业也加入到该行列中，甚至亚洲的一些企业如三星公司、丰田公司等也开始发布环境报告。②对环境报告的要求不断提高。在信息披露的初级阶段，环境报告可以以定期披露的方式来提升报告质量。

1.4.6.2　披露方式

所谓环境信息披露的方式，也即披露的工具，是指环境信息通过什么对外公布，就我国现阶段而言，可以有以下两种基本的披露方式。

（1）利用现有的信息披露工具进行披露。现有的信息披露工具主要有企业的财务会计报告（包括正规报表、附表、补充报表、报表注释等）及上市公司的招股说明书、上市公告书和企业的临时报告等。企业可以将环境信息分散到这些现有的信息披露工具之中加以披露，一般企业通常是通过企业的财务报表对外进行环境信息的披露。这可以有两种途径：一是对现有的财务报表，即资产负债表、利润表和现金流量表进行调整，从而满足披露环境信息的需要。但是这种做法实行起来阻力很大，因为它涉及会计制度问题，牵一发而动全身，而且环境信息分散，不易使信息使用者对企业的信息形成一个总体的看法。二是不改变现有财务报表，而是通过其附表、补充报表、报表注释来披露环境信息。该种方法虽然简便，易于操作，但不利于环境信息的管理，特别是准则的制定，而且这种方式披露的信息量也非常有限。更棘手的是上述两种方式对信息的货币化要求特别高，在我国现阶段实行不可取。发达国家也很少有企业采用以上两种方式。

（2）编制单独的环境报告。编制单独的环境报告，是指采用一定的方法和方式，通过编制独立的环境报告来披露企业的环境信息。这种方式能够使企业更加集中、全面、系统地披露环境信息，使信息使用者对企业的环境绩效有一个全面的认识。环境报告中，既可以包括文字叙述的信息，也可以有环境指标形式的信息和价值指标形式的信息。在环境信息披露的初级阶段，我们可以使用内容较为简单的环境报告，随着实践的发展，逐步使用内容复杂的环境报告，以更全面、详尽地披露企业的环境信息。另外，编制环境报告，有利于第三方的环境审计，以保证信息的可靠性。而现在国际上基本都采用环境报告的形式披露环境信息。

练习题

1. 名词解释

(1)自然资源　　　　(2)生态资源　　　　(3)环境会计

(4)环境支出　　　　(5)环境负债　　　　(6)环境收益

2. 简答题

(1)简述环境、资源、经济与会计之间的内在关系。

(2)简述环境会计的目标。

(3)简述环境会计的假设。

(4)简述环境会计的职能。

3. 阅读与思考

任何组织在发展组织的环境敏感性过程中都没有单一的、理想的模式。每一个组织都可以选择一个不同的路径。一些组织可以从环境政策出发，一些组织可以从环境审计和环境管理系统的发展开始，一些组织可以从环境报告入手，还有一些组织或许希望能够实验一些环境整理的建议。然而组织没有必要独自发展其环境的敏感性。而同各个环保组织建立联系是一个非常重要和经济的起步方式，它可以使我们在充满艰辛的增强组织环境敏感性的道路上前行。

资料来源：罗伯·格瑞. 环境会计与管理〔M〕. 王立彦，耿建新. 译. 北京：北京大学出版社，2014.

思考：根据上述文字内容，你从中解读出哪些环境会计方面的信息？

第2章 环境会计的形成与发展

【学习目标】
(1) 了解环境会计的形成与发展历程。
(2) 掌握国内外环境会计的研究现状。
(3) 熟悉国际环境会计发展对我国的启示。

【学习要点】
追溯环境会计的发展历程，分析其研究动态，并剖析国际环境会计发展对我国的启示。

【案例引导】
18世纪60年代，工业革命在英国兴起，这一变革实现了人类从手工劳动向机器生产的重大转变。然而，生产力迅速发展的同时工业革命也带来了严重的环境污染。例如，1930年比利时的马斯河谷事件。马斯河谷位于狭窄的盆地中，1930年12月1~5日，气温发生逆转，致使工厂中排放的有害气体和煤烟粉尘在近地大气层中集聚不散，危害3天后开始有人发病。其症状表现为胸痛、咳嗽、呼吸困难等，一星期内有60多人死亡，其中心脏病、肺病患者死亡率最高。同时，还有许多家畜死亡。原因是事件发生期间，SO_2浓度很高，并可能含有氟化物。事后分析认为，此次污染事件，是几种有害气体同煤烟粉尘对人体综合作用所致。

第二次世界大战结束后，西方主要发达资本主义国家进入经济大发展时期，各国经济高速增长。20世纪60年代的美国被誉为"繁荣的十年"，美国经济保持106个月持续增长的纪录。1950~1964年，联邦德国、意大利和法国的国民总产值增长率分别高达7.1%、5.6%和4.9%，这在资本主义国家发展历程中是很高的；日本也经历了第二次世界大战后的黄金时代，经济实力迅速进入全球前十。但是，这种迅猛的经济增长因资源的高投入而带来了严重的环境问题。1970年4月22日，美国历史上第一个"地球日"示威发生。之后还发生了一系列的重大环境问题，包括1976年7月10日意大利南部发生维索化学污染，多人中毒，导致当年婴儿畸形多发；1978年3月法国西北部布列塔尼半岛阿莫柯卡迪斯油轮发生泄油事故，导致周边藻类、海鸟灭绝；1979年3月28日美国发生的三里岛核电站泄漏事故更引发全球对环境问题的思考。

资料来源：徐龙君，吴江，李洪强. 重庆开县井喷事故的环境影响分析［J］. 中国安全科学学报，2005（5）：84~87，2.

2.1 环境会计的演进历程

自环境污染与破坏问题受到人类重视以来，环境保护事业得以快速发展，并极大推动了环境会计的发展。环境会计的演进大致可划分为以下三个阶段。

第一阶段，环境影响进入会计视野（20 世纪 50 年代初至 60 年代末）。由于工业污染事件的不断发生和环境污染事件法律诉讼的结果，环境诉讼失败导致的经济赔偿和环境恢复费用成为企业会计核算的要素，企业的环境意识觉醒增加了环境方面的开支，该开支也被纳入会计核算的内容。但人们主要关心的还是企业经济利益问题，重视企业财务核算和管理控制，环境因素的财务影响后果仍没有得到重视和独立思考。

第二阶段，环境会计的形成（20 世纪 70 年代初至 80 年代末）。随着世界各国环境法律法规的不断建立，环境保护逐步被发达国家纳入政府的社会管理范畴。从 1971 年起，一些企业开始有意识地披露其社会责任信息，提出了社会责任会计的概念，环境会计由此萌芽，而且在企业会计核算中针对环境问题的会计核算事项逐渐大幅度增加。例如，1975 年英国会计准则指导委员会发布的《公司报告》中涉及公众社会责任问题的内容，很大一部分与环境问题相关。1976年，马尔曼（Ullmann）提出了公司环境会计系统，采用非货币计量的手段反映与环境有关的投入和产出。20 世纪 80 年代末期，国际会计组织也召开会议对环境有关的会计影响问题展开讨论。总之，这一时期主要是关于社会责任会计的框架研究，并在社会责任会计研究中突出了环境会计的地位，环境会计得以脱离社会责任会计，成为一个独立分支体系。

第三阶段，环境会计的发展（20 世纪 90 年代初至今）。步入 20 世纪 90 年代，世界各国陆续开展环境会计研究。1987 年，可持续发展概念在《我们共同的未来》中首次被提出，该概念的提出使人们进一步认识到环境与发展之间的辩证关系，发展必须以环境保护为前提，而环境保护则需要经济发展和科技进步提供的资金和技术支持。在可持续发展背景下，环境会计得到迅猛发展，并出现了与各相关学科和研究领域交叉互补的趋势。1995 年，联合国国际会计和报告标准政府间专家组颁布了《环境会计和财务报告的立场公告》，这是目前国际上第一份关于环境会计和报告系统而完整的指南，后来又相继颁布了《环境成本与负债的会计与财务报告》《企业环境业绩与财务业绩指标的结合》等一系列指南，为各国进行环境会计理论研究和相关事务工作提供了参考依据。在这些指南的指引下，各国的环境会计发展也出现了各自不同的特点。

在具体业务处理上，各国企业也开始自觉地披露环境信息，且质量不断提高。一些环境要素开始出现相对独立的处理方式，环境会计的基本概念和模式基本成型。例如，日本在 2000 年发布了《环境会计系统指南》以及英国管理会计师协会（Chartered Institute of Management Accounts, CIMA）出版了《环境会计：

实务指南》等。而且，宏观环境会计和微观环境会计的研究也取得一定成果，环境审计也逐步建立起来。

2.2　环境会计的国际发展

据文献记载，英国是最早研究环境会计的国家，具有标志性的两篇著作就是比蒙斯（F. A. Beams）于 1971 年与马林（J. T. Marlin）于 1973 年在《会计学月刊》上分别发表的《控制污染的社会成本转换研究》和《污染的会计问题》。近年来，随着对环境会计研究的不断深入和发展，国际学术和实践活动从多个方面创新了环境会计理论，丰富了环境会计研究内容，拓展了环境会计相关技术和方法，制定了环境会计准则和制度。具体来看，国际环境会计研究的理论基础主要涉及可持续发展观理论、外部性理论和行为科学理论，研究内容主要涵盖了环境会计核算中关于环境成本和负债的确认及信息披露原理及实践，环境会计相关技术和方法则侧重于环境成本的内部控制和管理，各国环境会计准则的制定总体尚处于起步阶段。具体阐述如下。

2.2.1　环境会计研究的理论基础

可持续发展是 20 世纪 70 年代提出的一种新的发展观。由于传统会计的不足及会计体系自身的局限性，可持续性与会计联结在了一起（Gray，1990）。当时的英国查尔斯王储也发起了可持续会计项目（accounting for sustainability project），系统地研究如何将可持续发展问题融入企业管理中。沙尔泰格和布里特（Schaltegger & Burritt，2010）明确指出，可持续会计是会计的一个分支，属于一种信息管理工具，能促进企业的可持续性和企业责任的发展，与传统会计相比，可持续会计关注的是社会、环境和经济之间的联系和相互影响，可持续会计的基本职能就是运用相关方法系统记录、分析和报告这些联系和影响。他们偏重于从宏观理论角度来构建可持续会计，从战略角度关注企业与社会、环境、经济之间的相互联系和作用，并指出可持续会计是环境会计的延伸和发展，但并未就可持续会计的具体框架和体系构建进行深入的研究。

外部性理论是由庇古（Pigou，1920）针对排污问题提出的经济学解释，为后人采取经济手段解决污染问题提供了理论支撑。解决外部性问题，必须采取措施实现外部性内部化。其基本思路是：政府代表公共资源所有者或公众利益，在环境污染可控制的范围内，按市场上每单位允许的排放量标准，公开出售一定数量的剩余排污权。例如，罗曼（Lohmann，2009）认为外部性内部化的具体办法就是实施排放权交易许可权制度和征收环境税。戴维斯和米莱格（Davis & Muehlegger，2010）认为解决外部性的权威办法是采用庇古税（即环境税）或类似总量—交易（cap-and-trade）计划的办法。由此可见，基于外部性理论视角研究环境会计旨在为实现污染企业外部性成本内部化提供具体的办法和措施，将相关理论融入实践，对实现排放权交易和开征环境税具有重要的指导意义。当然，该理论的应用离不开政府的积极参与，包括制定清晰的产权制度、成熟的市场经济制度以及完善法治环境规范。

随着对环境会计研究的不断深入和拓展，有学者尝试从组织行为科学的视角为环境会计理论研究提出新的诠释。该视角通过研究社会组织的建立、运行、变革和发展的规律，解释企业与社会之间的环境和经济关系，以及其运行规律和相互作用。罗曼（2009）、迪拉德等（Dillard et al.，2005）从制度理论视角来对社会和环境会计进行分析。

鲍尔（Ball，2007）认为，制度理论，尤其是新制度主义，提供了"组织社会学上的主要研究范例"。他们拓展了组织的制度分析，并将罗曼（2009）提出的四象限分析方法用于研究加拿大和英国这两个不同制度背景下的环境会计问题，旨在为环境会计提供一个标准化的视角来研究宏观场面的环境会计理论。另外，管理会计系统研究中还运用结构性理论来解释各种原理和方法的形成，例如摩尔（Moore，2010）在研究会计和欧盟排放权交易系统中运用了结构性理论，认为结构理论能帮助研究者理解排放权交易系统的发展，通过检验由排放权交易系统产生的含义、支配和合法化之间结构的相互关联，解释结构性理论在理解环境会计实践中的作用。

鲍尔（2007）还将社会运动和组织理论应用到环境会计中，他阐述了如何运用环境会计来解决环境问题，并应用了一个试验假设框架来研究宏观层面环境会计的实施，以加拿大的一个环境会计案例进行分析，认为环境活动能提高我们对环境问题的关注，有助于评价企业与环境活动的相互关系及影响。基于行为科学理论视角，通过分析组织的行为和变革来解释资源的运用和组织对环境的影响，是环境会计研究中跨学科理论融合的一个成功应用。运用行为科学理论解释和分析环境会计，能为企业或政府的行为提供理论指导。但是该类研究还处于尝试和探索阶段，对环境会计的表述和理解也因学科不同以及研究者的学术主张和偏好的不同而有差别，因此，还有待进一步完善各理论之间的逻辑关系。

2.2.2 环境会计研究的主要成果

2.2.2.1 环境会计发展的动因理论研究

近年来环境会计文献中发展了许多理论来解释企业的环境信息披露行为。而布兰科等（Blanco et al.，2009）将信息披露的动因理论分为两种：自愿披露理论和社会—政治情境理论。其中，自愿披露理论旨在向企业利益相关者传递与环境业绩相关的信息，期望能获得更多的收益和报酬。而社会—政治（social - political）理论则由政治—经济（political - economy）理论、股东理论和合法性理论构成。弗雷德曼和贾吉（Freedman & Jaggi，2010）比较了《京都议定书》缔约方有关 GHGs 的信息披露，结果表明，政治—经济理论最早应用于环境会计的信息披露，有利于促进 GHGs 的信息披露。股东理论则主要考虑企业与特定股东之间的关系，认为环境会计披露目的在于管理者满足股东需要。但合法性理论则关注的是企业为了让社会认可其活动的合法性，试图达到企业自身的预期。股东理论与合法性理论两者披露的本质不同，前者披露的信息与股东需求一致，并于股东决策有用，后者则在决策有用性上大打折扣。

环境会计研究企业对外披露以及如何披露相关的环境信息，并有效收集企业的环境信息支持内部决策。环境会计披露还涉及影响因素的分析。其中，政策影响因素起着举足轻重的作用。证据表明，国际会计师联合会（International Federation of Accountants，IFAC）从管理的角度出发，通过有效搜集企业的环境信息支持内部决策。全球报告倡议组织（Global Reporting Initiative，GRI）在推动企业的可持续发展报告方面，发布了《可持续发展报告指标》（简称"G3"），注重将环境因素如资源消耗、环境负荷的产生纳入可持续发展报告中进行信息披露。20 世纪 90 年代的美国受到来自美国证券交易委员会（United States Securities and Exchange Commission，SEC）的压力，环境披露的积极性明显提高了。1998 年，澳大利亚出台法令规定公司必须在年报中报告环境业绩，罗斯特（Frost，2007）选择了资源、基础设施及造纸业等对环境敏感的行业中最受该法令影响的公司作为样本，采用内容分析方法对样本公司进行分析，研究发现，该法令对澳大利亚 71 家公司的环境披露产生了积极的影响。不少学者也研究了《京都议定书》生效后对企业的影响，例如，弗雷德曼和贾吉（2010）研究了《京都议定书》的签署是否推动了温室气体排放业绩和相关披露，他们认为协议的签署和对 GHGs 的限定会激励管理者提高治污业绩来达到协议要求，所以会有较好的 GHGs 披露，而且批准协议能提高投资者对 GHGs 业绩的预期，这种更好的市场预期又会为管理者提供额外的激励来改善公司的披露。另外，一个国家的制度也会对环境会计披露产生重要影响。琼斯（Jones，2010）根据碳披露项目（carbon disclosure project，CDP）的年度调查问卷，以 2002～2006 年申请加入 CDP 的公司为样本，分析 28 个不同国家环境会计披露的差异和影响，旨在检验一个公司披露意愿与其所处国家的法律和市场等结构是否有着显著关系。研究结果表明，披露意愿与市场结构显著相关，但与法律结构不相关。公司披露污染业绩以及环境负债等内容明显受到社会、政治、经济和文化等因素的影响，公司规模与环境会计披露呈正相关。

可见，研究影响环境会计披露方面的文献不少，但由于视角和口径各有不同，因而结论也不一样。还有少量文献会有研究关于公司环境会计披露机制及投资者如何响应公司披露的信息等方面。

2.2.2.2　有关国际组织针对环境会计的研究成果

联合国国际会计和报告标准政府间专家工作组国际会计师联合会（International Federation of Accountants，IFAC）等对环境会计研究起到了重要的推动作用。ISAR 推动了企业对外披露以及如何披露相关的环境信息，IFAC 从管理的角度出发，通过有效收集企业的环境信息支持内部决策。全球报告倡议组织（Global Reporting Initiative，GRI）在推动企业的可持续发展报告方面，发布了《可持续发展报告指标》，注重将环境因素如资源消耗、环境负荷的产生纳入可持续发展报告中进行信息披露。世界银行也积极建议修改会计体系、增设环境账户，以真实反映经济增长业绩。国际标准化组织（International Organization for Standardization，ISO）陆续颁布了 ISO 14000 系列环境管理标准，涉及许多财务上的问题，为协调各国在环境会计制度建设方面的问题起到了重要作用。

2.2.2.3　西方主要国家环境会计的研究成果

（1）英国。英国是世界上环境信息披露比较早的国家，英国的环境报告一直是作为企业社会责任报告的一部分对外披露。1975 年，英国会计准则指导委员会颁布的《公司报告》中首次使用了企业受托责任概念，而这些责任中很大一部分与环境责任有关。1990 年，格雷教授发表了《绿色会计：Peace 后的会计职业界》一文，促使人们开始关注环境会计。20 世纪 90 年代以后，政府和社会公众开始关注企业经营行为对环境的影响，对企业提出了环境信息披露的要求。1992 年，英国政府颁布了《环境管理制度 BS7750》，这是世界上第一部由政府正式颁布的环境保护法规，该法规要求污染企业必须披露环境保护的具体措施，对企业环境管理系统的开发、实施和维护也有了明确要求。此法规推动了企业环境信息披露进程。

（2）荷兰。荷兰住宅空间计划与环境部也一直主张引入强制性的环境报告制度，强制企业进行环境信息披露。1999 年，荷兰住宅空间计划与环境部发布了《环境成本与收益的确认与计量方法》报告书，对宏观范围的环境成本确认和计量进行了规范，主要用于政府部门。该报告书的目的是指导宏观范围的环境成本，并以此为前提，对企业环境治理活动所引发的支出进行推算，以评价和改善政府环境政策。至于企业环境成本的确认、计量和披露，由企业根据自身具体情况确定。荷兰住宅空间计划与环境部还对本国大型企业规定了编制环境报告的义务。所编制的环境报告书分为两类：一类是面向政府部门的；另一类是面向社会公众的。两类报告的内容和格式有所不同，但是可以交叉使用。即面向政府的环境报告可以向社会公布，面向社会的环境报告也可以提交给政府。

（3）法国。为了体现生态的可持续发展观，法国于 1978 年开始以实物量和货币量单位计量该国自然资源的存储量和变化量，并着手构建环境会计体系，核算对象扩展到土地、底层土和森林在内的自然资源。人们认识到将环境会计与国家会计联系起来的诸多益处，即不仅可以得到一个能更准确地反映社会财富的经济总量，更重要的是还可以合理地分析出生态、经济和环境之间的相互影响，并可以就生态、经济和环境之间的相互作用加以评价。像绝大多数国家一样，法国的国家资产负债表也是以货币单位计量该国所有固定资产和流动资产的价值。1986 年，法国开始计量环境保护方面的支出。目前，法国的环境会计体系正在更新并尝试与欧洲环境经济信息系统接轨。

（4）德国。德国的环境会计研究与实践主要体现在内部管理方面，在内部环境会计方面有明显优势。目前德国的环境会计内容主要包括五大类：物质能量流动会计、土地会计、环境评估会计、环境保护支出会计和可持续发展成本会计。具体的发展脉络梳理如下：1982 年，德国 Ken 大学的约瑟夫·克洛克（Josef Kloock）就提出了环境成本的计算。1990 年，克洛克等学者在德国经营经济学领域内对环境成本的计算取得了重大进展，认为环境成本的计算实质在于从已经制度化的成本计算体系中分离出环境成本，从而形成环境成本和通用成本两种成本并行处理。受这种观点的影响，1996 年德国环境与核安全部集中了众多研究人员、产业界代表、顾问公司意见，在此基础上编撰了《环境成本计算手册》，该手册对德国产业界产生了很大的影响。目前，德国环境会计核算目标是评估其自身的环境影响及其经济影响，下一步核算重点则是土地的综合使用情况。

（5）美国。美国从 20 世纪 70 年代开始着手环境会计相关问题研究。在环境会计的理论研究与实践中，美国财务会计准则委员会（Financial Accounting Standards Board，FASB）、证监会（Securities and Exchange Committee，SEC）、环保局（United States Environmental Protection Agency，EPA）、注册会计师协会（American Institute of Certified Accountants，AICPA）等政府机构和专业团体发挥了很大的作用。

例如，FASB 于 1989 年建立了专门工作小组，主要研究环境负债和支出事项的会计处理，并要求企业依据 1975 年第 5 号准则（SFAS 5）——《或有负债会计》处理环境负债问题，该文件主要涉及如何确认和计量一般性的或有负债与损失，但这类环境负债方面的确认和计量并不具体。因此，FASB 又陆续颁布了《EITF89 – 3 石棉清除成本会计处理》《EITF90 – 8 环境污染费用的资本化》《EI-TF93 – 5 环境负债会计》三个有关企业环境成本处理的公告，专门针对环境事项的会计处理。其中，前两个公告对环境费用的资本化条件进行了说明，环境污染的处理费用作为当期费用，计入当期损益，只有满足三个条件时，才允许资本化处理。这三个条件如下：一是延长了资产使用寿命，增大了资产的生产能力，或改进了生产效率；二是可以减少或防止以后的环境污染；三是资产将被出售。公告《EITF93 – 5 环境负债会计》会要求企业将潜在的环境负债项目单独核算，并与其他或有负债分开列示。

同时，SEC 在环境信息披露规范方面发挥了积极的作用，例如，SEC 在 1993 年 6 月专门就环境会计与报告问题发布了第 92 号会计公告，要求上市公司对现存或潜在的环境责任进行充分、及时的披露，否则将实施罚款并在媒体上予以公示。另外，EPA 对环境会计发展也作出了积极贡献。从 1992 年开始，EPA 专门就环境会计规划项目进行了重点研究，1995 年组织编写并出版了《作为一种企业管理工具的环境会计导论：基本概念及术语》一书，对环境会计的相关术语进行了定义，并阐述了环境会计的基本概念，而且在环境成本计算、环境成本分配、环境会计信息披露和应用方面为企业提供了技术指南。2001 年，EPA 公开发布了《鼓励自我监督：发现、披露、改正和防止违法》的文件，鼓励企业自愿披露环境信息，并对那些自愿披露、改正的企业减免法律处罚。

另外，AICPA 也在制定关于环境会计、报告与审计方面的指南。1996 年，AICPA 会计标准执行委员会发布了《环境负债补偿状况报告》（SOP No 96 - 1）。这是迄今为止最为完整的标准。AICPA 标准明确界定了环境补偿费用，并量化了其标准，为实际操作打下基础，也对一些相关内容的揭示提出了要求。SOP No 96 - 1 揭示的内容包括相关的会计政策、债务贴现、增加额的性质以及估算的用途，鼓励公司对偶发环境潜在责任细节予以描述。SOP No 96 - 1 提出了公司在报告环境补偿责任和确认补偿费用时的基本原则，揭示了补偿责任的不同方法，旨在提高和细化涉及确认、计量和揭示环境补偿责任标准的适用性，明确了补偿费用的范围。此外，该标准要求在补偿责任中单独予以处理和确认任何可能从第三方获得的补偿。同时，只要有补偿的可能，就应确认相关资产。由此可见，美国的众多部门联手工作，国家行政命令与各方面监管同时作用，在保护环境的同时，为美国的环境会计发展做出了很大的贡献。

（6）加拿大。加拿大是环境会计研究较为先进的国家之一，多年来在环境会计和审计方面做了许多积极探索，并取得了一系列成果。加拿大特许会计师协会（Canadian Institute of Chartered Accountings，CICA）作为全国性会计组织，承担着制定适用于全国的会计、财务报告与审计准则的任务。环境问题越来越受到关注，使得企业、政府、会计职业界的传统业务、技术、方法和发展道路发生了深刻的变化。面对环境问题带来的新挑战，CICA 做出了许多努力，并在环境会计与审计的研究、环境会计与审计准则的制定及其相关的出版物上取得了令人瞩目的成就。

相关成果主要体现在以下三大报告中。一是《环境审计与会计职业界的作用》，主要阐述了环境审计的含义、会计职业界在环境审计中的作用以及环境审计与其他有关方面的关系。该报告广泛地讨论了企业环境影响和环境绩效上的受托责任，分析了建立在这一框架内的环境管理、信息系统与审计，探讨了执业会计师如何提供环境审计服务，并提出了一些值得思考的建议。二是《环境成本与负债：会计与财务报告问题》，涵盖的主要内容是在现行财务报告框架内如何记录和报告环境影响，以及环境成本和环境负债的确认方式、环境成本与损失的认定及资本化或费用化、环境债务与承诺的确认与计量、环境原因引发的资产修复、未来环境支出与损失的披露等。三是《环境绩效报告》。此报告是 CICA 与其他组织共同合作完成的，涉及的主要内容有三方面：其一是企业环境绩效信息的内容和提供方式；其二是环境绩效信息披露的影响因素；其三是独立环境报告和年度报告中的环境绩效信息各自列示和披露的方式。此外，CICA 于 1993 年发布了两大报告，分别是《加拿大的环境报告：对 1993 年度的调查》与《废弃物管理系统：执行、监督与报告准则》。前者对加拿大公司关于环境成本、负债、风险及环境绩效披露情况等做了比较详细的调查，后者为废弃物管理政策、目标、计划及内部控制等问题确定了一个基本的框架。后续还开始了有关环境会计新的研究课题，CICA 还出版了《基于环境视野的完全成本会计》报告，对完全成本概念进行了阐述，通过案例剖析明确完全成本与其他成本核算的不同。

（7）澳大利亚。澳大利亚环境会计的研究与实践最先体现在由澳大利亚会计准则委员会（Australian Accounting Standard Board，AASB）颁布的第 4 号会计概念公报（SAC－4）中。该公报明确规定了环境负债的确认问题，并在《财务信息的质量特征》中要求企业披露能可靠计量的相关环境负债。在实践方面，澳大利亚会计研究协会于 1997 年 7 月发布了具体公告，以明确财务报表审计中有关环境影响的考虑事宜。该公告的主要内容列示如下：在财务报表中考虑环境影响的必要性，由于法规变化所引起负债变化的确认，对内部控制系统进行检查，保持适度的环境记录，环境记录和相关财务数据之间的协调，与环境专家保持联系，检查内部审计，评价揭示环境影响的充分性。这一公告的发布使得外部审计人员能更广泛了解商业实体的运行中所牵涉的环境问题，并使环境管理人员和公司会计人员之间的业务联系更紧密。

（8）日本。日本环境会计研究处于世界领先地位，可从以下方面进行梳理总结。

首先，政府大力倡导企业引进环境会计的基本理念。政府为了推动企业实施自主的环境保护活动，采取了一系列措施，如编制环境会计实施指南、介绍企业成功案例、举办各种研讨会和学习班进行培训等，引导企业通过环境会计来分析环境保护活动的费用及效果，并以环境报告书的形式公开其环境行为的状况。1997 年，日本企业为了取得 ISO 14001 认证，投入大量人力、物力和财力来实现环境保护，这时企业环境会计开始被关注，并得以突飞猛进地发展，同时也受到联合国可持续发展开发部的充分肯定。

其次，日本环境省积极推行环境会计核算体系。20 世纪末，日本提出建设以"最优生产、最优消费和最少废弃"为特征的可持续发展的"循环型经济社会"理念，为此，日本政府自 1999 年以来制定或修订了以《循环型社会基本法》为首的一系列与企业环境会计关系密切的法律法规，通过建立健全与环境相关的法律法规体系，为推行企业环境会计工作奠定良好的法律基础。日本环境省作为一个重要的监督机构，积极推广环境保护政策，负责指导和督促企业实施环境会计，推进企业环境会计工作，并出版了《环境会计指南手册》《关于环境保全成本公示指南》《面向环境会计（2000 年报告）》等指南和报告，以上都意味着日本企业的环境会计实践迈出了规范性的一步。例如，《关于环境保全成本公示指南》通过环境保全成本的确认、计量和报告，界定了环境保全成本的基本方针，并以环境成本与环境效益、效果的比较为主线贯穿于企业环境会计信息的全部内容。《环境会计指南手册》中首次明确提出了环境会计的框架和环境会计的三要素（"环境保护费用""环境保护效果""环境保护对策经济效果"）。该指南还提出了环境会计信息披露的基本模式有三种：一是以环境保护费用为主的"环境保护费用主体型"；二是主要比较环境保护效果的"环境保护效果对比型"；三是比较环境保护效果和环境对策经济效果的"环境保护综合效果对比型"。这也为日本政府环保政策制定提供了基本思路。

再次，其他相关团体和实业界相继将环境会计付诸实践。随着日本环境成本研究进程的快速推进，日本学者的相关论著如雨后春笋般展现出来，日本相关行业协会和研究机构也深入企业进行相关调查研究，这是日本企业环境会计得以迅速推广的重要措施。例如，1999年日本通产经济省委托产业环境管理协会进行了有关环保设备投资决策及环境业绩评价体系等方面的调查研究，并取得了良好效果。日本会计师协会设立了环境会计专门委员会对国内外研究动态进行调查研究，类似的研究组织或机构还有日本能源协会的环境会计研究会、产业环境管理协会的环境会计委员会等。另外，各大行业如煤气、建筑、石油、橡胶等都引进了环境会计，许多大学、医院等每年也公布环境报告和环境会计信息，为开展环境保护、建设循环型社会做出自己的努力。

最后，大力推行企业环境审计监督，开展环境会计方面的认证工作。随着日本《循环型社会基本法》等系列环境法规的制定执行，日本取得ISO 14000系列认证的企业已超过8 000家，企业披露环境会计信息的情况也日益增多，同时，需要对企业所作的环保贡献予以认可和鉴证。上述种种情况要求企业实施环境审计监督，开展第三方认证工作。为适应这种需求，以日本公认会计师协会为主的日本相关协会、职业团体及研究机构积极开展企业环境审计和第三方认证的调查研究及实施工作。2001年7月，日本公认会计师协会公布了《环境报告书指南试行方案》（中期报告），通过独立的审计机关或环境监督机关对企业环境报告进行认证和鉴证，以取得社会公众的认可，助企业扩大环境经营成果，并树立良好的环保形象。

2.2.3 环境会计的技术和方法研究

环境会计的相关技术和方法主要体现在环境会计的核算、控制及管理方面。环境会计核算信息的提供，有助于管理者实施有效的环境成本控制和管理。所罗门和汤姆森（Solomon & Thomson，2009）把环境会计的研究分为了两部分：一是环境财务会计和报告；二是环境成本会计和管理。

（1）环境财务会计和报告侧重于对股东或公众的环境会计信息披露。例如，联合国国际会计和报告标准政府间专家组从1989年开始从事环境会计报告问题的研究。1990年，在挪威和印度两国的倡议下正式立项环境会计和报告项目。1990年、1992年和1994年ISAR分别对世界各国的环境会计实施情况进行了三次国别调查，取得了大量的一手资料，进行了大量的环境会计信息问题的披露，1998年在日内瓦召开的联合国国际会计和报告标准政府间专家工作组会议上，通过了《环境成本和负债的会计与财务报告》，此报告包括了环境会计的定义、环境成本和负债的确认、计量、环境成本与负债的披露。2002年对此报告进行了修改，使之成为目前国际上第一份比较完整的环境会计和报告的国际指南，为各国政府、企业及其他利益集团改善环境会计和报告质量，实现环境会计领域的协调提供了指导。2004 年 ISAR 发布了《生态效率指标编制者和使用者手册》，生态效率指标将环境业绩与财务业绩指标结合起来，衡量企业在生态效率和可持续发展方面的进步。2007 年又发布了《关于年度报告的企业责任指标指南》，明确指出披露自身的环境问题是企业的责任。

（2）环境成本会计和管理则偏重于内部信息的提供和环境成本的控制。国际会计师联合会（FAC）在 1998 年发表了《组织中的环境管理：管理会计的作用》报告。该报告定义了环境管理实践、环境会计、EMA 等术语，简要概括了在可持续发展的框架下企业环境管理的主要挑战和目标，讨论了会计人员在企业环境管理中的作用。2005 年，IFAC 发布了《环境管理会计指南》，该指南梳理了环境管理会计的定义、作用及应用，清除了环境管理会计的紊乱，有助于会计师和审计师审计财务报告及其他报告中与环境有关的信息。该指南是在整合各国环境管理会计应用案例的基础上制定的，吸取了联合国可持续发展委员会（United Nations Commission on Sustainable Development，UNDSD）在 2001 年出版的《环境管理会计——程序和原则》中的精华部分，具有较强的综合性和包容性，许多建议普遍适用于各国企业的环境管理会计实践，并为今后制定环境管理会计的正式指南奠定了坚实的基础。

布里特和萨卡（Burritt & Saka，2006）认为，环境成本管理技术主要用于追溯和跟踪环境成本和自然环境的物理流动，是一种相对较新的环境管理工具，从成本管理视角研究环境成本的相关技术和方法，重点在于环境成本的确认和计量、如何控制环境成本及利用环境成本来制定环境决策等。赫本（Herbohn，2005）认为，全成本环境会计法（FCEA）是环境会计的一种重要方法，它的发展需要有合适的计量技术。昆施等（Kunsch et al.，2008）研究了环境成本贴现率的计算与选择，并以核废弃管理项目为例，研究如何通过计算总成本的净现值而求得折现率，研究结果表明，采用期权法，通过古典的 B - S 定价公式可确定环境项目的折现率。罗曼（2009）通过案例分析，讨论了《京都议定书》中就成本收益原则的应用和碳会计技术所提出的一些要求。在环境成本分析方面，米洛纳基斯（Mylonakis，2006）提出了考虑时间因素的成本效益分析（cost-benefit analysis，CBA）扩展模型。

美国会计学会（American Accounting Association，AAA）也认为，企业应编制反映环境影响的内部和外部两张报表：对于内部报表，可利用多维方法收集财务与非财务信息，利用新模式处理与环境有关的问题；至于外部报表，则可在资产负债表中单列用于环境控制的资产和相关的折旧费，在损益表中单列一行用于环境控制的费用。美国管理会计学会（Institute of Management Accountants，IMA）也积极参与环境会计的研究实践，曾发表了《企业经营决策中的环境会计技术与工具》第 42 号管理会计公告，内容主要集中于成本分析、投资分析和业绩考核三个问题，目的在于帮助会计师理解企业目标、战略和环境会计工具与技术之间的关系，理解环境会计的作用和任务，根据环境会计的观念理解成本分析、投资分析、风险分析和业绩考核的关系，评估企业经营中运用环境会计技术所遇到的挑战。

2.2.4 主要国家和组织制定的环境会计准则

2.2.4.1 由 FASB 制定

FASB 于 1975 年颁布了《或有负债会计》准则，该准则主要涉及如何确认或有负债与损失，但没有解决计量的问题；同年颁布了《损失金额的合理预计》准则，规定了怎样计量，提出当损失的预计具有一个更合理的区域，在该区域内没有哪一个金额比其他更好时，其中最小的金额应该被预计入账并对外披露。为了专门针对环境事项的会计处理，FASB 于 1989 年发布了第 89-3 号公告——《EITF89-3 石棉清理成本的会计处理》，主要解决有关石棉污染的会计核算问题，包括清理石棉所发生的成本是资本化还是费用化，以及费用化时是否作为特殊事项予以报告；1990 年发布第 90-8 号公告——《EITF90-8 处理环境污染成本的资本化》，主要解决环境污染的处理问题，要求企业污染治理成本费用化，除非有资料证明该项污染治理能延长企业资产寿命或增加资产效能，才允许资本化处理。随后，FASB 发布了第 93-5 号公告——《EITF93-5 环境负债会计》，主要解决了有关环境负债的核算问题。1996 年，针对上市公司环境信息披露的规范，FASB 颁布了《环境负债补偿责任报告》，提出了企业在报告环境补偿责任和确认补偿费用时的基本原则；提供了对补偿责任进行揭示的不同方法，以提高和细化涉及确认、计量和揭示环境补偿责任标准的适用性；明确了补偿费用的范围等。2001 年 FASB 继续颁布了《资产处置义务会计》准则，主要是为遵循环境恢复法定责任而统一规范资产处置义务及其相关成本的确认和计量。

2.2.4.2 由 AASB 制定

AASB 于 1990 年颁布了《财务信息的质量特征》准则，1995 年发布了第四号会计概念公报，规定了环境负债的确认、计量和报告。

2.2.4.3 由 CICA 制定

加拿大是较早研究和实施环境会计的国家。CICA 在有关环境会计与审计的准则制定方面做了大量工作。CICA 在 1991 年出版的会计手册提出了关于为污染场地修复建立储备的建议。1994 年其在"会计建议第 3060 节"中谈到如何确认和计量土地恢复成本的问题：若该项成本已发生且能合理地估计或确定时，可确认为环境负债；若无法合理估计或确定时，则列为或有负债。

CICA 于 1993 年成立了一个特别小组，定期举办关于环境问题的研讨会，并就环境会计、管理与审计实务向其会员提供信息和技术上的帮助。1993 年初，CICA 可持续发展专门小组发布了一项报告，在分析了人们在环境问题上所面临

的挑战后，提出了会计职业界在环境问题上努力的方向和应该采取的行动。该报
告建议，CICA 应继续不断地发挥积极主动的作用，不断推动环境会计和审计的
发展，提高会计师在环境管理和其他环境事务中的作用，推动环境会计教育和研
究，加快环境会计、报告、审计方面的准则制定工作。

CICA 于 2003 年颁布了《环境成本与负债：会计与财务报告问题》，这其中
包括环境成本与损失的认定以及资本化或列作费用的问题，环境债务承诺的确认
和计量问题，由环境原因引发的资产修复问题，环境成本、债务、承诺与会计政
策披露问题，未来环境支出与损失披露问题，等等。2006 年 CICA 颁布了《环境
绩效报告》准则，主要规定在企业决定对外报告环境绩效时应该如何列示和披露。
CICA 审计准则委员会已经发布了一项关于受环境事务影响的财务报表审计的指南。
目前，该协会的会计准则委员会正在制定有关如何在财务报表中反映环境成本与负
债的会计准则。此外，加拿大标准协会的环境审计与环境管理系统技术委员会也已
经授权特许会计师协会在有关准则和标准的制定方面做出更多的努力。

2.2.4.4　由日本环境省制定

日本环境会计的发展在亚洲最具有代表性，日本环境会计的研究起步较晚，
但发展很快。2002 年，日本发布了《环境会计系统的导入指南》，具体对环境成
本的分类、确认和汇集提出了指导要求；2005 年颁布了《环境会计指南》，增加
真实收益（有形经济收益）和估计收益（估计的经济收益）的重要性及计算方
法、环境保护活动经济评价等内容。

2.2.4.5　由 ICAEW 制定

英格兰和威尔士特许会计师协会（The Institute of Chartered Accountants in
England and Wales，ICAEW）是由六家地方性会计职业组织合并组成的，总部位
于英国伦敦。ICAEW 的主要职能有教育培训学员、职业后续发展、制定专业和
道德准则、相关会计技术更新、提供咨询及会员服务等。ICAEW 于 1996 年颁布
了《财务报告中的环境问题》准则，详细论述了环境成本的核算、环境负债的
核算、或有环境负债、资产损害复原以及信息披露问题。

2.2.4.6　由 ISAR 制定

ISAR 从 1989 年开始从事环境会计报告问题的研究，于 1998 年发布了《环
境成本和负债的会计与财务报告》，其中包括与环境有关的主要会计概念的定义，
环境成本和负债的确认、计量及披露。ISAR 在 2000 年颁布了《企业环境业绩与
财务业绩指标的结合》，主要对生态效率指标的核算进行规定，为企业把环境业
绩和财务业绩相结合提供了一种方法。2004 年 ISAR 发布了《生态效率指标编制
者和使用者手册》，生态效率指标将环境业绩与财务业绩指标结合起来，为生态
效率指标的编制者和使用者提供具体指南。

可以看出，各国环境会计准则所规定的内容主要包括环境成本的确认与计

量、环境负债的确认与计量以及环境会计信息的披露，只有 ISAR 和 CICA 提出了应将环境业绩与财务业绩相结合。同时，环境资源的会计核算问题均没有纳入环境会计准则。国际会计准则理事会作为在世界上具有重大影响的会计准则制定机构，对环境会计没有进行系统的研究。因此，目前国际上对环境会计准则的制定尚处于起步阶段。

2.3 环境会计的国内发展

我国对西方"环境会计"思潮的认识始于 20 世纪 90 年代初期。会计学界泰斗葛家澍教授在《会计研究》1992 年第 5 期上发表的《九十年代西方会计理论的一个新思潮——绿色会计理论》一文，在我国会计理论学术界引起了强烈反响，之后有一批学者开始涉足这一领域进行开拓和研究。目前，随着学者们的不断探讨，我国环境会计研究取得了相当可观的学术成果，推动了我国环境会计研究的发展，成果主要集中在以下几个方面。

2.3.1 环境会计理论研究

英美等国从 20 世纪 70 年代开始就已经进行了环境会计的研究，逐渐形成了较为系统的环境会计理论与方法。目前国外发达国家的环境会计研究正向纵深发展，开始环境会计应用方面的研究。而我国环境会计研究还处于起步阶段，而且也主要是在介绍、借鉴、继承与局部创新的基础上开展起来的，虽然未形成系统完整的理论，但经过近十年的研究和探索，也产生许多有用的研究成果，所形成的基本观点大致可分为以下几个方面。

2.3.1.1 环境会计的概念与本质

孟凡利教授认为，环境会计是"企业会计的一个新兴分支，具体地说，它是运用会计学的基本原理与方法，采用多种计量手段和属性，对企业的环境活动和与环境有关的经济活动和现象所做的反映和控制"。具体而言，它是以货币为主要计量尺度，以有关环保法规为依据，研究经济、社会发展与环境之间的关系，计量和记录环境污染、环境防治、开发、利用的成本费用，评估环境绩效及环境活动对企业财务成本影响的一门新兴会计分支。

2.3.1.2 环境会计的基本原则

绝大多数学者认为环境会计作为会计学的一个分支，核算时必须遵循一般会计核算的原则，但又有其独特性。项国闯（1997）认为，环境会计核算时除遵循一般会计的核算原则外，还应遵循社会性、预警性、政策性、多种计价基础并用四项原则。孟凡利（1999）和方文辉（1999）认为，环境会计的独特原则主要体现在兼顾经济效益和环境效益、外部影响的内部化、社会性、法规性、一定的灵活性、强制披露与自愿披露相结合七个方面。刘永祥（2001）和刘爱东等（2003）认为，上述七个方面存在着表达上的重叠，只需要坚持社会性、灵活性和充分披露三项原则。其他学者提出的环境会计独特原则还有推定性、最小差错、公平性、对应性、强制性和谨慎性等。

2.3.1.3　环境会计的对象要素

一般认为，环境会计的对象是企业经济活动对环境的影响。但在如下两个问题上，代表们的看法不尽一致：一是在确立环境会计对象时，是否强调货币计量？多数人认为，环境会计计量具有多重性特征，不应只拘泥于货币计量，而张以宽（2007）、罗绍德（2001）等代表则强调了环境会计对象的货币计量性特征。二是"环境"究竟应当包括哪些内容？一般都强调自然资源环境。杨雄胜则认为包括自然环境和人文环境两大方面，并认为传统环境会计的不足在于只关注自然环境的影响而忽略了人文环境的影响，因此，革新环境会计理论势在必行。在环境会计要素上，代表们分别提出了"三要素论"（环境资产、环境成本和环境负债）、"四要素论"（环境资产、环境负债、环境支出和环境收入）和"六要素论"（环境资产、环境负债、环境权益、环境费用、环境收入和环境利润）三种要素分类观点。

2.3.1.4　环境会计假设

假设是会计系统运行的基本前提。环境会计有无特殊的、区别于传统财务会计的假设，学者们的看法不一。有的学者认为，可持续发展假设、多重计量假设等，构成环境会计的特殊假设。对此，暨南大学罗绍德提出了不同的看法，认为环境会计假设与财务会计假设实际上是一致的，环境会计没有区别于财务会计的特殊假设。关于环境会计的主体究竟在于企业还是政府？代表们亦有争议，主要有三种观点：一是认为环境会计既涉及微观（企业）又涉及宏观（政府）；二是认为环境会计的主体实际上就是企业；三是认为政府作为环境会计的主体更适合我国的实际情况。结合我国实际，当前尤其应当关注企业层面特别是上市公司的环境会计问题的研究。

2.3.1.5　环境会计目标

南京大学杨雄胜提出，人类发展面临三大问题，即经济的可持续发展、全球的金融风险和严重而普遍的经济腐败，环境会计则以经济可持续发展和遏制经济腐败为目标。北京工商大学张以宽（2007）认为，环境会计的目标应是满足会计信息系统的需要者进行决策的需要。主要内容包括帮助环境资源所有者和管理者了解环境资源的存量和流量、资源资产的分布以及可能产生的变化情况，了解环境资源所能产生的效益以及已实现效益的能力，了解环境投资总额、投资管理情况、投资产生的效益及环境负债变动情况，了解环境费用支出总额及其具体用途等。肖华、李建发（2004）提出，鉴于我国目前公众的整体环境意识比较低的情况，我国企业环境报告应首先考虑政府管理机构、投资者和金融机构等主要的信息使用者对企业环境信息的需求。在这种情况下，我国近期环境报告的目标可以定义为向政府管理机构、当前和潜在的投资者、债权人等环境利益关系人提供有关报告主体对其环境受托责任的履行情况，以及对于理智的投资、贷款及其他决策有用的信息。

值得指出的是，致力于环境会计问题研究的不仅仅是会计理论界的专家，许多工程技术专家、社会贤达及政府官员，也分别从不同角度就环境会计的计量与报告问题提出了富有成效的设想与建议，从而为我国对这一问题的深入研究奠定了基础。

2.3.2 环境会计成本核算研究

目前，国外对环境会计的研究已经向环境会计准则与制度等方面纵向发展，污染损失、资源价格等已经列入核算科目。而在我国，环境会计从 20 世纪 90 年代初才开始引起重视，现在基本上还处于探索阶段，尚未形成完整的理论体系与定型的实践模式，相对侧重于环境成本核算问题的研究，整体上还停留在探讨建立核算框架的阶段，但也有不少的学者深入探讨了其中的一些议题。

（1）在环境成本的界定上。北京大学王立彦教授（1998）从不同的空间、时间和功能的角度分别明确界定了环境成本，进而讨论其确认与计量，拓展了研究者的视野。浙江财经学院李连华教授（2000）认为传统会计实务未对环境成本进行单独的确认和计量，导致企业只重视经济效益而忽略社会效益，应在传统会计及国内外学术界对环境成本确认的比较研究基础上，对环境成本进行合理界定，并建立环境成本的计量方法，以期为企业进行环境治理做决策提供理论基础和方法。

（2）在环境成本的分类方法上。环境成本可以根据定义或价值链进行分类。根据定义，环境成本可以分为环境控制成本和环境故障成本（王跃堂，2002）。前者是指企业主动承担环保责任而产生的成本，如资源维护、采用环境友好原材料或设备等发生的额外支出；后者是指预防成本之外所发生的各类环境支出，主要是由企业环境责任承担不足而引起的，如资源效用降级、环保处罚等支出。根据企业价值链，环境成本可分为设计阶段环境成本（如生产材料选择等）、制造阶段环境成本（生产工艺流程的环境影响等）和售后服务环境成本（产品回收环境影响等）。企业价值链上的所有经营活动都会涉及环境成本，从价值链出发分析环境成本的形成，能够实现环境成本的有效管理和控制。

王立彦教授将环境成本从空间和时间两方面进行分类。他认为，从空间范围来看，一个企业的环境成本总是可以区分为内部环境成本和外部环境成本。这种区分是基于当期 .（会计期间）环境成本是否由本企业承受和支付的，比如排污费、环境破坏罚金或赔偿费、环境治理或环境保护设备投资等。内部环境成本和外部环境成本相比较的一个显著特点是对其已经可以作出货币计量（尽管并非一定合理和精确）。外部环境成本是指那些企业经济活动所引起但尚不能明确计量，并由于各种原因而不应该由本企业承担的不良后果。从时间范围来看，着眼于对环境成本的会计处理与其实际发生的时间吻合性，可以将环境成本作为三种类别划分：过去环境成本、当期环境成本以及未来环境成本。毛洪涛教授（2002）认为环境成本通常可以分为两类：一类是从企业产生环境负荷的影响因素来进行环境成本的分类核算，以谋求环境成本降低与环境负荷减少的协调；另一类则是从环境成本的效果观出发，以降低环境负荷的影响因素、提高环境保护效果为目标进行分类。

（3）在环境成本的确认与计量方面。浙江财经学院李连华教授等（2000）在国内外学者和组织研究的基础上提出了自己的观点，认为成本是一个流出的概念，代表着某一主体为了实现某种目的或实现某种目标而发生的资产流出或价值牺牲。将这一含义移植到环境管理领域就可以界定出环境成本的内涵。即环境成本是指企业因环境污染而负担的损失和为了治理环境而发生的各种支出。西南财经大学林万祥教授等（2002）在环境成本的确认与计量议题上也做出了类似的研究，认为确认与计量是环境成本核算的重要组成部分，也是其理论构建的难点，并且从财务会计学理论角度出发，探讨了环境成本核算的基本原理，分析环境成本核算的流程、依据及理论标准，研究环境成本的计量属性，以构建环境成本确认与计量的理论框架。

（4）在环境成本核算问题上。西南大学曾勇（2001）等针对项目层次环境成本核算技术存在的两大缺陷，构建了产品生命周期环境成本核算模型。他们以红矾钠产品生命周期为例，采用直接计算法、费用当量法进行拟合，得到了红矾钠产品的生命周期环境成本，并分析了环境成本核算对可持续发展决策和管理的作用及意义。四川大学徐玖平教授等（2003）在分析环境成本概念的基础上，借鉴投入产出法的基本思想，根据企业经营活动的特点，构建了环境成本计量的投入产出模型，并以四川省某一大型纸业公司为例进行了实证分析。中国环境规划院蒋洪强等（2004）在陈述环境成本的定义和分类以及国内外环境成本核算研究过程的基础上，提出可持续发展理论、总成本理论、外部性和边际机会成本理论以及基于 SEEA 核算体系的环境成本计量理论是环境成本核算的四大理论支柱，并对环境成本核算方法的研究进行了总结和分析。

（5）在环境成本计算方法上。清华大学王燕祥（2002）以华北某火力发电厂为对象，进行了探索性尝试，并对作业成本法在污染企业的具体应用进行了介绍，通过研究认为作业成本法是计算环境成本的可行方法。清华大学徐瑜青等（2003）对全成本法与生命周期分析、外部环境成本的内部化以及未来环境成本的处理等问题进行了研究，对全成本法在企业中的实施进行了可行性论证，认为全成本法是环境成本计划与控制的有效方法。

（6）在环境成本的会计处理的议题上。王立彦（1998）认为，环境成本的追踪与分配应当作为成本会计与管理会计的一个主题，根据当时的实际情况，需要着重讨论环境法规和会计法规两方面问题，同时，他对环境成本管理和环境成本核算分析的若干新概念做了概要的延伸性介绍。

2.3.3 环境会计信息披露政策与实践

我国对环境保护的重视始于 1978 年，邓小平同志首先提出我国应制定环境保护政策；1984 年，中央将环保提到了"基本国策"的地位；1994 年，我国确立"可持续发展战略"；1997 年，《刑法》增加了"破坏环境资源保护罪"；1999 年，我国将"国家保护和改善生活环境和生态环境、防治污染和其他公害"写入了《宪法》；2003 年，中央提出以人为本，全面、协调、可持续的科学发展观，提出城乡发展、区域发展、经济社会发展、人与自然和谐发展、国内发展和对外开放五个统筹，环境保护越来越占有重要的战略地位。2008 年 5 月 1 日，国务院的《政府信息公开条例》和环境保护部的《环境信息公开办法（试行）》于同日起实施，较为详细地规定了环境保护行政部门公开政府环境信息的行为和企业公开环境信息的要求，是我国环境信息公开的主要法律依据，标志着我国较全面的环境信息依法公开新阶段的开始。无论是在此之前还是之后，我国还出台了众多与环境信息披露相关的政策规定。《环境信息公开办法（试行）》第二条明确规定："本办法所称环境信息，包括政府环境信息和企业环境信息。"下面，分别从政府环境信息公开和企业环境信息披露两方面回顾我国相关政策的演变历程。

2.3.3.1 我国政府环境信息公开的相关政策

首先，《政府信息公开条例》拓展了政府环境信息公开的主体范围。我国《环境保护法》第十一条第二款规定："国务院和省、自治区、直辖市人民政府的环境保护行政主管部门，应当定期发布环境状况公报。"依据这一原则，只有国务院和省一级政府的环境主管部门才有义务定期公开环境信息。这样的法律规定使得政府环境信息公开的主体范围狭窄，不利于保障公民的环境知情权。而《政府信息公开条例》第十条明确规定："县级以上各级人民政府及其部门应当依照本条例第九条的规定，在各自职责范围内确定主动公开的政府信息的具体内容，并重点公开下列政府信息。"其中（十一）为环境保护。

其次，《环境信息公开办法（试行）》界定了政府环境信息公开的主要内容。虽然我国环境信息公开在此前已经取得了不错的成绩，但从政府环境信息公开的内容来看仍然存在着不足。一是我国政府环境信息公开主要集中在水、大气、噪声等环境要素，对于非环境要素的环境状况、拟定用来保护这些要素的措施以及影响环境要素的各种因素等未做规定。二是环境信息公开的范围模糊，政府在环境信息中必须公开什么、可以公开什么、不能公开什么缺乏明确的范围。《环境信息公开办法（试行）》第十一条明确规定了环保部门应当在其职责权限范围内向社会主动公开 17 项环境信息。

除《政府信息公开条例》和《环境信息公开办法（试行）》之外，在其他环境法律法规中，也零散地规定了政府环境信息公开的内容。如 1989 年的《环境保护法》第十一条第二款、2002 年的《清洁生产促进法》第三十一条等，这些信息公开限定在超过污染排放标准的主要污染者的情况，但不够全面。2003 年 4 月，国家环境保护总局发布了《环境保护行政主管部门政务公开管理办法》，规定了政务公开应遵循的原则、内容和形式、程序及要求、组织领导、监督检查等，要求各地环保行政主管部门应公开以下内容：环境质量状况，环保部门规章、标准等规范性文件，环境保护的规划和计划，建设项目环境影响评价的审批，等等。2004 年 6 月，国家环境保护总局又发布了《环境保护行政许可听证暂行办法》，对于所在地居民生活环境质量的建设项目以及可能造成不良影响并直接涉及公众环境权益的有关规划，环境保护行政主管部门可以举行听证会，征求有关单位、专家和公众的意见。2007 年 5 月，国家环境保护总局公布了《关于加强全国环保系统政务公开工作的意见》，强调要加强全国环保系统政务公开工作，加快推进环境保护历史性转变。按照该项政务公开要求，应公布环境质量状况、环境影响评价制度执行情况、排污费征收情况、环境监察执法情况、突发环境事件和污染物排放情况。2010 年 7 月，环境保护部印发了《环境保护公共事业单位信息公开实施办法（试行）》的通知，要求全国环境保护公共事业单位公开提供社会公共服务过程中制作或获取的信息，以保障公民、法人和其他组织依法获取与自身利益密切相关的信息。

2011 年 6 月，环境保护部为保护环境、防止污染、规范企业环境信息公开行为，认真贯彻落实《环境保护法》《清洁生产促进法》《环境信息公开办法（试行）》，制定了《企业环境报告书编制导则》，对企业环境报告书的框架结构、编制原则、工作程序、编制内容和方法进行了规范。编制内容包括环境管理状况、环保目标、降低环境负荷的措施及绩效、与社会及利益相关者关系等诸多与环境相关的信息。编制方法则对指标的含义、计算和来源进行了详细说明。

2012 年 10 月 30 日环保部发布的《关于进一步加强环境保护信息公开工作的通知》中，突出强调了各级环保部门应主动公布违法排污和环保不达标生产企业的名单，扩大主动公开环境信息的范围，依法督促企业公开环境信息，并把环境信息发布情况作为重要的工作考核指标。

2.3.3.2　我国企业环境信息披露

我国于 20 世纪 90 年代末在世界银行的帮助下，在镇江市和呼和浩特市试点研究与探索企业环境信息公开化制度，主要是进行企业环境行为信誉评级和公开。它的设计是按照浓度达标→污染治理→总量达标→环境管理→清洁生产这一思路进行的。考虑到反映企业环境行为等级的评价标志应当简单明了和易于记忆，同时考虑到大众对环境问题的认识和习惯，该制度将企业的环境行为分为 5 类，分别用绿色、蓝色、黄色、红色和黑色表示，并在媒体上公布。江苏省镇江市于 2000 年实施这一制度，在市区主要媒体上公布了 91 家企业 1999 年度环境行为评级结果。2001 年 6 月，镇江市第二次公布了 105 家企业 2000 年度环境行为评级结果。2002 年，企业环境行为评级在江苏省逐步推广

从 2003 年起，我国陆续出台了一系列环境法律、法规和政策，对企业环境信息披露进行了不同程度的保障和规范。2003 年的《清洁生产促进法》以及 2004 年的《清洁生产审核暂行办法》对被列入强制清洁生产审核名单的第一类重点企业规定了强制性的信息披露义务。2003 年的《环境影响评价法》和 2006 年的《环境影响评价公众参与办法》，对公众在获得有关信息基础上正式参与环评的程序进行了较为详细的规定。

2003 年，国家环境保护总局发布了《关于企业环境信息公开的公告》，以促进公众对企业环境行为的监督。该公告要求，被省级环保部门列入超标准排放污染物或者超过污染物排放总量规定限额的污染严重企业名单的企业，应当按照公告要求在指定期限公布上一年的环境信息，没有列入名单的企业可以自愿参照本规定进行环境信息公开。公告规定了 5 类必须公开的环境信息和 8 类自愿公开的环境信息。

2005 年国务院发布的《关于落实科学发展观加强环境保护的决定》明确要求企业公开环境信息，并提出应健全社会监督机制，实行环境质量公告，公布环境质量不达标的城市，通过听证会、论证会或社会公示等形式，听取公众意见，并鼓励检举和揭发各种环境违法行为，强化社会监督。

2.4 国内外环境会计的比较

2.4.1 国内外研究视角比较

国际上，自西方许多国家引入环境会计以后，经过多年的发展，环境会计的研究视角越来越广阔，尤其是发达国家，呈现出多元化的研究视角——微观视角和宏观视角并存的状态。随着研究的不断深入，研究成果不断涌现，可以说，环境会计正在被不断广义化、扩大化。

联合国于 1993 年发表的《环境与经济综合核算》中对环境会计应用于宏观经济领域做出探讨，指出将国民经济中与环境资源有关的方面作为环境会计核算的对象。国际上对宏观环境会计的研究视角基本上还是以联合国框架为主，虽然各有差异，但基本理论依据还是相同的。微观环境会计被认为是会计学的一个分支，尽管是在传统会计学基础上引入环境学、环境经济学、可持续发展学等多门学科的一门交叉学科，但还是在传统会计学框架下进行理论和实务研究。在微观方向上，国外关注较高的是环境会计信息披露这一部分，相对于环境要素的确认、计量这部分，研究不是很深入。这主要是由环境资源自身特点决定的，并不是所有的环境资源都能用货币准确计量，所以研究关注的重点亦不在此。

在国内，相对于国外宏观与微观相结合的研究视角，我国更多还是在微观环境会计领域进行研究。我国在引进环境会计之初，也是将环境会计分为宏观和微观两个领域，在可持续发展理念的指引下，在"国民经济和环境综合核算体系"的框架下研究和探讨我国环境会计。

我国宏观环境会计的研究并不同于上述西方国家的宏观环境会计，我国学者基本上还是从传统财务会计角度入手，在宏观领域对环境会计进行探讨。这与我国的实际情况是密切相关的，我国学者在研究宏观环境会计时关注较多、投入较多的也是对环境会计要素如何确认、计量、报告这些方面，而相对于其他脱离会计学的领域涉及较少。但是我国宏观环境会计和国际上其他一些主体的研究范围大体是一致的，只是都不深入，还不算真正意义上的宏观环境会计，距离其他国家还有一段距离。但我们相信，最后我们必定能取得一致的意见。

实际上，我国研究较多的还是微观环境会计，是从企业主体的角度对企业环境事项进行核算，并将纳入环境因素后的企业经营绩效和企业经营管理相结合，以期为利益相关者提供决策依据。在微观环境会计方面，我国和国际上研究的视角还是比较一致的，只是侧重点各有不同，西方比较流行的观点是将环境会计分为传统会计和生态会计，传统会计还分为管理会计、财务会计和其他会计，而生态会计又分为内部生态会计、对外生态会计和其他生态会计，生态会计的重点是用实物单位计量公司对环境造成的生态影响。生态会计目前在我国还没有具体的提法，目前还是局限于传统会计领域，可见我国当前的研究视角还是比较狭窄，研究领域也没有那么宽泛。因此，我国应该突破传统会计的桎梏，扩宽视野，加深理解，在环境会计的研究上取得质的飞跃。

2.4.2　国内外研究现状比较

国际上对环境会计的研究十分积极，但尚无定论可言。鉴于自然资源对一个国家的重要性，最初环境会计主要是针对自然资源补偿问题提出的，同时又有调查显示自然资源污染企业占大约 80%，企业各种经济活动就是环境污染的根源，同时也是环境会计产生的基础。到 20 世纪 80 年代，人们将环境因素纳入会计核算的思想与日俱增，同时在可持续发展观的指引下，企业必须为自己的经济行为负责，因此，环境会计的产生是必然的。

虽然只过去短短的三十多年，但西方环境会计已经完成基本理论框架的建立，也将环境会计从单一的会计学领域扩展到一门综合性的学科。前面已经介绍过，美国财务会计准则委员会、美国证券交易委员会、美国联邦环保署、加拿大特许会计师协会、英国特许会计师协会、法国政府、德国环境局等许多国家和组织都开始展开对环境会计的研究，涉及环境负债、环境费用的计量、环境报告如何报出等问题。日本也于 20 世纪 90 年代引进环境会计，投入大量的精力来研究，形成自己的环境会计框架和基本指南。

国际上第一份环境会计较为完整的指南是 1998 年联合国"国际会计和报告

标准政府间专家工作组"第十五届年会上提出的《关于环境会计和报告的立场公告》，其中对环境会计的基本问题作出较为详细的阐述，标志着环境会计作为世界可持续发展下的新课题已经开始由横向向纵向延伸。国际上参与环境会计讨论的主体不仅有国家、社会团体、企业界还有学术界，谈论的方向也是多元的，主要集中在环境成本和负债如何计量、环境信息如何披露、环境报告如何编写，同时还有如何将企业环境会计信息应用到经营决策中来。虽然环境会计的研究已经取得许多成绩，但存在的问题仍然十分明显的，最主要的问题是目前国际上还没有形成统一的标准，各国际组织也没有达成共识，到目前为止，各国基本上是针对自己的情况，应用适合本国的环境会计指南，对环境会计信息进行披露，编制环境会计报告。

反观国内，我国环境会计的发展仍处于一种很不成熟的阶段，尚处于理论探讨之中，无论是国家还是企业，虽然都有意进行深入的探讨和研究环境会计，但由于我国的理论依据不足，实证研究更是少，同时环境会计方面的专业人士少之又少，在这样多方困局的情况下，环境会计的研究进展十分缓慢，距离发达国家的环境会计研究水平还有很大差距。

而实务方面由于没有专业的标准和指南，也处于起步阶段。研究的重点在于基本理论的探讨。各学者研究的视角以及研究的依据都有所差别，国家没有形成统一的标准，没有相应的指南作为指导。但基本探讨的问题还是一致的，即环境会计的基本理论框架、会计要素的确认和计量、会计信息的披露等。然而，从企业主体角度看，我国环境会计的理念还未真正形成，环境会计信息系统还没有建立，同时对于环境会计信息的披露也处于被动状态，没有主动披露的趋势，缺乏可比性和可靠性。但是随着我国环境问题的日益凸显，经济的快速发展，无论是从自身的角度还是从与国际接轨的角度看，我们都应该加快环境会计研究的步伐，无论是理论方面还是实务方面，无论是国家还是企业主体都应该充分发挥各自的职能，使环境会计研究能够更加深入。

目前无论是西方发达国家还是我国，环境会计依然处于创新和探索阶段，依然没有形成完整的体系，理论和实务的结合也存在一定的缺陷。西方发达国家的环境会计理论虽然也不是很成熟，但还是比较合理的，在某些方面我国是可以借鉴的。

2.5　国外环境会计对我国的启示

通过比较国内外关于环境会计研究的现状及发展，可以看出我国环境会计的研究取得了一定成绩，如相关组织框架基本形成，相关环境会计核算理论、核算方法、信息披露等方面的研究取得了丰硕的成果。但是，与国外相比，我国仍然存在诸多有待完善的地方，我们可以借鉴国外环境会计的共同经验。

2.5.1 社会各界需要对环境会计高度重视

国外的环境会计之所以能够得到迅速发展，与各个国家社会各界对环境会计的高度重视是分不开的。政府部门制定了一系列与环境有关的法律法规，促进了环境会计的发展，同时社会组织也在积极开展对环境会计的研究，在理论和实践方面取得了巨大进展。越来越多的企业在环境保护和企业自身的发展上进行权衡，组建环境管理部门，针对生产经营中产生的环境问题进行有效的管理。

2.5.2 制定专门的环境会计准则

在对前面几个国家的比较中，我们不难看出环境会计都是建立在完善的环境会计制度基础上发展起来的。美国、加拿大、日本以及欧洲国家都制定了一系列的环境会计制度，这些环境会计制度包括环境会计的概念、环境会计的要素、环境会计的信息披露内容和形式、环境会计的核算体系、环境会计的审计等方面，这些内容规范了环境会计的发展，为企业的环境会计披露提供了可操作的环境会计准则和环境业绩报告规定。

2.5.3 使环境会计信息披露的内容全面

由于各个国家和地区环境会计的准则对环境会计的信息披露有着严格的规定，企业在对环境会计进行信息披露时包含的内容很全面。美国企业的环境会计信息披露主要针对环境政策、环境成本和环境负债三方面的内容。加拿大则要求企业披露其环保因素限制及对策、环境政策的目标、环境治理和污染物利用情况、环境质量情况。欧洲各国在环境会计信息披露的内容上没有统一的规范，但是主要包括：企业的环境政策及环境管理系统，导致企业重大环境影响的所有重大的直接因素和间接因素并对其做出解释，环境目标及其与企业重大环境问题的关系，有关企业环境业绩连续多年的主要数据及其在重大环境影响方面的法规遵循情况，等等。日本的环境会计信息披露的内容主要是企业的环境保护成本、环保收益、环境活动所产生的经济效益等企业经济活动对环境的影响。这些规定基本涵盖了环境会计的各个方面，从而企业可以做出完整的环境会计报告。同时，大部分企业都必须进行环境会计信息披露。

2.5.4 建立与之相配套的环境会计体系

在环境会计中，环境成本的核算是难点和重点之一，可以说，解决环境成本计算的具体方法是深化环境会计研究与推广应用环境会计的关键。以美国为例，美国的环境会计主要有补偿成本会计和控制预防成本会计两种处理方法，环境补偿成本是指一旦某一公司被确认为主要责任人，那么其潜在的环境责任就已存在，但其确切的补偿数量将依照未来事件的发生而确定，包括向美国国家环保局支付的清理费用及同其他责任人分摊的费用等。控制预防成本在本质上说是先于补偿费用产生的，涉及企业成本会计及资本预算系统中治理设备成本和维护成本，并被要求在会计和预算体系中反映出来。两种处理方法都要求将与环境污染预防相关的直接费用和间接费用在企业成本会计系统中予以计量和确认，并以此作为对公司产品征税的标准。

练习题

1. 环境会计分为几个阶段？请分别概括各阶段的特征。
2. 概括我国环境会计的发展现状。
3. 我国环境会计目前面临的困难有哪些？
4. 国外环境会计的发展现状是什么？
5. 思考我国的环境会计发展从国外的借鉴之处。

第3章 环境会计的理论基础与计量方法

【学习目标】

环境会计是会计学研究与实践发展的重要主题之一。环境经济学、可持续发展和会计学理论的发展为环境会计的相关研究提供了丰富的理论基础。西方国家从20世纪70年代就开始进行环境会计的研究，并逐渐形成较为系统的环境会计理论和实践，为我国环境会计计量方法的完善提供了思路。本章从环境会计的理论基础入手，介绍环境会计相关的计量方法，以期对各项环境会计要素进行具体计量。

【学习要点】

（1）了解造成生态环境问题的经济学根源，剖析环境会计理论基础。

（2）熟悉环境会计计量方法的相关理论及应用，包括边际效用法、资源价值评估法、投入产出分析法及生态足迹法。

（3）掌握环境会计计量方法在环境会计要素中的具体应用。

【案例引导】

1968年，哈丁在《公地的悲剧》中设置了这样一个场景：一群牧民一同在一块公共草地放牧。一个牧民想多养一只羊增加个人效益，虽然他明知道草场上羊的数量已经太多了，再增加羊的数目，将使草地的质量下降。在公共草地上，每增加一只羊会有两种结果：一是获得增加一只羊的收入；二是加重草地的负担，并有可能使草地过度放牧。如果牧民决定不顾草地的承受能力而增加羊群数量，他便会因羊只的增加而收益增多。看到有利可图，许多牧民也纷纷加入这一行列。由于羊群的进入不受限制，所以牧场被过度使用，草地状况迅速恶化，悲剧就这样发生了。

纽芬兰海岸外的格兰德班克斯渔场就是公地悲剧的一个典型例子。数百年来，该地区的渔民认为渔场盛产鳕鱼，因为渔业支持他们利用现有捕捞技术进行鳕鱼捕捞，同时每年通过鳕鱼的自然产卵周期进行繁殖。然而，在20世纪60年代，捕鱼技术的进步使渔民可以捕获大量的鳕鱼，这意味着鳕鱼捕捞成为一种竞争性的活动；随着捕捞次数的增多，海里的鳕鱼就越来越少，减少了下一个季节可能捕获的鳕鱼数量；同时，由于没有建立有效的产权框架，也没有建立共同管理渔业的体制手段，渔民们开始相互竞争，以捕获越来越多的鳕鱼。到1990年，该地区鳕鱼的数量少之又少，导致整个行业崩溃。

公地悲剧是产权不明的经济后果。公共物品的使用具有非竞争性和非排他性，往往使得它在使用过程中落入低效甚至无效的资源配置状态。一种资源在产权难以界定的情况下，会被竞争性地过度使用或侵占。由于缺乏产权保护，使用者不愿为资源的有效利用进行一定的专用性投资或补偿，最终导致资源的破坏性开采和利用。只有当资源的产权明晰后，才能实现产权的私有化，同时加强政府监管以及对公共资源池的直接控制，以管制消费和使用。为获得长期稳定的收益，资源的所有者会对资源采取更有效的保护措施，最终达到该资源的最优配置和使用。

资料来源：①Hardin G. The Tragedy of the Commons. Science, 1968（162）：1243-1248；②张桂梅，崔日明. 我国出口竞争中量增价低现象的"公地悲剧"模型分析［J］. 亚太经济，2008（4）.

3.1 环境会计的经济学属性

环境经济学认为，造成生态环境的污染和破坏，除了人们未能认识的自然生态规律外，主要表现为两个方面：环境资源的产权制度缺损和环境资源使用上的社会贴现率与私人贴现率存在不一致。

产权制度缺损反映了环境资源具有公共物品的特征，导致环境资源不具有排他性。但是，随着社会经济的发展，环境资源已经越来越稀缺。很多环境资源已经具有竞争性特征，实际上是一种准公共用品，主要表现为具有竞争性，但不具有排他性。这种特性也是环境资源外部性问题产生的根源。经济上外部性的存在会引起市场失灵而使社会资源无法得到有效配置，从而导致如河流、林地、草场等环境资源使用上产生"公用地"的悲剧，这表明任何时候只要众多个体共同使用一种稀缺资源，便会发生环境的退化。

环境资源使用上的社会贴现率与私人贴现率不一致，会导致在资源利用过程中，没有全面权衡经济发展和环境保护之间的关系，只考虑近期的、直接的经济效果，而忽视经济发展给自然和社会带来的长远影响，这样造成的后果是在环境资源被大肆利用而不断减少的情况下，却没有更多的替代性解决方案，从而加剧了资源的紧张程度。

从这两点可以看出，由于资源的稀缺性，社会成员一般会产生利己的动机，每个成员都希望扩大自己的利益，从而造成了公有资产的过度利用和浪费的现象。

企业要想使用稀缺资源，必须付出一定的代价，所以，环境资源也是经济学意义上的经济物品，会计对它的价值应当进行核算。另外，企业的行为是一种经济行为，制约和规范经济行为最有效的手段之一便是采用会计作为经济管理手段。随着资源的日益减少，人类讲究整体经济效益的意识越来越强烈。会计作为衡量经济效果的手段和反映资源配置结果的工具，对资源的核算和管理起着不可替代的作用。

从根本上讲，由于人们的经济关系处于社会关系的支配地位，作为经济手段的会计是环境管理手段的核心。环境问题的背后隐藏了人们经济利益上的冲突，环境问题的解决实质上是各利益相关者谈判和重复博弈的过程。因此，采用会计手段对改善环境管理以及实现环境与经济的协调发展起着至关重要的作用，环境管理的实践也证明了环境管理越来越依赖于会计等经济手段的完善和应用。

而我国的传统会计，没有考虑对环境资源的核算和环境信息的披露，不能适应现在所倡导的"绿色经济"的要求。为了确保对有限资源的有效利用和合理配置，对环境资源明确产权、进行量化和处理显得顺理成章，于是社会环境会计得以产生。例如，某条河流的上游污染者使下游用水者受到损害。如果给予下游用水者以使用一定质量水源的财产权，则上游的污染者将因把下游水质降到特定质量下而受罚。在这种情况下，上游污染者便会同下游用水者协商，将这种权利从他们那里买过来，然后再让河流受到一定程度的污染，同时，遭到损害的下游用水者也会使用他出售污染权而得到的收入来治理河水。综合上下游两方使用者来看，由于上游污染者为其造成外部影响付出了代价，故其私人成本与社会成本之间不存在差别。社会环境会计就可以披露财产权交易双方相关的会计信息，将双方在交易中的收益和承担的成本加以量化，以提供给双方企业内部决策人和企业外部的利益相关者，这样可以做到全面准确地衡量企业与社会责任相关的支出和效益。

3.2　环境会计的理论基础

任何一门学科的形成，除了本学科自身发展所具有的客观要求之外，都必然有一批比较完善的学科的全部或部分理论作为其理论基础。环境会计是会计学的一个新兴领域，作为会计学的一个分支，自然要继承传统会计（包括财务会计、管理会计等）的基本原理和方法。同时，环境会计作为会计学的一个新兴分支，要面临许多新的问题，环境会计特有理论与方法体系的建立必须要具有一定的理论基础。有学者考察说，早在 40 年前学术界就已有人提出过"绿色会计"（greening accounting）的概念。但真正进行系统的环境会计理论与实务的研究只是在最近十几年的事情，其主要原因是当时缺乏坚实的理论基础。所以，首先明确环境会计的理论基础是必要的。我国会计界有相当一部分学者认为，环境会计的理论基础应包括会计学、环境学、环境经济学和发展经济学。不可否认，环境会计理论体系的构建必须要有以上学科的支撑。但是为了有利于环境会计研究的进一步深入和发展，使环境会计体系更具有逻辑性，应将与环境会计理论与方法直接相关的理论从上述学科中提取出来并进行分析、整理和归纳。而对企业环境会计理论体系起根本性支撑作用的理论如下。

3.2.1 环境价值理论

环境价值理论创立于 20 世纪 70 年代。长期以来，关于环境价值问题一直争论不休。劳动价值论认为，劳动是价值的源泉，物品没有赋予劳动或未作为商品在市场上交换，或不具有稀缺性，即使是对人有用的环境也是没有价值的，如空气、清洁水、天然草地、野生林等。按照劳动价值理论，环境资源只有使用价值，没有交换形成的价值和价格，以社会必要劳动时间为尺度的计量单位对没有交换价格的物品不进行计量。而环境会计有诸多不确定因素，存在很多货币指标无法衡量的特性，仅仅建立在劳动价值理论基础上的财务会计计量方法无法有效地解决环境会计的计量问题。环境资源耗减经济学理论认为，自然环境资源客观上需要通过生成、更新、恢复而完成周而复始的循环，否则资源就会枯竭。将自然资源的耗减费用作为资源产品成本的一部分，可以从实现的收入中获得补偿基金。资金的使用可以使人们从资源匮乏、生态环境恶化的困境中解脱出来，将更多的资金用于自然资源耗减的补偿，从而使人类和自然界完成良性循环。

环境资源最优耗竭理论认为，环境资源优化利用需要满足两大条件：一是为使社会从一种资源存量中获得的收益净现值最大，资源的价格不应与资源的边际生产成本相等，而是应该等于边际生产成本加上这种资源未开采时的影子价格之和（资源的影子价格即矿区使用费或资源租）；二是资源租需以利率相同的比率增长，即社会持有存量资源稀缺租的增长应等于社会长期利率。当社会利率提高时，资源耗用也相应加快；相反，如果社会利率降低，则有利于减少资源的流失而起到保护资源的作用。资源最优耗竭的第一个条件是最优开采条件，其中对资源产品最优定价做了说明；资源耗竭的第二个条件则是最优保护条件，其中应对资源或资源使用费的合理调整加以说明。

环境价值理论是企业进行环境核算的理论基础，为企业在进行环境会计核算时正确计量环境资源提供了指导。企业作为环境资源的主要使用者，必须树立正确的环境价值观，明确环境价值理论的内涵：第一，环境的效用性和可利用性。它具有满足人类的需要、生存和发展的作用。第二，环境资源具有稀缺性，既然环境资源具有可利用性，随着人类的不断开采和使用，环境资源会不断被消耗而变得稀缺。因此，存在着如何合理有效地使用环境资源的问题和用途上的竞争。第三，环境包含有人类的一般劳动。当废弃物排放超过环境自净能力，造成了环境污染，就必然要消耗一定人力、物力来治理和保护环境，这一过程凝结着人类的一般劳动。根据环境价值理论，企业进行会计核算时，一方面应将生产过程中的环境因素纳入企业成本，计算生产总成本；另一方面要建立环境会计专门账户，对现行会计核算体系进行调整，建立环境会计核算体系。而在这一核算体系中，考虑到目前有些环境因素的量化非常困难，应主要以价值形式进行环境核算，以实物形式为补充。

3.2.2　公共物品理论

完整的产权应当有明确的所有者，其财产权利具有排他性、收益性、可让渡性、可分割性等性质，当这些条件不能满足时，就可能会导致环境问题的产生。例如，按照消费是否具有排他性，可将物品分为私人物品和公共物品。私人物品在形体上可以分割和分离，消费或使用时有明确的排他性。公共物品在形体上难以分割和分离，在技术上不易排除众多的受益人，消费不具备排他性。比如，一个地区清澈的河水就是公共物品，这些河水不能分成数份，也不能排除地区内居民对其使用的权利。在需求和供给方面，公共物品都有不同于私人物品的特点。

3.2.2.1　公共物品的需求

由于公共物品的消费不具有排他性，消费者有强烈的动机多消费，这可能会造成需求过度的问题。英国曾经有一些封建主在自己的领地中划出一片尚未耕种的土地作为公共牧场无偿向牧民开放。这种行为本身看似是造福于领地中人民的，然而随着牛羊无节制的增加，这些公共牧场最后大多成了不毛之地。对于这一现象我们可以用边际分析的方法来研究，如图 3 - 1 所示。

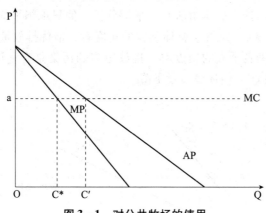

图 3 - 1　对公共牧场的使用

在公共牧场放牧可以带来收入。假定购置一头小牛的成本为 a，小牛长大后出售可以为主人带来收益，每头小牛能长多大取决于公共牧场中牛的总数量 c，随着牛数量的增加，牛的边际生长量下降，MP 是一条递减的曲线，对于单个牧民来说，其增加一头小牛的成本是 a，收益则是平均生长量 AP，由于 MP 递减，AP > MP。

假定 c 头牛可得的价值总量为 f（c），公共牧场的最佳利用应使整个村庄的净产值或利润最大化，即：MAX［f（c） - ac］。

增加一头牛的边际产值等于小牛的成本 a，即：MP（c^*） = a。

c^* 为使整个村庄利润最大化的牛的数量，对应于 MC 和 MP 的交点。

而从每个牧民个人的角度看，如果一头牛所创造的产值还超过购买小牛的成本 a，那么增添牛就是有利可图的。如果当前公共牧场中已有 c 头牛，这 c 头牛可获得的价值总量为 f（c），那么每一头牛可创造的产值为 $\frac{f（c）}{c}$，而再自己增加一头牛的话，每头牛可创造产值 $\frac{f（c+1）}{c+1}$，如果 $\frac{f（c+1）}{c+1} > a$，那么就应再添置一头牛。如果村庄每一个人都依此行动，那么最后均衡的总牛数 c′ 将符合下面的等式：

$$\frac{f（c′）}{c′} = a$$

$$f（c′） = ac′$$

c′ 对应于 AP 与 MC 的交点，在边际收益递减的情况下，平均收益大于边际收益，这使得 c′ > c*，说明在公共产权状态下，人们有过度使用公共牧场的倾向。

类似地，可以用这种逻辑讨论污染问题，只是人们不是从公共牧场中索取，而是向公共环境中排放废弃物。自然环境吸纳废弃物的功能具有公共物品的性质，随着污染排放量的上升，其造成的边际损害递增，即 MC 是一条向上倾斜的曲线，污染者所生产的产品价格不变。在图 3－2 中，对于单个污染者来说，其增加 1 个单位的经济活动可以为他带来平均收益 AP = MP = p，经济活动造成的边际损害为 MC，但损害成本由所有人平均分担，他只承担平均成本，即 AC。由于 MC 递增，MC > AC。从社会整体利益的角度看，最优排放量对应 MC 和 MP 的交点 Q*，而从污染者个人的角度看，排放更多的污染是有利可图的，结果污染排放量就会增大到 Q′，使环境质量下降。

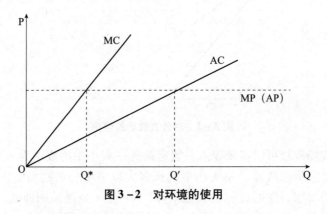

图 3－2　对环境的使用

3.2.2.2　公共物品的供给

由于公共物品的消费不具有分割性和排他性，生产方就不能根据消费数量和消费者的出价意愿进行收费，这会造成供给不足的问题。公共物品的消费不具有可分割性和排他性，消费者只能消费相同的数量，但对这相同的数量，不同的消费者愿意支付的价格可能是不同的，这样公共物品的总需求曲线是每个消费者需求曲线的纵向加总。如图 3 – 3 所示，假设社会上有 a、b、c 三个消费者，在物品的供给数量为 Q_i 时，a、b、c 对该物品的愿意支付的价格分别为 P_a、P_b、P_c，社会对该物品的总支付意愿 $P_i = P_a + P_b + P_c$。在每一个供给数量上，社会总支付意愿都这样形成，相当于总需求曲线 TD 是单个消费者需求曲线 D_a、D_b、D_c 的纵向加总。

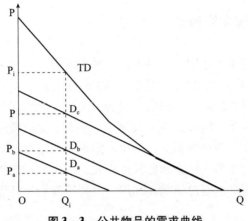

图 3 – 3 公共物品的需求曲线

公共物品的合理供给水平是所有受益者支付意愿曲线纵向加总所得的总支付意愿曲线 TD 与提供这种公共物品的边际成本曲线的交点。相应地，公共物品的成本在各受益者的分摊也应以受益者的支付意愿为准。因此，对公共物品的有效定价方法是差别定价。这样每个人都根据自己的边际支付意愿来付费，不仅适当的公共物品数量将被提供，而且预算也将达到平衡，即愿意支付的数量等于使供给得以实现而必须支付的数量，这就是所谓的林达尔均衡。但是，由于公共物品消费的不可分割性和非排他性，会存在搭便车的可能，受益者可能不愿揭示自己的支付意愿，差别定价在实际上无法实现。这样会使潜在的公共物品的供给方不能取得足够的回报，从而不愿提供社会最优水平的公共物品。

从上面的分析可以看出，其消费的不可分割性和非排他性会使人们没有动力揭示自己对环境质量的出价，更愿意搭便车，结果造成在市场机制下，大家都对环境修复和污染治理没有积极性，使环境质量供给不足。

3.2.2.3 公共物品的租值耗散

租值耗散是指本来有价值的资源或财产，由于产权安排方面的原因，其价值（或租金）下降，乃至完全消失。租值耗散现象在公共物品上表现得比较明显。英国学者哈丁（Hardin）注意到一段优良的道路在免费使用时会产生过度拥挤的问题：在通往统一目的地的两条免费道路中，优良的道路总是会过分拥挤，这就使在优良道路上驾车的成本大大提高。当拥挤达到一定程度后，优良道路和较差道路对驾车者来说几乎没有区别，这意味着优良道路高于较差道路的价值完全消失。在公共牧场的案例中，牧场对所有牧民开放，导致牧场上牛群过多，过度放牧使牧场的品质下降，这也就发生了租值耗散。

从道路的例子来看，优良道路之所以堵塞是因为它不是私有财产。如果优良道路是私有财产，业主就可以收租，租金成为使用道路的价格，可以对道路的使用起调节作用。但优良道路是公共财产，不存在价格，过分使用就成为必然。可见产权界定不清是公共物品租值耗散的根本原因。

3.2.3 可持续发展理论

可持续发展是近年来各国努力寻求的一种发展模式。可持续发展的定义最早见于 1987 年，世界环境与发展委员会（WCED）的领导人布伦特兰（Brundtland）在《我们共同的未来》中提出"可持续发展是既满足当代人需要，又不对后代人满足其需要的能力构成危害的发展"。可持续发展理论认为各种资源都是有价值的，因此，要对各种资源进行合理的定价，要通过技术上的革新把高污染和高耗能生产模式转变为低污染和低耗能模式，少排放污染物并且重复利用垃圾等废弃物，最终达到自然资源的循环利用。可持续发展为环境会计要素的计量奠定了理论基础。

可持续发展理论主要指经济可持续发展、环境可持续发展和社会可持续发展，是人类发展战略的根本性变革，其根本目的在于经济增长的同时保护好环境和资源，要求在发展经济的同时重视资源的有效利用和环境的科学治理。第一，可持续发展认为环境资源具有稀缺性和不可替代性，承认环境具有价值，是需要得到补偿的，而不是像过去一样，一味地追求经济效益，让环境资源脱离价值循环。它要求把环境资源的投入和产出计入生产成本和产品价格中，建立资源核算体系，合理进行资源定价。第二，可持续发展要求经济活动以自然资源环境为基础，同环境承受能力和承载力相协调，降低资源消耗速率，提高资源再生速率，减少环境污染，使社会的发展控制在环境负荷能力之内。第三，可持续发展要求在资源和环境的使用和配置方面体现代内公平和代际公平。第四，可持续发展最终要以提高生活质量、促进社会进步为目标，实现全社会持续健康发展。

可持续发展战略是环境会计的理论和实践基础，同时也规定了环境会计的内容和提出必须要解决的问题。企业作为经济活动的微观主体，应在可持续发展中起中坚作用。一方面，可持续发展从各个层面对企业进行环境会计核算提出了要求；另一方面，可持续发展思想也必然要体现在企业环境会计的理论和方法中。从宏观层面来看，原有国民经济核算体系（SNA）未能考虑环境因素的核算，导致了虚夸的收益。SNA 体系的这种缺陷必然要求建立一种新的核算体系——环境与经济一体化体系，从而充分反映 SNA 核算账户中没有反映的环境价值。从微观层面来看，环境会计把整个视野扩大到企业与生态环境的关系上，反映和控制与企业有关的废弃物、自然资源和生态环境等信息，合理记录和计量企业的环境成本和效益，提供比传统会计更为全面的信息。而政府可以用环境会计所提供的环境绩效等信息来考核企业对社会的贡献，从而做出正确的经济决策，合理有效配置自然资源，促进经济、环境和社会三者的共同协调发展。因此，可持续发展理论是环境会计理论发展的基石。

3.2.4　外部成本内部化理论

外部性对人们的经济生活有着重要的广泛影响，最严重的外部性影响首当其冲为环境污染。工业化所带来的外部性已成为全球的公害。工业污染造成环境恶化，资源枯竭，损害人的健康，总而言之，危及人类的生存条件。自 20 世纪 70 年代罗马俱乐部发表有影响力的报告以来，世界上出现了许多关于环境污染的报告和专著。印度果伯尔的毒气泄漏事件，乌克兰切尔诺贝利核电站事故，使世人谈核色变。土地的盐碱化、沙漠化和酸雨的影响，给全球粮食生产能力和人类生存条件带来了不可估量的严重后果。

从理论上来理解，外部性是指一个经济人的生产（或消费）行为影响了其他经济人的福利，这种影响是由经济人行为产生的附带效应，但没有通过市场价格机制进行传导。在外部性影响下，生产（或消费）行为的社会成本和私人成本、社会收益和私人收益间会产生偏离。按照产生影响的好坏，可以将外部性分为正外部性和负外部性。如果居住在河流上游的居民植树造林、保护水土，下游居民因此得到质量和数量有保证的水源，这种好处不需要向上游居民购买，此时产生的就是正外部性；而如果居住在河流上游的居民向河流中排放污染物，让下游居民的健康受到损害却不予以补偿，此时产生的就是负外部性。在经济活动中，生产者和消费者都可能产生外部性。在负外部性发生时，生产者或消费者行为的一部分成本外溢，成为外部成本。我们可以以生产者在生产过程中排放污染物的行为为代表进一步分析外部成本及其影响。

要理解外部成本内部化，首先要搞清楚企业总成本和生产成本的概念。从整个社会角度看，企业为生产某一商品所花费的所有代价，不管这种代价由谁负担，统称为企业总成本。企业的生产成本是指企业按照当前的成本核算方法在生产过程中核算和支付的代价，如原材料、工资、制造费用等。在企业生产经营过程中，社会总成本与企业生产成本往往不一致，一般情况下社会总成本大于企业成本，两者之差便是外部成本，由社会来承担。例如，造纸厂在生产同时排放大量废水，严重破坏了生态环境，影响了人们的健康与安全。若企业不考虑对环境造成的外部成本，企业的社会总成本将大于生产成本。而企业根据生产成本定价，这导致企业片面追求生产和忽视环境保护，从而对环境造成更大的破坏。这种情形造成的后果，我们可进行如下分析，以不完全竞争市场为例，如图 3 - 4 所示。

从图 3 - 4 可以看出，需求曲线为 DC，边际收益曲线为 MR，由于外部成本的存在，企业总成本大于生产成本，边际生产成本曲线 MPC 在边际社会总成本曲线 MSC 之下。企业若以边际生产成本为依据来决定产量和价格，想使利润最大化，必须使 MR = MPC，此时的需求量为 Q_2，价格为 P_2；当企业以边际社会总

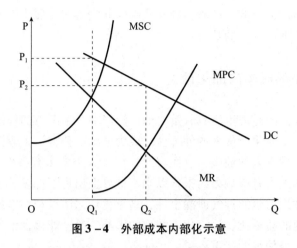

图 3 - 4　外部成本内部化示意

成本为依据来决定需求量与价格时，这时的需求量为 Q_1，价格为 P_1，显然 $P_1 >$ P_2，$Q_1 < Q_2$。所以，在生产成本小于社会总成本的情况下，企业产品的价格比实际应该的价格低，刺激消费者购买该产品，扩大了需求量，企业因而获得丰厚的利润，但却加剧了环境的恶化，它所造成的大量外部成本都由社会来负担了。用总成本核算方式取代现行企业成本核算方式更符合可持续发展的要求，因为这种方式将改变我们传统的会计观念，运用可持续发展的思想，将外部成本内部化，要求企业在追求利润最大化的同时必须努力保护环境，鼓励非污染性生产而限制污染性生产，从而合理配置全社会资源，实现经济的可持续发展。外部成本内部化使企业进行社会总成本核算具有合理性和可行性，它的实施和采用将对传统会计理论结构产生一系列影响；外部成本内部化要求企业在追求发展速度和效益的同时，力求经济、社会和自然的协调发展，企业要在建立经济目标的同时考虑环境问题，正确核算环境成本。这些都要求企业环境会计运用与传统会计不同的方法，计量和揭示企业的环境成本，真实反映企业对社会的贡献和损害。

3.2.5　边际效用价值理论

传统会计确认和计量的标准是建立在劳动价值理论之上的，凡是人类劳动的产物，都能够通过包含劳动价值的货币计量，应将其作为会计要素纳入会计核算体系。在环境市场机制不够完善的情况下，环境资源的诸多要素为非商品，难以在市场的交换中实现其价格并通过价格体现其价值。但环境资源对人类具有一定的效用。效用是指环境资源能够满足人类某种需求的能力，即人类在消费环境物品时感受到的满足程度。在很多情况下，环境资源的效用经常和稀缺性结合在一起。稀缺是指环境资源的有限性使其供给小于需求，在有限的环境容量下，环境资源是稀缺的。而在稀缺的情况下，要维持其效用就需要寻找替代物品，如利用清洁能源替代传统能源，从而使环境资源又具有替代性的特点。

从环境资源的非交易性、效用性、稀缺性、替代性等特点来看，效用性构成了环境资源的价值源泉，稀缺性决定了环境资源的价格，替代性决定了必须引进边际概念，非交易性决定了环境资源的价格必须借鉴数学方法。因此，环境会计的计量方法可以考虑建立在边际效用理论的基础上。边际（margin）是指事物在时间或空间上的边缘和界限，它反映事物数量的一个概念。由此引出的边际效用价值理论的主要内容如下。

3.2.5.1　效用分析是边际价值理论的一个重要内容

效用是价值的源泉，效用和稀缺性共同构成价值形成的充分条件。效用是物品能够满足人们某种需要的能力，或者说消费环境资源时感受的满足程度。而价值是人们对物质效用的主观心理评价，效用决定物品的价值。如果某种物品能够无限供给，人们可以不付出任何代价就可以取得，则该物品就不具有价值。因此，效用与稀缺性相结合构成价值形成的充分条件。

3.2.5.2　边际量在边际价值理论中占据相当重要的地位

边际量是指生产、交换、分配和消费在一定条件下的最后增加量，用公式表示为：

边际量 = 因变量的变化量/自变量的变化量

它是一个客观存在的事实，例如，边际效用是指满足边际欲望的物品所具有的效用对人类心理和行为影响的最后增加量，边际成本是指生产最后一个单位产品的增加量，边际量就是成为核算物品价值量的尺度。

3.2.5.3　边际均衡定律是边际价值理论的基本观念

在经济学的分析中，经济领域达到最优状态的经济准则往往是有关要素的均衡，例如，最优投入量和产出量决定于边际成本和边际收益的均衡，最有利的价格决定于供给和需求的均衡，最大享受量决定于边际效用量的均衡，等等。

3.2.5.4　应用数学方法作为边际抽象演绎法的一种必要补充

环境会计中所涉及的部分业务或事项的计量是以边际价值理论为基础的，主要体现的是变量之间的关系。模糊数学方法的引用，能够更好地计量这些变量及变量之间的关系。

3.3　环境会计的计量方法

如果环境资源的价值能够以某种方法获得，企业将会发现对某种资源的使用不再是低成本或无成本，其资源的浪费、破坏和开采行为将会得到遏制。另外，如果企业采取一定的计量手段对某种环境资源加以确认，并对其各自使用和开采情况进行登记，企业则可以通过正常的销售渠道对资源进行补偿以完成自然资源的良性循环。

大体上，环境会计的计量方法可分为三类：资源价值评估法、投入产出分析法和生态足迹法。

3.3.1 资源价值评估法

资源价值评估法具体可分为成本法、收益法和市场法三类。

3.3.1.1 成本法

此方法的核心是以重新建造或恢复生态环境所付出的费用作为衡量环境资产价格的标准，比如恢复费用法、维护成本法、成本积分计量法。

（1）恢复费用法。当评价生态环境质量改善的效益较困难时，恢复费用法认为应采用恢复或更新由于环境污染而被破坏的生产性资产所需的费用来衡量环境污染的代价。现在有些企业将固体废弃物、有毒物质等堆放于某块场地或将有害液体流到地下，势必要影响到土地、地下水等环境资源，在其危害产生时，随着人们对环保意识的加强，以及相关法规的规定，自然会要求企业采取一定的措施予以恢复或更新，从而要发生环境费用，其金额可采用恢复费用法来计量。计算模型为：

$$P_r = \sum C_i Q_i$$

其中，P_r为恢复自然资源所需的费用；C_i为恢复和更新 i 资源的单位费用；Q_i为 i 资源被污染或破坏的数量。

但当某一环境遭到破坏后，单靠支付补偿费无法实现恢复和更新时，就要用人工方法建造一个新的工程来替代原来生态系统的功能。这时，可用人工建造新工程所发生的全部费用来估算所需的环境恢复成本。

当环境负债还不是一项现行债务，还只是一项或有负债时，则有关环境负债中的或有负债的计量原则可参照已确定的环境负债的计量模型来确定。

（2）维护成本法。维护成本法是为了避免环境进一步恶化所需要支付的成本。维护成本是指当自然资源成为生产要素加入生产过程中，为了维护这种环境资源的质量保持在一定水平需要支付补偿费，以此来评测经济生产中自然资源消耗所形成的环境成本。如何维护环境资源取决于选取维护活动的种类，活动类型有恢复型、预防型、重置型，相应的计量方法有恢复成本法、防护成本法、重置成本法等。恢复成本法：指自然资源投入生产后，环境遭到了破坏，为了恢复它达到一定标准所需要的支出作为经济活动的成本。防护成本法：采用防护或避免的手段，使环境成本不下降所需要支付的费用，作为环境成本的估价。重置成本法：假如环境污染得不到有效的治理和改善，就只能用其他方式来修复受到损坏的环境，以便使原有的环境质量得以保持。而用于恢复到初始功能所需的费用作为其成本。例如，油井流出的污水会污染河水溪流，其中的重要影响之一是对下游的自来水厂水源的污染。为了保证自来水的水质，该厂可能要迁址，那么迁移设备的成本，可以用来估计油井污染对下游饮水资产的效益损失。

（3）成本积分计量法。环境成本一般包括两类：环境控制成本，是指企业为履行环境责任而发生的成本，如环境保护、资源维护过程中发生的支出。环境故障成本，即除控制成本之外的其他环境成本，如破坏环境的罚款等。由定义可知，环境控制成本越高，企业履行环境责任的程度越高，因失责发生的环境故障成本就越少。基于环境控制成本和故障成本之间的关系，政府可以采用以下定价模型对资源价格进行管控，从而有效地减少资源的不合理利用。

$$P = \alpha C_1 + \beta C_2$$

其中，C_1 表示环境控制成本；C_2 表示环境故障成本；α、β 表示系数，$\alpha + \beta = 1$，$\alpha / \beta \in (0, 1)$。

作为会计核算对象，资产价值会随着时间逐渐转移，而这过程中发生的资源消耗必定会对周围环境造成影响。在每一个时间点，资产价值转移对周围环境的影响都是全方位的，随着时间的推移，呈现立体空间几何图形。这与定积分的数学概念恰好吻合。将资产寿命划分为若干个等长的较短的会计期间，就可以将这一个个连续的会计期间看作资产价值转移对周围环境影响函数的定义域。

基于以上理论知识，在核算资产价值对周围环境的影响时，可以采用定积分模型，以资产价值转移的时间为中心，资产转移价值量为半径，在一定会计期间内，计算公式如下：

$$V(x) = \int_a^b \pi f^2(x) \, dx$$

其中，$V(x)$ 是资产价值转移对周围环境的影响值；$f(x)$ 即为资产价值变动函数；a 是会计期间下限；b 是会计期间上限；π 是圆周率。

资产初始价值可用环境控制、故障成本进行衡量，结合不同资产的不同折旧方法，便可得到资产价值转移函数，再运用本教材提出的积分计量方法即可量化环境资源耗费对周围环境的影响值。假设某项环境资产寿命可划分为 m 个会计期间，采用直线法计提折旧实现资产转移，则其对周围环境影响值计算公式变形如下：

$$V(x) = \int_a^b \pi \left[(\alpha C_1 + \beta C_2) / m \right]^2 dx$$

3.3.1.2　收益法

此方法的核心是将资产在其寿命期内能够给资产所有者带来的某种期望报酬的现值作为计价依据，比如机会成本法、边际成本法、贴现值法、影子价格法。

（1）机会成本法。人类在可持续发展经济的基础之上，追求环境效用的最大化，我们可以从不同的角度计量效用的最大化。环境资源的效用最大化在估计有困难的时候就可以采用机会成本。机会成本认为自然环境资源的使用存在多种互斥备选方案，某种有限资源选择一种使用机会就将放弃其他使用机会，也就不能从其他方案中获得效益，可将其他备选方案中获得的最大经济效益作为所选方案的机会成本。其计算公式为：

$$L_c = \sum_{i=1}^{i} S_i \times W_i$$

其中，L_c 表示 i 种资源损失成本的价值；S_i 表示 i 种资源单位机会成本；W_i 表示 i 种资源损失的数量。

机会成本法是利用环境资源的机会成本来计算环境质量变化所造成的生态环境损失的一种方法。当某些非价格形态环境资源的生态社会经济效益不能直接估算时，采用反映资源最佳用途价值的机会成本是一种可行的方法。

（2）边际成本法。从经济资源稀缺这一前提出发，当一定数量的经济资源有不同的用途，配置这些资源实现其效用的最大化，可以引进边际效用与边际成本的均衡概念。

边际成本是指一定时期内每增加 1 单位的产出量时所增加的成本总量。其公式为：

$$MC（Q）= \partial TC（Q）/ \partial Q$$

其中，MC 表示边际成本（Q 的函数）；TC 表示总成本（Q 的函数）。

从环境会计的角度看，边际成本应包括边际直接成本（整个社会的成本）、边际外部成本（环境对人类的影响）和边际使用者成本（另辟资源的成本）。

基数效用论认为效用有总效用和边际效用。总效用是指一定时间内从一定数量环境资源的消耗所得到的效用量总和。用公式表示为：

$$TU = F（Q）$$

其中，TU 表示总效用；Q 表示环境资源消耗量；F 表示函数。

边际效用是指一定时间内每增加 1 单位的资源消耗所得到的效用量增值，用公式表示为：

$$MU = \partial TU（Q）/ \partial Q$$

其中，MU 表示边际效用（Q 的函数）；TU 表示总效用（Q 的函数）；Q 表示环境资源消耗量；∂ 表示偏微分。

（3）贴现值法。环境资源效用的最大化应该包括未来的效用，当效用的单位也采用货币的单位时，计量未来效用应该引入贴现率概念，即在计算环境资源的价值时，应按贴现法进行调整。但是如何处理贴现率的问题，争论很多。从总体上来说，贴现值应该是高一点好，但从环境的角度出发，贴现率不应太高。贴现率太低，项目不可行；贴现率太高，会影响子孙后代的利益。解决这个问题的最好方法就是通过利率进行调整。在讨论贴现率时，不可逆转性应列为考虑的关键，如物种消失的范围，可以划分得很大，也可以划分得很小，甚至包括人类的死亡。如果项目是可逆转性的，则讨论贴现率没有意义。

（4）影子价格法。借助最优规划、拉格朗日函数等数学知识，资源投入每增加 1 个单位所带来的经济效益即为影子价格。从经济学的角度来说，影子价格就是稀缺资源的边际效益，也可以被理解为资源在最优配置情况下每单位所能带来的超额利润。

3.3.1.3　市场法

根据市场信息的完全与否，资源价值评估法分为直接市场法、替代市场法和假想市场法。

（1）直接市场法。直接市场法是指直接运用货币价格，对企业在生产经营过程所引起的可以观察和度量的环境质量变动进行测算的一种方法。这类方法是把环境质量看作一个生产要素来评估环境质量变化而引起的损益。环境质量变化会导致生产率和生产成本的变化，进而又会导致产量和产品价格的变化。这种变化当然可以在观测和计算的基础上根据市场价格予以衡量。直接市场法在具体应用中又可以有多种形式。

①生产率下降法。生产率下降法认为企业的生产过程会引起自然生态环境的恶化、环境资本降级，使环境对社会的服务能力下降，也就是环境资产的生产率降低，其结果最终会影响其相关产品的产出水平和预期收益。这种观点把自然资源视为一种生产要素。那么环境的损失就可以用此相关商品产量减少带来的成本和利润的变化来衡量。利用市场价格来计算由自然环境资源恶化引起的产量的下降而引起的损失，作为生态环境恶化的成本。生产率下降法应用范围最广泛，适用于因水污染、大气污染、固体废弃物污染等造成的经济污染的计量，如酸雨带来的农作物减产等。生产率下降法的计量模型为：

$$D = \Delta Q \times P$$

其中，D 表示环境资产的恶化成本；ΔQ 表示由于环境的生产率下降引起的商品产出量的变化；P 表示产品的单位市场价格。

此估值模型是假设在市场机制中，产出的减少量即 ΔQ 占这个市场总的产量的比例很小，由于产量减少带来价格的上升可以忽略不计，那么市场价格 P 就是一定的。

但是，如果在市场机制发挥作用非常充分的情况下，或者是产量的减少量即 ΔQ 很大，占整个市场产出量的比例很高，那么供求关系的变化就会引起商品价格上升。于是，该模型将会被修正为：

$$D = \Delta Q \times \frac{(P_0 + P_1)}{2}$$

其中，P_0 和 P_1 分别表示产量变化前后的产品市场价格。

②人力资本法。人力资本法指的是用环境污染对人类身体健康和劳动能力的损害来估计环境污染造成的经济损失，也可以用减少的这种损害来估量环境治理的效益。许多环境学家已经尝试就环境污染的各种因子与人体健康损害之间的关系构建有关模型。

在环境质量标准的衡量下，环境质量脱离标准会对人类的健康和生活产生许多影响。这种影响不仅表现在因劳动者发病率与死亡率变化而给生产带来的损失和收益，而且还表现为医疗费开支的变化等。该方法用于专门评估反映在人身健康上的环境价值的方法。为避免重复计算，人力资本法只计算因环境质量脱离环境标准而导致医疗费开支的变化，以及劳动者因生病或死亡的提前或推迟而导致个人收入的减少或增加。前者相当于因环境质量脱离环境标准而增加或减少的患者人数与每个患者的平均治疗费（按照不同病症加权计算）的乘积；后者相当于环境质量脱离标准对劳动者预期寿命和工作年限的影响与劳动者预期收入（扣除来自非人力资本的收入）的现值的乘积。公式如下：

$$C_n = [P \times (L_i - L_{oi}) \times T_i + Y_i \times (L_i - L_{oi}) + P \times (L_i - L_{oi}) \times H_i] \times M$$

其中，C_n 表示环境污染对人体健康的损害值；P 表示人均净产值；M 表示污染覆盖区域内的人口数（单位：万人）；T_i 表示第 i 种疾病患者耽误的劳动时间（单位：年）；H_i 表示第 i 种疾病患者的陪床人员平均误工时间（单位：年）；Y_i 表示第 i 种疾病患者平均医疗护理费用（单位：元/人）；L_i 表示评估区内第 i 种疾病发病率（单位：人/百万人）；L_{oi} 表示符合环境标准区内第 i 种疾病发病率（单位：人/百万人）。

如果是事故伤亡造成的损失，可由以下公式计算：

$$C_n = P \times M \times R \times T$$

其中，P 表示人力资本（单位：元/年/人）；M 表示劳动人口总数（单位：百万人）；R 表示伤亡概率（单位：人/百万人）；T 表示平均预期寿命（单位：年）。

人力资本法在应用中存在不少争议。首先，用总产出或净产出来衡量生命的价值，这意味着任何一种消耗大于产出的人（如退休者、患者、儿童），其价值为零甚至负值，或他们的死亡对社会是有利的，这显然不符合社会伦理道德。其次，人力资本方所获得的结果与个人支付意愿没有直接的联系，因此，从确切的含义角度上讲它并不是一种真正的效益度量方法。虽然一个人不可能支付比他收入更多的钱来避免某种死亡，但是根据人们对"预期寿命"微小提高的支付意愿就可推断出人们对自己生命价值的估计，可能是预计收入现值的数倍。因此，人力资本或收入损失法只不过是一种"统计学上挽救生命的价值"。最后，有人认为人力资本法忽略了概率分析，因为政府的大多数污染控制计划，其目的并不在于挽救某些人的生命，而是为了降低各类人群死亡的风险概率。

尽管人力资本法存在众多争议，但在日常安全、健康和环境质量决策中，社会已经不知不觉地给人类的生命和疾病确定了价值。如果决策者用这种估价方法提供人们生命价值的最低估计值，并说明它们的伦理观点，那么这种方法还是可行的。

③期望现值法。期望现值（expected present value）是一系列估计的现金流量折现后的加权平均值。IAS37（2005）指出，估计非金融负债的基础是期望现金流量法，负债以最可能结果计量时并不能反映主体为清偿或转移义务而合理支付的金额。也就是说，期望现金流量比最可能结果更能如实反映负债的计量目标。SFAC7（2000）也指出，当市场上不存在某种非金融负债或类似可比项目时，传统法无法解决其计量问题，期望现金流量法在很多情况下比传统法更有效。履行环境义务所需资源的流出金额或时点大多是不确定的，所以期望现值技术更适合

于环境负债的计量，与公允价值估值技术中的收益法原理相符，应当在计量时优先考虑。

在财务会计中使用期望现值技术的目标应当是估计负债的公允价值，而非特定个体价值或负债的摊余成本。公允价值代表着市场参与者对负债的平均预期，这比单个企业的估计更加可靠。SFAC7（2000）指出，其他计量方式在估计现金流和选择折现率时都存在主观性，人们常常根据管理层清偿负债的意图来判断这种选择的可接受性。然而，不管主体意图和预期如何，主体都必须在清偿负债时按市场价格进行支付。

IAS37（2010）指出，为了计量履行义务所需资源的现值，应当考虑的要素有资源的预期流出、市场对货币时间价值的估计以及资源的实际流出可能最终与预期值不同的风险。估计期望现值的步骤是：识别各种可能结果；对各结果下资源流出的金额和时间作无偏估计；确定这些流出的现值；对各结果的概率作无偏估计。主体或许可以获得识别的许多结果，但即使这些结果都有证据支持，也没有必要使用复杂的模型以考虑所有可能结果的分布情况，通常来说，只要有一定数量的离散结果和概率，就能够合理估计可能结果的分布情况。

（2）替代市场法。直接市场法所使用的，是有关商品和劳务的市场价格，而非消费相应的支付意愿或受偿意愿，因此该方法不能反映消费者因环境质量脱离环境标准而得到或者失去的消费者剩余，因而也就不能充分衡量环境的价值。在现实生活中，有些商品和劳务的价格只是部分地、间接地反映人们对环境质量脱离环境标准的评价，以这类商品与劳务的价格来衡量环境价值的方法，称为替代市场法。依照环境经济学的认识，所讨论的状况不宜采用直接价值法时，也可使用替代物的市场价格来估价，此类方法在实践中也有许多形式可以采用。

①后果阻止法。环境质量的恶化会对经济发展造成损害，为了阻止这种后果的发生，可以采用两种方法。一种是对症下药，通过改善环境质量来保证经济发展，但在环境质量的恶化已经无法逆转时，人们往往采用另一种方法，即通过增加其他的投入或支出来减轻或抵消环境质量恶化的后果。例如，用增加用于化肥和良种的农业投入的方法来抵消环境污染导致的单产量下降，居民购买特制的饮用水以取代受到污染且水质下降的自来水。在这种情况下，可以认为其他投入或产出额就反映了环境价值的变动。用这些投入和产出的金额来衡量环境质量货币变动的货币价值的方法就是后果阻止法。

②享乐价格法。享乐价格法是根据人们对环境资源的支付愿望，用市场价格间接地评价人们对环境资源的需求曲线，再由此计算出因环境资源质量或供应量的变化而产生的收益或损失的变化。享乐价格法的一个基本假设是：周围环境质量的变化使资产的未来收益受到影响，结果在其他因素保持不变时，资产出售的价格发生了变化。这样，受污染地区可预期的资产价值将发生负的效应，其价格将下跌。固定资产的价格体现着人们对其综合评价，其中包括当地的环境质量。以房屋为例，其价格既反映了住房本身的特性，也反映了住房所在地区的生活条件，还反映了住房周围的环境质量。在其他条件一致的前提下，环境质量的差异

将影响到消费者的支付意愿，进而影响到这些固定资产的价格。因此，当其他条件相同时，可以用因周围环境质量不同而导致的同类固定资产的价格差异来衡量环境质量的货币价值。

③旅行费用法。旅行费用法是指用旅行的花销来测算当环境质量改变后，能够给旅游景点带来经济利益上的变换，从而得出环境质量改变所产生的经济影响。它是一种评价无价格商品的方法，其试图通过消费者的消费行为给无价格商品以一定价格。确切地说，就是将消费环境资产的费用当成环境资产的价格。发达国家广泛使用这种方法来求取人们对户外娱乐商品的需求曲线。一般地说，旅行的主要费用主要包括交通费、有关旅游景点的直接花费及时间的机会成本等。由于旅游者通常喜爱那些环境质量水平高的场所，所以环境质量将会影响旅游场所的需求。

在实际计算中，旅行费用法是针对具体娱乐场所的，主要用于对户外娱乐活动如钓鱼、狩猎、划船及森林观光等大众化娱乐场所价值评估。潜在的用户住址离娱乐场所越远，他们对该场所环境物品的期望用途就越小。由于娱乐场所对住在远处的住户的隐含价格要高于住在近处的住户的隐含价格，所以居住在远处的住户获得的消费者剩余要少于住在近处的住户获得的消费者剩余。根据这一特点，可先确定娱乐场所，把场所四周的面积分为离该娱乐场所距离逐渐加大的若干同心区，距离的增大表示旅行费用的增加，然后对娱乐场所的用户进行调查，确定用户的出发地区、旅行次数、旅行费用和各种经济特征，对他们的样本数据进行回归得到：

$$Q_i = f(TC, X_1, X_2, X_n, E)$$

其中，Q_i表示旅游率，即每1 000个第i区的居民中到该娱乐场所旅游的次数或人数；TC表示旅行费用；$X_1 \sim X_n$表示包括收入、教育水平和其他有关变量的社会经济变量；E表示该场所的环境质量。

上式是一个所谓的"全经验"需求曲线。为了估计娱乐场所的消费者剩余或效益，可以估计旅游的实际数量（人次）以及实际旅游人次如何随入场门票的增加而变化的曲线，即经典的旅游需求曲线，而该经典曲线下面的面积就是目前用户享受娱乐场所的总消费者剩余。

④工资差额法。工资差额法是指在其他条件相似的情况下，只有环境质量不同时，利用劳动者工资差额来度量环境质量好坏所导致的经济收益或损失。隐含的一个前提条件是工人可以自由迁徙从而寻找到更好的工作。典型的例子就是化工类企业。由于这类企业的工作环境较差，工作类别对人身健康也有害处，此时企业就不得不采取提高工资、减低工作时长、提供更多的节假日等手段，来弥补工人因工作环境的影响所带来的损失。

工资差额法与资产价值法有较大相似之处。该方法利用环境质量不同条件下工人工资的差异来估计环境质量变化造成的经济损失或带来的经济效益。工人的工资受很多因素的影响，例如工作性质、技术水平、知识水平、工人素质等。往往企业以高工资为筹码，吸引工人到恶劣的地方工作，如果工人也可以自由迁徙寻找工作，那么工资水平的高低，在很大程度上就取决于工作地点环境质量的好坏。因此，工资差异的水平可以用来估计环境质量变化带来的经济损失或效益。一般可以考虑如下的公式，即：

$$W = w\ (v,\ q_1,\ q_2)$$

其中，W 表示工人的年收入；v 表示工人的履历资格（如年龄、教育和技术熟练水平等）；q_1 表示工作地区周围环境质量的变量；q_2 表示与所从事职业的健康风险有关的工作安全变量。

这样，该函数对 q_1 的偏微分就是与工作相关的环境质量变化的隐含价格。

该种方法迄今仍不够完善，在理论和实践方面仍存在诸多困难，关于工资差额法的成功应用并不多。在多数情况下，环境质量的隐含价格远远低于职业健康风险的隐含价格。该方法假设在劳动市场中无歧视、联合的市场支配、被迫失业或自由流动障碍以及可自由选择职业。实际上，这种完全竞争的劳动力市场在发达国家也不尽存在。对于"爱好风险"的人来说，环境风险的隐藏价格难以体现在他的工资收入上。在许多贫穷的发展中国家或落后地区，穷人对生活和工作条件是不能选择的，由此他们在理论上的支付意愿和实际支付可能存在很大的差距。但是该种方法应用了实际劳动力市场计算环境改善带来的效益，因此仍然具有一定吸引力。

总之，替代市场方法力图寻找那些能间接反映人们对环境质量的评价的商品和劳务，并用它们的价值来衡量环境价值。替代性生产法能利用直接市场法所无法利用的信息，这些信息本身是可靠的，衡量所涉及的因果关系也是客观存在的。但这种方法涉及的信息往往反映了多种因素产生的综合影响。而环境因素只是其中之一。因而排除其他方面的因素对数据的干扰是采用替代性市场法时的主要困难。与直接市场法相比，用替代性市场法得出的结果可信度要低一些。

（3）假想市场法。在既无直接市场，又无间接替代市场的情况下，人们只能主观地创造假想的市场来衡量环境质量及其变动的价值，这种进行环境经济评价的方法就是假想市场法。假想市场法也有很多形式可以选择。

①投标博弈法。投标博弈法是根据人们对不同数量和质量水平的各组公共商品的需求做出估价，并通过水平提高所表达的支付愿望或水平降低所愿意接受的赔偿愿望，把每个人的支付愿望或赔偿愿望作为投标曲线，当把各投标曲线上的每一点加起来就得到总的投标曲线，并以此来替代需求曲线，据此进行经济损益分析。这种方法一般用于纯公共用品（即每个公民都可以得到给定质量、同样数量的公共物品，如公园的进出、空气和水的净化等）的估价。例如，作为荷属安堤列斯海洋公园的生态经济研究的一小部分，一个小型的重要投标博弈被用来做海洋公园珊瑚礁的价值评估。调查样本为 100 个对潜水情况了解的正在离开公园的游客。被调查者首先被问及是否愿意支付每人每年 10 美元的门票，这笔钱将全部交给公园管理部门用于保护珊瑚礁的质量。接着假设的门票价值（从 20 美元到 100 美元）被依次问及，直至得到最大的支付意愿价值。将这些人的支付意愿平均，得到全部游客支付意愿的估计值，这个估计值就可以作为该公园珊瑚礁

价值的最低估计值。

②比较博弈法。比较博弈法是通过人们在各种支出中的抉择，以此来表达他们的支付愿望。例如，最简单的情况包括两种支出：一定数量的货币和一定数量与质量的环境商品。人们对比上述两项支出后，可能选择货币或环境商品，如果选择货币，就增加环境商品的数量或改善其质量，如果选择了环境商品，就增加货币的数量，直到他们认为选择货币和环境商品一样时为止，此时的货币即为人们对一定数量与质量环境商品的支付愿望。

③无费用选择法。这种方法要求被调查者在若干组方案中进行选择，但无论哪组方案都不要求被调查者付款，而只要求被调查者选择由一定环境质量和数量的其他商品或劳务组成的组合，这样，被调查者对环境质量差异的受偿意愿，就可以通过他们对其他商品或劳务的选择表现出来。

④优先性评价法。该种方法以完全竞争下消费者效用最大化原理为基础，由被调查者对一组物品（其中包括环境）进行选择，按照一定规则调整这些物品的价值，直至收敛到一组使消费者效用最大化的均衡价值。该种方法把效用最大化原理与调查方法结合，是一种有意义的尝试。

⑤专家调查法，又称特尔菲法。它将各专家对环境质量发表的意见加以汇总整理，然后再发给各个专家作为参考资料，并重新考虑，提出新的论证。经过以匿名方式多次反复讨论，专家意见渐趋一致，得出环境质量的货币价值估量。

3.3.2 投入产出分析法

投入产出分析法是研究国民经济各部门间平衡关系所使用的方法。该方法从一般均衡的假定出发，把各部门产品量的依存关系表现为方程组，再依据统计材料，制成一种矩阵形或棋盘形的平衡表，表现国民经济各部门产品的供给和需求相平衡的全貌，并由此求得每一部门的产品总量与它生产这个总量所需其他部门产品量的比例（称"技术系数"），从而确定上述方程组中的有关参数值。从含有这些参数值的方程组，可以推断某一部门产销情况的变化对其他部门的影响，计算为满足社会上一定的"最终消费"（即个人及政府消费、投资和输出）所需生产的各种产品总量，并预测国民经济发展的前景。

投入产出分析是通过编制投入产出表来实现的。投入产出表有实物和价值两种形式。

实物表亦称综合物资平衡表，按实物单位计量，主栏为各种产品，宾栏有三部分：（1）"资源"。该部分反映各种产品的来源，如年初库存（或储备）、当年生产、进口和其他来源。（2）"中间产品"。这一部分的项数、所列产品名称、排列都和主栏顺序相同，形成一个棋盘式平衡表。（3）"最终产品"。该部分分别列出固定资产的更新、改造、大修，以及年末库存（或储备）、集体消费、个人消费和出口。这种平衡表的另一种形式，是去掉"资源"部分，将它与"最终产品"部分的有关项目合并，例如，将年初库存（或储备）与年末库存（或储备）合并成为库存（或储备）变化差额，将进口与出口合并成为进出口差额，列入"最终产品"部分。

价值表（见表 3 - 1）按纯部分编制的。纯部分是由生产工艺、消耗构成、产品用途基本相同的产品所构成的部门。投入产出分析表可以从横向和纵列两个方向进行考察，横向从使用价值的角度反映各部门产品的分配使用情况，分为第一、第二两部分；纵列反映部门产品的价值形成，分为第一、第三部分。第四部分反映非生产部门和个人通过国民收入再分配所得到的收入，一般不编这一部分。

表 3 - 1　　　　　　　　　　　投入产出表

投入	产出		总计
	中间产品	最终产品	
	部门 1 至部门 n 合计	积累消费合计	
部门 1			
……	第一部分	第二部分	
部门 n			
合计			
劳动报酬			
剩余产品	第三部分	第四部分	
合计			
总计			

在投入产出表的基础上，可以建立以下投入产出模型。

（1）产品平衡模型 $Ax + y = x$。式中 A 是直接消耗系数矩阵；x 为各部门总产值列向量；y 为最终产品列向量。

移项求逆后得：$y(I - A)^{-1} = x$。式中 I 为单位矩阵。

（2）价值构成模型 $A^T x + v + m = x$。式中，A^T 为 A 的转置矩阵；v 为劳动报酬；m 为剩余产品。

移项求逆后得：$(I - A^T)^{-1}(v + m) = x$。

在投入产出原理中，消耗系数分为直接消耗系数和完全消耗系数。前者又称为投入系数、工艺系数或技术系数，用于反映国民经济的生产技术结构，一般用符号 a_{ij} 表示，即纯部门 j 生产单位产品对纯部门 i 产品的消耗量，如炼一吨钢所消耗的生铁。计算公式是：

$$a_{ij} = \frac{x_{ij}}{x_j} \quad (i, j = 1, 2, \cdots, n)$$

其中，x_{ij} 为 j 部门生产产品时对 i 部门产品的消耗量，又叫作中间流量；x_j 为 j 部门的产量。

直接消耗系数与计划统计工作中广泛使用的消耗定额基本相同，但也有一些区别。其区别表现在：第一，消耗定额是指生产单位产品的工艺消耗量，直接消耗系数除这种消耗外，还包括车间、厂部和公司的相应消耗；第二，消耗定额一般只按实物计量，而直接消耗系数除按实物计量外，还采用货币计量；第三，消耗定额一般是按某种产品的具体品种、型号确定的，如钢材的具体品种、型号，而直接消耗系数一般是按大类产品（如钢材）确定的。

在已知直接消耗系数的基础上可以计算出完全消耗系数，它是生产单位最终产品对某种总产品或中间产品的直接消耗与间接消耗之和。例如，生产一台机器除直接消耗钢材外，还要消耗电力，而发电需要设备，生产设备又要消耗钢材。生产机器通过电力发电设备对钢材的消耗，叫作间接消耗。

生产单位 k 种最终产品对 i 种产品的完全消耗系数（记作 b_{ik}）的计算公式是：

$$b_{ik} = \sum_{i=1}^{n} a_{ij}b_{ik} + \delta_{ik}, \quad \delta_{ik} = \begin{cases} 1 & \text{当 } i = k \\ 0 & \text{当 } i \neq k \end{cases} \quad (i, \ j, \ k = 1, \ 2, \ 3, \ \cdots, \ n)$$

上式写成矩阵为 $B = AB + I$。由此得：

$$B = I(1 - A)^{-1}$$

完全消耗系数还有另一种计算公式：

$$c_{ik} = a_{ik} + \sum_{j=1}^{n} a_{ij}c_{jk} \quad (i, \ j, \ k = 1, \ 2, \ 3, \ \cdots, \ n)$$

其中，c_{ik} 为生产单位 k 种最终产品对 i 种产品的完全消耗系数。上式写成矩阵为 $C = A + AC$。由此得：

$$C = (1 - A)^{-1}A$$

两种完全消耗系数的关系如下：

$$B - C = (1 - A)^{-1}(I - A)$$

由此可见，两种完全消耗系数的区别是一个单位矩阵，它的主对角线上的元素为 1，其他元素为 0。从经济含义上讲，最终产品是脱离生产过程的产品，不应包含在生产消耗中，应以系数 C 作为完全消耗系数，但系数 B 是计算 C 的基础，并可以反映最终产品与总产品之间的依存关系。

3.3.3　生态足迹法

3.3.3.1　生态足迹简介

生态足迹是指要维持一个人、地区、国家的生存所需要的或者能够容纳人类所排放的废物的和具有生物生产力的地域面积。例如，一个人的粮食消费量可以转换为生产这些粮食所需要的耕地面积，他所排放的 CO_2 总量可以转换成吸收这些 CO_2 所需要的森林、草地或农田的面积。因此，人们对生态环境的影响可以被形象地理解成一只负载着人类和人类所创造的城市、工厂、铁路、农田等的巨脚踏在地球上留下的脚印大小。生态足迹的值越高，表示人类对生态的破坏就越严重。通过生态足迹可以将每个人消耗的资源折合为全球统一的、具有生产力的地域面积，用来评估人类对生态系统的影响。通过计算，区域生态足迹总供给与总需求直接的差值如果为负值，记作生态赤字，如果为正值，记作生态盈余，可以反映不同区域对于全球生态环境现状的贡献。

3.3.3.2　生态足迹的计算

生态足迹的计算是基于两个简单的事实：第一，我们可以保留大部分消费的资源以及大部分产生的废弃物；第二，这些资源以及废弃物大部分可以转换成可提供这些功能的生物生产性土地。生态足迹的计算方式明确地指出某个国家或地区使用了多少自然资源，然而，这些足迹并不是一片连续的土地。由于国际贸易的关系，人们使用的土地与水域面积分散在全球各个角落，这些需要很多研究来决定其确定的位置。

在生态足迹计算中，各种资源和能源消费项目被折算为耕地、草场、林地、建筑用地、化石能源土地和海洋（水域）6 种生物生产面积类型。耕地是最有生产能力的土地类型，提供了人类所利用的大部分生物量。草场的生产能力比耕地要低得多。由于人类对森林资源的过度开发，全世界除了一些不能接近的热带丛林外，现有林地的生产能力大多较低。化石能源土地是人类应该留出用于吸收 CO_2 的土地，但目前事实上人类并未留出这类土地，出于生态经济研究的谨慎性考虑，在生态足迹的计算中，考虑了 CO_2 吸收所需要的化石能源土地面积。由于人类定居在最肥沃的土壤上，因此建筑用地面积的增加意味着生物生产量的损失。

这 6 类生物生产面积的生态生产力不同，要将这些具有不同生态生产力的生物生产面积转化为具有相同生态生产力的面积，以汇总生态足迹和生态承载力，需要对计算得到的各类生物生产面积乘以一个均衡因子，即：

$$rk = dk/D \quad (k = 1, 2, 3, \cdots, 6)$$

其中，rk 为均衡因子；dk 为全球第 k 类生物生产面积类型的平均生态生产力；D 为全球所有各类生物生产面积类型的平均生态生产力。本教材采用的均衡因子分别为：耕地、建筑用地 2.8，森林、化石能源土地 1.1，草地 0.5，海洋 0.2。

（1）人均生态足迹分量：

$$A_i = (P_i + I_i - E_i) / (Y_i \cdot N) \quad (i = 1, 2, 3, \cdots, m)$$

其中，A_i 为第 i 种消费项目折算的人均生态足迹分量（hm^2/人）；Y_i 为生物生产土地生产第 i 种消费项目的年（世界）平均产量（kg/hm^2）；P_i 为第 i 种消费项目的年生产量；I_i 为第 i 种消费项目年进口量；E_i 为第 i 种消费项目的年出口量；N 为人口数；本教材中 m = 33。在计算煤、焦炭、燃料油、原油、汽油、柴油、热力和电力等能源消费项目的生态足迹时，我们可以将这些能源消费转化为化石能源土地面积，也就是以化石能源的消费速率来估计自然资产所需要的土地面积。

（2）生态足迹：

$$EF = N \cdot ef = N \cdot \sum (a_i) = \sum r_j A_i = \sum (c_i/p_i)$$

其中，EF 为总的生态足迹；N 为人口数；ef 为人均生态足迹；c_i 为 i 种商品的人均消费量；p_i 为 i 种消费商品的平均生产能力；a_i 为人均 i 种交易商品折算的生物生产面积；i 为所消费商品和投入的类型；A_i 为第 i 种消费项目折算的人均占有的生物生产面积；r_j 为均衡因子。

（3）生态承载力。在生态承载力的计算中，不同国家或地区的资源禀赋不同，不仅单位面积耕地、草地、林地、建筑用地、海洋（水域）等间的生态生产能力差异很大，而且单位面积同类生物生产面积类型的生态生产力也差异很大。因此，不同国家和地区同类生物生产面积类型的实际面积是不能进行直接对比的，需要对不同类型的面积进行标准化。不同国家或地区的某类生物生产面积类型所代表的局地产量与世界平均产量的差异可用"产量因子"表示。某个国家或地区某类土地的产量因子是其平均生产力与世界同类土地的平均生产力的比率。同时出于谨慎性考虑，在生态承载力计算时应扣除12%的生物多样性保护面积。其计算公式为：

$$ec = a_j \times r_j \times y_j \quad (j = 1, 2, 3, \cdots, 6)$$

其中，ec为人均生态承载力（hm^2/人）；a_j为人均生物生产面积；r_j为均衡因子；y_j为产量因子。

3.3.3.3 生态足迹法的应用

生态足迹分析法具有广泛的应用范围，既可以计算个人、家庭、城市、地区、国家乃至整个世界的生态足迹，也可以对他们的足迹进行纵向的、横向的比较分析。图3－5显示的是1961～2008年的全球人均生态足迹和生物承载力的变化，人均生物承载力的下降主要源自人口增长，从图3－5中可以看出，自20世纪70年代以来，全球的人均生态足迹就超过了人均生物承载力。

生态足迹分析法首先通过引入生态生产性土地概念实现了对各种自然资源的统一描述，其次通过引入等价因子和生产力系数进一步实现了各国各地区各类生态生产性土地的可加性和可比性。

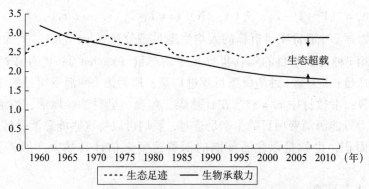

图3－5　1961～2008年全球人均生态足迹和生物承载力趋势

总之，生态足迹分析指标为度量可持续性程度提供了一杆"公平秤"，它能够对时间、空间二维的可持续性程度做出客观量度和比较，使人们能明确知晓现实距离可持续性目标尚有多远，从而有助于监测可持续方案实施的效果。另外，生态足迹计算具有很强的可复制性。这使得将生态足迹计算过程制作成一个软件包成为可能，从而可以推动该指标及方法的普及化。

3.4　环境会计要素的计量

借鉴传统会计要素分类标准，本教材中的环境会计要素可划分为环境资产、环境负债、环境成本、环境费用和环境收益五要素。本节将具体介绍环境会计五要素的具体计量。

3.4.1　环境资产的计量

根据环境资产的定义，可将环境分为自然资源和生态资源，这两种资源的计量可根据具体情况采用上述方法予以确定。其计量方法主要有两类：一类是有关自然资源的计量；另一类是有关生态资源的计量。为了保护环境和满足经济活动的需要，人类不得不追加投资以维持自然资源和生态资源的现状，此时的环境资产已包含了劳动量的因素，环境资产中包含的这部分价值，仍可运用传统会计计量方法予以计量。具体有两种情况。

（1）企业拥有或控制的专门用于环境保护的人工环境资产的计量。该类环境资产所包含的资产项目主要有物资、设备、技术、债权等，它们都是存在可交易市场的。因此，可以将资产取得时的历史成本（或现行成本）作为计量的依据。但具体计量方法的运用需根据具体类别而定。

①环境流动资产。环保物资、环保产品的计价，可以比照传统会计存货的计价方法进行。传统会计中对存货计价采用实际成本计价。对购入的环保物资等，将购买价格加运输费、装卸费、保险费、包装费、运输途中的合理损耗、入库前的挑选整理费和相关税费等作为其计价成本；对自制的环保产品等，将制造过程中的各项实际支出，作为其计价成本。至于应收环保款，应当按照其实际发生额进行计价。

②环境固定资产。环境保护和污染治理设备中专用设备和出于环保因素购建的不动产、厂场等的计价，可以比照传统会计固定资产的计价方法进行。传统会计对固定资产计价采用历史成本法，例如，对购入的固定资产，将购买价格加上运输费、包装费、装卸费、保险费、安装费，作为资产的价值；对自行建造的固定资产，将建造过程中实际发生的全部支出作为资产的价值。其中包括相关的长期借款利息和外币借款的汇兑损益。

而在环境保护和治理设备中，同时具有环境保护和治理功能及其他功能设备的计价，可以采用差额计量的方法，即将支出总额减去没有环保功能部分支出的差额作为对属于环境保护和治理功能部分的计价。例如，企业购买了一批环保型的汽车，支付的成本为 300 万元。因为该批汽车同时兼有行使和环保功能，如将这 300 万元全部作为环境成本投资显然不妥当，所以需要将两种功能负担的成本进行划分，仅对环境功能部分确认环境成本。假设没有环保功能的其他普通车

（行驶功能相同）的购买成本为 250 万元，则环境资产应采用差额 50（300 –
250）万元计量，并据此在折旧年限内分期作为环境资产的折旧费用。

③环境无形资产。其中，环境污染治理专利技术及非专利技术可根据其取得
方式来计价。购买的环境污染治理技术的价值，可直接根据购买成本作为资产的
价值。企业自我研发并研发成功的环境污染治理技术，其价值按照研发过程中实
际发生的成本计算。其中，属于专利技术的，还应加上与申请专利权有关的其他
成本。环境许可证、资源开采和使用权均以取得时支出的全部成本作为其价值，
并在受益期间内分期摊销。

（2）企业拥有或控制的能够带来未来经济利益的自然环境资源的计量。在
法律上，资源资产为国家所有，企业不能直接拥有资源资产的所有权，但可以在
政府机构的批准、许可或市场交易下，拥有资源资产的勘探权或开采权。企业通
过对资源资产的勘探或开采获得资源资产，从而享受到未来经济利益。为了向会
计信息使用者提供资源资产成本—效益评价等信息，我们需要对资源资产进行计
量。由于资源资产的形成方法不仅仅是勘探或开采，它具有多位性，因此资源资
产的计价应当根据不同的取得方式来确认其价值。

①由人工投入形成的资源资产，应当以累计的历史成本作为其计价的依据。
对无法取得历史成本资料的，可以以近几年的实际成本进行估价。

②由于产权变更而购入的资源资产，应当以购入价格或者评估价格计价。

③依法认定的资源资产，应当以评估的价值作为其计价入账的依据。

④已入账资源资产发生后期投入时，应当按其实际成本计价。

除上述两类情况以外，环境资产中尚有相当大的部分是无法对其直接计量
的。例如，生态资源所形成的环境资产由于其本身的特点，不存在市场或市场
不完全，没有现存的市场价格作为计量的基础，只能采用间接的方法对其服务
的经济价值进行计量。因此，此类环境资产的计量要依靠合理估计的程序和方
法，对其价值做出估计和确定。常见的间接计量方法主要有成本法、收益法和
市场法。

【例 3 – 1】假设某企业于 2014 年 3 月购进一项不需要安装的设备，从成本
角度考虑，其环境控制成本为 16 万元，环境故障成本为 8 万元，当时政策环境
下环境控制系数 α = 0.5，环境故障系数 β = 0.5，预计使用年限为 10 年，采用直
线法计提折旧。将自设备购进一年内对周围环境的影响值代入公式计算得：

$$V(x) = \int_a^b \pi \left[(\alpha C_1 + \beta C_2) / m \right]^2 dx$$

$$= \int_0^1 \pi \left[(0.5 \times 16 + 0.5 \times 8) \times 10\,000 \div 10 \right]^2 dx$$

$$= 452\,160\,000 \text{（元）}$$

3.4.2 环境负债的计量

企业过去或现在从事的经济活动对环境造成了一定的破坏，企业需要为此承

担一定的责任和义务。环境负债体现的正是企业为保护环境承担的义务。这项义务可以是基于法律的规定所必须承担的法定义务，也可以是由企业管理人员环保意识驱动而承担的推动义务。与环境有关的交易或事项有可能是确定的事项，也有可能是不确定的事项。据此，环境负债可分为确定性环境负债和或有环境负债。确定性环境负债是指相关机构（如法院、仲裁机构、环保执法机构等）做出裁决或具有约束力的合同要求且赔偿金额和日期确定的应由企业承担的环境负债，主要包括排污费、环境罚款、环境赔偿和法定环境修复责任引发的环境负债。或有环境负债是指过去的交易或事项形成的潜在义务，其存在须通过未来不确定事项是否发生予以证实；或指过去的交易或事项形成的现行义务，履行该义务不是很可能导致经济利益流出企业或者该义务的金额不能可靠地计量。如果由于环境问题导致的负债在某些方面带有一定的不确定性，那么这种负债就应作为企业的一项或有负债处理。

环境负债在计量时应当注意把握一些基本原则。第一，最优估计。在计量企业的或有损失时，应该按照损失的范围以最优估计值进行确认。第二，选择最适合的计量属性。环境负债是在未来支付的一项义务，在对其进行计量时，所选用的计量属性应该把重点放在现在和未来。第三，要关注相关性和可靠性的协调。环境负债的偿付发生在未来，在对其进行计量时，需要考虑货币时间价值，将未来现金流量折现。由于对未来现金流量的估计具有很大的不确定性，因此在此基础上计量环境负债的可靠性较差。如果用现行成本对其加以确认，所得出的结果对决策的有用性较低。因而在对环境负债进行计量时，应选取合适的计量方法。

3.4.2.1 确定性环境负债的计量

对于那些清偿金额和日期已确定的环境负债的计量，如法规执行负债、违反相关法规的罚款与处罚、对第三方支付赔偿金的负债等，这些负债通常可根据法院裁决的支付金额和日期计量。对于近期偿还的环境负债的计量，应采用现行成本法，而对于预计支出期限较长远或预计支付的金额相当大的环境负债，则应采用现值法计量。同时企业应每年对环境负债的金额进行审核，并根据发生的变化进行调整以反映货币的时间价值。

（1）确定性短期负债的计量。确定性短期环境负债是指清偿期少于 1 年（包括 1 年）的确定性环境负债。根据确定性短期环境负债的特点，现行会计实务中适用于企业流动负债的计量方法仍然适用于确定性短期环境负债的计量。《企业会计制度》规定"各项流动负债应当按实际发生额入账"。因此，法规遵循性负债、违反相关法规的罚款与处罚、对第三方支付赔偿金的赔偿负债、惩罚性罚款负债等确定性短期环境负债通常可以根据法规规定或法院裁决的支付金额计量，即确定性短期环境负债可以按照未来应付或实际支付的金额计量。

（2）确定性长期负债的计量。确定性长期环境负债由于清偿期限较长，未来清偿的金额容易受到技术水平、连带责任、补救期限等因素的影响，在计量时需要依据合理的判断和估计，并且考虑货币的时间价值。根据 ISAR 的观点，在相当长的一段时间内不用清偿的环境负债，可以采用现行成本法或现值法计量。根据欧盟的观点，"对于不准备在近期清偿的环境负债，如果义务、支付的金额和时间是确定的，允许但不要求采用现值法计量；同时允许采用现行成本法计量"。由此可见，ISAR 和欧盟的观点是一致的，即确定性长期环境负债应按照现行成本法或现值法计量。

现行成本法是指按照现在偿付环境负债所需要支付现金或现金等价物的金额计量环境负债的方法。现值法是指按照预计期限内需要偿还的未来现金净现金流出量的折现金额计量环境负债的方法。现行成本法和现值法均要求根据现有的条件（如技术水平、反诉、通货膨胀等）和法律要求估计环境负债的金额，即估计现行成本。在现行成本法下，环境负债按照估计的现行成本金额在资产负债表中反映。

在现值法下，环境负债根据清偿该义务所需的估计未来现金流出净额的现值列报。按照现值法计量环境负债时，计量现值所用的折现率通常是无风险利率，例如期限相同的政府债券利率。在估计确定性长期环境负债的金额时，如果被计量的环境负债可能涉及不同的结果，根据可靠性的要求，应选择最佳估计。所谓最佳估计，是指"企业在资产负债表日履行该义务或将该义务转让给第三方而合理支付的金额"。

由于现值法要求有关货币的时间价值和影响履行清偿义务所需的估计现金流量的时间和金额因素的信息来估计未来事项的结果，从而增加了计量的不确定性。与现值法相比，如果不存在未来事项的不确定性，现行成本法更具有可靠性。然而，随着环境负债初始确认与最终偿还时间距离的加大，现行成本法的决策有用性将下降。在这种情况下，现值法的相关性超过现行成本法的可靠性。因此，从可靠性和相关性角度考虑，现行成本适用于计量近期需要清偿的，支付的义务、金额和时间是固定的或可以可靠地确定的短期环境负债；现值法则更适用于计量金额相当大，且该支出的时间相当遥远，货币时间价值具有重大影响的确定性长期环境负债。在应用现值法计量确定性长期环境负债时，企业应每年对环境负债的账面价值进行复核，并根据发生的变化进行调整以反映货币的时间价值。

3.4.2.2 或有环境负债的计量

或有环境负债的计量主要依据导致或有环境负债的事项发生的可能性大小来计量或有环境负债及与之相关的环境损失。

如果环境负债发生的可能性很大，而且其导致损失的金额可以合理估计，那么可按照最佳估计金额来计量，形成或有环境负债。但如果在该或有事项引起损失的范围内不存在任何最佳的估计，那么至少应按照最小估计金额确认。

如果导致环境负债发生的可能性小或者发生的可能性较大，但损失金额无法合理估计，可以采用显示但不预计的办法，以补充说明的形式在财务报表或环境报告书中，对可能发生损失的估计值域或不能做出估计的原因加以说明。

【例 3-2】某一芯片公司与一家拖运公司存在合同关系。拖运公司为芯片公司处理废物,该拖运公司是经政府批准的废物拖运承包方。20×1 年,芯片公司收到了 EPA 通知。拖运公司使用的工厂被列入全国优先名单,EPA 要求芯片公司检查自己的资料并回答一系列问题,由此判断芯片公司是否与场地有关联。但是,芯片公司还无法确定其产生的废物在其他潜在责任方中算多算少,所以无法估计相关环境负债的损失范围。

20×3 年初,EPA 识别了一些潜在责任方,并在召开的会议上要求潜在责任方实施 RI/FS,制订治理计划。20×3 年后期,EPA 发布行政指令要求芯片公司负责 RI/FS,芯片公司与其他潜在责任方形成了潜在责任方小组。该小组估计 RI/FS 的成本为 1 000 000 ~ 2 000 000 美元,根据可获得的信息,芯片公司估计其责任份额在成本总额的 30% ~ 50%(无最佳比例),还将发生约 200 000 美元的法律成本。在 20×3 年的财务报表中,芯片公司应计环境负债 800 000 美元。

20×3 年环境负债计算过程如下:

$$\text{归属于芯片公司的 RI/FS 成本的最佳估计值} = \frac{1\,000\,000 + 2\,000\,000}{2} \times \frac{30\% + 50\%}{2} = 600\,000 (\text{美元})$$

估计的法律成本 = 200 000(美元)

20×3 年负债金额 = 600 000 + 200 000 = 800 000(美元)

20×4 年,潜在责任方小组聘请了外部仲裁者来确定各自所应当分得的"公允份额",仲裁者将成本的 65% 在四个潜在责任方之间进行分配:芯片公司 25%,潜在责任方甲 15%,潜在责任方乙 15%,潜在责任方丙 10%。对于剩余的 35%,尚不存在合理证据以分配这部分成本。芯片公司确定其额外发生的法律成本的最佳估计为 350 000 美元。重新估计的执行 RI/FS 的成本在 2 000 000 ~ 3 000 000 美元,包括了小组管理成本。在 20×4 年的财务报表中,应计的负债总额为 511 538.46 美元。

20×4 年环境负债计算过程如下:

$$\text{归属于芯片公司的 RI/FS 成本的最佳估计值} = \frac{2\,000\,000 + 3\,000\,000}{2} \times 25\% = 625\,000 (\text{美元})$$

$$\text{芯片公司按比例承担的未找到归属方成本} = \frac{2\,000\,000 + 3\,000\,000}{2} \times 35\% \times \frac{25}{65}$$

芯片公司估计的法律成本 = 350 000(美元)

总负债 = 625 000 + 336 538.46 + 350 000 = 1 311 538.46(美元)

前期已计金额 = 800 000(美元)

20×4 年负债金额 = 1 311 538.46 − 800 000 = 511 538.46(美元)

20×5 年,RI/FS 完成,潜在责任方之间的分配比例没有改变,小组估计的执行治理工作的成本为 25 000 000 ~ 30 000 000 美元(包括 RI/FS 成本和小组法律费用),该范围内没有最佳估计值。芯片公司根据责任方乙的财务状况,认为它可能只能支付所属 15% 成本的 2/3,且无法支付未找到归属方的成本。在 20×5 年的财务报表中,芯片公司应计负债 11 063 461.5 美元。

20×5 年环境负债计算过程如下。

$$小组估计的执行治理工作的最佳成本估计值 = \frac{25\,000\,000 + 30\,000\,000}{2} = 27\,500\,000（美元）$$

$$归属于芯片公司的执行治理工作的最小值 = 27\,500\,000 \times 25\%$$
$$= 6\,875\,000（美元）$$

$$芯片公司按比例承担的未找到归属方的成本 = \frac{27\,500\,000 \times 35\% \times 25}{65} = 3\,701\,923.08（美元）$$

$$芯片公司承担的责任方乙无法支付的部分金额 = \left[27\,500\,000 \times 5\% \times \frac{25}{50}\right] + \left[27\,500\,000 \times 35\% \times \frac{15}{65} \times \frac{25}{50}\right]$$
$$= 1\,798\,076.92（美元）$$

$$法律费用 = 0$$

$$总负债 = 6\,875\,000 + 3\,701\,923.08 + 1\,798\,076.92 = 12\,375\,000（美元）$$

$$前期已计负债 = 1\,311\,538.46（美元）$$

$$20 \times 5\ 年负债金额 = 12\,375\,000 - 1\,311\,538.46 = 4\,538\,461.54（美元）$$

案例中，芯片公司的环境治理义务由 EPA 强制执行，该负债没有办法消除或转移给第三人，需要以履行义务所需资源的现值计量。履行治理义务的工作都可以由市场上的服务承包方进行，包括案例中的 RI/FS、相关法律业务以及治理工作的执行。案例中没有说明这些工作的估计成本从何而来，根据上面的研究结论，估计的相关资源流出应当是承包方在提供服务时将索取的金额。潜在责任方小组每年估计的成本都在一定范围内，但使用了均值计量负债，比如 20 × 3 年的 RI/FS 成本在 1 000 000 ~ 2 000 000 美元，这很难如实反映治理负债的金额和不确定性。

根据期望现值法，小组应当将成本范围的信息具体化，识别出范围内具有代表性的几种结果及其概率。以 20 × 3 年数据为例，RI/FS 工作一直持续到 20 × 5 年完成，芯片公司应当估计每年发生的与 RI/FS 相关的资源流出，并识别出每年可能出现的不同结果及概率。以下假设芯片公司识别出 20 × 4 年可能发生的资源流出有 2 种情形，无风险利率为 10%。20 × 5 年可能发生的资源流出有 3 种情形，无风险利率为 11%，20 × 3 年芯片公司应计的环境负债金额计算如表 3 - 2 所示。

表 3 - 2　　　　期望现值法下 20 × 3 年芯片公司的环境负债计算过程　　　　单位：美元

年份	相关资源流出						折现率	现值
20 × 3	200 000							200 000
20 × 4	结果1	概率1	结果2	概率2			10%	581 818
	500 000	30%	700 000	70%				
年份	相关资源流出						折现率	现值
20 × 5	结果1	概率1	结果2	概率2	结果3	概率3	11%	486 486
	400 000	20%	500 000	50%	700 000	30%		
20 × 3 年估计的 RI/FS 总成本								1 268 304
20 × 3 年归属于芯片公司的 RI/FS 总成本								380 491 (1 268 304 × 30%)
20 × 3 年芯片公司估计的法律成本								200 000
20 × 3 年芯片公司的负债金额								580 491

3.4.3 环境成本的计量

环境成本的计量是指对环境成本确认的结果予以量化的过程，亦指在环境成本确认的基础上，对其业务或事项按其特性采用一定的计量单位和属性，进行数量和金额认定、计算及最终确定的过程。环境成本的计量是环境成本核算中的难点，有时环境成本表现为无形的、或有的、未来的、形象关系或社会成本等，其不可计量、不可货币化和难以与相应的收入相配比等特性，使得环境成本的计量比较困难，因此要结合会计学、环境经济学上的一些方法来进行计量。

按照现有会计学理论，费用计量属性包括历史成本、现行成本、可变现价值等，计量单位主要是货币形式。现行成本会计系统的计量模式采用货币计量，并且以历史成本为主，兼用其他各种计量属性。环境成本的计量同样遵循这一模式，结合环境成本本身的特点在进行量化的过程中还应考虑以下两点。

（1）应采用货币单位和实物单位相结合的双重计量模式。计量废弃物处理成本时，可辅以吨、公斤、立方米等物理量度计量；处理超标污水的成本适当考虑增加污染浓度的化学量度计量，将其综合起来，使信息使用者获得一个较为完整的印象。

（2）在采用货币计量时，计量属性是灵活多样的，根据具体环境成本的特点可以选择采用历史成本、现行价值、可变现净值等。

【例 3 - 3】某厂所用燃煤由离电厂约 64 千米的晋中几家煤炭生产商供应。煤炭经铁路从煤矿直接运至电厂，通常可就地储煤约 12 万吨。设计煤种为 50% 阳泉无烟煤和 50% 西山贫煤的混煤，校核煤种为阳泉无烟煤。这样该公司并不直接承接原料开采对环境的影响，原料的获取过程对环境造成的负荷由上游煤炭开采企业负责，电厂在原料获取阶段只承担在原料运输过程中对环境的影响，燃煤获取阶段中环境成本运用市场价值法的计量方法如下。

（1）燃煤获取阶段——森林价值损失（市场价值法）。每吨煤开采扰动表土 1.1 吨，土壤平均容重 1.7 吨/立方米，土层厚 0.3 米，森林价值 2.49 万元/公顷，该电厂 2005 年耗煤量约为 568 万吨。

计算公式为：$[(1.1 \times 568 \times 10\,000) \div (1.7 \times 0.3)] \times 2.49 = 3\,050.5$（万元）。

（2）电力生产阶段。目前，我国尚未制定火电行业的污染物折价标准。依据上述排污收费标准，并在参考美国环境价值标准（U. S. EVS）的基础上，有关学者评估出目前中国火电行业各种污染物减排的环境价值标准见表 3 - 3。

表 3 - 3　　　　　　　　　火电行业污染物环境价值标准　　　　　　　单位：元/千克

污染物	SO_2	NO_x	CO	CO_2	TSP	粉煤灰	炉渣	废水
环境价值	6.00	8.00	1.00	0.023	2.20	0.12	0.10	0.000 8

①电力生产——废气污染排放（市场价值法）。

SO_2 年排放量为 65642 吨，NO_x 年排放量为 18 139 吨（CO_2 和 CO 因不在国家

规定的污染物排放范围，故企业不做统计，无法获得数据）。

NO_2 环境成本 $= 8.0 \times 18\ 139 \times 10^3 = 14\ 511.2$（万元）

SO_2 环境成本 $= 6.0 \times 65\ 642 \times 10^3 = 39\ 385.2$（万元）

合计 $= 39\ 385.2 + 14\ 511.2 = 53\ 896.4$（万元）

②电力生产——固体废物排放（市场价值法）。

粉煤灰年产生量为 822 212 吨，炉渣量为 99 726 吨。粉煤灰除 254 070 吨（粉煤灰按照当地市场价格 80 元/吨计算）被用于制作空心砖等建筑材料外，其余被存贮在专用贮灰坝中。

粉煤灰环境成本 $= (822\ 212 - 254\ 070) \times 0.12 = 6\ 817.70$（万元）

粉煤灰环境收益 $= 80 \times 254\ 070 = 2032.56$（万元）

炉渣环境成本 $= 0.1 \times 99\ 726 = 997.26$（万元）

总计 $= 6\ 817.70 + 997.26 - 2\ 032.56 = 5\ 782.40$（万元）

③电力生产——废水排放（市场价值法）。

污水年排放量 1 210.6 万吨，其中化学需氧量 530.4 吨。

废水环境成本 $= 0.0008 \times 1\ 210.6 \times 10^3 = 968.48$（万元）

④电力生产——治理环境设备投资（预防支出法）。

环境保护设施原值 11 402 万元，运用平均年限法分十年摊销，每年 1 140.20 万元。

合计 $= 53\ 896.4 + 5\ 782.40 + 968.48 + 1\ 140.20 = 61\ 787.48$（万元）

3.4.4 环境费用的计量

按照与环境资产的关系，环境费用可分为自然资源耗减费用、维持自然资源基本存量费用、生态资源保护费用及生态资源降级费用。

3.4.4.1 自然资源耗减费用的计量

自然资源耗减费用是指资源产品生产所耗用自然资源储量的货币表现，属于资源产品成本的一部分。该费用一般体现为环境资产的耗减，因此其计量一般采用环境资产的单位价格乘以耗用数量的方法，而且在环境资产的价值确定并且相关资料如产品耗用量容易取得时，其耗减费用容易确定。当某项环境资产的计量存在困难时，可以采用机会成本法、替代成本法等确定。

3.4.4.2 自然资源维护费用的计量

自然资源维护费用是为保证可持续发展实现物质基础而发生的人类劳动耗费的货币表现，属于资本性支出，可以依历史成本原则按实际发生额计量。

3.4.4.3 生态资源保护费用的计量

生态资源保护费用是为了保护环境所发生的费用支出，包括维护生态资源现状的支出、预防污染支出、治理环境支出和环境监测支出等。一般发生的保护费用较为客观，可以按照历史成本原则以实际发生额计量。

3.4.4.4 生态资源降级费用的计量

生态资源降级费用是指环境被破坏造成损失的货币表现，包括破坏费用和恢复费用。

（1）破坏费用的计量。对于环境资源降级费用，是指企业因生产经营活动而导致生态质量下降，进而对资源环境造成破坏的货币表现。生产和消费活动产生的环境污染实际就是环境资源等级的下降，环境降级费用存在多污染源、无明确承担者等特点，导致计量非常困难。关于企业单一污染要素造成的环境降级费用，可以用以下模型表示：

$$C_i^w = X_i^w P_i^w (1 - b_i)$$

其中，C_i^w 表示第 i 种污染物所导致的环境资源降级费用；X_i^w 表示企业各项活动所排放的第 i 种污染物的数量；P_i^w 表示为治理每单位的第 i 种污染物所花费的费用；b_i 表示第 i 种污染物消除的比例。

当企业存在多污染要素的情况下，先分别计算不同污染导致的环境降级费用，然后相加，取其总和，以计算多污染要素的环境降级费用。

（2）恢复费用的计量。企业出于商业目的或法律上的强制性，会对其经营活动造成的生态资源破坏进行恢复。这种恢复费用从自然资源角度来看是维持费用，其发生额表现为客观上的货币支付或资产减少，因此可按实际发生额确定。

在某些情况下，由于存在大量的不确定因素，如对生态资源破坏程度和类型、可利用的技术以及恢复标准的确定等使生态资源降级费用难以进行客观评价，这时可以采用一些间接的方法对其计量，如人力资本法、生产率变动法等。

【例 3 - 4】云天化公司员工工资。化工企业一线生产作业的工人，由于作业环境污染重、风险性高，他们承受的心理方面、生理方面压力大。那么这种恶劣环境对工人的间接影响直接就是体现在工资上，即一线工人的工资要比低风险行业人员的工资高，高出的部分即高风险环境作业的补偿价值。通过分析，对于行业风险的计量方法本教材采用的是工资差额法，公式如下：

$$W_m = Q_1 P_1 - Q_1 P_a$$

其中，P_a 代表全国的平均工资，但是由于城市发展不均衡，各个地区的工资水平不同，因此采用全国的工资进行分析没有可信性，为了使计算结果具有真实性、可信性，本教材将 P_a 定义为云南省的各行业平均工资。为了使数据结果更具有可比性，在计算过程中，本教材将平均工资最高行业的工资和平均工资最低行业的工资进行删除。在公式中，P_n 代表的是云南省 n 个行业的平均工资，

改进后的公式如下：

$$W_m = Q_1 P_1 - Q_1 \left(\sum_{i=1}^{n} P_n - P_{min} - P_{max} \right) / (n - 2)$$

其中，W_m 表示云天化一线工人所承担的环境风险与健康风险值；P_1 表示云天化

一线工人的平均工资；Q_1 表示云天化一线工人的人数；P_n 表示云南省 n 个行业的平均工资；P_{min} 表示收入最低行业的平均工资；P_{max} 表示收入最高行业的平均工资；n 表示选取的云南省行业数量。

表 3-4 是 2015 年云南省全年城镇 18 个行业在岗职工平均工资情况。由表 3-4 可知 P_{max} 为金融业，平均工资为 66 577 元，P_{min} 为农林牧渔行业，平均工资为 18 674 元，n 为 17。云天化一线工人的人均工资 P_1 为 63 000 元。一线工人人数 Q_1 为 1 320 人。

表 3-4　　　　　云南省 2015 年国民经济行业在岗职工平均工资情况　　　　　单位：元

行业名称	平均工资	行业名称	平均工资
金融业	66 577	制造业	24 855
科学技术服务和地质勘查	35 028	公共管理和社会组织	33 237
采矿业	23 735	房地产	31 277
电力、煤气及水生产供应业	41 459	文化体育和娱乐业	32 305
交通运输仓储和邮政业	33 215	建筑业	26 789
信息传递、计算机服务业	42 463	水利环境和公共基础设施	24 086
住宿和餐饮	36331	卫生社会保障和社会福利	39 689
教育业	32 737	批发和零售业	27 915
		农林牧渔业	18 674

资料来源：崔煜晨. 环境会计的计量方法及其应用研究 [D]. 昆明：云南大学，2016.

云天化一线工人所承担的环境风险与健康风险值为：

$$W_m = 1\,320 \times 63\,000 - 1\,320 \times (570\,372 - 18\,674 - 66\,577) / (17 - 2)$$
$$= 40\,469\,352$$

3.4.5　环境收益的计量

环境收益是企业从环保活动中获得的收入的增加或费用的减少。对于收入增加所带来的环境收益，其中可以直接计量的，可以参照传统会计的计量方法，在收入发生时以历史成本计量。对于无法直接计量的环境收益，可以采用边际成本法、机会成本法、替代成本法等来计量。对于费用减少所带来的环境收益，企业可以采用统计分析的方法，通过将环境变化前后所发生的费用进行比较来评价收益。常用的方法有环比计算（本期与上期费用的差额）和定比计算（本期与某一标准费用的差额）。

另外，针对具体情况，环境收益的计量还可以选择影子价格法：

资源的稀缺性在国际市场资源产品交换价格中体现最为直接和充分。经济数学中影子价格的原理，为分离国际贸易交换价格中资源收益提供了有效的方法。影子价格严格来说不是现实的价格，是指某种资源投入量每增加一单位带来的追加收益。影子价格实际是资源投入的潜在边际收益，它反映产品的供求状况和资源的稀缺程度，资源越丰富，其影子价格越低，反之则高。资源的稀缺性决定了资源产品价格的高低，决定了在国际贸易中资源产品的价格总是从储量相对发达的地区流向相对贫乏的地区。国际流动中的价格差异可以体现出某产品由于其自身特性和资源的稀缺性所产生的环境收益。该方法适用于稀缺资源的价值计算。

环境收益＝国内价格－影子价格＝国内价格（1－标准转换系数 SCF）

$$SCF = \left(\sum M_i + \sum X_i \right) \div \left[\sum M_i (1 + t_i) + \sum X_i (1 + s_i) \right]$$

其中，M_i 表示第 i 种进口货物的到岸价总额；t_i 表示第 i 种进口货物的关税率；X_i 表示第 i 种出口货物的离岸价总额；s_i 表示第 i 种出口货物的补贴率。

练习题

1. 试举例说明外部性如何引起环境问题。
2. 试举例说明短视如何影响人们对环境问题的认识和应对。
3. 试比较直接市场价值法与替代市场价值法有何异同？
4. 假设仅有两个部门简化的投入产出表如表 3 – 5 所示，直接消耗系数和完全消耗系数如表 3 – 6 和表 3 – 7 所示。

表 3 – 5　　　　　两个部门简化的投入产出表

产出	单位	农业	工业	最终产品	总产品
农业	万吨	25	20	55	100
工业	万吨	12	8	30	50
新创造价值和折旧	万元	100	150	合计	250
总产值	万元	206	227.5	合计	433.5

表 3 – 6　　　　　直接消耗系数表

部门	农业	工业
农业	0.25	0.40
工业	0.12	0.16

表 3 – 7　　　　　完全消耗系数

部门	农业	工业
农业	0.443	0.681
工业	0.206	0.289

假设农业部门和工业部门的直接污染物排放系数分别是 0.02、0.03。最终需求领域产生的污染物为 30 万吨，污染治理部门治理每万吨污染物消耗农业产品为 0.3 万吨，需工业产品 0.2 万吨，排污 0.01 万吨，新创造价值 2 万元。

根据以上信息，编制引入污染物和污染治理部门时，污染物治理率分别为 0.7 和 1，满足计划的最终产品需求 Y 和相应产生的污染物 Q 的投入产出表。

第4章 环境财务会计

【学习目标】

(1) 掌握环境会计要素的确认和计量。

(2) 了解环境会计的信息披露与列报。

【学习要点】

(1) 环境资产的定义与分类，确认与计量。

(2) 环境负债的定义、确认标准及特征，如何进行确认、计量、记录。

(3) 环境成本的定义与特征，如何进行账户设置。

(4) 环境会计的信息披露与列报的行为主体、内容、特征、质量要求等。

【案例引导】

AS 钢铁公司位于辽宁省，该地区依托良好的地理优势，拥有充沛的铁矿石资源。国家一直重视钢铁企业的健康发展，2010 年 5 月，AS 钢铁公司在国家政策的引导下，与 P 钢铁公司进行了重组，形成了新的集团公司，向发展壮大更迈进了一步。公司一直致力于绿色低碳经济的发展，并不断扩大钢铁行业"清洁，绿色，低碳"的发展内涵，在这方面不仅开展的时间较早，技术也相较于其他企业更加成熟。

然而，AS 钢铁公司尚未引入环境会计核算体系来为企业的环境经营活动进行单独的核算，仅仅按照传统会计核算模式，将当期发生的环境相关收入及支出等内容记为期间费用和当期损益等相关会计科目。在计量方式方面，公司只采取了货币计量的方式，计量的内容也只是可以直接计入成本的一些费用或收入，例如：某料场因扬尘问题被环保局罚款 5 万元，支出计入了营业外支出；企业发生的绿化费被计入管理费用；等等。

目前，AS 钢铁公司存在环境会计活动没有进行单独确认、环境会计计量不准确、缺乏对应的环境会计账户、信息披露不全面等问题。AS 钢铁公司如何改进环境会计信息核算的缺陷，通过本章的学习，将会找到答案。

资料来源：赵晴. AS 钢铁公司环境会计核算问题研究［D］. 沈阳：沈阳理工大学，2020.

4.1 环境会计要素的确认和计量

前面第 1 章已阐述有关环境会计的基本框架，主要包括了环境会计的基本假设、职能、核算原则及要素等。本章就环境会计要素的确认计量以及环境会计信息的披露与列报进行具体探讨。

4.1.1 环境会计要素的确认

环境会计要素的确认是将与环境有关的环境资产、环境负债、环境权益等环境会计要素加以辨认和确定的过程，是将涉及环境的经济业务或事项作为环境会计要素在会计账簿中进行记录并列入会计报表中确认和再确认的过程。确认环境会计要素，必须制定确认标准，因为只有满足确认标准的环境会计要素才能在会计报表中列示和反映。

环境权益是指会计主体的所有者对环境资产的剩余要求权，计算上是环境资产与环境负债的差额，即净环境资产。环境利润是指会计主体在一定的会计期间内遵循配比原则将环境收益减去环境费用的结果，它反映了会计主体的环境业绩，是会计主体依靠环境资源获得超额收益的经营能力，是由于利用环境资源及采取环保措施而获得的净收益（净损失）。由于环境权益和环境利润分别是有关环境会计要素的差额，所以这里主要研究环境资产、环境负债、环境收益、环境费用、环境成本等要素的确认问题。

4.1.1.1 环境资产的确认

（1）环境资产的定义。环境资产是指由于符合资产的确认标准而被资本化的、能够用货币或非货币单位计量的环境成本。资产是企业拥有或控制的能够带来未来经济利益的经济资源。资本化是指将环境成本作为一项相关资产的组成部分或一项单独的资产加以恰当地记录。诚然，如前所述，对于资本化的环境成本并不一定都给企业带来直接的经济利益，而是通过其他方式间接地给企业带来好处。

狭义的环境资产是所有权已经界定或管理主体已经明确，并能对其执行有效控制，通过对其持有或使用可获得直接或间接经济利益的环境资源。这里的经济利益是指通过对环境资源的拥有、使用、处置（保持、治理、降级等）所产生的已实现的原始收入和通过对其拥有可能产生的未实现的持有损益。广义的环境资产形态包括自然资源和生态资源，按能否再生可分为再生资源和不可再生资源，按经济意义可分为自由取用资源和经济资源。根据环境资产的内容并考虑到环境资产核算的特点，环境资产可分为有形环境资产和无形环境资产。无形环境资产指企业对环境进行开发利用、取得生态环境的改善所开发的环保技术或取得的污染许可证等。

（2）环境资产的确认条件。如果同时满足下列条件，企业应该确认环境资产。

①企业拥有或控制的经济资源或自然环境资源。传统会计观点认为资产是经济资源，没有把自然环境资源纳入资产的范畴。随着人们对环境的重视以及对自然资源保护的重视，将自然环境资源纳入企业资产的范畴是未来的趋势。

②能够在当期和未来给企业带来经济利益、效用或社会效益。资产的定义表明，如果企业发生的一项成本将在未来带来经济利益，那就应该将其资本化并在利益实现时记入当期损益。因而，符合上述标准的环境成本应予资本化。但是，经济利益不是环境成本资本化的唯一标准，比如，企业主动购买环保设备，减少了污染排放量，虽然没有直接带来经济利益，但是带来了社会效益，提高了企业的社会声誉，甚至由于人们环保观念的增强而偏好该企业的产品，从而也能使企业受益。

③能够用货币单位或非货币单位可靠的计量。经济资源是很容易用货币计量的，但是就目前研究的水平，用货币计量自然环境资源存在一定的难度，有困难不等于不计量，在货币无法计量的情况下，我们也可以采用非货币计量手段来计量企业拥有的自然环境资源，从而弥补传统会计只衡量企业经济资源的缺陷。判断企业甚至国家的竞争力应该考虑自然资源和环境资源。经济资源再好，如果环境资源很差，这样的企业有可能在竞争中被淘汰出局，这样的国家在国际竞争中的竞争力也将被削弱。

（3）环境资产确认的主要标准。

①未来效用的可能性。即指它蕴藏着可能的未来效用，它单独或与其他资产结合起来具有一种能力，将直接或间接产生或有助于产生未来的效用。在确认标准中采用可能性概念，是为了指出与项目有关的未来效用存在的不确定程度。环境资产能否为开发利用的企业带来实际的效用具有相当大的不确定性，如同无形资产一样，需待将来才能明确。

②计量的可靠性。由于会计计量方法和反映技术的局限性以及环境资产的特点和复杂性，要对其进行准确的计量是既不可能也不现实的，会产生所反映的事实具有模糊性的特点，这不属于偏向，仍可认为其具有可靠性。因此，只要会计资料没有重要差错和偏向，并能如实反映其拟反映或理当反映的情况而且能为会计信息使用者提供作为决策的依据时，该会计核算资料就具有了可靠性。

③环境资产的地域范围。环境资产属于人类的共同"财产"，在国家对地域进行划分的同时，也划分了环境资产的所有权和使用权，环境会计只对本会计主体内的环境资源进行确认。一项环境资源要作为环境资产加以确认，应符合环境资产要素的定义，符合确认标准，并具有相关的属性，能够合理地对它进行可靠的计量。

4.1.1.2　环境负债的确认

（1）环境负债的定义。负债是由企业过去的经营活动引起的、需要企业在未来用资产和劳务偿还的责任或义务。传统会计对于企业经营活动造成的环境污染责任没有确认，但这种责任是已经存在的。企业通过牺牲社会利益增加自己的利益，从而导致企业价值的高估，这是因为没有估计企业污染消除的责任或义务。企业由于过去的经营活动产生的未来环境污染消除责任就是企业的一项负债，我们称其为环境负债。企业环境污染越多，隐含的环境负债程度越大。将来的污染消除成本会增加环境负债，众多企业之所以不愿意提及环境负债，是因为它会影响企业的偿付能力，降低企业价值，甚至引起股价下跌。这些环境负债反映了预计企业发生的环境成本和损失，但是仍没有在财务报表中核算。

环境负债是指企业过去经营活动对环境和自然资源产生破坏而导致现有环境资源的净损失或净牺牲，需在将来以企业其他资产或劳务偿付的职责和义务。环境负债主要包括因生产和生活消耗（不包括大自然自身侵蚀）导致环境资源的物质总量耗减而形成的净损失，以及因对环境资源的不合理耗用或缺乏有效的保护措施、因对环境的人为污染和破坏导致环境资源质量日趋恶化（下降）造成的降级净损失等。在履行义务的支出金额和时间不确定的情况下，在某些国家"环境负债"被称为"环境负债准备"。企业在享受环境资源价值的同时，应对环境承担一定的责任。环境负债是企业向外界环境排放的污染物造成损害或损失，基于法律、道德或其他意义上的考虑，企业有支付环境成本的义务。它需要通过资产的转移、运用、提供劳务或放弃其他经济利益的方式来履行对环境的责任，应对过去和现在生产活动造成的环境破坏引起的预期未来支出进行估计并在当期报告。

（2）环境负债的确认条件。如果同时满足下列条件，企业应该确认环境负债。

①企业过去的活动产生的由企业承担的现时或未来的环境义务。义务包括法定义务和推定义务，确认环境负债时，不一定要有法律上的强制性义务。在不存在法律义务时企业负有推定义务，或有在法律义务基础上的推定义务。比如，虽然还没有国家法律要求企业履行污染清除的义务，但是基于企业的声誉和消费者消费倾向的改变（如更喜欢履行环保责任的企业的产品），企业就可能制定清除污染的政策。要确认推定义务产生的环境负债，企业必须有履行该义务的承诺，当然，有承诺但是以后不能履行该义务并不能成为企业不确认环境负债的借口，企业可以在确认环境负债后，在财务报告中披露不能履行的事实。在少数情况下，企业根本无法全部或部分地估计环境负债的金额，这时应在财务报表附注中披露无法做出估计这一事实及理由。对于长期拆撤成本，企业可能选择在其可靠的经营期间内提取准备。与将来恢复场地、关闭或移走长期资产有关的义务是在对环境开始发生损害时就产生了，所以应在当时确认环境负债，而不是推迟到完成活动或关闭设施的时候。然而，企业可能会在整个相关经营期间内确认拆撤成

本，即提取准备。为在将来恢复场地、关闭或移走长期资产而发生的成本提取准备，应当是可行的，就像企业销售产品时预计未来将发生的维修服务费用确认预计负债一样。

②环境义务的履行将导致企业未来利益的流出，即需要用企业的资产或劳务进行偿还。确认环境负债是因为企业经营活动产生了环境责任或义务，这些责任或义务的履行需要企业在将来转移或运用资产、提供服务或放弃其他经济利益等。

③能够用货币单位或非货币单位可靠计量。

4.1.1.3 环境成本的确认

（1）环境成本的定义。环境成本应该是企业履行环境义务而发生的各种支出以及企业活动给企业带来的外部如环境、公民健康等方面的影响而产生的成本，包括内部成本和外部成本。虽然外部成本在目前很难可靠计量，但并不等于不考虑外部成本。

环境成本包括各种各样的成本，如环境资源的耗减成本、损失成本、处置成本、投资成本、恢复成本和再生成本、保护成本、替代成本和机会成本，有时也是外部成本（也就是发生在公司外部的成本，大多数是对公众发生的）。当然，环境成本也可以是公司环境活动的获益（环境成本节约）。日本环境省将环境成本分为七大类，即业务领域成本、上游/下游成本、管理活动成本、研发成本、社会活动成本、环境损伤成本以及其他成本。罗杰·L. 伯里特（Roger L. Burritt, 2005）对环境成本采用以下五种分类方法：①传统成本会计方法的分析和计量，包括加工成本、直接成本和间接成本、历史成本与标准成本、固定成本与可变成本、常规与非常规成本等。②扩展成本分类，包括传统成本、间接隐藏成本、无形成本、或有成本、社会成本（负外部性）。③生命周期成本与作业成本，其中生命周期成本包括研究开发、设计、生产等成本；作业成本包括单位、批量、产品维持成本和设备成本。④目标使用者，其中内部使用者包括管理者和员工。外部使用者包括股东、税务机构、环境机构、供应商、债权人、社会公众和地方社团等。

从企业会计核算的角度，结合克里斯汀·贾什（Christine Jasch, 2003）对环境成本的分类，企业环境内部成本可分为四类：第一类是自然资源消耗成本。如果这项成本能使当期和以后期间均产生收益，则应予以资本化。第二类是处置成本，包括现存废物和排放物的所有处置和清洁成本。第三类环境成本是预防和环境管理成本，加总劳动成本以及综合技术环境部分和操作设备的废料部分。该类成本主要包括废物和排放物的全年预防成本，但不包括计算出的成本节约。此外，其还包括更高比例的低排放加工技术成本和按废料百分比确定的生产设备的效率损失。第四类是非产品产出的成本，包括非产品产出的废料购买价值和生产成本。废料是根据材料购买价值或库存管理产生的材料消耗价值估价的。生产成本包括工时、机器折旧和经营材料成本。要注意避免对已经包括在其他成本类中的成本进行双重分类的错误处理。这主要取决于数据可用性的质量和信息系统的质量。在责任成本计算和流动成本会计中,剩余材料更能准确确定并被分配到成本中心和成本负担者。

（2）环境成本的确认条件。如果企业发生的支出同时满足以下条件就应该作为环境成本核算。

①企业已经发生支出或消耗资源。企业因承担过去经营活动造成的环境污染（如清理泄漏的石油），或者减少未来环境污染甚至在未来获取收益等支出已经发生。

②支出的发生或资源的消耗不是用来偿还企业的负债,比如用于偿还购买环保设备产生的欠款就不属于环境成本。

③能够用货币单位或非货币单位可靠地计量。

4.1.1.4 环境收益的确认

（1）环境收益的定义。由于社会责任意识的提高以及认识到企业环境业绩很可能导致影响未来财务业绩的高额制裁或罚款,投资者越来越关注公司造成的污染。但是在现有会计核算体系下,传统财务报表并不能充分地提供一个企业的环境管理业绩,更不能反映环境业绩与企业价值的关系,从而降低了会计信息的价值和有用性。因此,企业有必要对环境业绩进行确认。环境业绩主要是通过环境收益和环境费用来衡量。

环境收益是指企业在一定会计期间内进行环境保护所获得经济利益的流入和社会利益的增加,形式上表现为环境资产的增加、环境负债的减少。环境收益主要包括:①隐含收益。企业经营活动产生环境污染将被政府处以罚款,企业主动采取措施治理环境污染就会减少罚款甚至没有罚款。如果污染治理发生的支出低于企业没有治理而受到的环境污染罚款,隐含收益就产生了。②环保业绩奖励。即政府对环保卓有成效的企业发放的奖金或企业取得的津贴。③良好的环境声誉而带来的股价上升、产品销售增加带来的收益或接受投资的机会增加。④企业因环保活动而获得的税收减免、货款优惠给企业增加的收益。⑤损失赔偿费。由于其他企业或个人的环境污染对本企业的影响而要求对方给予的损失赔偿。⑥废物出售产生的环境收入。⑦环保技术开发收益。⑧其他社会效益带来的收益等。

（2）环境收益的确认条件。如果同时满足以下条件,企业应该确认环境收益。

①可实现性。传统会计依据收入实现制原则确认收入,收入实现制是指收入已经赚取并且能够流入企业。只有环境收益已经实现并且能够流入企业才能作为环境收益确认。

②能够用货币单位或非货币单位可靠地计量。

4.1.1.5　环境费用的确认

（1）环境费用的定义。环境费用是指企业在一定的会计期间内对所产生的污染支付的或进行环境保护而发生的不会产生未来利益的经济利益流出或社会利益的减少，形式上主要表现为资产的减少或负债的增加。环境费用主要包括排污收费、使用者收费、管理收费、生态资源的降级费用、生态资源补偿费用、维持自然资源基本存量费用、生态资源的保护费用以及其他费用等。

（2）环境费用的确认条件。只有同时满足下列条件，企业才能确认环境费用。

①经济利益流出或环境利益的减少。

②未来收益的不可能性。如果一项支出不会给企业带来未来的收益，或者未来收益不符合环境资产的确认标准，则该项支出应确认为环境费用。

③能够用货币单位或非货币单位可靠地计量。

4.1.2　环境会计要素的计量

环境会计计量是指将涉及环境的经济业务作为会计要素确认后加以正式记录，并列入会计报表而计算确认其金额或数量的过程。环境会计计量决定着环境会计的生存与发展，是决定环境信息能否通过会计系统得以揭示的关键性环节。环境会计的计量应考虑建立在劳动价值理论和边际效用价值理论的基础上，运用货币和非货币计量单位对环境会计要素加以计量。其内涵包括三方面：一是选择会计的计量属性；二是选择会计的计量单位；三是确定会计的计量模式，即计量属性与计量单位的有机结合。

4.1.2.1　环境会计计量方法的特点

（1）计量尺度的多元化。自然资源是环境不断进化演变所累积的财富，尽管它不是通过人类社会的劳动力所生产或创造出来的，却仍然有它特有的内在价值和效用。通常，我们通过效用来衡量自然资源的内在价值。传统会计理论中，货币是效用的主要计量单位，因此，环境会计的计量单位也可以效仿传统会计，即以货币作为主要计量单位。鉴于环境会计不具备买卖的特性，有些特例无法用货币进行衡量，这种时候往往就要采用非货币的单位进行计量。例如，河流污染的指标，一般无法用货币来衡量，通过河流中的酸、碱、藻类的含量进行测算。

（2）环境会计计量的基础方式。自然资源不同于商品，不能以供给量与需求量的作用关系决定其价格。但自然资源具有稀缺性，是有效用的。从经济可持续发展的角度出发，就是把有限的自然资源长久地分配到社会的各个领域里，来实现资源的最佳配置，达到效用的最大化。机会成本、边际成本、替代成本、贴现值等传统的计量基础仍可以作为环境会计的计量基础。对于环境费用，由于这些费用都是劳动力的损耗，体现了劳动的价值，其计量基础仍采用历史成本、可变现净值等。所以不管以哪种计量为基础，其宗旨都是为了找到更为合适的、精确的计量自然资源内在价值的方法。用效用来衡量和计算稀缺自然资源的价值，可以使资源配置更为优化。

（3）采用模糊数学进行计量。现代数学的新分支是模糊数学。它一经问世，就迅速地被推广应用到数学研究的各个方向，并对其他学科领域产生了意义深远的影响，在实践中也具有极高的应用性。模糊数学是用精确的、细致的方法来分析不确定的、模糊的事物。因此很多边界界定模糊的事物的研究，往往能够带来新的灵感和思路。诸如对管理学、会计学这类自然科学与社会科学相互结合的交叉科学，应用模糊数学的分析和理论，结合定性和定量研究，可计量化推动这些学科迅速崛起。某种层次上，模糊数学成为自然科学与社会科学链接的纽带。

（4）计量结果的相对准确性。通常来讲，在环境会计的计量中，利用模糊数学的方法得到的计量结果，由于很多现象是模糊的，其正确性往往也是相对的。此外，遵循成本效益的原则，为了保证会计信息的获得所花费的代价不能超过由此而获得的效益，也做不到结果的绝对准确无误。

（5）计量方法的可操作性。环境会计中的计量通常难度很大，其获得数据的可操作性，是信息准确的最基本保障。环境会计中的计量通常利用特定的方法和建立模型来进行测算，这些方法和模型是否可以实际应用，最基本的要求就是具有可操作性。这里所提出的可操作性，不仅要求其在理论上是一套完备的方法，更要求在实际操作中成本最小，操作便捷。

（6）计量属性的多样性。事物的特征或外在表现形式被称为计量属性。具体在会计领域来讲，就是在会计要素中，会计对象可以用货币作为表现形式。因为自然资源是可替代的、有效用的和稀缺的，所以在环境会计中，计量属性可选择机会成本、边际成本等。

4.1.2.2 环境会计的计量模式

在传统会计的计量中，不同的计量单位与计量属性相结合就形成了不同的计量模式。传统会计中的计量单位主要有名义货币和实际货币两种。计量属性则分为历史成本、公允价值、现值、可变现净值及重置成本五种属性。传统会计采用最多的计量属性是历史成本这一属性。由于环境是基于传统会计而来，所以环境会计的计量对象、计量属性等是基于传统会计却又不同于传统会计。环境会计的计量是专门对企业在经营生产过程中发生的有关环境事项的业务进行计量。因此，环境会计的计量对象的范围比传统会计的范围要小。环境会计的计量模式和传统会计计量模式一样，也包括计量属性和计量单位两个方面。本教材力求把环境会计进行量化，所以仍然采用货币作为环境会计的计量单位。环境会计的计量属性比传统会计的计量属性繁杂得多。由于很多环境资源无法直接计量价值，所以在对环境资源的计量过程中应与其他学科相结合。例如高等数学、环境科学等。因此，环境会计的计量属性不仅包含传统会计的计量属性如历史成本、现值等，还有其特有的计量属性，如污染当量。

有关环境成本的计量，可运用第 3 章中所介绍的计量方法和技术。

4.2　环境资产

4.2.1　环境资产的定义和特征

4.2.1.1　环境资产的定义

环境资产是环境会计的一个重要会计要素，其计量、记录与报告构成了环境会计的一个重要组成部分，但对环境资产的确认又是最重要的基础工作。会计意义上的资产是指企业过去的交易或者事项形成的由企业拥有或控制的、预期会给企业带来经济利益的资源。

环境资产的内涵和外延应当与一般资产相同，但又具有特殊性。定义环境资产应遵循两条原则：一是应符合资产的一般定义；二是反映环境特点。首先，环境资产也应当是由过去交易或事项形成的、企业现实存在的、与环境有关的资源，包括人工资源和自然资源；其次，环境资产是企业拥有或控制的，即企业有自主使用资源、享受资源所带来经济利益的权利；最后，对于一般企业而言，环境资产主要是指用于环境治理或防止环境污染的投资，这些投资可能为企业带来直接或间接的经济利益，也可能仅仅表现为社会效益。

据此，环境资产可以定义为由过去的、与环境相关的交易或事项形成的，能够用货币计量的，并且由企业拥有或控制的资源，该资源能够为企业带来经济利益或社会利益。应当强调的是，环境资产为企业带来的利益是不确定的，可能是经济利益，也可能仅仅表现为社会利益。其带来的经济利益可能是直接的，但更多情况下是间接的，即通过改善其他资产状况获得。

4.2.1.2　环境资产的特征

尽管环境资产具有一般资产的性质，但与一般资产比较，环境资产有其独有的特征，这些特征具体表现如下。

（1）天然形成与人工投入相结合。虽然环境资源是由自然因素形成的，处于自然状态，但随着人类对自然认识能力的加强，环境资源中越来越多地包含了人类的劳动，人工投入与天然形成相结合是环境资产的特征。这一特征给环境资产的计价带来一定的困难，环境资产的计价是环境会计的一个难点。

（2）可利用性。可利用性是指环境资源不仅具有使用价值，还具有经济利用价值。例如，太阳的辐射资源具有使用价值，但如果太阳能转变为储存资源，它就构成环境资产，具有经济价值。

（3）总量有限性。首先，是环境资产的开发利用具有不可逆性。不可逆性是指开发利用环境资产的行为破坏自然资源的原始状态以后，再将其恢复到未开发状态，在技术上不可行或者必须经过一段相当长时间的特性。其次，是指由人类可以认识、利用和改造的环境资源在数量上限定性造成的环境资产总量上的有限性。

（4）变化要符合生态平衡机制。环境资产的变化要符合生态平衡机制，是指在一定限度内的环境资产消耗，可以通过生态资源系统的自我调节机能和再生机能补偿。如果不符合这种平衡规律，就会引起生态系统的退化和失衡，因此，环境资产的增减变化必须遵循生态平衡规律。

（5）计量的复杂性。环境资产是一种动态资产，每时每刻都处于变化中，具有很大的不确定性。同时，环境资产又属于不规则产品，生产具有分散性，这些给环境资产的计量带来很大的困难。

（6）产权归属的国有性和收益的垄断性。环境资产大多数是天然形成的，通常只有国家以所有者的形式占有。因此，环境资源的开发，存在着两重产权的收益：一方面是资源所有权收益；另一方面是经营开发投资的所有权收益。前者主要表现为税收，以征收资源税的形式确认，这是国家对资源的垄断性的收益；后者表现为投资者的投资报酬。

4.2.2 环境资产分类

环境资产是极为丰富的，它可以从多角度进行分类：从形态上，可分为自然资源性资产和生态资源性资产；从能否再生上，可分为再生资源性资产和不可再生资源性资产；从运用角度上，它可分为自由取用资源性资产和经济资源性资产；从服务功能角度，可分为物质资源性资产、环境容量资源性资产、舒适性资源资产和自维持性资源资产。

4.2.2.1 从环境资源的自然形态分类

自然资源资产是人类生存发展的基础，为人类提供必需的物质资料，自然资源资产又可分为人造资源性资产及非人造资源性资产。人造资源性资产是指人类通过各种手段对自然资源的恢复和补偿，如人造森林、人造河流等。生态资源性资产是一定范围内各种自然资源包括生物在内和谐共存的集合体。生态资源的价值体现在通过自身的良性循环为人类提供的生态效用上。具体包括以下几种。

（1）自然资源性资产。一般来说，自然资源性资产可分为以下四类。

①土地资源。土地资源又可分为农用土地、房屋及建筑物占地、水域占地和未利用土地资源。农用土地亦可细分为耕地、园地、林地、草地等，房屋及建筑物占地亦可细分为城镇占地、村庄占地、工矿区占地、公共交通设施占地等。

②地下资源。地下资源又可分为煤、石油、天然气资源、金属矿物资源和非金属矿物资源等。

③生物资源。生物资源又可分为培育生物资源和非培育生物资源。其中，培

育生物资源亦可细分为役畜、产品畜、经济林木和在培育生物资源。非培育生物资源亦可细分为森林资源、海洋资源和野生动物资源等。其中森林资源还可根据森林内部物质结构的层次性细分为三种：其一，林地资产。林地资产是森林资源资产的重要组成部分，根据森林法的规定，林地包括封闭度 0.2 以上的乔木林地、疏林地、灌木林地、采伐迹地、火烧迹地、苗圃地和国家规划的宜林地。其二，林木资产。林木资产是指具有森林资产属性的活立木蓄积，林木资产是森林资产的主体部分。其三，林区野生动植物资产。海洋资源则可细分为海洋动物资源、海洋植物资源和其他海洋资源等。

④水资源。水资源可分为地上水资源和地下水资源等。

（2）生态资源性资产。生态资源性资产，可分为大气环境资源和生态环境资源。其中，生态环境亦可分为土地生态环境资源、森林生态环境资源和水生态环境资源等。森林生态环境是指森林环境资产，包括林区的山、水、石、大气、光照、动物、植物等各种生物和非生物要素的组合。森林环境是森林生态系统的重要组成部分。森林的生态功能具有减少风速、调节气候、涵养水分、保持水土、净化空气、美化环境等作用。国际上已开展了较多的对森林生态系统的单项服务价值研究，例如，对亚马孙热带雨林的非木材林产品的价值评估，对热带雨林的生态旅游价值的研究，对森林的休闲、景观和美学价值的研究等。除此以外，生态资源性资产还包括湿地资源，湿地是向人类提供多方面生态服务的另一类重要的生态系统。就全球而言，湿地因人类的巨大影响而不断退化和消失。一个重要原因是，世界范围内大多数人认为湿地没有什么价值或者具有负价值，这种认识导致在决策中对湿地保护缺乏优先考虑，致使湿地被破坏或被彻底地改变用途。

（3）其他环境资产。相对资源性资产而言，其他环境资产就是非资源性资产。当然，一切会计形式上核算的资产，都源于自然资源和生态资源本身，不同的是其他环境资产应当是经过人为对自然资源和生态资源加工后形成的资产。例如，天然的树和水，经过人类劳动加工后就成了家具产品和自来水产品，家具产品和自来水产品在生产和制造过程中，都有人类的加工劳动，尽管这些原材料都来源于自然资源和生态资源，但为了加以区别，我们将其称为其他环境产品。

4.2.2.2 从环境资源的能否再生角度分类

按照环境资源能否再生分类，可将环境资产分为可再生资源性资产和不可再生资源性资产。可再生资源如水源、森林等，这些资源可循环利用，依靠自然条件或人类活动不断再生。不可再生资源是指短时间内不能恢复增加的资源，如金属、煤等。符合前述标准的可再生及不可再生资源都应作为环境资产。

4.2.2.3 从环境资源的运用角度分类

从环境资源的运用角度分类，可以将环境资产分为自由取用资源性资产和经济资源性资产。经济学以资源稀缺性为标准对环境资源进行划分，将环境资源分为自由取用资源和经济资源。自由取用资源是指数量极其丰富、任何人都可以无偿使用的资源，如空气、太阳能等。经济资源是指稀缺的环境资源，如森林、矿藏等存在竞争使用的资源。当环境已成为经济意义上的稀缺资源时，也就成为了经济资源。

4.2.2.4　从环境资产的服务功能角度分类

人类对环境资源服务功能的认识是一个渐进的过程。就目前人类对环境资源服务功能的认识而言，环境资产可分为物质性资源资产、环境容量性资源资产、舒适性资源资产和自维持性资源资产四类。

（1）物质性资源。物质性资源的功能属性是指环境资源能够满足人类物质需要的一种功能，即自然资源作为人类一切生活资料和生产资料最终来源的功能。具有物质性资源功能的环境资源可以直接作为商品在市场进行交易，其实体直接进入生产过程，直接体现出经济价值，这种价值也是最容易被人认同的价值表现形式。

（2）环境容量性资源。环境容量性资源的功能属性是指环境资源容纳、贮存和净化生产及生活中产生的固体、液体和气体废弃物的功能。具有环境容量资源功能属性的环境资源，不是以实体形式进入生产和消费过程，而是以其功能效益的方式满足经济生活的需要。由于其所提供的服务不能直接在市场上进行交换，所以也就不能直接体现出其经济价值。因此，在传统经济学中，其价值一直是被忽略的。

（3）舒适性资源。舒适性资源的功能属性是指环境资源在满足人类对美感、认知和体验等精神生活需要方面的功能，主要指那些优美的自然景观。舒适性资源提供的并非是数量服务，欣赏也好，认知也好，都不会减少舒适性资源本身的数量，影响的只是其质量。和可再生资源一样，只要合理地利用，舒适性资源可以保持存量不变。同时，又和环境容量资源一样，舒适性资源也是以其功能效益服务人类的。

（4）自维持性资源。自维持性资源的功能属性是指环境资源作为生态系统维持自身生态平衡与生物多样性的功能。每一种环境资源以及各种环境资源所构成的生态系统，都有不可估量的价值以及潜在的价值。

4.2.2.5　按照资产的形态或形状分类

按照资产的形态分类，环境资产可以分为有形资产的和无形资产。有形环境资产是指具有实物形态的环境资源、环保设备、耗用的原料等，如森林、矿山、环保设施以及保持环保设施运转发挥效用的催化剂、分解剂等辅料。无形环境资产是指没有实物形态的环境资产，如排污权、环境保护技术、对环境资源的开采权、使用权等。

4.2.2.6 按照环境资产的形成条件分类

按照环境资产的形成条件分类，环境资产可以分为人造环境资产和自然环境资产。人造环境资产是通过人类建造而形成的环境资产，如排污设备、消声器具、环境监测设备等。自然环境资产是指天然的资源性资产。

4.2.3 环境资产的账务处理

4.2.3.1 环境资产的账户设置

为反映环境资产的形成、增减变动与结存情况，及时、准确地向使用者提供环境信息，必须对环境资产加以记录。同时，为突出各环境会计要素的重要性和独立性，环境会计要素应设立"环境资产"一级会计账户，其下设置资源资产、环境流动资产、环境固定资产、环境无形资产、环境在建工程等二级科目。根据会计报告编制的形式和企业会计核算时实际工作需要，也可以直接将二级科目作为一级科目来进行核算。

（1）"环境流动资产"账户。对于保证环保设施正常运行或保证其发挥功能的辅助原料、材料，应设"环保用原材料"账户，该账户的借方反映企业收到的环保用原材料，贷方反映领用或出售的环保用原材料。

①取得时：

借：环境流动资产——环保用原材料

  贷：银行存款

②领用时：

借：环境成本——环境保护成本

  环境费用——环境管理期间费用

  贷：环境流动资产——环保用原材料

（2）"环境固定资产"账户。该账户的借方反映企业取得环境保护与污染处理设备的全部历史成本，贷方反映减少环境保护与污染处理设备的历史成本。购入不需安装的环境保护与污染处理设备时，按取得的全部成本入账。

①购入不需要安装环境保护与污染处理设备时：

借：环境固定资产

  贷：银行存款

②购入需要安装的环境保护与污染处理设备时，先通过"环境在建工程"账户归集购入的成本和安装成本，在设备安装完毕验收合格后，转入"环境固定资产"账户。

借：环境在建工程——环保与污染处理设备

  贷：银行存款

借：环境固定资产

贷：环境在建工程——环保与污染处理设备

③计提折旧时：

借：环境费用——环境管理期间费用（行政零星使用）

　　环境成本——环境保护成本（生产产品使用）

　　　　　　——环境在建工程（工程使用）

　　贷：环境资产累计折旧折耗

【例 4-1】某企业于 2014 年 11 月购入一台需要安装的污染处理设备，支付价款 1 900 万元，购入后立即用于安装，安装期间共支付 100 万元。同年 12 月设备安装完毕并达到预定可使用状态。该设备预计使用年限为 20 年，无净残值。计提 1 个月的折旧费用。

为保证设备正常运行，企业于 2015 年 1 月 30 日购入一批辅助原材料，支付价款 500 万元，材料已验收入库，当月共领用该批原材料的 1/5 进行一般零星污染处理。

要求：编制上述有关业务的会计分录（金额单位用万元表示，不考虑相关税费的影响）。

①2014 年 11 月购入需要安装的污染处理设备：

借：环境在建工程——环保与污染处理设备　　　　　1 900

　　贷：银行存款　　　　　　　　　　　　　　　　　　　1 900

②支付安装费用：

借：环境在建工程——环保与污染处理设备　　　　　100

　　贷：银行存款　　　　　　　　　　　　　　　　　　　100

③2014 年 12 月安装完成，达到预定可使用状态：

借：环境固定资产　　　　　　　　　　　　　　　2 000

　　贷：环境在建工程——环境环保和污染处理设备　　　　2 000

④计提折旧：

借：环境成本——环境保护成本——污染治理成本　　100

　　贷：环境资产折旧折耗——环境固定资产　　　　　　　100

⑤2015 年 1 月 30 日购入原材料：

借：环境流动资产——原材料　　　　　　　　　　500

　　贷：银行存款　　　　　　　　　　　　　　　　　　　500

⑥领用原材料：

借：环境成本——环境保护成本——污染治理成本　　100

　　贷：环境流动资产——原材料　　　　　　　　　　　　100

（3）"环境无形资产——环境保护专有技术"账户。该账户反映企业为治理环境污染自行开发、研制或通过交易事项取得的专利与专利技术的增减变动。外购时：

借：环境无形资产——环境保护技术

　　贷：银行存款

（4）"环境无形资产——排污权"账户。排污权是在实行排污许可证制度，同时建立排污许可证交易市场的环境下形成的一项特殊环境资产。这种权力在购买之后，随着企业污染物的排放而逐步减少，具有长期待摊费用的性质。该账户的借方反映企业取得排污权的全部历史成本，贷方反映每期摊销和出售的排污权。以下只介绍有偿获得的排污权资产。

①取得时：

借：环境无形资产——排污权

　　贷：银行存款

②摊销时：

借：环境费用——环境管理期间费用

　　环境成本——环境保护成本

　　　贷：环境资产累计折旧折耗——排污权

③出售时：

借：银行存款（环保专项存款）

　　环境资产累计折旧折耗——排污权

　　　贷：环境无形资产——排污权

　　　　　环境收益——环境保护收入——排污权交易收入

【例4-2】某企业购入污水排污权，共支付价款800万元。按照该企业排污情况估计，该项排污权预计可使用4年，每年排污量基本相等。3年后由于该企业生产流程的改造升级，污水排放量大大减少，企业决定出售剩余排污权，经双方协定价格为300万元。

要求：编制上述有关业务的会计分录（金额单位用万元表示，不考虑相关税费的影响）。

①购入排污权：

借：环境资产——环境无形资产——排污权　　　　　　　800

　　贷：银行存款　　　　　　　　　　　　　　　　　　　　800

②前3年每年排污权摊销：

借：环境成本——环境合并成本——环境排污成本　　　　200

　　贷：环境资产累计折旧折耗——排污权　　　　　　　　　200

③出售剩余排污权：

借：银行存款　　　　　　　　　　　　　　　　　　　300

　　环境资产累计折旧折耗——排污权　　　　　　　　　600

　　贷：环境资产——环境无形资产——排污权　　　　　　　800

　　　　环境收益——环境保护收益——排污权交易收入　　　100

（5）"环境无形资产——矿藏勘探权、开采权和使用权"账户。该账户的借方反映企业拥有的勘探权、开采权和使用权的价值，贷方反映转出或摊销的价值。有偿取得时，按实际支出记入"环境无形资产"账户的借方；无偿取得时，按评估价入账。贷方反映该项资产产生经济效益的有效年度的摊销额。

①取得时:

借:环境无形资产——矿藏权

　　贷:银行存款

②摊销时:

借:环境费用——环境管理期间费用

　　环境成本——环境保护成本

　　贷:环境资产累计折旧折耗——矿藏权

（6）"资源资产——自然资源资产、生态资源资产"。该账户的借方反映企业拥有使用权、控制权的自然资源和生态资源的价值,贷方反映转出或摊销的价值。有偿取得时,按实际支出记入"资源资产"账户的借方;无偿取得时,按评估价入账。

①取得时:

借:资源资产——自然资源资产——流域

　　　　　　　——生态资源资产——森林

　　贷:银行存款

②摊销时:

借:环境成本——资源维护成本

　　贷:资源资产累计折耗

4.2.3.2　环境资产账务处理

（1）自然资源性资产。

①自然资源性资产的资本化。自然资源资本化是指自然资源的经营者,将为取得自然资源经营权向资源所有者（国家）支付的款项作为资产入账的会计处理。例如,矿产资源的整体价值,就是支付的采矿权价格;森林资源价值,则是支付资源所有权权益的价格。对经营企业来说,应将这些支出记作一项资产——自然资源资产入账。当前西方国家对矿藏、油田、森林等自然资源,在会计处理上均作为累计折耗资产入账。然后随着资源开发和使用,递耗资产的价值分期折耗计入成本,使自然资源得到合理补偿,实行自然资源和生态环境的有偿耗用制度。

在自然资源开发利用过程中,有两种情况可以增加自然资源的储量。一种是新探明的自然资源储量,另一种是人造环境资产,也称培育资产,如人工造林。新探明储量的自然资源所有权仍然属于国家。人造环境资产时间长、费用高,一般由国家投资。但也有企业投资,如山林由企业承包后所培育的林木。这一部分应根据投资主体,确定环境资产的所有权。

②自然资源资产增加业务的会计处理。自然资源性资产的会计核算,可以设置"资源资产——自然资源资产"账户,下设"土地资源""牧地资源""旅游资源""矿藏资源"等账户。例如,"矿藏资源"是核算通过开掘、采伐、利用而逐渐耗竭,以致无法或难以恢复、更新或无法按原样重置的可耗竭自然资源和

其可持续性受人类利用方式影响的可再生自然资源，如矿藏、油井、森林等。为了与国民经济核算指标衔接，还可设置"培育资产"账户，归集培育资产的实际成本，待培育资产成熟后，再转入环境资产，同时将国家拨入的专项资金转入环境资本。

由于企业取得递耗资产的方式不同，其账务处理也不相同。主要有以下几种方式。

其一，国家投入。国家对其所拥有的环境资源，一是作为投资形成进入微观会计主体，形成国家资本——环境资本，或者国家对其所拥有的环境资源不作为投资的形式进入微观会计主体；二是通过形成相应的补偿基金的形式让企业有偿使用。由于国家对环境资源拥有所有权，因此，企业取得的自然资源应视为国家投入的资本，设置"环境资本"账户。

借：资源资产——自然资源资产——矿山
　　贷：环境资本——国家资本

其二，购买形式。即经营企业直接向资源所有者（国家）购买资源的使用权，在这种方式下，所支付的买价和购买时的相关费用全部资本化为递耗资产。借记自然资源资产（支付的价款和相关费用），贷记银行存款（支付的价款和相关费用）。

借：资源资产——自然资源资产
　　贷：银行存款

其三，租赁方式。即经营企业以租赁的方式从资源所有者手中取得资源的使用权。这种方式下，应以将来每期支付的租赁款的现值，资本化为自然资源资产的数额，而所支付的租赁款总额与以上现值和之间的差额作为利息费用分期摊销。这种方式下，自然资源资本化时作分录为：

借：资源资产——自然资源资产（以后各期支付租赁款的现值之和）
　　贷：环境负债——环境长期应付款——资源租赁款

定期支付租赁款时作分录为：

借：环境负债——环境长期应付款——资源租赁款（每期支付租金的本金）
　　财务费用（每期支付租金的本金的利息）
　　贷：银行存款（每期支付的租赁款）

其四，债务方式。即经营企业以欠款方式向资源所有者借得资源使用权。所有权和使用权并未真正转移，经营企业只是暂时拥有了资源的所有权。资本化时可作分录为：

借：资源资产——自然资源资产（资源的价值）
　　贷：环境负债——环境长期应付款——国家

其五，自然资源资产的增值、减值。自然资源资本化为自然资源资产后，可能会因为整个自然资源不合理开发，使不可再生资源减少而形成自然资源资产减值；而可再生资源由于人工再造使自然资源资产增值。增值额的会计处理如下：

借：资源资产——自然资源资产——增值调整

　　贷：环境收益——其他环境保护收益
　借：环境成本——环境保护成本
　　贷：资源资产——自然资源资产——减值调整

其六，缴纳有关费用。不管以什么方式取得资源的使用权，经营者经营自然资源时，均应向政府缴纳环境资源补偿费。在缴纳时，这些费用直接列作环境成本，也可视其余产品与环境项目的关联性作期间费用，单独设立"环境费用"账户核算。会计处理如下：

　借：环境成本——资源维护成本环境费用——其他环境期间费用
　　贷：银行存款

③自然资源资产折耗相关业务的会计处理。自然资源资产折耗的计算是每期耗用资产的价值，即上述资本化的价值减去预计残值后的余额。折耗的计提方法主要采用工作量法（或产量法），即用预计可采掘或采伐的总产量除以折耗的基数，以确定单位产品的折耗费用；然后用每期实际采掘或采伐的产量乘以单位产品的折耗费用，计算出每期应提折耗额，并计入当期销售成本或存货成本中。提取折耗分录如下：

　借：环境费用——资源和"三废"产品销售成本——自然资源产品
　　贷：资源资产累计折耗——自然资源

如果本期采掘或采伐的产品全部售出，则期末将折耗费用全部转入销售成本，如果本期采掘或采伐的产品中只有部分售出，则将售出部分的折耗费用转作产品销售成本，将其余部分转作存货成本处理。其会计分录为：

　借：环境费用——资源和"三废"产品销售成本——自然资源产品（已售出部分的折耗费用）
　　　环境流动资产——存货（未售出部分的折旧费用）
　　贷：资源资产累计折耗——自然资源

④与自然资源资产有关的费用。
若以矿产资源为例，属于递耗资产核算的相关业务如下。
开采出矿产品时，根据勘探的矿藏计价入账。其会计分录为：
　借：资源资产——自然资源资产——矿山
　　贷：环境成本
开采时发生相关支出和折旧计提（按耗用的资源价值计量），其会计分录为：
　借：环境成本——环境保护成本——环境管理成本
　　贷：银行存款
　　　资源资产累计折耗——自然资源资产

开采过程中造成环境降级，需支付生态环境破坏补偿费，该费用应计入开采成本，从而增加开采产品的成本。如果其金额较小，也可以直接列支环境管理费用。未缴纳时的会计分录为：
　借：环境成本——环境维护成本——自然资源维护
　　贷：环境负债——应付资源补偿费——矿产资源补偿费

缴纳时的会计分录为：

借：环境负债——应交资源补偿费——矿产资源

  贷：银行存款

【例4-3】某矿业公司以5 000万元购入一矿山的使用权，估计该矿山煤炭的蕴藏量有1 000万吨。开采前该公司另外支付了下列费用：地质勘探费81万元，法律手续费6万元，建筑矿坑入口和排水设备45万元，建造地面设备和装载设施80万元。

在所有煤矿开采完后，该矿山估计尚能按90万元出售。煤矿开采后造成周围生态环境破坏而带来的生态降级，需缴纳环境资源补偿费50万元。

根据上述材料：

①计算煤矿的取得价值：

  5 000 + 81 + 6 + 45 + 80 = 5 212（万元）

借：资源资产——自然资源资产   5 212

  贷：银行存款   5 212

②计算每吨煤应计提的折耗费。设每期开采煤80万吨，其中销售75万吨，计算应提的折耗，并做有关会计分录。

    应提的折耗基数 = 5 212 - 90 = 5 122（万元）

    单位应提的折耗 = 5 122 ÷ 1 000 = 5.122（万元/万吨）

    应提取的折耗总额 = 75 × 5.122 = 384.15（万元）

借：环境费用——资源和"三废"产品销售成本——自然资源产品销售

                384.15

  贷：资源资产累计折耗——资源资产折耗   384.15

③将售出部分的折耗费用转作产品销售成本后，而将其余部分转作存货成本处理。

    剩余部分成本 = 5.122 ×（80 - 75）= 25.61（万元）

借：环境流动资产——存货   25.61

  贷：资源资产累计折耗——资源资产折耗   25.61

④应交环境资源补偿费的会计分录。

借：环境成本——资源维护成本——自然资源维护成本 50

  贷：环境负债——应交资源补偿费——矿产资源补偿 50

（2）生态资源性资产。生态资源性环境资产相关业务的会计处理：生态资源性资产按性质应设置"环境资产——资源资产——生态资源资产"和"环境资产累计折耗"账户，核算生态资源的价值增减变化及生态资产的价值减少。

【例4-4】某企业乡政府申请一片森林20年的使用权，开设国家森林公园。通过相关的非市场价值评估法确定该森林环境资源价值为10 000万元。国家森林公园有自然保护区性质，其实物资源（林木、动物等）不能采用和破坏，因此企业付出的10 000万元，相当于该片森林的环境资源（森林景观所提供的游览服务、生物多样性、生态系统服务等）价值。企业对取得的森林使用权以 20 年期限分期摊入成本，则会计分录为（金额单位用万元表示，不考虑相关税费的影响）：

①支付 1 亿元取得森林使用权时，会计分录为：

借：资源资产——生态资源资产   10 000

　　贷：银行存款   10 000

若国家以投资的方式投入，则：

借：资源资产——生态资源资产   10 000

　　贷：环境资本——国家资本   10 000

②生态资产的折耗。

　　　年折耗 = 10 000 ÷ 20 = 500（万元）

借：环境成本——环境耗减成本   500

　　贷：资源资产累计折耗——生态资源资产折耗   500

③对区域生态成本的评估。譬如，对森林公园即可采用"盘存计耗法"，先对某地、某一时点人们认可的生态环境状况下的生态资源存量进行全面的、多方位的评估，并作为该区域或流域的生态资产和社会权益同时记入生态资产和生态权益账户。然后，再对现已破坏的资源状况进行估价、确认其现存的存量价值，并计入该区域或流域现在拥有的生态资产和生态权益。将以上两者相减，其差额就是被破坏所损失的价值，这正是应对其进行补偿的重置成本价值，以此可以确定以多少财政转移支付来进行生态成本的补偿和以何种方式进行补偿。

根据盘存成本，确定区域生态成本价值，可做会计分录如下：

借：资源资产——生态资源资产

　　贷：实收资本——环境资本

（3）非资源性环境资产。非资源性环境资产核算相对简单，例如，环境工程项目一般都是与环境污染治理及预防有关的建筑、设施和设备的构建、设计和安装工程，以及对污染物清理、处理密切相关的项目。一般通过"在建环境工程"科目核算，工程项目完工时，按照最终决算数记入"环境固定资产""环境无形资产"等科目中。

①购入环境设备、物资进行工程建设时：

借：在建环境工程——工程物资

　　贷：银行存款

②领用材料和发生加工费用时：

借：在建环境工程——工程材料

　　贷：原材料

　　　　应付职工薪酬

③工程完工并决算转交使用时：

借：环境固定资产（环境无形资产）

　　贷：在建环境工程

④如某项环境保护项目使用该环境资产，计提固定资产折旧（或无形资产折耗）时：

借：环境成本——环境保护成本

　　贷：环境资产累计折旧折耗

⑤该环境保护项目发生相关环境零星费用：

借：环境费用——环境管理期间费用

　　贷：银行存款

4.2.4　环境资产减值

4.2.4.1　环境资产减值的含义

环境资产的主要特征之一是必须能够为企业带来经济利益的流入，如果该资产不能够为企业带来经济利益或者带来的经济利益低于其账面价值，那么，该资产就不能再予以确认，或者不能再以原账面价值予以确认，否则将不符合资产的定义，也无法反映资产的实际价值，其结果会导致企业资产虚增和利润虚增。因此，当企业资产的可收回金额低于其账面价值时，即表明资产发生了减值，企业应当确认资产减值损失，并把资产的账面价值减记至可收回金额。

环境资产与普通资产相比，能够带来的未来经济效益更加具有不确定性，因此，其发生减值损失的可能性更大。环境资产减值的确认原则与其他形式的减值相同，一般采用准备金核算方法。但还应引起注意的是，环境污染对环境资产所产生的"减值"影响，也应考虑纳入会计核算。这种由于环境问题导致的资产减值主要包括三个方面。

（1）因某些资产已遭受环境污染，为使这些资产以后恢复其使用价值，企业通常需要对它进行污染清除和环境质量恢复，导致其价值降低。

（2）因某些资产的使用会产生较多的污染物，进而带来较多污染治理支出或罚款，而新出现的同类性质新资产的使用可大幅度降低污染产生量，或没有污染，使得原有资产价值减值。

（3）因某些资产与环境污染问题相关联而使其价值降低。这些都须计提减值准备。

4.2.4.2　账务处理

为了正确核算企业确认的资产减值损失和计提的资产减值准备，企业应当设置"环境资产减值损失"科目，反映环境资产在当期确认的资产减值损失金额；同时，应设置"环境资产减值准备"科目。企业根据资产减值准则规定，确定资产发生了减值的，应当根据所确认的资产减值金额，借记"环境资产减值损失"科目，贷记"环境资产减值准备"。在期末，企业应当将"环境资产减值损失"科目余额转入"环境成本"科目，最终转入"本年利润"科目，结转后该科目应当没有余额。各资产减值准备科目累积每期计提的资产减值准备，直至相关资产被处置时才予以转出。

【例 4 - 5】某公司在某国开矿，该国法律要求矿产的业主必须在完成开采后将该地区恢复原貌。恢复费用包括表土覆盖层复原的费用，因为它在矿山开发前必须移走。表土覆盖层一旦移走，就应确认一笔表土覆盖层复原准备。该准备计入矿山成本，并在矿山使用寿命内计提折旧。为恢复费用提取的准备金额为 500 万元，等于恢复费用的现值。

企业正在对矿山进行减值测试。矿山的现金产出单位是整座矿山。企业已收到愿以约 800 万元的价格购买该矿山的出价，该价格已考虑了复原表土覆盖层成本。矿山的处置费用可忽略不计。矿山使用价值约为 1 200 万元，不包括恢复费用。矿山账面金额为 1 000 万元。

现金产出单元销售净价为 800 万元。该价格考虑了恢复费用。现金产出单元的使用价值在考虑恢复费用后估计为 700 万元（1 200 - 500）。现金产出单位的账面价值金额为 500 万元，即矿山的账面价值（1 000 万元）减去复原准备（500 万元）。

此例告诉我们，因环境问题而产生的恢复费用 500 万元构成原矿山价值的减值准备。那么，其会计处理为：

借：环境资产减值损失　　　　　　　　　　　　　　　　　　500
　　贷：环境资产减值准备　　　　　　　　　　　　　　　　　　　　500

资产减值损失确认后，减值环境资产的折耗费用应当在未来期间做相应调整，以使该环境资产在剩余使用寿命内系统地分摊调整后的资产账面价值（扣除预计净残值）。考虑到环境资产发生减值后，一方面价值回升的可能性比较小，通常属于永久性减值；另一方面从会计信息谨慎性要求考虑，为了避免确认资产高估增值和操纵利润，资产减值准则规定，资产减值损失一经确认，在以后会计期间不得转回。以前期间计提的资产减值准备，在资产处置、出售、对外投资、以非货币性资产交换方式换出、在债务重组中抵偿债务时，才可予以转出。

4.3　环境负债

4.3.1　环境负债的定义和特征

4.3.1.1　环境负债的定义

美国环境保护总局将环境负债定义为"由于过去或持续制造、使用、排放或危险排放某一特定物质，或其他不利于环境的活动导致的在将来支出的法定义务"。ISAR 认为，"环境负债指企业发生的，符合负债的确认标准，并与环境成本相关的义务"。美国环境保护总局的定义强调环境负债的法律特征，仅限于引起环境负债的法定义务。ISAR 的定义则较为宽泛，不仅包括引起环境负债的法定义务，还包括引起环境负债的推定义务。我们认为，在企业财务会计系统中确认的环境负债的定义既要符合企业一般负债的定义，又要考虑到环境事项的特殊性。如果将负债的定义运用于环境领域，则可将环境负债理解为"由于企业或组织以前的经营活动或者其他事项对环境或自然资源造成的影响和破坏，而应当由企业或组织承担的、需在未来以资产或劳务偿还的现时义务"。即环境负债既要反映一般负债的定义，又要体现环境特点。

而对环境负债的定义是将负债的概念用于环境领域中，据此定义的环境负债应遵循两条原则：一是应符合负债的一般定义；二是反映环境特点。按照此定义，我们可以认为，环境负债即是由过去的、与环境相关的交易或事项形成的现时义务和推定义务，履行该义务时会导致经济利益流出企业。

环境负债是符合负债的确认标准，与环境有关的事项所引起的负债，如果企业有支付环境费用的义务，则应将其确认为负债。在少数情况下，可能无法全部或部分地估计环境负债的金额，但需要在会计报表附注中披露无法做出估计的事实及原因。

确认环境负债应遵循以下标准：①该项负债是由过去与环境相关的交易或事项形成的。②企业拥有偿还该项负债的义务。③偿还该项负债会导致企业经济利益的流出。④该负债能够用货币计量，其数额取决于确认负债时治理环境污染、履行相关义务所需的费用。⑤该项负债必须是与环境相关的，包括环境治理义务、环境修复义务以及缴纳破坏环境的罚款义务和赔偿义务。⑥企业所承担的义务是现时义务，即现行条件下承担的义务，未来发生的交易或者事项形成的义务，不属于现时义务，不应当确认为负债。

4.3.1.2 环境负债的特征

环境负债具有以下几个基本特征：①环境负债是企业过去的生产经营活动或事项引起的现时义务。②环境负债是将来要支付的经济责任，即将来清偿环境负债会导致经济利益流出企业。③环境负债通常是能够用货币确切地计量或合理地估计的义务或责任。

以上三点是环境负债与一般负债相一致的基本特征，除此之外，环境负债还有自己所独有的特征。

(1) 环境负债是以企业生产经营活动产生的污染排放对环境和人类的健康造成破坏或损害为前提。这是环境负债在发生的动因上与一般负债的区别。例如，企业将含有对人体有害的废水长期排放到河流里导致河水污染，污染清理负债发生的动因是废水污染河流。

(2) 环境负债具有相对滞后性。与企业一般负债相比，环境负债的确定不是发生在废弃物排放或污染发生的那一时间，而往往会在排放或污染行为之后的某一时间被确认或提出。例如，在 20 世纪 60 年代生产的石棉产品到了 20 世纪 80 年代才被确定为对人体健康有害。因赔偿形成的负债具有明显的滞后性。由于其具有相对滞后性的特点，环境负债的金额、清偿时间、受款人在现行条件下具有不确定性，需要通过合理估计加以确定。

（3）环境负债具有较强的可追溯性、连带性和不确定性。可追溯性是指即使企业导致环境问题的行为在当时是合法的或者在当时有关的环境法律下根本不存在，企业也对其环境问题负有责任。连带性是指企业对环境问题其他责任方的环境恢复成本负有连带责任。不确定性是源于环境事项的特殊性质和会计人员对其他相关信息的缺乏，主要表现在环境负债总额不确定、导致环境负债的交易或事项发生的概率不确定和环境负债发生的时间不确定这三方面。

4.3.2　环境负债的分类

环境负债意味着企业的未来环境支出，这种支出将对企业的财务状况产生重要影响，环境负债的分类有助于信息使用者分析和预测企业的财务状况和偿债能力。环境负债可以按照不同的标准进行分类。

4.3.2.1　按照清偿义务把握程度分类

按照企业的清偿义务是否确定，环境负债可以分为确定性（既有）环境负债和或有环境负债。

（1）确定性环境负债。确定性环境负债是指企业生产经营活动的环境影响引发的、清偿期限和清偿金额可以预期确定的或者经有关机构做出裁决而由企业承担的环境负债，如环境罚款、环境赔偿、环境修复责任引发的环境负债。

①合规性负债。这是指根据有关环保法律法规生产、使用、处理和排放有害物质或发生有损环境的行为所需承担的义务，包括污水处理费、固体废物处理费等。

②违规性负债。这是由企业因违反环境保护法规，向执法部门缴纳罚款形成的，表现为罚金或罚款。

③补救性负债。这种负债是一种恢复性义务，即为了清理或恢复被污染的环境而产生的义务。

④赔偿性负债。企业排污行为造成环境污染，造成其他经济组织、个人财产损失或损害健康，需要承担赔偿的义务，可能包括财产损失、健康损害、医疗费、误工费、生活费等。

（2）或有环境负债。或有环境负债即是确定性环境负债，是指由企业过去生产经营行为引起的、由企业承担的、清偿时间和金额不能确定的与环境有关的义务，其义务的存在与否或清偿时间和金额须由某些未来事项的发生或不发生才能确定的环境负债。只有当具有债务发生或资产损失的可能性，且损失金额能合理预计时，才应当确认为或有负债。

①当出现由企业经营活动造成的环境污染或对他人财产造成损害，企业目前又无法纠正这种损害时，如果有合理的可能性表明，企业在将来有义务纠正这一

损害，应当将其确认为或有负债。

②当企业由于经营活动造成环境污染或对他人财产造成损害时，履行该项义务导致经济利益流出企业的可能性难以判断，且该义务的金额很难确定，应确认为或有负债。

4.3.2.2　按照负债的清偿期限分类

按照负债的清偿期限，环境负债可以分为短期环境负债和长期环境负债。前者为清偿期限短于1年（包括1年）或一个经营周期的环境负债，后者为清偿期限长于1年或一个经营周期的环境负债。

4.3.2.3　按照计量形式分类

按照计量形式，环境负债可以分为货币性环境负债与非货币性环境负债。前者指用货币计量形式表达的环境负债，后者指无法用货币计量形式表达的环境负债，它可能是一种道义上的责任。

4.3.2.4　按负债对期间的相关性分类

按照环境负债对期间的相关性，环境负债可分为现实负债和契约负债。如果是由于过去事项对环境造成影响产生的负债，则可判断其具有负债属性；由未来事项产生的负债，则可判断为契约负债。契约负债是指企业承诺未来环境支出履行的现时义务，如承诺对未来环境损害的健康赔偿成本、环境污染治理成本等。

4.3.3　确定性环境负债及其账务处理

4.3.3.1　确定性环境负债的确认

确定性环境负债又称既有环境负债，是指具有如下特点的环境负债：（1）企业产生环境负债的事实已经存在；（2）环境负债的未来清偿金额、清偿日期和受款人都是相当明确的。确定性环境负债包括法规遵循性负债、违反相关法规的罚款与处罚、对第三方支付赔偿金的赔偿负债等。根据环境负债的确认条件，确定性环境负债应在发生时及时确认为环境负债，并同时确认相应的环境费用。

4.3.3.2　确定性环境负债账户与账务处理

确定性环境负债代表企业未来确定发生的环境支出。在复式记账系统中，根据确定性环境负债的特点，企业可以通过设置"环境负债——应付环保费"等账户记录和核算确定性环境负债，以区别于不确定的预计环保负债。"环境负债——应付环保费"等账户的贷方核算已发生、尚未支付的环境负债，借方核算已支付的环境负债，期末贷方余额表示尚未支付的环境负债余额。该账户明细核算可以根据环保费用的种类分别设置应付环境赔偿款、环境修复费、环境处理费、环境排污费、生态补偿款等明细类账户。在现值法下，企业应每年对相关环境负债类账户的账面价值进行复核。因此，在每个资产负债表日，企业应根据复核的结果调整相关环境负债类账户的账面价值。

环境负债也可以像环境资产核算那样，根据需要分为环境流动负债和环境长期负债，核算时也可以采用在"环境负债"下设二级科目"环境流动负债""环境长期负债"，然后在此二级科目下可以再设环境负债的明细科目进行更详细核算，这样做的目的是便于对环境负债进行财务分析。不过，如果要独立编报环境会计报表，企业也可以根据自身的管理需要和核算要求，直接按照环境负债的种类，将明细科目作为一级科目进行核算。

需要说明的是，有些环境负债、环境资产核算项目，在不单独报送环境报表时，可以直接在现有负债科目核算，而不单独设置环境负债、环境资产账户，如因环境事项形成的短期或长期应收和应付赔款、罚款、借款、补偿款、租赁款等，再如因环境事项而形成的银行存款、库存现金、存货、资本、固定资产和无形资产。但在补充式报表中仍需单独项目列示这些环境资产、环境负债和环境所有者权益。

（1）"应付环境罚款"账户。该账户用来核算企业排污造成环境责任但无法履行应承担的赔款以外的支付义务，且这种义务具有惩罚性和强制性。企业发生排污费时，如与产品生产有直接关系的，记入"环境成本"账户；无直接关系的，则记入"环境费用""环境营业外支出"等账户。具体根据费用性质决定。

借：环境成本——环境保护成本
　　环境营业外支出——环境罚款
　　　贷：环境负债——应付罚款

（2）"应付环境赔款"账户。该账户主要核算企业因破坏环境形成的赔偿义务所产生的负债。会计分录为：

借：环境费用——环境管理期间费用
　　环境成本——环境保护成本——环境管理成本
　　　贷：环境负债——应付环境赔款

（3）"应交资源补偿费"账户。该账户用来核算环境资源因使用而效用减少从而应当上交政府的资源性补偿负债，包括自然资源和生态资源。它主要是企业开发、利用生态资源环境产生的现实负债，因此是应交而不是应付，表明是一种欠政府的债务，具有不可商量性，因为自然资产产权属于国家。会计分录为：

借：环境成本——环境保护成本
　　　贷：环境负债——应交资源补偿费——矿产资源

（4）"应付环境资产租赁费"账户。该账户主要核算企业发生为环保租赁资产发生的应付未付环保资产租赁款。会计分录为：

借：环境成本——环境保护成本
　　　贷：环境负债——应付环境资产租赁费

（5）"应付生态补偿款"账户。该账户主要核算企业因环境事项应承担的企业外部实体造成生态损失而应付但尚未支付给受害实体而不是政府的生态补偿款，一般具有被动补偿性质，但并非造成了损害损失，一般而言需要双方达成一致和法院或相关权威部门或机构裁定。会计分录为：

借：环境成本——环境保护成本

　　贷：环境负债——应付生态补偿款

（6）"应付环境修复费"账户。该账户主要核算环境修复义务而形成的负债。环境修复义务按相关规定的提取标准、比例或估计的损失额确定。会计分录为：

借：环境成本——环境保护成本

　　贷：环境负债——应付环境修复费

（7）"应交排污费"账户。该账户主要核算企业因排放污染而按照规定标准计算但未交给政府的污染排放费用。会计分录为：

借：环境成本——环境保护成本

　　贷：环境负债——应交排污费

（8）应交环境税费。该账户主要核算企业按照规定标准计算而未交给政府的各种环境税费。会计分录为：

借：环境成本——环境保护成本

　　贷：环境负债——应交环境税费

【例4-6】以下是某市化工有限公司于2014年发生的有关环境负债的业务。假设除罚款和工资性支出外，其他发生的费用均与产品生产有关（金额单位用万元表示，不考虑相关税费的影响）。

①化工有限公司多年来对周边土地造成的污染遭到环保部门的处罚，环保部门要求该公司在一年之内完成对周边土地的修复，并判处罚金20万元。而根据估计，土地修复费用为15万元。由于该项义务在接到环保部门的处罚通知时就已经发生，企业对土地的修复承担现时义务，承担该义务时很有可能导致经济利益流出企业，且承担义务的费用得到了合理的估计，因而形成了环境负债。

借：环境费用——其他环境期间费用　　　　　　　　　　20

　　环境成本——环境保护成本——环境修复成本　　　　15

　　贷：环境负债——应付环境赔偿款　　　　　　　　　　20

　　　　　　　——应付环境修复费　　　　　　　　　　15

②该公司直接将废水排放至附近河流，对河流下游的土地灌溉造成严重危害，对此，环保部门判处长智化工有限公司赔偿损失500万元。

借：环境成本——环境保护成本——环境事故损害成本　　500

　　贷：环境负债——应付环境赔偿款　　　　　　　　　　500

③企业附近居民不堪忍受生产过程中的噪声，向当地环保部门投诉，该公司负责人公开承诺将会安装噪声处理器，并估计该项费用为900万元。

借：环境成本——环境保护成本——污染治理成本　　　　900

　　贷：环境负债——应付环境修复费　　　　　　　　　　900

④根据环保部门的要求，长智化工有限公司今年应交排污费 300 万元。

借：环境成本——环境保护成本——污染治理成本　　　　300

　　贷：环境负债——应交排污费　　　　　　　　　　　　　　300

⑤经环保部门核算，长智化工有限公司今年应缴纳矿产资源补偿费 50 万元。

借：环境成本——环境保护成本——环境补偿成本　　　　50

　　贷：环境负债——应交资源补偿费　　　　　　　　　　　　50

⑥经该公司会计部门核算，长智化工有限公司专职环保人员行政人员工资与福利费用为 40 万元，专职环保人员技术人员工资与福利费用为 200 万元。

借：环境成本——环境保护成本——环境管理成本　　　　200

　　环境费用——环境管理期间费用　　　　　　　　　　　40

　　贷：环境负债——其他环境负债　　　　　　　　　　　　240

4.3.4　或有环境负债及其账务处理

4.3.4.1　或有环境负债的特征

（1）或有环境负债是过去的交易或事项。或有环境负债是或有负债定义在考虑环境因素后合乎逻辑的拓展，因而，要研究或有环境负债，首先要讨论或有负债。或有负债是或有事项的一部分，或有事项是指过去的交易或者事项形成的，其结果须由某些未来事项的发生或不发生才能决定的不确定事项，而根据或有事项的预计结果可以将其分为或有资产和或有负债。或有负债是指过去的交易或事项形成的潜在义务，其存在须通过未来不确定事项的发生或不发生予以证实；或指过去的交易或事项形成的现时义务，履行该义务不是很可能导致经济利益流出企业或该义务的金额不能可靠地计量。

而根据以上内容的分析，我们可以将或有环境负债定义为企业由于当前或未来与环境有关的交易或事项形成的，预期可能会导致经济利益流出企业的潜在义务和特殊的现时义务。

【例 4 - 7】2014 年 12 月 2 日，甲企业起诉乙企业侵犯了其环保专利权。至 2014 年 12 月 31 日，法院还没有对诉讼案进行公开审理，乙企业是否败诉尚难判断。对于乙企业而言，一项或有负债已经形成。它是由过去事项（乙企业"可能侵犯"甲企业的专利权并受到起诉）形成的。

（2）或有环境负债的结果具有不确定性。或有环境负债包括两类义务：潜在义务和特殊的现时义务。当或有环境负债作为一项潜在义务时，其结果如何只能由未来不确定事项的发生或不发生来证实；而当或有环境负债作为特殊的现时义务时，其特殊之处在于该现时义务的履行不是很可能导致经济利益流出企业，或者该现时义务的金额不能可靠计量。"不是很可能导致经济利益流出企业"是指该现时义务导致经济利益流出企业的可能性达到但不超过 50%。

【例 4 - 8】2014 年 12 月 2 日，甲企业因故与乙企业发生环境经济纠纷，并且被乙企业提起诉讼。直到 2013 年末，该起诉尚未进行审理。由于案情复杂，相关的法律法规尚不健全，从 2014 年来看，诉讼的最后结果如何尚难确定。2014 年末，甲企业承担的环境义务就属于潜在义务。

【例4-9】2014 年 12 月 30 日，甲企业与乙企业签订担保合同，承诺为乙企业的三年期项目环保贷款提供担保。由于担保合同的签订，甲企业承担了一项现时义务。但是，承担现时义务并不意味着经济利益将很可能因此而流出甲企业。如果 2013 年度乙企业的财务状况良好，则说明甲企业履行连带责任的可能性不大。也就是说，从 2014 年看，甲企业不是很可能被要求流出经济利益以履行该义务。为此，甲企业应将该项现时义务作为或有负债披露。说明的是担保一般不确认或有事项，只有在发现被担保方违约时才可以。

【例4-10】2014 年 12 月 24 日，某企业全体员工发生食物中毒，而甲企业恰是食物提供者。中毒事故发生后，甲企业得知此事，并承诺负担一切赔偿费用。直到 12 月 31 日，事态还在发展中，赔偿费用难以预计。此时，甲企业承担了现时义务，但义务的金额不能可靠地计量。

4.3.4.2　或有环境负债的确认

我国《企业会计准则第 13 号——或有事项》规定，与或有事项有关的义务同时满足下列条件的，应当确认为预计环境负债：①该义务是企业承担的现时义务；②履行该义务很可能导致经济利益流出企业；③该义务的金额能够可靠地计量。

在上述确认条件中，第一个条件在于确定现时义务发生的可能性。只有当企业所获得的证据表明在资产负债表日很可能存在与企业未来行为（或未来经营活动）无关的，并由过去事项产生的现时义务时，企业应确认一项预计环境负债。第二个条件在于确定履行现时义务导致资源流出或其他事项发生的可能性。只有当履行现时义务很可能要求含有经济利益的资源流出时才能确认一项预计环境负债。其可能性一般为：50% < 发生概率≤95%。

第三个条件在于保证计量的可靠性。根据该准则，如果企业的或有环境负债能够同时满足上述条件，或有环境负债应当在资产负债表中单独确认为预计环境负债。

4.3.4.3　或有环境负债的计量

或有环境负债的计量主要依据是导致或有环境负债事项发生的可能性的大小来计量或有环境负债及与之相应的环境损失。如果环境负债发生的可能性很大，而且其导致损失的金额也可以合理地进行估计，那么就可按照最佳估计予以确认，形成或有环境负债。但如果在该或有事项引起的损失的范围内不存在任何最佳的估计，那么至少应按照最小估计金额确认。

如果导致环境负债事项发生的可能性属于有可能，或者发生的可能性虽然较大，但相应环境损失的金额无法合理地进行估计，可以采用显示但不预计的办法，以补充的形式在财务报表或环境报告书中，对可能发生损失的估计值或不能做出估计的原因和理由加以说明。

如果环境事项发生的可能性很小，那么就可以采用不预计、不显示的办法，既不在会计记录中进行登记，也不以其他形式进行说明。

4.3.4.4　或有负债金额的确定

（1）最佳估计数。当与或有事项相关的义务被确认为预计环境负债后，接下来就应考虑预计环境负债的计量问题。作为一项已确认的环境负债，现行成本法和现值法同样适用于预计环境负债的计量。相对于一般环境负债，预计环境负债具有更大的不确定性。为了保证计量的可靠性，预计环境负债"应当按照履行相关现时义务所需支出的最佳估计进行初始计量"。当为清偿预计环境负债所需要发生的支出存在一个连续范围，且该范围内各种结果发生的可能性相同时，最佳估计数为该范围的中间值；而当为清偿预计环境负债所需要发生的支出不存在一个连续范围时，最佳估计数可以按以下两种方法确定：①当或有事项涉及单个项目时，最佳估计数按照最可能发生的金额确定。②当或有事项涉及多项目时，最佳估计数按照对各种可能结果进行加权估计后的金额确定（即预期价值法）。

【例 4 - 11】2015 年 1 月，某石油公司因污染问题被周围居民要求补偿 100 万元，至 2015 年 2 月，法院尚未判决，对此律师估计很可能（80% 可能性）赔偿的范围为 40 万 ~ 60 万元。

该预计环境负债所需要发生的支出存在一个连续范围，且该范围内各种结果发生的可能性相同，则最佳估计数为该范围的中间值（40 + 60）÷ 2 = 50 万元。

如果假设该石油公司被判决的结果是 80% 的可能性赔偿 60 万元，20% 的可能性赔偿 50 万元。那么，最佳估计数是多少呢？由于该支出不存在一个金额区间，因此要看其涉及的是单个项目，还是多个项目，若是单个项目，则按最可能发生的金额来确定，那么该石油公司最可能发生的赔偿金额是 60 万元。

又假设，该石油公司预计总支出为 1 000 万元，污染较为严重的占 15%，赔偿支出比例占 10%，污染较轻的占 5%，赔偿支出比例占 20%。那么，最佳估计数又是多少呢？因为该预计负债所需要发生的支出不存在一个连续范围，且涉及的是多个项目，则要按各种结果及其相关概率计算确定，预计赔偿支出为：1 000 × 15% × 10% + 1000 × 5% × 20% = 25（万元）。

（2）最佳估计数确定考虑的主要因素。企业在确定预计环境负债的最佳估计数时应综合考虑以下主要因素。

①现行的法律法规。在计量预计环境负债时，企业应考虑引起预计环境负债的事项和交易涉及相关法律法规的程度。如果存在相当客观的证据表明新法规基本肯定会颁布，那么在计量预计环境负债时应考虑新法规的潜在影响。

②相关责任主体的数目。由于环境负债具有连带性，企业在计量预计环境负债时，不仅要考虑本企业应承担的份额，而且还要考虑在其他潜在责任方无力偿

付时，偿付超过自身份额的风险。

③现有的技术水平以及技术经验。企业在计量预计环境负债时应以现有的技术水平来估计履行预防或清除环境污染等义务的成本，同时，还应考虑与应用现有技术过程中积累的经验有关的预计支出的减少额。

④货币的时间价值。因货币时间价值的影响，与资产负债表日后不久发生的现金流出有关的预计环境负债，比较后发生的同样金额的现金流出有关的预计环境负债负有更大的义务。如果货币时间价值的影响重大，预计环境负债的金额"应是履行义务预期所需要的支出的现值"。

⑤补偿。在某些情况下，企业清偿预计环境负债所需支出的一部分金额或全部金额将由第三方补偿（例如，通过保险合同）。"除非法律规定可以抵，否则对于收到的第三方的补偿，不应从环境负债中扣除。"但是，如果第三方未能支付且企业对涉及的费用不负有责任，在这种情况下，企业对这些费用不承担义务，因而不应将其包括在预计环境负债中。

如果在或有事项引起损失的范围内不存在任何最佳估计，则至少应按照最小估计金额确认，以避免低估预计环境负债。例如，某企业接到当地环保局的通知，被告知其废弃物处场地不符合环保法规要求。但该企业既不知道需要何种补救技术，也无法确定所需的补救成本。在这种情况下，企业至少应将或有环境负债按最低的补救成本予以确认和计量。

由于预计环境负债反映的是初始计量时的最佳估计，企业应在每个资产负债表日对预计环境负债的账面价值进行复核，如"有确凿证据表明该账面价值不能真实反映当前最佳估计数的，应按照当前最佳估计数对该账面价值进行调整"。如果企业使用现值法计量预计环境负债，则应在各期增加预计环境负债的账面价值，"以反映时间的流逝，增加的金额应作为借款费用予以确认"。

4.3.4.5 或有环境负债账务处理

已确认或有环境负债与"预计环保负债"账户。当企业将符合确认条件的或有环境负债确认为预计环境负债后，企业应在复式记账系统中单独设置"预计环保负债"账户对其进行记录与核算。"预计环保负债"账户的贷方核算已确认但尚未支付的预计环境负债，借方核算预计环境负债的支付，期末贷方余额表示已确认但尚未支付的预计环境负债的余额。当企业确认预计环境负债时，应借记相关资产或费用账户，贷记"预计环保负债"账户。当企业清偿预计环境负债时，应借记"预计环保负债"账户，贷记"银行存款"账户或"现金"账户。

同样，企业还可以根据预计环境负债管理的需要，按照预计环境负债的具体分类设置明细账户，如"预计环境赔偿款"账户、"预计环境修复费"账户、"预计环境处理费"账户、"预计排污费"账户、"预计环境资源补偿费"账户、"预计环保人员工资与福利费"账户等。企业使用现值法或公允价值法计量预计环境负债时，应在每个资产负债表日，对预计环境负债的账面价值进行复核并予以调整，以反映当前的最佳估计或公允价值。因此，企业应在各期增加预计环境负债的账面价值，即借记相关环境费用账户，贷记"预计环境负债"账户。

【例 4 – 12】2014 年 10 月，因环境污染事件，A 企业告 B 企业，要求 B 企业赔偿。2014 年 12 月，B 企业告 C 企业，要求 C 企业赔偿。律师认为 B 企业对 A 企业赔偿金额很可能为 40 万 ~ 60 万元，C 企业基本确定赔偿 B 企业 50 万 ~ 70 万元。B 企业按相关义务确认为负债的前提下，同时从第三方 C 企业获得的补偿基本确定。

在这个例子中，预计资产和预计负债不可互相抵销，应分别确认。B 企业会计处理为：

借：环境费用——其他环境期间费用——环境赔偿费用　　　60
　　　贷：环境负债——预计环境负债　　　　　　　　　　　　　60
借：其他应收款　　　　　　　　　　　　　　　　　　　　60
　　　贷：环境收益——其他环境收入　　　　　　　　　　　　　60

4.3.4.6　未确认或有环境负债与信息披露

未确认的或有环境负债代表因无法同时满足预计环境负债的确认条件而无法在复式记账系统中确认的或有环境负债。对于这部分或有环境负债，企业应根据重大性原则，通过设置"或有环境负债"单式记账账户予以记录。由于环境负债具有相对滞后性的特点，或有环境负债可能不会按照最初预料的方式发展。以前作为或有环境负债确认事项的未来经济利益流出的可能性也许变为很可能或不可能。以单式账户记录的未确认或有环境负债信息有助于管理层对未确认或有环境负债进行持续的跟踪与评价，以确定未来经济利益流出的可能性是否会变为很可能或不可能，以便及时采取相应的风险防范措施，避免或减少或有环境负债的发生。

如果履行现时义务不是很可能导致经济利益流出企业或不能对该义务的金额做出可靠的计量，则不可确认为预计负债，只能作为一项或有负债，而应在财务报表附注中披露一项或有环境负债。

4.4　环境成本

4.4.1　环境成本的定义及内涵

4.4.1.1　环境成本的定义

环境成本是指本着对环境负责的原则，为管理企业活动对环境造成的影响而被要求采取的措施成本，以及因企业执行环境目标和要求所付出的其他成本。这是 1998 年 2 月联合国国际会计和报告标准政府间专家工作组第 15 次会议文件《环境会计和财务报告的立场公告》对环境成本做出的较为权威且全面的定义。

这个定义，以可持续发展思想为指导，以明确企业的环保责任为中心，将企业对环境的影响负荷费用和预防措施开支列入核算对象，提出环境成本的目标是管理企业活动对环境造成的影响及执行环境目标所应达到的要求。

4.4.1.2 环境成本的内涵

(1) 企业环境成本不但包括能从财务会计意义上确认的内部环境成本，而且还包括外部环境成本。内部环境成本是指由环境因素引起，可以用货币计量并且要由企业付出一定资产，从而影响到企业经营成果的各项成本，包括那些由环境方面因素引发，并且已经明确是由本企业承担和支付的费用，比如，排污费，环境破坏罚金或赔偿费，环境治理或环境保护设备投资，等等。外部环境成本是指由企业生产经营活动所引起，企业外部其他个人和组织成本的增加，但尚不能明确计量，并由于各种原因而未能由本企业承担的不良环境后果，如企业由于污染物的排放导致居民健康的损失等；同时，外部环境成本还可能包括不一定需要支付货币的机会成本，如材料利用率低，部分材料转化成废料从而多发生的材料消耗成本等。

(2) 环境成本包括内部环境成本和外部环境成本，但环境成本的"内部""外部"之分不是绝对的，这是因为某些情况下内部和外部环境成本并存。例如，"排污费"是由于本企业向外部排放有害气体、污水、废弃物质而向环境管理机构交纳的费用，由本企业负担，因而属于内部环境成本。但是外部环境成本亦同时存在：从数量上说，计算交纳排污费是按照环境管理机构制定的标准，在实务中，这种标准往往偏低，不足以弥补环境污染引致的各种损失。从性质上说，即使全部排污费都用于治理环境，也存在环境被污染与恢复之间的一段滞后期。在这段时间内，环境污染的破坏作用已经漫延开来并导致更大的环境成本。

(3) 某些情况下内部环境成本会早于或晚于外部环境成本的发生。例如，企业考虑到某经济事项对环境的损害可能性而提取的准备金，使会计处理中先发生了内部环境成本，而外部环境成本此时尚未发生。再如，对环境污染受害者的赔偿金，往往由于法律程序而耽误一段时间，而会计处理总是要等到实际赔偿时才作为内部环境成本，这时显然已经晚于外部环境成本。

(4) 根据会计配比原则，外部环境成本最终都应当转为内部环境成本。但是，在会计实务中，两种环境成本之间既存在"转化时间差"，还存在"转化数量差"。而且，像空气污染导致酸雨以及生态破坏等引发的社会环境成本，几乎不可能做到"会计配比"。因此，究竟外部环境成本在多长时间内和有多大比例可以转化为内部环境成本，取决于环境法规的完善程度及环境会计标准的可操作程度。从这个意义上说，环境法规的建设与环境会计体系的建立具有同样重要的意义。

4.4.1.3 环境成本的特征

依据环境成本的定义，可总结出环境成本具有以下特点。

（1）多元性。一旦发生环境成本，它都不会是孤立的，总是有许多相关费用发生，形成环境成本多元性的特点。下面以制造企业的经营活动为例来说明环境成本的多元性，因企业活动所形成的环境成本是多种多样的，例如，企业生产活动对自然资源的消耗，其耗减的价值表现就是自然资源耗减成本；企业活动所产生的废水、废气、废渣等废弃物的损失表现为生态资源降级成本；为了尽量减少大气、水、土壤等的污染对环境良性循环的影响，需要采取措施，为此发生的费用为环境保护成本。

（2）多样性。环境成本性质具有多样性，环境成本的支出有些与有形环境资源有关，例如，维持自然资源基本存量费用发生的结果可以相对增加或不减少自然资源的储量，其发生的费用理应转化为自然资源价值的一部分。有些环境成本的发生与无形的生态环境资源有关，如保护生态资源的费用，可以使生态资源的质量提高或不降级，其发生的费用也应作为生态资源价值的一部分。有些环境成本的发生与人造的固定资产有关，如污水处理设备等，应作为固定资产处理。这些成本不论与环境资源有关，还是与人造资产有关，都与资产的价值有关，因此，它们具有资本性支出的性质。有些环境成本与资产的价值无关，是一种纯粹的付出，如垃圾的收集费和处理费、排污费等，这些成本一般作为当期的损益处理。有些环境成本的支出与产品的成本有关，例如，利用自然资源进行资源产品的生产时，这些环境成本应作为产品的成本处理。对环境成本的性质进行研究，其目的是为进行正确的会计处理建立理论基础。

环境成本计量方法具有多样性。环境成本中像维持自然资源基本存量的费用和生态资源的保护费用，其支出形式或是物质资产的投入，如投入物料、设备等，或是人类劳动的投入，其可以准确计量；环境成本中像生态资源污染损失费用等，不是人类劳动的耗费，不能以劳动价值理论为基础来计量，通常采用估算的方法进行模糊计量。环境成本的模糊性与精确性并存的特点，决定了环境成本计量方法的多样性。

（3）差异性。环境成本的差异性是指在整个产品寿命周期里，环境成本在各个阶段的发生是不对称的，有些阶段发生较少，有些阶段发生却很大。就制造业来看，并不是所有的产品和生产工序都产生相等的环境成本。但是，环境成本往往被合并在企业制造费用中，并随后分配到所有的产品中去。因此，环境成本与相关产品、生产工序及相关活动之间的关键性联系就被切断了。例如，光谱玻璃公司是特种强度玻璃的主要制造商，其面对的主要环境问题是镉的使用和排放。然而，这种颜料仅仅用于一条简单生产线——生产深红色玻璃。虽然深红色玻璃的制造导致了处理镉的成本，但由此而产生的环境成本却由所有的产品承担。按照一般规则，将环境成本归入企业的制造费用中会导致内部互补，并使产品获利能力的评估偏离"更洁净"产品。

4.4.2 环境成本的分类

4.4.2.1 按环境成本支出动因分类

环境成本按支出动因分类是其最基本的分类，也是环境成本会计核算具体内容和设置环境成本会计账户的主要依据。

（1）资源耗减成本。自然资源耗减成本是指由于经济活动开发、使用而发生的自然资源实体数量减少的价值。自然资源是人类进行经济活动的物质基础，要进行经济活动必然要利用自然资源，资源的利用，使自然资源的储量随着开采、利用规模的增大而逐渐减少。这一部分价值会随着生产活动转移到产品成本中去，构成资源产品成本的一部分。自然资源的储量随着资源产品的产出而逐渐减少，减少的价值可以从实现的资源产品收入中得到补偿，形成自然资源的补偿基金，用于维持自然资源的基本存量和生态资源保护。自然资源耗减成本应包括不可再生资源的耗减成本和可再生资源的耗减成本。包括构成资源产品的自然资源价值、有助于产品形成所耗费的自然资源价值、其他自然资源的耗费（生产中耗费）。一般而言，自然资源利用会带来资源耗减。

（2）资源降级成本。环境降级成本是指废弃物的排放超过环境容量而使生态资源质量下降所造成的损失的货币表现，也可称为污染损失成本。例如，空气、水源等污染损失，恶劣环境对人类健康的影响，等等。当废弃物的排放超过环境稀释、分解、净化能力时，造成环境污染，环境污染实际上是生态资源等级的下降，如通过悬浮颗粒的等级来说明空气的污染程度。生态资源等级的下降给人类如经济活动带来的损失用货币计量，称为降级费用。一般而言，生态资源因不良环境行为会产生降级。

（3）资源维护成本。资源维护成本是指为维持自然资源目前的状况而发生的成本，目的是为避免资源降级或资源降级后消除其影响而实际发生的费用。由于人类的繁衍和经济的发展，自然资源的储量迅速下降。要保持经济的可持续发展，应以整体资源不枯竭为前提。为实现这一前提，人类要付出一定的人力、物力、财力，其货币表现构成自然资源维护成本。例如，维持森林、草场等人造自然资源的基本存量，会发生各种人造费用；延长自然资源提高效用的能力，会发生维持费用。总之，维持自然资源的基本存量，会发生大量的费用，包括植树种草等产生的人造资源的费用，维护自然资源不被破坏或正常生长发生的费用，为提高现有资源的质量、数量、生产率、利用率而进行技术改造的费用，从事资源维护工作的人工工资及福利费用等。资源维护成本是发生较频繁、支出种类较多的一种综合型成本，但要注意，资源维护成本一般与环境保护成本相对，而与资源耗减成本、资源降级成本相似。资源维护成本是企业进行自身维护的成本，区别于生态环境补偿成本。

（4）环境保护成本。环境保护成本指为了实现环境保护而发生的一种综合型成本支出，其特点是发生经常性和费用多样性，是一种产品、工程或项目紧密相关的直接和间接成本支出。环境保护成本包括废弃物再循环及其处理，污水的净化处理，环境卫生的维护，垃圾的收集、运输、处理和处置，废水的收集和处理，废气的净化，噪声的消除，以及其他环境保护、维护服务的费用等。具体项目如下。

①环境监测成本。环境监测成本是指与环境监测有关的所有成本，包括环境监测设备购置费、维修费、折旧，环境监测设备运行的各项费用，环境监测部门办公费用，环境监测人工费用等。广义的监测还包括环境检测费用，它是为检测企业产品、流程和作业是否符合恰当的环境标准而发生的成本，如测量污染程度、制定环境业绩指标等发生的成本费用。

②环境预防成本。环境预防成本是指事先预提的环境治理保护费用，包括为控制污染进行环保设备的购置、职工环境保护教育费、环境污染的监测计量、评价和挑选供应商与设备、设计环境流程和产品，以及环境管理系统的建立和认证成本、审查环境风险、预计环境保护基金、回收利用产品等。上述环境预防成本可不包括预防"三废"成本，而将"三废"预防性支出单列。

③环境管理成本。环境管理成本是直接计入或分配计入环境产品、环保建设工程、环保项目的环境技术操作人员或班组有效运行所发生的支出，包括材料、薪酬、劳保、设备等费用。环境管理成本要区别于环境期间费用，前者直接计入环境成本，后者计入环境费用。基于环境完全成本设计思路，环境管理期间费用也可以先计入损益，再按期结转到环境保护成本。

④环保研发成本。环境研发成本是指对设备工艺的技术改造使环境影响减少的支出以及科研投入等，如环保产品的设计，对生产工艺、材料采购路线和工厂废弃物回收再利用等进行研究开发的成本。该成本包括开发环保产品、专利技术的研发费，在产品制造阶段遏制环境影响的研发费，在产品销售阶段遏制环境影响的其他研发费。用于实现特定研发目标的、不作专利权等其他使用的设备采购费，在购买时作为研发费处理，构成环保研发成本。

⑤污染治理成本。污染治理成本是指对已经发生的环境污染进行治理的所有成本，包括用于污染治理的固定资产购置费、建设费、维修费、折旧，用于污染治理的环保设施运转费，处置"三废"发生的费用等。污染治理成本按污染形式可分为空气污染（包括酸雨）防治费、水污染防治费、垃圾处置费、土壤污染防治费、噪声污染防治费、振动污染防治费、恶臭污染防治费、其他污染防治费、气候变暖防治费、臭氧层损耗防治费等。不仅如此，该成本还包括再生利用系统的运营成本、对环境污染大的材料替代成本、节能设施的运行成本等。

⑥环境修复成本。环境修复成本是指为了企业对环境的恢复而发生的费用，包括污染场地复原的费用、处理与环保有关的环境退化诉讼所产生的费用、环境退化准备金等。

⑦预防"三废"成本。"三废"成本是指为了预防分期废渣和废水给自己或他人造成环境损害，而事前对可能发生环境灾害与事故的实物、实体、土地和大

气等进行整理预防费用支出，例如，对土地的围垦加固，对空气通风系统改造，对建筑场地尘土进行覆盖、对出售的食品保质期进行宣传和讲解等。

⑧生态环境补偿成本。生态环境补偿成本是指排污企业有意和无意地向外排放，给他方造成了资源退化和生态环境污染等，按照规定或经过协商一致给受损方的补偿，由获得补偿的一方来进行损害治理和预补偿，目的还是为了环境保护并具有环境保护的性质。但这种补偿成本包括可能产生了的现实损失、可能还没有产生的潜在损失和预防损失的支付，并且对于采取反补机制（排污方受到补偿，如下游补偿上游、下风区补偿上风区等）的生态环境补偿，也一样适用。

⑨环境支援成本。环境支援成本是指企业对外进行的具有公益性的环保活动、环保捐赠活动、环保赞助活动所发生的支出。例如，拍摄环保公益宣传片，环境公益讲座和广告，对保护地球环境团体和个人开展环境保护活动的资助、对环境受灾方的慈善捐款等。

⑩其他环境成本。其他环境成本包括排污许可证费和其他环境税，环境罚款支出，环保专门机构的经费，环境问题诉讼和赔偿支出，临时性或突发性环保支出，因污染事故造成的停工损失，因超标排污缴纳的环境罚款支出等。

⑪环境费用转入成本（环境费用）。环境费用转入成本实际就是被转移了的环境费用，通常与传统会计的期间费用类似。环境费用可以分为环境管理期间费用和其他环境期间费用两种，统称为环境期间费用。环境管理期间费用是企业专门的环境保护行政管理机构或部门发生费用支出。例如，企业环保处、科、室或环保部发生的一切费用，具有行政费用特性，包括办公费、差旅费、会议费、工资薪酬费等。而其他环境期间费用是公司公共环境费用，包括环境管理体系实施维护费用，业务活动相关环境信息披露和环保宣传费用，各项环保培训费，环境影响评审费，诉讼费和审计费，以及环境生产减值损失等。

环境期间费用不属于环境成本，内容也较杂，要将其区别于环境保护成本。判断的依据是看其是否与产品、工程或项目有关联性，是就为环境保护成本，否就为环境期间费用。但基于环境完全成本设计思路，环境期间费用先单独进行归集，按期结转到环境保护成本（环境费用转入成本），从而构成环境保护成本的一部分，并最终通过环境成本核算还是计入了当期损益。可见，环境费用成本转入就是环境费用，但环境费用除了上述环境期间费用外（环境管理期间费用、其他环境间接费用），还包括资源和"三废"产品销售成本和环境营业外支出、环境生产减值损失等。

4.4.2.2　按成本会计核算内容分类

（1）资源消耗成本，核算企业在生产经营活动中对自然资源的耗用或使用的成本，即将资源产品生产所耗用的自然资源以货币形式加以表现及量化。

（2）环境破坏成本，核算企业由于"三废"排放、重大事故、资源消耗失控等造成的环境污染与破坏的损失。

（3）环境修复补救成本，核算由于企业生产活动对已经造成或发生的环境污染进行补偿而发生的支出,包括整治修复土壤、水质和空气等自然的修复成本,企业未达到环保指标而需要支付的罚款,环境事故的赔偿金与罚款,为特殊的环境问题缴纳的税款,因环境问题诉讼而发生的费用,产生废弃物的处理、再生利用系统的运营成本。

(4) 环境维护预防成本,核算企业为维护环境现状或防止出现污染和破坏而发生的环境支出。该成本主要包括:①企业在生产过程中直接降低排放污染物的成本,包括产品废弃物的处理、再生利用系统的运营、对造成环境污染材料的替代、节能设施的运行等方面的成本;②企业对销售的产品采用环保包装或回收顾客使用后的废弃物、包装物等所发生的成本,包括环保包装物的采购、产品及包装物使用后回收利用或处理等方面的营运成本;③土壤、水质、空气等污染预防成本、节约资源的成本、采购环保器材所发生的成本。

(5) 环境研发成本,核算企业对环保产品的设计、生产工艺的调整、材料采购路线的变更和对工厂废弃物回收及再生利用等进行研究与开发的成本,包括绿色产品的开发、增加原生产品环保功能的研究、企业生产工艺路线的调整及材料采购的选择等方面所需要的成本。

(6) 环境管理成本,核算企业在生产过程中为预防环境污染而发生的间接成本,包括环保专门管理人员和技术人员的工资、职工环境保护教育费、环境负荷的监测计量、环境管理体系的构筑和认证等方面的成本,以及支付的公害诉讼费、职工环境保护教育费。

(7) 环保支援成本,核算企业周围实施环境保全或提高社会环境保护效益的成本,主要包括企业周边的绿化、对企业所在地域环保活动的赞助、与环境信息披露和环保活动广告宣传有关的成本支出,以及在开征环境税所支付的环境税成本。

(8) 其他环境成本,核算企业上述以外的环境支付成本,主要包括资源闲置成本(包括闲置自然资源的补偿价值、保护费用及有关损失等)、资源滥用成本、环境污染赔款、罚款等。

4.4.2.3　按照环境成本控制过程分类

(1) 事前环境成本。事前环境成本是指为减轻对环境的污染而事前予以开支的成本,具体包括环境资源保护项目的研究、开发、建设、更新费用,社会环境保护公共工程和投资建设、维护、更新费用中由企业负担的部分,企业环保部门的管理费用等。

(2) 事中环境成本。事中环境成本是指企业生产过程中发生的环境成本,包括耗减成本和恶化成本。耗减成本是指企业生产经营活动中耗用的那部分环境资源的成本。恶化成本是指因企业生产经营恶化而导致企业成本上升的部分,如水质污染导致饮料厂的成本上升甚至无法开工而增加的成本。

(3) 事后环境成本。事后环境成本包括恢复成本和再生成本。恢复成本是指对因生产遭受的环境资源损害给予修复而引起的开支。再生成本是指企业在经营过程中对使用过的环境资源实现再生的成本,如造纸厂、化工厂对废水净化的成本，此类成本具有向环境排出废弃物"把关"的作用。

4.4.2.4 按照环境成本空间范围分类

（1）内部环境成本。内部环境成本是指应当由本企业承担的环境成本，包括那些由环境方面因素引发并且已经明确是由本企业承受和支付的费用，比如排污费、环境破坏罚金或赔偿金、购置环境治理或环境保护设备投资、承担的外部环境损失的赔付等。内部环境成本一个显著的特点是人们对其已经可以做出成本的认定和货币量化，即使这种认定和货币量化的金额不一定合理和精确，但也不能否认费用的支付或确认。内部环境成本一般都是显性的、当期的环境费用，但也有可能是隐性的或递延的费用。不过，内部环境成本一定会发生支付或偿付业务，从而构成环境责任承担者的既定负债。所以，内部环境成本也成为环境内部失败成本，即已经发生但尚未排放到环境中去需要消除和治理的污染物和废弃物的成本，如操作污染治理设备、处置和处理有毒废弃物、回收废料等。

（2）外部环境成本。外部环境成本是指那些由本企业经营活动所引致的，但尚不能明确货币计量并由于各种原因而未由本企业承当的不良环境后果。正因为对这些不良环境后果尚未能做出货币计量，所以尽管外部环境成本已经被认识，但却不能追加于始作俑者来承担，因而还不能称为会计意义上的成本。但不可否认的是，环境质量确实已经受到了影响甚至破坏，即事实上已经发生了环境成本，比如企业生产对外排放有害气体、污水或废弃物对他方造成的尚未能明确认定的损害损失。尽管企业按照环保法规和标准向环境管理机构交纳了排污费，已经认定并承担内部环境成本，但交纳的排污费远不足以补偿因环境污染引致的各种损失，何况可能还存在目前尚难以认定或根本无法认定损失承担的责任方、损失金额大小等问题。至少在没有相应法规依据的前提下，外部环境成本具有一种隐性环境成本的特性，可能形成一种或有负债。比如企业排放造成空气污染导致酸雨以及生态破坏进而导致社会环境成本，很难确切做到界限清楚和会计配比，外部成本在多长时间和多大比率可以转化为内部环境成本，它还要受制于环境法规和会计准则的界定程度。不过，外部环境成本的内部化是一种必然趋势，最终导致不良环境的外部环境成本还得要有环境责任者承担。所以，外部环境成本也称为企业环境外部失败成本，它源于企业污染物和废弃物，但还没有承担赔付义务，形成环境社会成本，例如，由于空气污染而接受的医疗护理，由于污染而导致失业，环境恶化导致河流湖泊不能再用作娱乐用途，由于处理固体废弃物而损害生态系统等。

4.4.2.5 按照环境成本的确认时间分

（1）当期环境成本。当期环境成本是指应当计入本会计期间环境费用的环境成本，比如，按照权责发生制计提当期的排污费、环境税，摊销当期的环境恢复费，计提当期的生态补偿基金等。一般来说，当期环境成本在会计实务中不存在对此认识上的疑问，可能存在的难点是怎样在测定环境影响的基础上合理地归集和分配环境费用问题。当期环境成本一般是基于清理当期环境污染或为了补偿当期环境损失，所以都是显性成本，从而构成企业现实支付义务和可能被要求即期支付，如支付当期的排污费、缴纳当期的环境税。少数也可能是未来支付或形成未来负债，如计提环境准备金。假如过去的经济活动造成的环境损失是因当时的估计不足，需要在当期为过去的环境负面"产出"结果买单，这也归属于当期环境成本。

（2）递延环境成本。递延环境成本是指本会计期间内发生的环境费用是基于对将来环境污染进行清理和环境补偿的经费准备，从而构成企业环境成本准备金。按照权责发生制，递延环境成本实际是一种长期待摊费用，是对将来不良环境影响的一种合理估计支付，构成企业的未来偿付义务，形成远期负债甚至是或有负债可能性较大，一般明显带有潜在负债和隐性负债的特性，但需要在当期或以后各期分期计入环境成本，如计提生态补偿基金、计提环保售后产品的环保服务费等。当然，属于分摊到当期计入的递延环境成本在会计上就确认为当期环境成本。

4.4.2.6 按环境成本分摊期限长短分类

（1）长期环境成本支出。长期环境成本支出是指因环境问题企业在一个较长时期内需持续支付的费用，如企业每年向环保局支付的排污费。

（2）短期环境成本支出。短期环境成本支出是企业为环境问题一次性支付的费用，如企业的环保设备支出、一次性支付的矿山开采权等。

4.4.2.7 按照会计业务流程性质分类

企业整个环境业务活动是在生产经营的不同环节发生的，并由此进入会计系统，由会计人员进行各不相同的会计处理。我们按照会计处理环境成本的业务流程性质对环境成本进行分类，这些环境支出包括合规性支出，也包括自愿性支出；既有预防性的支出，也有对当期影响消除的，更多是事后治理的。具体分类见表 4-1。

表 4-1　　　　　　　　会计业务流程中环境成本

业务流程性质	成本项目	现有会计项目	例如
筹资活动	融资成本	财务费用	贷款利息
经营活动	采购成本	物资采购	排污权购买、环保费用
	生产成本	生产成本	环保支出、环境损失、设计费、检验费
		制造费用	
		在建工程	
	销售成本	主营业务成本	生产成本转移
		其他业务成本	
		销售费用	包装物回收
	管理成本	管理费用	排污费、保险费诉讼费、检测
投资活动	投资成本	长期股权投资	环保投资、环境谈判
其他活动	其他成本	营业外支出	对外捐赠、罚款、赔款

4.4.3 环境成本的账务处理

4.4.3.1 环境成本的资本化和费用化问题

（1）环境成本资本化和费用化界定。环境成本的多样性特点，说明有些保护费用的发生可能与资产、工程或项目有关，有些可能与资产、工程或项目无关，因此，环境成本确认资产还是费用的首要环节，是将发生的保护成本在资本性支出与收益性支出之间进行划分。

属于资本性支出的部分，与生态环境资产相联系时，应作资本化处理，计入生态环境资产的价值，其确认、计量和记录相当于维持自然资源基本存量费用处理；当支出与保护生态环境的设备如污水处理设备相联系时，应资本化计入该项固定资产价值，其确认、计量和记录可比照固定资产的核算方法；当支出与保护生态环境的技术、专利相联系的，应资本化计入该项无形资产处理，其确认、计量和记录可比照无形资产的核算方法；当支出的费用与资产无关时，作为当期费用处理，与环境成本密切相关时就记入"环境管理成本"二级账户，而与环境成本无关时就记入期间费用"环境管理期间费用"和"其他环境期间费用"二级账户。

财务会计中的收益性支出，即费用通常是按照配比原则确认，其确认标准和确认时间一般是与收入相联系的。费用究竟何时确认、如何确认，部分地取决于收入的确认方法。如果收入定义为价值变动，则意味着只有在价值发生变动时，才将支出确认为费用；如果收入定义为现金流量，则在现金实际流出时，将其确认为费用。不论如何定义收入，费用都应在有关收入被确认的期间内确认为费用。但生态环境的保护成本与效用没有必然的联系，不论效用如何定义，都无法与之相联系确认费用。如果将效用定义为获得一定程度的满足，就意味着只有在效用实现时，才应将保护性支出确认为环境成本。但环境成本的实现时间长，受益范围广，而且效用的实现具有高度的不确定性，加之效用与成本之间没有必然的联系，因此无法将发生的成本与实现的效用配比确认。此外，支付的环境保护成本具有资本性支出的性质，应将其资本化，计入生态环境资产价值，但这些成本与生态环境资产之间没有必然的联系，无法确切地计入生态环境资产。

为了防止生态资源的降级，保护成本的支出是非常必要的，发生的保护成本，其效用是长远的、广泛的，而支出却是近期的、个别的，因此，从保护性的特点来看，其确认应采用期间配比，将其作为支付期的费用处理。按照会计惯例，如果某项支出与未来收入没有密切联系，或者无法找出一个合理和系统的分配基础时，往往将支出作为支付期的费用处理。保护成本与未来收益有联系，但找不出一个合理的分配基础，也应作为支付期的费用处理；当未来环境效用具有不确定性时，将为此效用支付的保护成本延至以后期间是不恰当的。如果保护成本能够产生未来效用，但未来效用带有高度的不确定性，保护成本与未来效用之间没有计量上的联系，保护成本无法递延到以后期间时，只能作为支付期的费用处理。

（2）环境完全成本核算。在会计核算时，资本化的环境成本均会从"环境成本——环境保护成本""环境资源维护成本"账户转出，形成环境资产，计入"环境固定资产"或"环境无形资产"账户。

费用化的环境成本既包括"环境成本——环境管理成本"二级账户记录的金额、"环境费用"一级账户记录的全部金额，也包括没有资本化的"环境成本"一级账户下的其他二级账户记录的金额，到期末将费用化的环境成本总额全部结转到"环境利润"。这样算出的环境成本就是"完全环境成本"，即大环境成本。即环境完全成本＝环境直接成本＋环境期间成本。

$$\begin{matrix}环境直\\接成本\end{matrix}=\begin{matrix}资源\\成本\end{matrix}+\begin{matrix}环境保\\护成本\end{matrix}=\left(\begin{matrix}资源耗\\减成本\end{matrix}+\begin{matrix}资源降\\级成本\end{matrix}+\begin{matrix}资源维\\护成本\end{matrix}\right)+环境保护成本$$

其中，资源耗减成本、资源降级成本、资源维护成本是资源性资产耗减、降级和维护成本，包括自然资源资产和生态资源资产。

环境保护成本是非资源性资产耗减、降级和维护成本，包括环境监测成本、环境管理成本、污染治理成本、环境预防成本、环境修复成本、环境研发成本、环境补偿成本、环境支援成本、环境事故损害损失、其他环境成本、环境营业外支出、环境费用转入成本。其中的"环境补偿成本"一般采用预提形式形成企业的一项负债，用于支付生态环境受损方的环境损失。所以，这项环保专用基金是一项债务性质基金。

$$\begin{matrix}环境期\\间成本\end{matrix}=\begin{matrix}环境期\\间费用\end{matrix}+\begin{matrix}资源和"三废"\\产品销售成本\end{matrix}+\begin{matrix}环境营业\\外支出\end{matrix}+\begin{matrix}环境资产\\减值损失\end{matrix}$$

其中，环境期间费用是企业管理和组织环境事项发生的成本，包括环境管理期间费用和其他环境期间费用。资源和"三废"产品销售成本是已销自然资源产品、生态资源产品、"三废"产品的生产成本的转移。环境营业外支出特指企业对外各种形式的环境捐赠支出。环境资产减值损失是期末环境资产账面价值高于市价的价值。

总之，当发生的支出没有合理的途径将相关支出与效用相联系时，或未来期间的效用不定时，唯一的解决办法就是将它们直接作为支付期的费用处理，即采用期间配比的方法确认。但记住"环境成本——环境管理成本"还是成本性质账户而不是期间费用，因为它是为环境产品、工程或项目共同发生需要进行分摊的费用。而"环境费用——环境管理期间费用""环境费用——其他环境期间费用"才是真正的环境期间费用。

应当提醒，当期发生的环境费用和支出并不一定全部计入当期的环境成本，除需资本化的费用外，再就是需要跨期摊提的费用。对于涉及未来多期收益有联系的当期环境支出，需要记入"环境递延资产"账户，自当期或以后各期摊销，否则，会虚增当期环境成本。实务中，这种需递延的费用支出是非常少的。

4.4.3.2 "环境成本——环境保护成本"账户

（1）"环境成本——环境保护成本"账户使用。"环境保护成本"账户是用来核算环境保护发生的各项费用支出成本情况。借方为实际发生的环境保护费用支出，贷方登记结转到成本负担项目的金额，期末结转后无余额。环境保护成本根据不同的情况有不同的会计处理方法。现以排污费为例的业务如下。

①使用的产量与排污量成正比，排污费发生。如果某种产品批量的污染成本 = 该产品产量×单位产品排污量×排污收费标准单价，则这种污染成本是产品的变动成本，产量与排污量成正比或近似成正比，在核算了直接材料、直接人工后，应纳入环境污染这个项目。

当产品完工之后，会计分录为：

借：环境成本——环境保护成本——预防"三废"成本

　　贷：环境负债——应交排污费

实际支付排污费后，会计分录为：

借：环境负债——应交排污费

　　贷：银行存款

当生产产品产量与排污量不成正比，排污量小，不易确定排污主体或者排污发生在产品固定成本范围之中时，排污费则可以记入"环境费用"或"其他环境成本"科目之中。会计分录为：

借：环境费用——环境管理期间费用——排污费

　　环境成本——环境保护成本——其他环境成本——排污费

　　贷：应付环保成本——排污费

②使用排污品。使用某些物品后会排污，例如，使用润滑油会恶化水质，使用石油、汽油等会排放 SO_2、CO_2，污染空气；购买这些物品除了售价之外，还应追加排污费，直接记入这些排污品的采购成本。如果将这些排污品作为原材料，对其追加排污费计算如下：

$$\text{某种物品批量使用后的排污费} = \text{该种物品购买数量} \times \text{该物品单位数量追加的排污费}$$

当购买排污品时，会计分录为：

借：环境资产——环境流动资产——原材料

　　环境成本——环境保护成本——预防"三废"成本

　　贷：环境负债——应交环境税费

　　　　银行存款

实际支付追加的排污费时，会计分录为：

借：环境负债——应交环境税费

　　贷：银行存款

③不可回收包装物。不可回收包装物会导致固体废弃物增多，对不可回收的包装物收费，可促进生产者和销售者改进包装、回收包装废弃物、减产废弃的包

装物。不同质料的包装物收费标准不同，其计算公式为：

$$某种包装物批量的污染费 = 某种售出包装物的数量（或重量、体积） \times 该种包装物的单位收费标准$$

销售时，会计分录为：

借：环境成本——环境保护成本——环境预防成本——未收回包装物污染费
　　贷：环境负债——应交排污费——包装物污染费

实际支付时，会计分录为：

借：环境负债——应交排污费——包装物污染费
　　贷：银行存款

④可收回包装物。如果企业使用押金等方法收回包装物时，则按收回的包装物数量计算应冲减的环保成本，计算公式为：

$$回收某批量的包装物应冲减的应付环保成本 = 回收包装物数量（或重量、体积） \times 该包装物单位收费标准$$

当收回包装物时，会计分录为：

借：环境负债——应交排污费——包装物污染费——押金
　　贷：环境成本——环境保护成本——环境预防成本——收回包装物污染费

⑤环境保护成本——固体废弃物。工业固体废弃物（主要是工业固体废弃物）包括工业废渣、工程渣土和经营性垃圾等，凡是可以确定是何种产品、工程或商品产生的，都应记入其成本之中，计算公式为：

$$某种工业固体废弃物的收费额 = 某种固体废弃物的重量（或体积） \times 收费标准$$

当工程或产品完工之后，会计分录为：

借：环境成本——环境保护成本——预防"三废"成本——直接固废污染
　　贷：环境负债——应交排污费——固废污染费

实际支付排污后，会计分录为：

借：环境负债——应付环保成本——固废污染费
　　贷：银行存款

（2）"环境成本——环境保护成本"账务处理方法。

①资本化方法。账务处理：将上述企业为实施环境预防和治理而购置或建造固定资产的支出作为资本性支出，借记"环境资产——环境固定资产"科目，贷记"在建环境工程""银行存款"等科目。计提折旧时，借记"环境保护成本"总账科目下所属的"环境检测成本""生态补偿成本"等明细科目和相应的成本科目，贷记"环境资产累计折旧折耗"科目。将其他环境预防和治理费用以及环境破坏重要资本化的赔付费用作为递延资产分期摊销时，借记"环境成本"总账科目下所属的"污染治理成本""环境修复成本""环境监测成本""环境管理成本"等明细科目和相应的成本科目，贷记"环境递延资产——环保费用"科目。

购建时，会计分录为：

借：环境固定资产

　　贷：在建环境工程

　　　　银行存款

分期计提折旧时，会计分录为：

借：环境成本——环境保护成本——污染治理成本——环境监测成本

　　贷：环境资产累计折旧折耗

作为其他资本性支出，计入递延资产账户时，会计分录为：

借：环境递延资产——环保费用

　　贷：银行存款

分期摊销时，会计分录为：

借：环境成本——环境保护成本——污染治理成本

　　　　　　　　　　　　——环境监测成本

　　贷：环境递延资产

②收益化方法。许多环境灾害成本并不会在未来给企业带来经济利益，因而不能将其资本化，而应作为费用计入损益。这些成本包括废物处理、与本期经营活动有关的清理成本、清除前期活动引起的损害、持续的环境管理及环境审计成本，以及因不遵守环境法规而导致的罚款和因环境损害而给予第三方的赔偿等。

账务处理：将上述环境灾害成本直接计入当期损益。当费用发生时，借记"环境费用"科目相应成本项目，贷记"银行存款"等科目。当与环境有关的将来可能支付的费用能够被合理而可靠地计量时，借记"环境成本——环境事故损害成本"科目相应成本项目，贷记"应付环境赔款"科目。

环境成本的账务处理，可根据环境成本的支出方法，进行不同的处理。环境费用作为当期损益的方法，是指当环境费用发生时，会计分录直接为：

借：环境费用——环境管理期间费用——环境事故损害

　　环境成本——环境保护成本——环境事故损害成本

　　贷：环境负债——应付环境赔款

　　　　银行存款

③负债化方法。环境费用作为环境或有负债的方法，是指当与环境有关的将来可能支付的费用能够被合理可靠地计量时，对其提前确认，会计分录为：

借：环境成本——环境保护成本

　　　　　　——环境预防成本

　　　　　　——污染治理成本

　　　　　　——环境管理成本

　　贷：环境负债——预计环境负债——应付环境保护费

　　　　　　　　　　　　　　　　——应付环境补偿费

④损失化方法。环境费用作为当前环境损失的方法，是指企业被罚款或被勒令停产、减产而发生损失时发生的环境费用，作为当期营业外支出处理。

支付时，会计分录为：

借：环境费用——环境营业外支出——环境损失

　　贷：银行存款

⑤补偿费方法。不管以什么方式取得资产的使用权，经营者在经营自然资源——资本化为递耗资产时，都应向政府交纳资源环境补偿费，在交纳时，这些费用可以直接列作期间费用，从"环境费用"账户直接列支，也可以列支"环境保护成本"，这主要看与产品成本或项目的关联性。如果需要跨期摊提，根据情况，也可以递延摊销。会计分录为：

借：环境费用——环境管理期间费用——资源环境补偿费

　　环境成本——环境保护成本——环境补偿成本

　　环境递延资产——资源环境补偿费

　　贷：银行存款

　　　　环境负债——应付生态补偿款

　　　　　　——应交资源补偿费

4.4.3.3 "环境成本"中的资源成本各级账户

（1）"资源耗减成本"二级账户的账户处理。"资源耗减成本"账户反映企业耗用自然资源以及对资源环境维护所发生的各项费用。明细账户是"自然资源耗减成本"，反映企业耗用自然资源应予以补偿的费用，"维持资源基本存量的成本"则反映企业维持自然资源基本存量而发生的各项费用。当使用环境资产时，要相应减少环境资产中的"环境资产——资源资产——自然资源资产"账户的数额，可通过新增设的"环境资产累计折耗"账户来反映，其性质类似于"累计折旧"账户，是"环境资产——资源资产"的备抵账户。"环境资产累计折耗"就是资源资产中自然资源资产和生态资源资产在使用过程中转移的价值。"资源资产"扣减"自然资源资产折耗"和"生态资源资产折耗"后的数额为其净值。"环境费用"属于费用类账户，用于核算产品所耗用的环境资产的价值，借方登记资源耗减费用的发生数，贷方登记分配结转到应有成本负担的项目中"生产成本"账户的数额，而如果是独立进行环境成本核算并报送环境会计报表，就直接结转到"本年利润"，结转后无余额。

提取资源资产折耗时，会计分录为：

借：环境成本——资源耗减成本

　　贷：资源资产累计折耗——自然资源资产折耗——生态资源资产折耗

结转资源耗减与环境费用时，会计分录为：

借：生产成本（计入当前产品成本的环境支出）

　　贷：环境成本——资源耗减成本

　　　　环境费用——环境管理期间费用

【例4-13】设每吨煤炭作为资源的价值为122.24元，开采的费用为32.21元。如本期开采10万吨，则其总成本 = （122.24 + 32.21）×10 = 1544.5（万元）。

据此编制的会计分录为：

借：环境成本——资源耗减成本　　　　　　　　　　　　　　　1 544.5
　　贷：环境资产累计折耗　　　　　　　　　　　　　　　　　　　1 544.5

（2）"环境成本——环境降级成本"二级账户的账务处理。"环境降级成本"二级账户是用来核算该生态环境资源价值减少的补偿额。其数额的大小，由环保部门统一评估计量得出，这笔资金作为企业对环境补偿和环境发展的支出。该账户借方登记环保部门核算出来的环境因使用而减少价值的补偿费，贷方登记转入"本年利润"账户或"生产成本"账户的数额，期末结转后无余额。

计算出应交环境降级成本时，会计分录为：

借：环境成本——资源降级成本
　　贷：环境负债——应付生态补偿款
　　　　　　——应交资源补偿费——矿产资源补偿费

实际交纳时，会计分录为：

借：环境负债——应付生态补偿款
　　　　——应交资源补偿费——矿产资源补偿费
　　贷：银行存款

【例 4 – 14】某造纸厂污染了水资源，造成水资源质量下降的损失为 100 万元。以此为标准，要求该企业支付生态环境补偿费。该项损失作为降级成本应计入纸的成本，未交的补偿费作为环境负债。

编制的会计分录为：

借：环境成本——资源降级成本　　　　　　　　　　　　　　　100
　　贷：环境负债——应交资源补偿费　　　　　　　　　　　　　　100

（3）"环境成本——资源维护成本"二级账户的账务处理。资源维护包括对自然资源的维护，也包括对生态资源的保持，但这里主要指对自然资源的维护。"资源维护成本"账户核算为维持自然资源的基本存量而发生的一些人力、物力和财力的耗费。该账户借方登记企业预防生态环境污染和破坏而支出的日常成本，主要包括环境维护中的环保人员工资和设施运行费用；贷方登记转入"本年利润"账户或"生产成本"账户的数额，期末结转后无余额。会计分录为：

借：环境成本——资源维护成本
　　贷：原材料
　　　　银行存款

资源维护成本在资本化后，应作为一项资产加以记录。从费用的支出以及与资产的关系来看，其会计处理包括以下几种情况。

①能够形成和增加新的自然资源。资源维护成本的支出有助于形成和增加自然资源（一般是人造资源）。例如，人工造林可以形成人工森林资源，增加林业资产。这种资源维护性支出具有资本性支出的性质，该项成本的增加可直接带来环境资产价值的增加，具有资本性支出的性质，应计入资产价值。会计分录为：

借：资源资产——自然资源资产
　　贷：银行存款

②不能形成或增加新的固定资产。资源维护成本的支出不能形成或增加新的固定资产，但能形成与开发利用资源密切相关的工程设施及固定资产，如在露天矿区挖成的防止泥水流入矿区的排水工程设施。这类资源维护性支出具有形成固定资产的性质，可作为固定资产核算。其会计分录为：

借：环境固定资产

　　贷：银行存款

③不能开发或增加新的自然资源。资源维护成本的支出不能开发或增加新的自然资源，但有助于增加资源的效用或减少资源可能遭受的损失。例如，煤矿组织巡逻队保护煤矿资源不被当地个别非法采煤者的私挖乱采所破坏。这类资源维护性支出具有费用性支出的性质，按费用核算。其会计分录为：

借：环境成本——资源维护成本

　　贷：银行存款

【例 4 – 15】某钢铁厂 2014 年发生的环境事项如下。

①由于该钢铁企业在生产过程中有煤炭开采和铁矿石开采，每吨煤炭价值 268 元，铁矿石每吨 180 元，每年开采量为煤炭 100 万吨，铁矿石 80 万吨；

②煤炭的开采和铁矿石的开采会对土壤和森林系统造成一定的破坏，随着国家对环保的重视，该公司决定提取生态补偿基金，每年 5 000 万元；

③该企业为应对排污环保任务，决定建设烟气脱硫工程 A 项目，包括设备购置费、工程安装费、技术服务费等在内，项目已经完工决算，总投资额为 1 500 万元，计划运行 30 年；

④A 项目每年维护成本为 300 万元，并计提使用折旧 50 万元；

⑤运行成本包括耗电和职工薪酬等在内每年为 1 000 万元；

⑥该企业的废水治理系统年折旧额为 20 万元，运行成本为 30 万元，年设备维护费为 10 万元；

⑦为了可持续发展，该企业每年投入环保研发经费为 300 万元；

⑧每年废水、废气和废渣的排放成本为 1 000 万元；

⑨为了减少开采对森林资源带来的破坏损失，对矿区附近的森林资源进行维护，成本为 50 万元；

⑩该企业每年的环境检测费用为 50 万元；

⑪环境治理过程中发生的人工费 10 万元；

⑫为提高员工的环保意识，对职工进行环境保护意识培养，每年支出 10 万元；

⑬支付污染对劳动人员的补偿费为 5 万元。

要求：根据以上各事项作会计分录（金额单位用万元表示，不考虑相关税费的影响）。

①煤炭开采和铁矿石的开采应计入环境成本。

借：环境成本——资源耗减成本　　　　　　　　　41 200

　　贷：资源资产累计折耗　　　　　　　　　　　　　41 200

②由于提取生态补偿基金是要交给国家的，应计入环境保护成本，在未交货款时计入环境负债。

借：环境成本——资源维护成本   5 000

  贷：环境负债——应交资源补偿费   5 000

③由于该项工程是为了维护环境目的而构建的，所以其成本应计入环境资产账户。

借：环境固定资产   1 500

  贷：银行存款   1 500

④环保项目和设备的维护费用，应根据其发生额直接计入环境成本账户。

借：环境成本——资源维护成本——维护成本   350

  贷：银行存款   300

    环境资产累计折旧折耗   50

⑤环保项目和设备的运行成本，也应全额计入环境成本账户。

借：环境成本——资源维护成本——运行成本   1 000

  贷：银行存款   1 000

⑥废水治理系统的年成本应分两种情况进行账务处理。

提取折旧费：

借：环境成本——资源维护成本——污染治理成本   20

  贷：环境资产累计折旧折耗   20

提取运行和维护成本：

借：环境成本——资源维护成本——运行成本   30

        ——维护成本   10

  贷：银行存款   40

⑦环保研发经费应计入环境成本账户。

借：环境成本——环境保护成本——环境研发成本   300

  贷：银行存款   300

⑧污染物排放成本是企业污染的主要形式，给环境造成了破坏，应计入环境降级成本账户。

借：环境成本——资源降级成本——排放成本   1 000

  贷：银行存款   1 000

⑨绿化费应计入资源维护成本账户。

借：环境成本——资源维护成本   50

  贷：银行存款   50

⑩环境监测费用应计入环境事务管理成本账户。

借：环境成本——环境保护成本——环境监测成本   50

  贷：银行存款   50

⑪环境治理过程中发生的人工费应计入环境成本账户。

借：环境成本——环境保护成本——污染治理成本   10

　　　　贷：银行存款　　　　　　　　　　　　　　　　　　　10

⑫职工环境事项培训费用应计入环境事务管理成本账户。

借：环境成本——环境保护成本——环境管理成本　　　10

　　　　贷：银行存款　　　　　　　　　　　　　　　　　　　10

⑬支付因污染对劳动人员补偿费应计入环境保护成本账户。

借：环境成本——环境保护成本——其他环境成本　　　5

　　　　贷：银行存款　　　　　　　　　　　　　　　　　　　　5

4.5　环境会计的信息披露与列报

4.5.1　信息披露与列报的行为主体

　　环境会计的信息披露离不开环境会计的会计环境，它主要由对环境会计产生影响的政治体制、经济和科技发展水平、法律约束、企业和职工道德素质和文化状况以及资源配置等因素构成。与环境信息有关的行为主体包括三个方面：环境信息的使用者、环境信息的披露者和环境信息的评价和鉴证者。在公司制下，外部环境信息使用者、公司管理当局和会计之间存在着相互依赖、相互依存的关系，环境信息披露的合法、公允、效益和真实程度是这三者间多次博弈的结果。具体来讲，外部环境信息的使用者希望公司披露满足自身需要的环境信息，环境信息提供者的公司管理当局会从自身利益角度考虑愿意披露的环境信息，会计则从自身能力的角度披露所能提供的环境信息。显然，只有环境信息使用者需要的信息、公司愿意提供的信息且会计能够提供的信息，才是公司对外披露的信息。审计师只能在此披露的信息范围内依据审计标准受托对公司应承担的环境责任进行审计评价和鉴证。

　　按照会计信息有用性和相关性的基本理论，公司外部环境信息的使用人及其需要的信息应主要由以下几个方面组成：（1）环保组织。他们需要污染控制与治理的信息、排污量信息、废物回收与处理信息、各企业参与治理周边环境的信息、保护自然资源的信息，以便采取措施进一步控制污染和保护环境。（2）矿产部门。他们需要各种矿藏、天然气、地下水等储备量的信息，以及已开采量及尚可开采量和尚可开采年限的信息，以便有计划地开采和监督资源的合理节约使用。（3）社会福利机构。他们需要了解各单位对社会保障义务的履行情况信息以及职工身心健康等合法权益维护情况信息，以便开展社会扶贫救济活动。（4）投资者。他们需要了解其投资的使用情况信息、投资所产生的社会效益和经济效益情况信息，以及投资所产生的社会影响对投资者形象的影响及可能带来的商誉情况，以便做出正确的投资决策。（5）金融机构。他们需要了解贷给企业用于环境治理和环境美化款项的本息偿还能力信息，以便预测信贷风险，做出稳健的信贷决策。（6）社会公众。他们需要了解生活所处周边环境是否受到企业生产经营所产生的污染、噪声、水土流失等影响，以便通过诉讼请求维护自己的生活和生存环境。

4.5.2　信息披露和列报的内容

任何审计都是针对一个特定时期审计监督客体经济活动和相关管理活动的审计，公司环境审计依然如此。环境活动所具有的经济性和管理性的两重属性决定了环境信息披露内容的两个方面：环境会计核算信息系统的信息和环境管理控制信息系统的信息。在此简单阐述如下。

（1）环境会计核算信息系统的信息。这是以货币表现的、定量的财务信息为主的环境经济活动信息，其信息表现形式主要为会计凭证、账簿、报表及其他相关资料，这些信息有助于信息使用者分析、判断和评价企业环境信息披露的合法性、公允性、一贯性。

（2）环境管理控制信息系统的信息。这是以非货币、定性的非财务为主的环境管理活信息，其信息表现形式主要为提高环境管理工作绩效和环境质量所采取的管理措施、步骤、技术、方法和手段及其形成的文件和指标。这些信息有助于信息使用者分析、判断和评价环境管理方法、手段及措施的合法性、真实性和有效性。也正因为环境会计的复杂性，尤其涉及计量上的复杂性，所以环境管理控制信息系统中的信息更难把握，其包含的范围也更广泛，但概括起来主要有以下三个方面。

第一，环境法规执行情况。包括环境法规执行的成绩和未能执行的原因。

第二，环境质量情况。①污染物排放情况，包括排放总量及其所含的污染物质含量以及对环境和经济的危害；②环境质量指标的达标率；③发生的污染事故情况，包括污染性质、对环境和经济的危害；④环境资源，包括水、电、煤、石油等的消耗用量；⑤有毒有害材料、物品的使用和保管情况；⑥厂区绿化率以及有偿或无偿承担的其他绿化任务。

第三，环境治理和污染利用情况。①污染治理项目完成数、污染物处理能力以及污染物治理设施运行状况；②从事环境治理、检测、研究的机构和人员情况；③本企业所建立的环境管理制度和管理体系的情况；④污染物回收利用情况，包括对各种污染物回收利用的总量，回收利用的产品产量、产值、收入、利润等指标；⑤其他污染治理措施和事项，如企业制定的环保规定、职工的环保培训、本企业取得的环保技术成果等。

4.5.3　披露与列报的质量要求

按照"受托责任"基本理论，现代会计的目标要体现并能满足社会资源配置的需要和反映代理人履行受托责任的情况，以利于委托人进行评价并做出决策。审计的目的就是认定或解除代理人受托责任，并向受托人提出审计报告和评价意见。一般来讲，公司向外披露环境信息质量符合以下基本要求。

（1）有用性。环境信息本身具有价值性，其披露应能够为信息使用者使用并带来现实的或潜在的价值影响。

（2）相关性。环境信息披露者应向通过所能接触的信息了解企业环境绩效和与环境有关的财务信息，至少是能够为了解受托责任履行情况的信息使用者提供相关环境信息，并以此作为相关决策基础。

（3）可靠性。环境信息披露应能够真实地反映企业与环境有关的各种情况，如实地反映环境本来面目并具有可验证性，对于诸如环境或有事项等隐性信息，应建立在科学的估计或者合理的职业判断之内。

（4）可比性。环境信息在不同企业和不同时期披露的程序、内容、方法和形式应当一致，在同一企业、不同时期披露的程序、内容、方法和形式也应当一致。

（5）明晰性。环境信息披露的专业性和技术性方面的概念、公式和数据，应当有恰当的和可理解的解释或说明，其表达应简洁明了。

（6）重要性。环境信息的披露应考虑对信息使用者当前和未来的决策是否产生重大的影响，在全面披露和披露成本权衡的基础上进行重点揭示。

4.5.4　环境会计信息披露与列报程序

环境会计信息主要包括会计主体利用资源和环境行为的信息，反映的是企业在生产经营过程中作用于资源和环境的结果。在形式上，有定量的信息，也有定性的信息；有货币信息，也有实物信息；有以价值量为基础的信息，也有以自然量为基础的信息。以独立的环境信息会计报告为例，它应当从传统的财务报告信息中产生，但又不完全同于传统的财务报告。因为独立的环境会计报告仅仅是反映了企业会计信息系统中环境经济活动情况及其结果，并且在自愿报告和披露的情况下其形式又会多种多样。

独立式环境信息会计报告包括环境会计信息报表和环境信息披露报告两大文件。其中，主要用于揭示环境财务货币化信息的环境会计信息报表包括环境会计报表本身，还包括报表附注；主要用于披露环境管理费货币化信息的称为环境会计信息披露报告。这两者通常是有区别的，通常报表包括附注信息一般称为揭示，表外信息一般称为披露，揭示和披露反映了会计报告信息的全部。

练习题

一、简答题

1. 简述环境资产的定义与特点。

2. 简述环境资产的确认条件和主要标准。

3. 环境负债的特征有哪些？

4. 简述环境负债的分类。

5. 环境成本的特征有哪些？

6. 环境绩效有哪些评价方法？

7. 简述环境会计信息披露与列报特征。

二、业务题

1. 甲公司 2020 年发生的与环境资产相关业务如下。

购入一台需要安装的污染处理设备，支付价款 2 500 万元，购入后立即用于安装，安装期间共支付 100 万元。设备安装完毕并达到预定可使用状态。该设备预计使用年限为 20 年，无净残值，计提 1 个月的折旧费用。

为保证设备正常运行，购入一批辅助原材料，支付价款 500 万元，材料已验收入库，每月领用该批原材料的 1/5。

购入污水排污权，共支付价款 1 200 万元。按照该企业排污情况估计，该项排污权预计可使用 6 年，每年排污量基本相等。4 年后该企业生产流程改造升级，污水排放量减少，企业决定出售剩余排污权，经双方协定价格为 600 万元。

要求：编制上述有关业务的会计分录（金额单位用万元表示，不考虑相关税费的影响）。

2. 甲化工公司于 2020 年发生的涉及环境负债的业务如下，请编制各项业务的会计分录。

（1）企业常年将生产废料直接堆积于地面，造成严重的土地污染。当地环保部门已开出环保罚款通知单，罚款金额 30 万元，并责令该企业在一年内完成对土地污染的修复。根据最佳估计，预计土地修复费用为 20 万元。

（2）企业直接将有毒废水废液直接排入临近的河流，污染下游绿色农场的灌溉水源。绿色农场通过法律程序要求企业赔偿损失 700 万元。企业的律师认为企业很可能要承担赔偿义务。

（3）企业附近小区的居民因不堪忍受企业在生产过程产生的大量烟尘，小区居民向当地电视台投诉企业。当地电视台接到投诉后到居民小区进行现场报道并采访了企业负责人。该企业负责人公开承诺企业将安装烟尘过滤器解决烟尘扰民问题。最佳估计显示安装烟尘过滤器的费用为 900 万元。

（4）企业因生产排污污染环境，根据环保部门的标准，本年应交排污费 30 万元。

（5）经环保部门核算，甲化工有限公司今年应缴纳矿产资源补偿费 40 万元。

要求：编制上述有关业务的会计分录（金额单位用万元表示，不考虑相关税费的影响）。

第 5 章 环境管理会计

【学习目标】

通过本章的学习，应深入理解和掌握环境管理会计的概念及内容、环境投资决策的方法以及对各种方法的评价、物质流成本会计的概念及环境绩效的评价内容等。

【学习要点】

本章在介绍环境管理会计的概念和理论体系的基础上，重点介绍了物质流成本会计、环境投资决策的方法以及环境绩效评价。

【案例引导】

随着全球经济快速增长及工业化进程的加速，生态环境日趋恶化，威胁着经济、环境和社会的可持续发展。自20世纪70年代联合国环境大会提出《人类环境宣言》后，环境问题逐渐成为社会焦点。在当前市场竞争日益加剧及积极倡导绿色发展的背景下，企业将面临提高生产效率、降低生产成本和减小生态环境影响的多重压力。为增强企业竞争力、提升企业环境履责信誉，对企业生产全过程的物料耗费等资源流进行管控的要求日趋严格，然而企业现状是物料"管吃管添、损失浪费无人管"，因此，有必要加强企业的资源循环利用，提倡绿色发展模式。

日本田边三菱制药是一家以经营医疗药品和精神病药品为主的集生产、销售和研发于一体的日本第六大制药公司，其业务遍布全球130多个国家。该企业采用一种新型的环境管理会计方法——物质流成本会计（material flow cost accounting，MFCA），根据物质平衡原理进行跟踪量化，使得资源物料流动、正负产品成本可视化，进而对负产品物料损耗产生环节进行优先排序，并针对特定环节拟订出改进方案，以提高资源利用效率，实现低碳生产。田边三菱制药将MFCA导入生产过程，通过构建企业物质流模型，增加物质流透明度，用可视化、清晰化的数据进行分析，如图5-1所示，对企业生产计划、生产工艺、质量控制、物料有效利用等提供切实可行的改进依据。田边三菱制药在成本控制（cost control，CC）、环境保护（environmental conservation，EC）、供应链管理（supply chain management，SCM）方面不断优化创新。

田边三菱制药MFCA应用的成功案例，凸显了MFCA相比于传统成本会计的

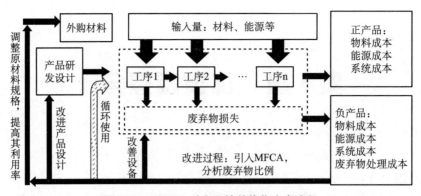

图 5 – 1　MFCA 对企业绩效优化生产流程

优越性。田边三菱制药 MFCA 的经验表明，MFCA 方法不仅可以使企业内部的原材料消耗、废弃物排放和企业收益得到改善，而且在成本控制、环境保护、供应链管理等方面也可以产生显著成效。企业作为社会经济发展的重要载体，在市场竞争激烈及积极倡导绿色发展的背景下，应根据具体实际情况导入环境管理会计相关方法，大力推进环境管理会计在企业内部的创新实践，提升企业环境管理水平，加强成本控制能力，减少生产过程对环境的压力，完善环境会计信息的披露，积极承担社会责任，以实现环境保护和提高经济效益的双赢。

资料来源：国部克彦，伊坪德宏，水口刚. 环境经营会计［M］. 葛建华，吴绮，译. 北京：中国政法大学出版社，2014.

5.1　环境管理会计概述

5.1.1　环境管理会计的发展

5.1.1.1　20 世纪 90 年代初期的研究

20 世纪 90 年代以后，随着环境管理策略的改变，在环境管理会计方面较早作出研究和推动的是美国环保署（U. S. Environmental Protection Agency，USE-PA）。在它的主持下，许多环境会计方面的报告被提出来，例如，1995 年的《作为企业管理工具的环境会计入门》提出基本的环境会计概念，并对其内涵进行了界定。该报告还对环境成本进行了定义和分类，其分类方式被许多学者研究时引用。同时也对如何将环境会计用于成本分配、资本预算、流程/产品设计等决策做了分析。在资本预算方面，它还设计了全部成本评价法（total cost assessment，TCA），对投资项目进行财务评价，并开展了大量的案例研究和对比研究。2000年 USEPA 在《绿色股利——企业环境业绩与财务业绩的关系》中，对如何通过环境战略改进企业的财务业绩进行了探讨，并提出了推行环境战略以增加企业价值的建议。此外，加拿大特许会计师协会也于 1994 年提出了《环境绩效报告》，将企业对股东的财务托管责任扩展到社会责任和环境责任，提出了环境报告框架，其中包括了环境管理系统和环境业绩分析等；1997 年则出版了《完全成本环境会计》，对全部成本会计法的本质、范围及应用加以确定，特别是提出了内部成本和外部成本的计量和信息的取得方法，为环境成本会计的发展提供了指南。加拿大注册管理会计师协会则于 1995 年颁布了《管理会计指南——公司环境战略的实施和意见书——环境会计》，于 1996 年发布了供企业决策使用的环境会计技术与方法，分别论述了企业实施环境战略的三个步骤和管理会计师在实施环境战略中的作用，对如何进行成本分析、资本分析和评价、绩效评价等技术和方法进行了规范。

5.1.1.2　环境管理会计的正式定名

到 20 世纪 90 年代后期，环境管理会计的研究在许多国家的政府支持下展开了。例如，德国联邦环境部和联邦环保局于 1996 年颁布了一套环境管理会计的手册，讨论了环境成本的分配，鼓励公司采取其建议的方法，并取得了一些成功的经验。此外，许多学者的研究也取得了不少成果。例如，班纳特等（Bennett et al.，1998）编辑了学者们关于环境管理会计的规范研究、实证研究（含案例研究）的经验，并对其未来发展做了展望。沙尔特格尔在 1996 年采纳 WBCSD 的观点，将企业的可持续性目标具体化为生态经济效率，并用增值和增量环境影响来计量，提出了环境会计如何服务于环境管理的问题；在 2000 年则将其研究进一步扩展，提出环境管理会计的概念，以及环境信息管理如何与环境管理相结合的问题。联合国也成立了"改进政府在推动环境管理会计中的作用"专家工作组，自 1999 年至 2002 年共举行了 5 次会议，与会者来自中、美、加、英、日、德等近 30 个国家的环境管理会计部门。1999 年的第一次会议统一了各国实践的名称，首次提出了环境管理会计的概念。其后，各次会议就建立环境管理会计的一般原则和指南的必要性、环境管理会计与环境管理体系、公司环境报告和国民环境账户等方面的联系进行了研究，并讨论了政府在推动环境管理会计中的作用及各种推动手段等，形成了几份报告。几次会议形成的研究成果在 2001 年 4 月联合国可持续发展委员会的第九次大会上以"决策所需要的信息"主题报告的形式呈现。

5.1.1.3　环境管理会计研究的最新进展

随着环境问题的日益突出，世界各国对环境相关的财务问题愈加重视，会计界对此更为关注。各大会计研究机构都在积极地探讨和研究环境管理会计的指南或准则，如英国特许会计师协会（The Association of Chartered Certified Accountants，ACCA）、加拿大管理会计师协会（Canadian Institute of Chartered Accountings，CICA）、澳大利亚注册会计师协会（Australian Accounting Standard Board，AASB）、菲律宾注册会计师协会（Philippine Institute of Certified Public Accountants，PICPA）和日本公认会计师协会（Japan Institute of Certified Public Accountants，JICPA）等。为了交流与协调各国对环境管理会计理论的研究，许多国际机构和企业均出版了不少关于环境管理会计的指导性文件、与之相关的财务会计报告与环境成本核算指南以及统计核算与报告方面的指南。这些报告和指南对环境管理会计的理论构建和实务推广起到了极大的推进作用。尽管这些指导性文件内容各有不同，但归纳起来主要集中于以下三个方面：（1）介绍不同国家的指南，并补充各国的案例研究和实验项目；（2）由环境管理会计协会支持的具体环境管理行动介绍；（3）强调不同层次环境管理会计方法的应用。

5.1.2　环境管理会计的概念

环境管理会计通常是作为环境会计的一个部分来进行研究的，因此，要了解什么是环境管理会计，要先明确环境管理会计与环境会计的关系。环境会计是在新的条件下为解决环境管理这一跨学科问题而建立的新型边缘性、交叉性学科，在其整个结构中，包含了会计学、环境管理学、环境经济学、可持续发展学等多学科的理论知识，同时由于其产生在特定的背景之下，环境会计成为一门兼顾宏观与微观的学科。根据美国环境保护署的观点，环境会计的概念从国民收入会计、财务会计和管理会计三个不同角度来加以理解，按照其核算对象的不同，可将环境会计分为宏观环境会计、环境财务会计和环境管理会计三个不同层次。

从字面意思看，环境管理会计可以拆分为"环境管理"和"管理会计"两个部分来理解。环境管理会计作为管理会计的一个要素，是企业为了实行与环境相关联的决策和管理业务时，根据其自身的目的而采用的会计方法。因此，它不仅仅是像以对外部公开环境信息为目的的外部环境会计那样致力于标准化，而是多种方法集合而形成的体系。在企业内部，环境管理会计是联结环境保护活动和经济活动的有效工具。狭义的环境管理是指保护环境的各种措施，例如具体的法律法规和方针政策。广义的环境管理是综合运用经济、技术、法律等多种手段，调整人类和自然环境的关系，通过全面规划，制定相关的规定和标准并执行，实现在满足人类自身经济发展的前提下，经济达到可持续发展的目标。对于企业来说，环境管理是贯彻在生产经营过程中的，涉及研发、生产、销售、回收等一系列环节。管理会计是服务于企业内部经营管理的信息系统，与传统会计不同，其职能包括对未来的预测、决策和规划，对现在的控制、考核，有机融合业务和财务活动；工作包括收集、处理、分析和报告各类信息。目前无论在理论界还是在实务界，对环境管理会计都还未形成一个统一的认识，不同的学者和机构组织对环境管理会计的定义也不尽相同。

联合国相关组织在2001年将环境管理会计定义为"为满足组织内部进行传统决策和环境决策的需要，对实物流信息（如材料、水、能源流量等）、环境成本信息和其他货币信息进行确认、分析、收集、估计、编制内部报告，并利用这些信息做决策"。之后，联合国可持续发展部环境管理会计国际专家组将环境管理会计界定为用来辨识和度量当前生产流程的环境成本以及采取污染预防或清洁流程的经济效益的各个层面，并且将这些成本和效益集成为日常业务决策中的一种机制。

国际会计师联合会于 1998 年发布的《管理会计概念》中指出，环境管理会计是指通过发展和执行适当环境相关的会计系统和实践，来达到对环境和经济效果的管理。它包括对环境有关的会计报告和审计，特别是涉及产品生命周期的成本核算、全部成本会计、利益的评估以及环境战略管理的战略规划内容。

加拿大管理会计师协会在《管理会计指南》第 40 号中指出，环境管理会计是"对环境成本进行辨认、计量和分配，将环境成本融入企业的经营决策中，并将相关信息传递给公司利益关系者的过程"。

相关学者也对环境管理会计给出了诸多定义，其中较为经典的由班纳特和詹姆斯（Bennett & Janes）提出，认为环境管理会计是"利用会计和相关信息为内部管理提供支持、生成、分析并利用财务和非财务信息以优化公司环境和经济业绩，实现可持续经营的系统，是对传统财务会计的补充"，同时提出环境管理会计是对管理会计的延伸。

对环境管理会计的定义不尽相同，共同的是环境管理会计是基于环境问题较为严峻、环境会计成为会计发展新趋势的背景下所顺势而生的，是为提高企业可持续性和社会生态效益、结合环境管理与管理会计而发展的。

5.1.3　环境管理会计的内容

环境管理会计主要包括环境投资决策、环境成本管理以及环境绩效评价三大内容。

5.1.3.1　环境投资决策

当前我国企业环境投资规模和具体实施路径还处在一个较低的发展水平，环境因素在投资时尚未被大多数企业重视。环境投资决策是企业社会责任延伸的必然结果，是外部成本化的体现。当一个企业在投资发展的同时，考虑了对环境的影响和积极作用，承担了社会责任，它会在未来更加激烈的市场竞争中占据优势，这是有利于企业长远发展利益和实现我国可持续发展目标的行为。环境投资决策的实施将从外部成本各方面考虑投资的收益与成本，为企业内部管理决策提供全面的信息，提高投资决策的准确度，在满足消费者绿色消费的同时最终提升产品竞争力、改善环保设施的技术含量、提高环保资金的使用效率。

5.1.3.2　环境成本管理

过去的传统成本会计只站在企业的角度核算和控制企业内部的微观成本，并未将对资源环境的消耗考虑进企业成本，这种核算方式使得企业过于追求经济利益的增长，而忽视了对生态环境的破坏。因此，环境成本管理兼顾企业的内部成本与生态成本，合理评价企业的社会效益。环境成本是环境管理会计研究的起点和重要组成部分，环境成本的明确能够使管理层更清楚地管理、控制和降低成本，让管理层能够更好地应用更科学的生产方式。成本的管理可以依据时间因素划分为事前、事后两个阶段，一方面对各项方案进行全面评估，选出环境成本最为合理的方案，对环境污染起到积极预防作用，使得环境成本处在可控的范围内；另一方面，事后管理方便管理者对已生效的项目内容做出一个效果评价，为今后的环境管理提供参考，成为对比。

5.1.3.3 环境绩效评价

环境绩效评价是指企业评价过去一段时间的环境管理成果，对环境管理工作进行阶段性评价，为企业未来的环境管理实施提供参考依据，同时环境绩效信息的披露也是社会公众和利益相关者所呼吁的。环境绩效评价是环境管理中的一个重要组成部分，他能让企业认识到过去工作的优点和不足，不断改进未来的环境管理工作方案，确定一个新时期的前进方向，也能够合理地反映过去一段时间工作的有效性，调动企业各部分更加积极地投入未来的环境管理活动，以求为组织创造更大的效益，可以说环境绩效评价体系是组织环境工作的动力之一。

5.2 环境投资决策

环境投资决策是指企业为减少污染和改善环境进行的抉择行为。为实现可持续发展的目标，各国政府在环境管制手段上逐渐从尾端治理向综合治理转化，提倡实行清洁生产，强调采纳最优环境技术，因此，环境投资决策被提上企业议事日程。对一个投资项目进行评价时，往往需要考虑技术、环境和财务等因素。在进行投资决策之前，企业必须能够了解本行业的市场、技术等方面的变化，并提出不同类型和数量的投资项目以供决策。项目选出后，首先要考虑企业的技术能力；其次要对环境因素进行全面的分析，必须确认并计量与项目有关的全部的环境成本和效益；最后是进行财务分析。

5.2.1 环境投资决策的基本要求

随着人们环保意识的增强，企业的环境成本与日俱增，产品定价必须考虑环境影响。如果项目期长，则决策一旦作出，企业在较长时期里就将采用同种技术承担同类的环境影响。如果环境法规发生变化，往往需要追加成本才能对技术进行调整，使产生的环境影响符合新法规的要求。环境投资决策必须关注中央政府环境政策对地方政府政策行为产生的影响，消费者的环境保护意识、消费者的个人偏好等对企业的环境投资决策也会产生影响，所以企业投资时要全方位综合考虑，既要顾及企业自身的经济利益，又要顾及政府和消费者。对环保投资项目难以进行财务评价，或者其财务评价结果难以和一般投资项目抗衡的主要原因，是与环保投资项目有关的成本和效益一般不明显，存在不确定性，而且要经过较长时间才能显现出来，如果财务评价不考虑时间性的影响，则环保投资的财务效应就难以体现，这就使得环保投资与一般投资项目评价建立在不同的基础上，难以保证资源的有效分配。要在投资决策中充分考虑环境因素，对环境投资项目进行经济评价，必须考虑几个方面。

（1）扩大企业的成本范围，使其包括直接、间接环境成本和非环境成本，并考虑可能的收入。传统财务评价容易忽略或有负债的成本（投资项目可能造成的未来人身和财产伤害、罚款等）、设施运营人员的培训、对员工士气的激励（减少了与危险品的接触，减少了生病、缺勤的可能）、增加的副产品销售收入、增进产品质量而带来的收益、产品差异化的形成、顾客满意度的增加、产品及公司形象的建立以及在资本市场上投资等级的提高。这可以利用环境成本的分类来确认和计量环境成本。

（2）正确进行成本分配，要求正确了解企业的生产过程，以使原来归属到费用项目的成本，能够通过采用适当的成本动因分配到特定的过程和产品线上（例如采用作业成本计算法进行分配）。

（3）延长项目评价的时间范围，以便更好地反映项目的全部成本和效益。环保项目带来的效益，如产品质量提高所增加的收入，公司和产品形象的改进，减少的医疗费用等，只有通过考虑时间因素的财务指标才能更好地体现出来。

（4）采用考虑货币时间价值的项目评价指标，如净现值法、内含报酬率法、折现回收期等进行分析，以使结果更符合现实并反映投资的实际成本或效益。

5.2.2　环境投资决策方法

企业选择的投资决策方法，是单一环境投资方案的选择性分配，对企业有长远的影响。企业在投资决策时，必须充分考虑环境因素，使得环保投资与一般投资项目评价建立在相同的基础上，保证资源的有效分配，对传统的投资决策方法进行改进。目前，国内外环境投资决策方法包括全部成本评价法、多标准评价法、风险评价法、利益关系人价值分析法和战略环境投资决策方法等。

5.2.2.1　全部成本评价法

TCA 是由美国环保局新泽西分局设计的。TCA 是一种在企业资本预算分析中，把环境成本考虑在内的方法，是对待评价对象的全部成本和全部收益实施的综合的持久的财务分析。泰勒斯研究所（Tellus Institute）为 TCA 的应用研究做出较大贡献，他们归纳总结出 TCA 的四个基本要素：成本清单、成本分配、时间范围和财务指标。

（1）成本清单：在拟议的投资项目中应包括所有的成本和收益，即直接和间接成本、未来负债成本、无形效益和非环境成本。这就要求采用寿命周期的观点，对项目的整个寿命周期里在价值链各个环节上的成本和效益进行充分考虑，包括了外部成本和外部收益。

（2）成本分配：必须了解生产过程以便组织把所有的成本分配到特定的产品或生产流程中。这就要求改变将环境成本归集到同一制造费用中再按一定人为的标准分配到各个产品或流程的做法，而采用诸如作业成本计算进行分配，分配到与该项目相关的成本。

（3）时间范围：考虑投资项目期时，对环境投资项目而言，时间要长，包括项目的寿命周期，以充分反映所有成本和收益。

（4）财务指标：通常采用的是折现现金流量的方法，包括净现值法、内含报酬率法和净现值系数法。

采用全部成本评价法，并不能改进项目的获利能力，但可以使管理者对投资项目的成本和效益产生更为重要和清楚的认识，从而使一些有益于环境的项目可能和其他投资项目一起竞争资金。例如，在 EPA 对不同企业的 22 项投资决策进行的案例研究中对比传统的分析方法，全部成本评价法提供了较为显著的结果。这些投资决策里有的采用了可以使不是产品的产出物如溶剂、粉剂、油等有害物质减少或消除的技术，有的则采用了替代材料、加强废水处理、减少部件的上油工序等有利于减少投入的技术。全部成本评价法比传统资本预算得到了更为有利的结果，从而使这些项目的可行性增强。

5.2.2.2 多标准评价法（mufti-criteria assessment，MCA）

对于把环境因素考虑在内的投资决策实施方案，一方面我们可以直接对环境资产投资，另一方面也可以在对一般投资决策方案进行评价时，把环境因素考虑进去。可是无论如何决策，考虑环境因素的方案都一定和传统的决策方法有很多不同之处。对以经济效益为主的常规方案来说，进行决策时只要成本小于收益，此项方案就可以实施。但把环境因素考虑在内，决策时会涉及的方面很多，如经济、社会、环境和竞争方面，并且使用货币把社会影响与环境影响等数量化比较困难，所以，把环境因素考虑在内的投资决策就形成了一个不是单一目标的决策问题，评价和分析这类多目标问题就需要应用多目标的决策方法。公司根据不同的或者不可计量的多重标准来评价方案时，多目标投资决策可以起到帮助的作用。其主要作用在于对成本、可靠性、社会、风险、产品等不一样的目标进行比较，并促进决策者做出选择。此方法在决策者无法将企业的环境用货币计量和无法将社会影响货币化而进行投资决策时起到作用，同时也对企业在环境和其他目标之间进行权衡起到帮助。下面以一个设备购置决策为例说明环境投资决策分析的过程。

【例5-1】某企业将要投产的新产品在生产过程中会产生1种残余物，该残余物可以用两种方法清除。方法1：采用蒸汽去除法。所需设备投资50万元。每年发生的开支有：购买材料6万元，交纳排污费6万元，生产控制支出4万元。这种处理方式会产生1种有毒废气，企业目前没有处理该废气的能力。但国家近几年将会颁布一部有毒废气排放的控制法规，企业的行为很有可能面临巨额罚款，经过估算，罚款额高达150万元（假定罚款在设备报废时一次性支付）。方法2：采用碱式去除法。该工艺不释放任何废气，只会产生1种含碱废料，废料可回收制造肥料。其费用有：设备投资100万元，购材料8万元，交纳排污费2万元，生产控制支出3万元，碱废料回收1万元（假定2套设备使用年限均为10年，采用平均年限法提取折旧，无残值；不考虑所得税的影响，折现率为15%）。两种方案投资及现值见表5-1。

表5-1　两种方案投资及现值表　单位：元

项目	方案1	现值	方案2	现值
设备投资	500 000	500 000	1 000 000	1 000 000
购料支出	60 000	301 128	80 000	401 504
交纳排污费	60 000	301 128	20 000	100 376
生产控制支出	40 000	200 752	30 000	150 564
折旧费	-50 000	-250 940	-100 000	-501 880
碱废料收入			-10 000	-50 188
罚款支出	1 500 000	370 770		
净现值		1 422 838		1 100 376

结论：因为方案2的净现值小于方案1的净现值，所以选择方案2。若方案1中不考虑环境损害的罚款支出，则方案1的净现值小于方案2的净现值，企业就会选择方案1，这一错误决策会给企业带来损失。

5.2.2.3 环境风险评价法（risk assessment，RA）

待评对象存在风险以及不确定性。由于未来法规不断地变化，把环境因素考虑在内以后，人们越来越难以预测到待评对象的现金流类型，所以不确定性及风险更明显。存在不确定性时，事件是否发生是不可知的，而风险出现时，其概率是可知的。分析期间和现金流量这两个部分造成了投资项目的风险和不确定性，且此项目是把环境因素考虑在内的。首先，在分析期间，方案一经确定，对投资决策就会产生比较深远的影响，企业使用的相关技术和对其的环境影响在一段时期内会是确定的。如果要进行调整，一定会增加大量的成本，那么就会大大降低项目获得经济利益的能力。其根据新法规变化进行调整的能力就越差。

总的来说，管理者必须合理预计待评对象的分析期间，通常这是由项目的类型来决定的。不过，长期的项目计划时间较长，会对环境法规进行预计，会细致周密地考虑时间法规对成本收益方面产生的影响，有些企业通过对未来可能实施的项目进行预计从而采取比现行环境标准要好的方案。这种做法可以被视为对将来不确定性的一种防范措施。这样做，对企业来说，通常有助于在消费者心里树立良好的企业形象。而且，在企业竞争性战略里这种形象就成为其一个重要的部分。第二是现金流量，因为不能准确判定未来的现金流量，所以企业做出正确的投资决策会有一定困难。在项目初期预测发生的现金流量比较容易，但是对后期项目发生的现金流量做出准确预测就很困难，特别是要对项目接近尾声时的清理关闭费用的预测，在项目开始时就知道一定会发生，但在项目即将结束时才需要支付。并且，其金额随着环保法律法规的不断完善很有可能要上升。因此就不能准确计量其现金流量。我们可以使用蒙特卡洛模拟模型或决策树和方案评价法对投资中存在的环境风险以及不确定性进行评价。

5.2.2.4 利益关系人价值分析法（stakeholders value assessment, SVA）

企业被现代企业理论视为一连串契约的组合。企业所管理的专业化资产包括人力资本和财务资本、市场和社会资本，在企业内外便形成了多种利益关系人，他们对企业有影响，企业的行为活动、战略决策和目标都会对其产生影响。因此，企业的财务控制就变成一种契约，这种契约的安排是以利益关系人之间相互配合为基础的。20 世纪 90 年代提出了"可持续发展理论"，这一理论让人们了解了经济和社会的发展与环境保护之间的辩证关系。当社会以可持续发展为目标而不单纯追求经济增长时，就标志着利益关系人的目的方向发生了改变。企业的资本投资决策项目受到各种利益关系人主观的价值观和期望等的影响，给决策造成了更大的不确定性，从而投资决策是否成功也可能受到一定影响。假如可以在决策时事先把利益关系人为主观方案所计量的价值考虑在内，那么就可以准确算出方案的所有价值从而避免不确定性的影响。

利益关系人对方案有不同看法，这些看法有的可以用货币计量，而有的却无法用货币计量。因此一套新的模型就需要被建立，成为决策的新方法，并且需要综合财务和非财务来进行决策。这就是班纳特等（2009）构建的利益关系人价值分析法。该方法主要包括三个部分。

（1）数据的输入。这需要综合考虑利益关系人的目标，公司的战略目标，利益关系人的价值、决策方案、方案的业绩数据。

（2）决策与分析子模型。这包括财务分析模型、多标准决策模型和敏感性分析模型。财务分析模型为帕拉斯（PARAS）财务模型，与全部成本评价法的扩大成本和收入清单的原则相似，考虑一个方案对不同部门的可能影响及对价值链的可能影响，其不同在于计量了成本和收益的期望货币价值，以此反映和特定成本和收益相联系的风险，最后将期望货币价值进行加总计算净现值或内含报酬率。多标准决策模型是对上述多标准评价法的改进。它先对不同的利益关系人进行确认，再对其进行归类分组，接着设计价值数，即通过调查了解不同利益关系人认为在决策分析中应该考虑的相关目标和具体的业绩指标，并按重要性分别给予不同的权重，用影响聚类分析等统计方法对各个利益关系人的价值数加以汇总，形成代表利益关系人整体价值的价值数，再对各个方案根据价值数中的具体指标进行评分，分值与权重层层加总最后获得各个方案的总价值。敏感性分析则是用来检查多标准分析模型中的两个变量：权重和分值的敏感性。

（3）结果输出，以供风险和战略管理决策使用。这包括成本效益比率、敏感性分析报告等，最终选出利益关系人价值最大的方案。利益关系人价值分析法对不同的成本和收益分别计量其风险，克服了贴现财务指标评价的不足，而在权重的确定中考虑了利益关系人的期望，而不是根据管理者的喜好来定，这样，在长期的环境投资项目中，财务指标的权重就可能下降，而环境业绩指标的权重可能增加，从而使决策结果与利益关系人的要求一致，保证了企业可持续经营。

5.2.2.5　战略投资评价方法（strategic-investment assessment，SIA）

李勐（2005）提出战略投资评价方法——战略成本管理模型应用于环境投资项目中。他将企业环境投资决策分为两大类战术性投资决策和战略性投资决策。当技术发展到更先进的时候，可能由此而使企业的市场份额、产品的相对成本发生改变，从而阻碍了其他竞争对手，这样就会影响企业与之竞争的优势。

财务评价方法更加注重的是经济方面的效益却没有考虑环境方面的效益，此方法贴现以后，所产生的成本和效益将变得越来越小，人们忽视了对未来的影响，这样就与"资源保护的生态观"产生冲突，可能导致人们忽视对将来的影响而只看重眼前利益而采用短期行为。所以战术性投资项目一般可以采取财务评价法，但战略投资项目却并不一定适用，因为战略投资取得的效益很难以简单货币量化。因此，李勐提倡使用"战略投资评价方法——战略成本管理模型"来弥补财务评价的缺陷。此方法包含价值链分析、成本动因分析和竞争优势分析三种分析手段。

5.2.3　环境投资决策方法的应用

泰勒斯研究所设计了一套 P2/FINANCE 的财务软件，以供企业应用 TCA 进行投资评价使用。根据其所设计的全部成本评价法成本清单，初始投资成本中包括了生产设备、存储设备以及安全、监测和分析设施的采购成本，也包括设计、开工培训、获得许可证和营运资本的支出，在年度经营成本中，包括了直接成本、间接成本、废品管理成本等，而收入（成本的节约）则包括了产品收入（含市场份额变化的差异）、副产品销售收入、可交易许可证出售收入、保险费的节约、未来罚金的节约、节约的治理成本、损害赔偿等。财务指标选取考虑了贴现率、通货膨胀率、折旧方法和税率的因素，将有关数据输入，即可自动生成增量盈利能力分析结果，包括净现值、内含报酬率和贴现回收期三个财务指标，并可同时计算出不同项目期下的这三个财务指标，大大简化了投资分析的工作。本章以全部成本分析法为例，介绍环境投资决策方法的应用。

【案例分析题 1】A 厂是一个小型的制版印刷厂。该厂原来采用的传统印刷工艺包括成型、印刷和后加工工艺。它所收到的业务有一部分是存在磁盘上（约占业务量的三分之二，并在增长）。该厂将其送到外部服务部转换为胶片以供制版。以纸张为介质送来的业务，则需要在厂内拍照，冲扩后制版。冲扩胶卷时需要使用定影剂和显影剂，对定影剂中所含的银利用小型回收系统进行回收，但回收率不高。对显影剂则直接倒入排水系统。暗室操作中可能有有毒气体挥发，但其构成及数量未知。在制版中，有些废弃物产生，这是由其他废品收购站回收的。该厂担心将来对显影剂的排放可能会有严格的法规要求。该厂打算投资采用一个电脑化的成型系统。该系统可以直接将客户送来的业务进行处理，磁盘可直接输入电脑，胶片则不需经过暗室，直接扫描。对于此项目，该厂原来考虑的成本因素和采用全部成本评价法后考虑的成本因素对比如表 5-2 所示。

表 5-2 所包含的投资成本项目比较 单位：元

项目	原方法	TCA
初始投资额		
采购的设备	49 385	49 385
电力装备		400
供水系统		275
年度经营成本		
材料：胶片		-1 500
化学制剂		12 600
服务部工作	-25 425	-25 425
制模		-1 710
运送工作	-1 500	-1 500
收入		110 000

采购的设备中，电脑系统购价 46 310 元，报税时采用双倍余额递减法，其折旧年限属于 5 年类的资产，但使用年限为 4 年，预计残值为原价的 20%，胶片处理器的买价为 3 075 元，报税时采用双倍余额递减法，折旧年限为 7 年，但使用年限为 5 年，预计残值为原价的 50%。调整电力装备和供水系统的支出可以直接作为费用处理。实际所得税率为 42.5%。假设通货膨胀率为 3%，折现率为 12%。项目的可行性分析期间设为 5 年，因为该行业技术更新较快。由于采用新技术需要适应一段时间，所以第一年在服务部工作项目上的成本节约为 25 425 元，以后随着熟练程度的增加，这部分节约将逐年增加 10%。由于采用电脑系统，缩短了完成业务的时间，所以预计可使第一年收入增加 110 000 元，由于该厂规模小，以后年度收入再增加的话，则需要增加人手。为方便比较，此处暂时不考虑以后年度收入的增加。根据这些资料，利用泰勒斯研究所设计的 P2/Finance 程序，计算出传统方法和 TCA 方法下的对比资料如表 5-3 所示。

表 5-3 投资成本与获利能力比较

项目	原方法	TCA
初始投资额（元）	49 385	51 060
年度经营成本的节约（第 1 年）（元）	19 636	79 964
项目的 NPV（0~5 年）（元）	40 599	266 234
项目的内含报酬率（0~5 年）（%）	39.10	160.70
折现投资回收期（年）	2.75	0.72

在该例中，电脑化系统的采用对于环境是有利的，因为减少了有害物质的排放。在原分析方法下，该项目已经体现出正的净现值和较短的投资回收期。但是，当企业资金紧张，不同的项目在共同竞争资金时，该项目的有利性就可能得不到充分体现。如果采用了全部成本评价法，则项目的净现值显著增加，并且当

年可以收回投资，这样，在和其他项目争夺资金时就可以得到优先考虑了。

5.3　物质流成本会计

物质流成本会计是通过测量在制造过程中流动的物质流的物量单位和货币单位来进行计算的综合性会计方法。物质流成本会计通过对生产过程中物质流的存量和流量的切实把握，对迄今为止被忽视的废弃物等也给予了经济评价。这一方法，使得对削减废弃物具体情况的考察成为可能。计算结果将废弃物削减与资源保护和降低成本相互联结，从而可以对提高资源生产率、在生产现场将环境性和经济性相结合等方面做出贡献。

5.3.1　物质流成本会计的概念

物质流成本会计最初是由德国的经营环境研究所的瓦格纳和斯乔布所开发的一种环境管理会计工具，随后它被作为一项重要的环境管理技术记载到联合国《环境管理会计业务手册》和国际会计师联合会的《环境管理会计国际指南》中，而后日本、新加坡和韩国等纷纷开始了物质流成本会计的实践。为满足企业实施物质流成本会计的需要，德国环境与核安全部于 2003 年联合出版了《环境成本管理指南》作为推广物质流成本会计应用的指导性书籍。

物质流成本会计于 20 世纪 90 年代起源于德国，作为一种环境成本管理的工具，其在环境经营中的决策作用越来越明显，受到了来自世界各国会计学者的青睐与重视，他们先后对其进行了深入的研究，国内外学者对物质流成本会计的定义也都进行了有启发性的探讨。永田胜也（2011）认为，物质流成本会计是环境管理会计的一个分支，其将企业的所有产出分为"正产品"和"负产品"，通过追踪材料和能源的具体流动过程，来发现流向负产品的材料和能源，然后通过降低负产品成本增强企业竞争力，并达到保护环境、节约资源的目的。

冯巧根（2008）认为，物质流成本会计通过将物质流系统的要素数量化，依据其具有的内部透明性特征，进一步提升物质流的经济与生态导向功能，是将最终废弃物的材料成本及所分配的间接费用等均包括在内，并以这些全部的成本费用作为管理对象而进行核算的一种成本会计。

王杰（2010）把物质流成本会计定义为：用实物计量单位和货币计量单位来记录追踪企业投入生产的所有原材料、能源以及相关的人工费和其他间接费用的流向，以此数据为基础，分析评价不必要的物质资源损失浪费成本，以期采取相应的改进措施，达到经济效益与环境效益双赢的环境管理会计核算方法。

关于物质流成本会计的定义与内涵，国内外学者的侧重点不同，有的学者结合企业资源计划（enterprise resource planning，ERP）系统对其下定义，而有的学者则围绕物质流系统解释其内涵。切入点虽然不同，但是实质都是相同的，都认为物质流会计是在跟踪企业生产过程中的物质流转，从而核算企业废弃物的排放量和相关成本信息，并为企业提供决策有用信息的一种环境成本管理工具。因此，本章结合国内外学者的观点将物质流成本会计定义为旨在降低企业生产成本和减少环境污染以及帮助企业生产经营管理者决策的工具。它通过追踪产品或生产线的流程，勾勒出废弃物的流动轨迹，以便将物质的输入和输出表征出来，达到合理估计资源利用效率、控制成本以及改进环境的目的。

5.3.2　物质流成本会计的内容

物质流成本会计是将工艺过程中所发生的物质（原材料）的实际流动状况（存量和流量），用物量数据进行计量，再乘以相应物质的单价来计算整个过程成本的方法。每一个物量考察对象被称为物量中心，其成本分为材料成本、系统成本以及废弃物配送、处理成本。

材料成本是与原材料相关的成本，也是物质流成本会计的中心内容。系统成本是折旧费、劳务费等加工费用。废弃物配送、处理成本是从工厂送出的废弃物的配送及处理成本。能源消耗费用理论上都包含在材料成本中，但因为其计算方法与原材料的计算方法不同，往往需要单独测定。

物质流成本会计通过这样三种分类方法来掌握生产过程中的成本，但其中心是原材料成本。系统成本也包含废弃物加工处理所需要的固定费用，正确理解废弃物对经济效益的影响是有助于削减废弃物和减少成本的主要因素，这一点在数据分析中要特别注意。

5.3.3　物质流成本会计的核算

5.3.3.1　物质流成本会计核算的理论基础

物质流成本会计的核算是基于企业制造过程中物质的投入、生产、消耗及转化为产品的物质流转过程的。在整个物质流转的核算过程当中，公司生产产品所投入的物质和所输出的物质应该是相等的，即该部分所要讲述的"物质流平衡原理"，从某种程度上而言，这是物质流成本会计核算的理论基础。

物质流平衡原理的基本观点是：人类生产活动通过其向自然资源索取的资源数量以及向自然环境排放废弃物的数量来影响自然环境。物质流平衡原理遵循质量守恒定律，测度人类经济活动过程中对自然资源的开发、利用及其对自然环境的影响，真实反映人类经济活动与自然环境之间的动态关系。

基于物质流平衡原理研究层面上来看，企业从自然环境系统获取大量所需的资源、能源，并经过企业生产经营活动对其进行加工利用，将最初的资源、能源加工成产品/成品进入消费领域，最终向环境系统排放，整个过程物质的输入输出是守恒的，遵循物质流平衡原理。

因此，在应用物质流成本会计对企业内部的资源消耗及其对环境影响进行分析时，必须对企业的物质流流程进行分析，对于制造企业来说，其物质流流程如图 5-2 所示。

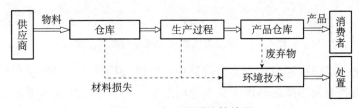

图 5-2　企业物质流转简图

由图 5-2 可知，一方面物料从投入开始，经过不同的生产阶段，最后将产品运送到消费者手中；另一方面，它还包括在物质流链条过程中不同环节产生的材料损失（如弃料、废料、碎屑、碎片、残损品及废品）。根据物质流平衡原理，可得到：

$$\sum 输入 = \sum 产品 + \sum 固废 + \sum 废气 + \sum 废水 \qquad (5-1)$$

对于企业来说，一般难以准确测量出企业对外排放的固体废物、废气与废水的数量，因此，式（5-1）可变换得到：

$$\sum 固废 + \sum 废气 + \sum 废水 = \sum 输入 - \sum 产品 \qquad (5-2)$$

因此，通过计量一个会计期间的期初物质量、投入物质和期末产品产出可以倒推出企业排放的固体废物、废气以及废水的价值量。这些固体废物、废气以及废水，被称为"物质/资源损失"，即：

$$资源损失 = \sum 固废 + \sum 废气 + \sum 废水$$
$$= \sum 期初物质 + \sum 投入物质 - \sum 期末物质 \qquad (5-3)$$

依据物质流平衡原理，企业应用物质流成本会计可以控制资源损失，而资源损失是进行环境成本控制的关键因素。可见，物质流平衡原理是物质流成本会计核算的理论基础。

5.3.3.2　物质流成本会计的核算原理

物质流成本会计属于管理会计的范畴，它将企业视为一个物质流转系统，通过跟踪计算该系统各个环节的物质（包括材料和能源、其他物质）流量和存量，量化所有成本要素，为企业提供成本分析和控制所需的信息，以利于企业管理者做出正确决策。

其基本思想是根据企业经济目标与环境目标相协调的要求，以资源节约和减少环境污染为目标导向，量化物质流转系统中的各个因素，寻找废弃物可以转变为资源的环节，优化整合企业所有的环境保护技术，以达到提高资源利用效率和减少企业污染物排放的目的。物质流成本会计核算的基本原理如图 5-3 所示。

如图 5-3 所示，物质流成本会计基于企业制造过程中材料、能源的投入、

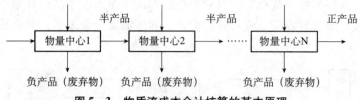

图 5 - 3 物质流成本会计核算的基本原理

消耗及转化，跟踪资源流转的实物数量变化，进行物质全流程物量和价值信息的核算。它将企业的物质流转视为成本分析的中心，按物质的输入输出，根据物质流平衡原理，将一个企业划分为几个物量中心，根据物质流转在不同物质中心之间的移动，对材料、能源流进行分流计算，分别核算各物量中心输出端正产品（合格品）和负产品（废弃物）的数量和成本。

物质流成本会计的核算原理，就是对在制造过程中产生废弃物的各物量中心进行检测，在每个物量中心测出全部物料的投入和产出数量，并对交接给下道工序的合格品与废弃品加以区分。在输出端，物质流成本会计核算将所生产的合格品称为"正产品"，其成本称为"正产品成本"或"资源有效利用成本"；将产生的废弃物称为"负产品"，其成本称为"负产品成本"或者"资源损失成本"。这种将企业生产流程中所有物质划分为正产品和负产品，并且将成本在正产品和负产品之间进行分配的核算方法，可以反映各个生产环节废弃物和合格产品的比例，由此可找出负产品比例过大的物量中心，然后深入分析负产品的成本构成，找到负产品产生的源头，以此作为挖掘潜力的重点对象，同时采取优化措施，提高正产品比例，这可以达到节约资源、削减成本、减少污染的目的，从而实现经济效益与环境效益的双赢。

5.3.3.3 物质流成本会计的核算方法

在企业传统成本核算方法中，出于对产品定价的需要，所有的生产费用均按"谁受益，谁负担"的原则归集于完工产品身上，并不单独计算资源损失成本。这样，资源利用效率与生产成本的相关关系就不能反映出来。另外，传统成本分配标准往往采用人工工时、机器工时等数量标准，从而使得企业重点关注人工成本的降低，而对物质的消耗与废弃物的成本信息反映不够。而物质流成本会计的核算对象包括所有的材料成本和分配的间接费用，并将这些全部的成本费用作为管理对象进行核算，与传统会计核算相比，其有如下特征。

（1）物量中心。在物质流转过程中确定成本计算单元，即物量中心，它是生产过程中的一个或多个环节，对生产过程的输入输出物料以实物单位和货币单位进行量化。在物质流成本会计方法里，物量中心充当数据收集的功能。首先，对物量中心的物质流转（材料、能源等）进行实物量化；其次，对物量中心发生的所有成本进行货币量化。所有成本的归集与分配均按物量中心的流入与流出划分，以物量中心为对象对各项成本进行核算和分配。

（2）实施全流程核算。物质流成本会计核算是环扣环，上一物量中心的正产品与新投入物质共同构成该流程的全部成本，该成本又将在正、负产品之间分摊，正产品又将进入下一物量中心的成本核算，以此类推，最终生产出来的"产成品"，即整个生产过程中累计计算出来的正产品价值。

（3）将全部成本分类核算。在物质流成本会计核算过程中，按照企业物质消耗对环境影响的不同，将物质流成本项目划分为四大类。

第一大类：材料成本，包括从最初工序投入的主要材料的成本、从中间工序投入的副材料成本以及诸如洗涤剂、溶剂、催化剂等辅助材料的成本。在计算材料费用时，材料分为主材料、副材料和辅助材料。主材料是指经过前一工程环节加工后的产品和库存产品等。由于在第一个工程环节之前没有前段工程，因此最开始加入的原材料也就是主材料。副材料是指在当前工程环节加入的材料，副材料在第一个工程环节之后将被当成主材料对待。辅助材料是指为完成生产而被投入但不构成产品的材料，例如印刷过程中的溶剂。

第二大类：系统成本，包括所有发生在企业内部用以维持和支持生产的成本，主要是人工费、折旧费和其他相关制造费用。

第三大类：能源成本，包括从原材料投入、生产、消费直到废弃全流程所耗能源的成本，主要指电力、燃料、蒸汽、水、压缩空气等费用。

第四大类：运输与废弃物处理成本，指为处理废水、废气、固体废物等所发生的费用，以及委托外部处理废弃物时所发生的委托费用。

（4）按正产品成本和负产品成本进行分类核算。物质流成本会计从管理的角度提出"正产品"和"负产品"的概念，对应的成本为"正产品成本"和"负产品成本"。所谓正产品，是指那些可以直接销售或者是能够进入下一流程继续加工的产品或半成品；而负产品正好与之相反，是指废弃物，它不仅不能为企业带来价值，而且会对环境产生负面影响，是企业在生产经营过程中想要减少的物质。正产品成本是指可销售产品的成本或流向下一工序的物质流成本及承担的间接费用。负产品成本是指该环节的废弃物成本及其承担的间接费用。在物质流成本会计的成本分类基础上，正产品成本一般由构成正产品的材料成本，以及按一定标准分配的系统成本和能源成本所组成。负产品成本一般由构成负产品的材料损失成本、运输与废弃物处理成本以及按一定标准分配的系统成本和能源成本所组成。而传统成本会计并不能对以上两种成本很好地加以反映，只能反映其合计数额。

【例 5-2】某工厂生产产品 A，初试投入的原材料为 100 千克，每千克材料为 65 元，经过一系列生产环节加工之后，得到产成品 A，重量为 70 千克，废料损失为 30 千克。其中在整个产品生产过程中电力共消耗 10 千瓦，每千瓦为 50 元，能源成本为 500 元；而折旧费、水电费等在内的系统成本为 2 500 元；废弃物处理成本为 500 元。

按照传统成本会计核算：

$$最后产/成品 A 的成本 = 材料成本 + 能源成本 + 系统成本 + 废弃物处理成本$$
$$= 65 \times 100 + 500 + 2\,500 + 500 = 10\,000（元）$$

按照物质流成本会计核算：最后得到 70 千克的产成品 A，划分为正产品，废料损失 30 千克划分为负产品，系统成本按重量在正产品和负产品之间分摊，其分摊比率分别为 70% 和 30%。

$$正产品成本 = 材料成本 + 能源成本 + 系统成本$$
$$= 65 \times 70 + 500 \times 70\% + 2\ 500 \times 70\%$$
$$= 6\ 650\ (元)$$

$$负产品成本 = 材料成本 + 能源成本 + 系统成本 + 废弃物处理成本$$
$$= 65 \times 30 + 500 \times 30\% + 2\ 500 \times 30\% + 500 = 3\ 350\ (元)$$

从以上的核算结果可知，在生产时产生的 30 千克废弃物，按传统成本计算方法，并未计算成本，而是将其计入产/成品成本中。在实际进行批量生产时，一般制造流程都是连续性的，而物质流成本会计在计算所有工序的成本时，将投放至下道工序的正产品成本与本道工序的负产品成本（如废弃物、被循环再利用的物料等）进行了分开计算。

同时，对废弃物处理成本的核算不相同。传统成本会计将废弃物处理成本作为企业的一项费用，并不计入产品的成本当中，物质流成本会计则认为该项支出与生产过程中产生的废弃物有关，应当计入负产品成本当中，这样才能准确地反映产品成本的实际状况。

在两种成本核算方法下，产品总成本的核算数额虽然都是 10 000 元，但其核算结果所披露的信息作用却是显著不同的。同样以上述工厂为例，在传统成本会计核算和物质流成本会计核算方法下，公司的损益表编制简化如表 5-4 所示。

表 5-4   不同成本核算方法下的损益表   单位：元

基于传统成本核算下的损益		基于物质流成本会计核算下的损益	
销售收入	20 000	销售收入	20 000
产品总成本	10 000	产品总成本	10 000
		正产品	6 650
		负产品	3 350
销售利润	10 000	销售利润	10 000
营业费用	5 000	营业费用	5 000
营业利润	5 000	营业利润	5 000

从以上损益表的数据可以看出，在传统成本会计核算和物质流成本会计核算方法下，产成品的总成本数额都相同，在其他项目金额一致的情况下，公司最后核算的利润数额也相同，但是两者所披露的"信息量"却是不相同的，在传统成本核算下公司并不能看出成本损失的真正部分，只知道产品成本总额为 100元。而在物质流成本会计的核算下，因废弃物而产生的"负产品成本为 3 350元"，这在某种程度上，是物质流成本会计提供的新情报，这是在传统成本会计核算下被忽略掉的部分。通常情况下就算发现了废弃物材料为 30 千克，也不会用经济指标来衡量它。这样使用金额来评价废弃物材料后，企业就可以知道废弃物损失产生的成本金额为 3 350 元，这有利于公司管理层进一步制定减少"废料损失"的计划措施，当生产产品 A 的负产品成本低于 3 350 元后，所带来的成本

节约就可以看作利润的提高。

5.3.4 物质流成本会计的应用

企业在应用物质流成本会计时，首先要确定实施的目标与原则，其次要做好实施的准备工作，并充分了解物质流成本会计的实施步骤。在实际实施时，对成本进行重新划分并确定物量中心，收集整理每道工序的数据，通过对内部工序进行整合实现上一工序的正产品成本与下一工序传递成本的匹配。应用物质流成本会计的核算结果可以绘制物质流成本矩阵进行成本分析，并及时提出改进措施以及新一轮对改进措施的检验。企业在实际操作时可以通过学习日本企业构建的物质流成本会计模型建立适合自身产品生产线的物质流成本会计核算工具，并确定目标产品和目标生产线的核算模型，同时进一步结合 ERP 系统建立物质流成本会计数据库以导出物质流成本会计年度报表。

【案例分析题 2】从财务角度实现制造过程损耗的"可视化"

当今企业要在激烈的市场竞争中提升利润空间，就必须不断提高资源利用效率，降低单位产品成本。同时，为了增强产品的市场竞争力，要在资金有限的条件下，对产品生产设施进行高效合理的投资，使产品生产能同时创造良好的经济效益和生态效益，而这就需要一个能同时满足对二者进行合理核算的会计核算体系。

在这样的背景下，A 企业决定实施物质流成本会计，来实现制造过程损耗的"可视化"，正确掌握制造工序的损失状况，收集改善工序和削减成本的相关基础数据，帮助工厂管理者做出正确的降低生产成本方面的决策。

A 企业是一家汽车配件的制造厂，其年销售额近 61 亿日元。从 2006 年起，集团整体的产量逐年增长，废弃物的产生量也在逐年增长，生产过程中产生的大部分废弃物来自零部件加工厂，因此，A 企业将从事发动机盖生产的第一条生产线确定为物质流成本会计示范工厂。发动机盖是 A 企业的旗舰产品，一个完整的生产线包括成型、研磨、着漆、组装 4 个工序。

2009 年 8 月至 2010 年 4 月，A 企业收集了基于财务管理、工程管理和生产管理 3 个部门的第一手数据，收集各工序期各种物质投入量、排泄量、废弃量、功耗量、劳动费和其他费用等实际数据，并将这些数据作为下一步实施物质流成本会计的基础。

A 企业在实施物质流成本会计时，注意了以下几点：关于材料成本（原材料、辅材料），考虑工作期间工作人员的工作及数据收集的工夫，将发动机盖制造工序分为 4 个物量中心。图 5 - 4 显示了各物量中心的输入和输出数据。由于包装工序的附属品重量只有一点点，因此忽略不计。能源成本方面，按生产线占全企业生产用能源成本总量的比例计算生产用水量和用电量，系统成本则以工厂全体生产量的数据为基础，根据劳动时间、工时进行分配。

图 5 - 4 记录了数据收集期间各物质的输入输出量。基于各工序每期的新投

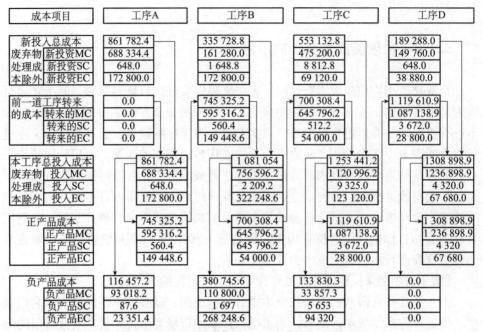

图 5 - 4　A 企业实施物质流成本会计后的数据核算流程

入总成本、前一道工序转来的成本、正产品成本和负产品成本中的材料成本、系统成本和能源成本,以及相关的废弃物处理成本和可回收材料销售额等数据,构建物质流成本会计的计算模型并将数据输入进行计算得到工序间整合后的流程图,以及在核算流程图的基础上,得到 A 企业各物量中心产出正负产品的物质流成本矩阵,如表 5 - 5 所示。

表 5 - 5　　　　　A 企业各物量中心产出正负产品的物质流成本矩阵

工程类别	正产品			负产品				各工程产出小计	
	物量 (千克)	金额(元)	本物量 中心正 产品率 (%)	物量 (千克)	金额(元)	本物量 中心负 产品率 (%)	负产品占 所有负 产品比 率(%)	物量 (千克)	金额(元)
成型工程	46 080	745 325.2	86.49	7 200	116 457.2	13.51	18.46	53 280	861 782.40
研磨工程	47 520	700 308.4	64.78	3 168	380 745.6	35.22	60.34	50 688	1 081 054.00
着漆工程	51 120	1 119 610.9	89.32	5 040	133 830.3	10.68	21.21	56 160	1 253 441.20
组装工程	53 280	1 308 898.9	100	0	0	0	0	53 280	1 308 898.90
合计		3 874 143.4		15 408	631 033.1			全工程负产品成本 占所投入总成本 的 20.30%	

资料来源:来自 A 企业的实际生产一线数据。

根据该案例资料,分析以下问题:

(1) 企业在应用物质流成本会计时,应做哪些准备工作?

(2) A 企业生产发动机盖的各物量中心的成本核算与分配是基于怎样的运行机理?

（3）通过观察 A 企业核算后的结果——产出正负产品物质流成本矩阵，我们可以发现 A 企业在实际生产过程当中，存在哪些问题？在哪些生产环节负产品率过高？为了降低负产品成本比率，企业可以采取哪些有效的措施？

5.4　环境绩效评价

环境绩效作为企业环境投资的效果，是环境会计的重要核算内容。本节围绕环境绩效评价的主体与客体、目标与指标、标准与方法以及环境绩效报告等问题进行阐述。

5.4.1　环境绩效的定义与分类

5.4.1.1　环境绩效的定义

对企业环境绩效的考察应该把握两个维度：企业环境行为对自然环境和自身组织管理的影响。因为对环境绩效的定义众说纷纭，很容易同环境管理的效应相混淆，如果简单地定义环境绩效，显然不能反映环境问题的复杂性和系统性。对自然环境的影响是通过改善环境绩效的外部驱动力，比如，国家法规、国家标准、消费者和投资者的选择，对企业有积极的影响；对自身组织管理的影响是通过改善环境绩效的内部驱动力，例如影响企业自身管理来促进。对企业环境绩效的概念中狭义和广义两个层次的理解是基于上面两个维度。

狭义的企业环境绩效是指企业可以通过定量的标准来确定和测评的指标体系，比如排污量的降低。这样的指标是在现有环境标准中规定的，具有定量化、标准化的特点。广义的企业环境绩效是指企业通过非货币化和非定量化的指标体系来持续提高其污染防治、资源利用和生态影响等非定量化及非基本面的综合效率。

综合现有的研究成果，环境绩效的概念如下：对于工程建设项目而言，环境绩效是在建设过程中，项目在环境保护、治理环境污染及资源利用与节约等方面所做的努力并且取得的环境保护效率与效果。企业的环境绩效可以通过建立的环境绩效指标来计算。这样，为了提高企业的环境绩效及其综合竞争力，就需要及时发现和其他企业相比所存在的问题并采取有效的措施，主要是通过对建立的指标体系进行评价与比较，将不同企业之间或企业不同时期之间的环境绩效进行比较，实现企业的可持续发展。

5.4.1.2　环境绩效的分类

（1）环境财务绩效。作为环境绩效管理的重要组成部分，环境财务绩效已成为现代企业绩效管理的焦点，但对环境财务绩效的含义至今还没有一个严格而统一的定义。归纳起来，比较有影响的观点主要有以下几个方面。

①企业环境财务绩效理解为是在市场经济体制之下，企业只要对生态环境造成某种影响，那就势必会反过来影响到企业的经济成果，虽然这种影响未必能全面地体现出来。过去和现在损害生态环境或者是参与保护及改善生态环境，而对企业过去、现在和今后的经济成果所产生的影响，就是我们这里所说的环境财务绩效。企业的环境财务绩效主要是通过两个方面的对比来反映的：一是环境支出和损失；二是环境收益。

②企业环境财务绩效是指能够以货币计量的，由环境活动的发生给企业的经济状况、经营成果所造成的影响，具体是通过环境影响因素所引起的会计要素的增减变动来反映。简单地说，环境财务绩效就是指货币化的经济信息。

③企业环境财务绩效是一个类似于利润的概念，它是环境收入和环境支出之间的差额。一般而言，无论企业从事何种与环境有关的活动，势必会导致某种支出，同时，企业积极参与保护和改善生态环境也有可能会直接或间接产生某种经济收益。企业因通过环保质量认证而成功进入某绿色市场，从而扩大了销售额，还包括因达到某种环保指标而免于遭受法规惩处的或经济制裁的机会收益、收益抵除支出等，这些均为环境财务绩效。

本教材综合了国内外有关学者对环境财务绩效含义的几种主要论述，结合当前的研究成果，将环境财务绩效含义概括为：环境财务绩效是建立在绿色产品的整体概念基础上，企业从事与环境有关的生产经营活动所带来的收益和所发生的支出等货币化经济信息。这种支出是按照环境责任原则的要求，是企业的生产经营活动对生态环境造成污染后的某种作为赔付和补偿的支出，或是按照预防为主原则的要求，企业在生产经营过程之中或之前采取积极的措施，在污染发生之前或之中进行主动的治理而发生的经济支出。

（2）环境质量绩效。环境质量绩效同样是环境绩效管理的一个关键环节，明确界定其内涵，可以为企业提供一种可供参考的环境绩效信息披露的内容框架。目前国内外学者在此方面的研究并不是很多，并且对于环境质量绩效的含义仍然很难用一个统一的标准加以界定。目前学者们的主要观点表现在以下几个方面。

①环境质量绩效反映的是企业在环境保护、污染防治、环境资源利用以及生态影响等方面对于生态环境所取得的效率和效果。其主要内容体现在环境管理、环境行为、产品或服务三个方面。

②企业环境质量绩效理解为是指按照一定的评价标准和方法对一定区域范围内的企业环境质量进行说明和评定。它的基本目的是为政府和企业实施环境绩效管理、环境规划、环境综合整治等提供依据，同时它也可以用来比较企业给各地区生态环境所造成的污染程度。

③环境质量绩效定义为是指在一定时间和空间范围内，对各种环境介质中的有害物质和因素所规定的容许容量和要求。它是衡量企业环境绩效水平的主要标准，以及有关部门进行环境管理和制定污染排放标准的依据。

综上所述，环境质量绩效的含义可以概括为：环境质量绩效是在遵守相应环境法规的前提下，企业在减少生态环境损失、提高资源利用率方面所取得的业绩。从对环境质量绩效的界定可知，它不仅体现了一个企业的环境业绩，而且也间接地影响了企业的经济效果，其目的在于对相对较差的自然环境或受到损害的生态环境进行改善，主要内容包括企业的环境政策、目标、环境管理体系等方面。

5.4.2　环境绩效评价指标体系

企业环境绩效评价指标体系是由众多评价指标组成的指标系统，共同形成对企业环境绩效的完整刻画，合理构建企业环境绩效评价体系可以使大量相互关联、相互制约的因素条理化和层次化，集中反映企业环境绩效运行的层次结构和主要特征，还可以区别各层指标和单个指标对整体评价的影响程度。就像有学者提出过的绿色企业评价标准一样，它们应当是一系列指标组成的完整体系，绿色企业战略指标包括绿色理念普及率、绿色节能减排率、绿色文化培训率。绿色生产营销指标包括绿色清洁生产率、全员安全生产率、绿色商品营销率。绿色财富监督指标包括绿色成本核算率、绿色财富偿债率、环境绿色度指数。

5.4.2.1　国外主要环境绩效评价指标体系

自企业环境报告和环境绩效评价标准发展以来，各国一直没有形成统一的指标体系，但是许多国家或国际组织积极投身于环境绩效评价的研究，并发布了自己的环境报告指南，对环境绩效评价研究作出了重要贡献。经过 20 多年的发展，逐渐形成了几种国际影响较大的环境绩效评价标准。

（1）国际环境绩效评价标准（ISO14031）。国际标准化组织（ISO）自 20 世纪 90 年代就开始制定环境绩效评价方面的标准，1999 年 11 月 15 日，该组织发布了企业环境绩效评价标准。该标准充分考虑了组织的地域、环境和技术条件等的不同，为组织内部设计和实施环境绩效审核提供指南，ISO14031 标准中并没有设立具体环境绩效指标，它提供的是指标的集合，即环境绩效指标库。主要包括以下几方面。

①环境状态指标（environmental condition indicators，ECls）。该指标可以以量化的形式反映企业的生产经营会对周围的环境造成什么样的影响，如排放废气对周围居民健康的影响、排放废水对周围农作物的影响等。在面对新的投资决策时，这项指标可以帮助管理者充分考虑该项目对周围环境的潜在影响，公共机构中通常采用该指标，研究的是国家或区域性政府机构、非政府组织和科学研究团体对环境保护的责任。

②管理绩效指标（management performance indicators，MPIs）。该指标可以向公众和政府展示企业的管理者在环境保护方面做出的努力及取得的成绩。它能有效评估企业的环境管理效率，主要表现在对污染项目的内部控制、与外部利益相

关者的沟通等方面。

③操作绩效指标（operational performance indicators，OPIs）。该项指标是企业环境绩效评价中的重要指标，它的计算贯穿了企业生产的整个流程，包括原材料的买入、原材料在生产车间被加工到最终产品的完成。

ISO14031 所包含的环境状态指标、管理绩效指标、操作绩效指标之间是密切相关的，也就是说，企业在已考察某一特定的环境状况与本身的产品、活动与服务之间有关系的同时，应在选择管理绩效指标及操作绩效指标时，充分运用管理与生产活动去改善生态环境的状况。具体如图 5 - 5 所示。

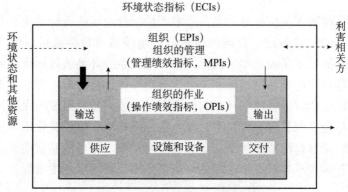

图 5 - 5　国际环境绩效评价标准

（2）可持续发展报告。全球报告倡议组织（Global Reporting Initiative，GRI）也是开展环境绩效评价较早的组织，它的主要贡献是发布了具有全球应用性的《可持续发展报告指南》，该报告的目的是为全世界的可持续发展报告提供指导，并督促企业承担环境责任，在对外披露信息时不仅要披露财务信息，还要明确地披露与自身经营活动有关的环境信息，以使外部信息使用者对企业的生产活动进行监督。绩效指标是该报告的核心内容，《可持续发展报告指南》中的绩效指标体系涵盖了三个方面：经济、环境和社会，这三个方面的指标都被进一步细分为核心指标和附加指标。前者的应用范围广，与大部分的利益相关者有关，而后者仅与部分利益相关者有关，只需要企业向少部分信息使用者提供即可。

（3）生态效益评价标准。世界永续发展委员会（World Business Council for Sustainable Development，WBCSD）于 2008 年 8 月提出了国际上第一套生态效益评价标准，不仅能为管理者制定目标、提出改善方案作为内部管理之用提供参考标准，同时，也是企业与其他内部或外部利益相关者间重要的沟通工具。在整个WBCSD框架下，生态效益指标的公式为：

生态效益 = 产品与服务的价值 ÷ 环境影响

分子跟经济效益有关，如产量、产能、总营业额等；分母与环境绩效有关，如资源/水消耗总量、温室效应气体排放量等。类似于《可持续发展报告指南》中的核心指标和附加指标，WBCSD 也将指标分为核心指标和辅助指标，前者是通用的，适用于大多数企业，如主营业务收入、有毒废水的排放量等，而后者仅适用于个别企业。这样的划分使不同行业的环境绩效有了可比性。

5.4.2.2　国内企业环境绩效评价指标体系

（1）原国家环保总局发布的环境绩效评级系统。我国已有一些关于企业环境绩效评价的法规。国家环保总局于 2003 年发布了 3 个重要文件，分别为 5 月发布的《关于开展创建国家环境友好企业活动的通知》、6 月发布的《关于对申请上市的企业进行环境保护核查的规定》、9 月发布的《关于企业环境信息公开的规定》，随后在 2005 年 11 月又发布了《关于加快推进企业环境评价的意见》，2007 年 4 月发布了《环境信息公开办法（试行）》，这是我国第一部关于信息公开的专门法规，自 2008 年 5 月 1 日起施行。2003 年 5 月发布的《关于开展创建国家环境友好企业活动的通知》中还把企业的环境行为结果分为 5 个等级，并以不同颜色表示，具体见表 5 - 6。

表 5 - 6　　　　　　　原国家环保总局公布的环境绩效评级系统

环境行为等级	含义	环境行为等级说明
绿色（很好）	优秀	企业达到国家排放标准，通过清洁生产审核，严格遵守环境法律法规，环境行为表现突出
黄色（好）	环境行为守法	企业达到国家排放标准，没有违法行为
蓝色（一般）	基本达到要求	企业总体达到国家排放标准，个别指标超标
红色（差）	违法	企业排放污染物超标，有较严重的环境污染行为
黑色（很差）	严重违法	企业排放严重超标，有重大环境违法行为

（2）企业制度中的环境绩效评价指标体系。由于企业、行业管理部门及政府部门进行环境管理的角度不同，评价的职能不同，可以获取的信息不同，所以部门规章、行业法规、企业制度中关于环境绩效评价的指标也各不相同。将我国企业制度中绩效评价指标进行归纳总结，可得出表 5 - 7。

表 5 - 7　　　　　　　　我国企业制度绩效评价指标

评价内容	具体指标
环保设施指标	废弃物治理设施的数量
	环保设备的运转费用
	废水处理能力
	废气处理能力
环境污染及资源耗费指标	单位产品能源消耗量
	温室气体排放量
	不可再生资源使用量
	单位产品危险废弃物产生量
	废水排放总量
	水土流失总面积
企业自主治理指标	环保技术研发费用
	水污染治理投资
	实施减排对策的积极性
	环境管理者的数量
	环境事故应急预案

续表

评价内容	具体指标
循环利用指标	废水重复利用率
	废弃物无害化处理效率
	废物再处理的比重
法规制度遵循指标	执行环境法律法规的自觉性
	及时缴纳排污费
	排污许可证的及时申报
	违法排污的次数
社会反响指标	周围河流水质情况
	群众投诉数
	环境信访事件数
	周围群众满意度
	获得政府或环保组织的认可程度

5.4.2.3 企业环境财务绩效评价指标

（1）现状指标。现状指标是指反映企业当前生态文明质量的指标，是静态指标，可以用于不同企业间横向比较，也可以用于同一企业不同时刻的纵向比较。考察企业当前生态质量可以从企业的环境清洁现状和环境资产负债结构两个方面入手。

$$环保设备投资比率 = \frac{环保设备资产总额}{固定资产} \times 100\%$$

环保设备投资比率是用来反映企业环境保护设备的投资力度。环保设备是专门用于环境保护的固定资产。固定资产主要用于流水线生产，这些生产必然会产生固体、液体、气体污染物。按国家相关要求，企业购买环保设备应对这些污染进行内部处理后再排放。常见的企业环保设备有垃圾处理系统、酸雾净化塔等。固定资产的多少反映出企业的规模，用环保设备资产总额除以固定资产总额得出的环保设备投资比率可以用于不同规模企业间的比较。如果这个比例过小，说明企业环保设备投资不足，其生态绩效必然受到影响。如果这个比例过大，固然能说明企业在提高生态绩效方面比较积极，但是过多的环保设备投资占用企业的资产，也会降低企业的盈利能力，因此，企业应该找一个适中的比例。

$$环境负债比率 = \frac{环境负债}{流动负债} \times 100\%$$

环境负债比率表明企业的流动负债中环境负债所占的比重。环境负债是企业由于对生态环境产生不良影响而要承担的责任，比如应付超排罚款、应付环保费和损失费及或有负债等。一般情况下环境负债流动性比较强，因此用环境负债与流动负债相比，而不是与企业的总负债相比。环境负债比率反映企业因破坏环境而产生的负债情况，比值越大说明企业对环境的污染和破坏越严重，企业存在的环境风险越大。当这一数值超过一定值时，说明企业的生态状况存在很大隐患，很可能在国家环保检查时被处以巨大罚款，甚至被迫停产。因此，这个指标数值越小说明企业生态文明绩效越好。企业应该合理调整负债结构，使环境负债比率保持在较低水平。

（2）反应指标。评价一个企业的生态文明情况不仅要考察企业当前的生态质量，还要评价企业为提高生态文明绩效作出的反应。反应指标是动态指标，用来衡量企业某一会计期间的环保行为。企业为了提高生态绩效，一方面会从产品的生产流程入手使产品本身更加环保，比如采用更环保的原材料，增强资源的回收利用程度；另一方面会从整个企业的财务管理入手，使企业的环保投资、环保支出变得更加合理，以增强企业的可持续发展能力。

生态经济学中提出的"原材料产品再生材料"的反馈式流程为本教材建立产品改进指标提供了完整的思路。本教材用产品绿色成本投入比来评价绿色资源的使用。用产品原材料投入产出效率评价"原材料—产品"过程是否实现了减量化，高利用产品材料回收利用率评价"产品—再生材料"过程是否实现了再循环。具体有：

$$产品绿色成本投入比率 = \frac{绿色成本}{营业成本} \times 100\%$$

产品绿色成本投入比率，表明在企业的经营中绿色成本占总成本的比重。绿色成本包括构成产品原材料及包装物的绿色资源以及经过折旧计入产品成本的环保设备金额。如果这个比值比较高，说明企业的绿色成本相对于整个企业的营运成本比较高，这个比值高可能是由于企业选择的原材料虽然环保但是价格太高。企业绿色成本太高则产品的市场竞争力就会降低。然而这个比值也不是越低越好，因为过低的绿色成本可能是由环保投入不够造成的。因此，企业应该通过选取更合适的绿色替代品来降低绿色成本。

$$产品原材料投入产出效率 = \frac{直接材料成本}{营业收入} \times 100\%$$

产品原材料投入产出效率，反映单位收入所耗直接材料成本，用于考察生产过程中的原材料利用率。这里产品原材料指的是用于产品生产、构成产品实体的原料。这个指标越高说明单位营业收入所消耗的资源成本越高。企业可以拿这个指标进行纵向比较，如果本年该指标数值比上一年低，说明企业本年实现了减量化，企业的生态文明绩效有所提高。该指标也可以用于同行业企业间横向比较，该指标数值越低说明企业资源利用率越高，企业生态文明绩效越好。

$$产品材料回收利用率 = \frac{单位产品回收材料价值}{单位产品价值} \times 100\%$$

产品材料回收利用率，反映单位价值的产品中含有多少可循环利用材料价值。这个指标用于考察企业对资源的循环利用程度。如果企业选取的原材料大部分都是可重复利用的环保材料，那么产品的回收利用率自然会高，另外企业较高的材料回收利用率必然是采取了积极行动的结果，因此，该指标也能反映企业提高生态绩效的积极性。该比值越高说明企业循环利用资源程度越高，生态文明绩效越好。

$$环境资产投资增长率 = \frac{环境资产年增长额}{年初环境资产数额} \times 100\%$$

环境资产投资增长率，反映企业环保投资的增长幅度。比值大说明企业加大了环保投资力度。一般在企业刚开始采取环保措施的几年这个比值会很大，随着企业环保投资的完善，这个比值会越来越小。

$$获益性环境支出比率 = \frac{获益性环境支出}{环境支出总额} \times 100\%$$

$$惩罚性环境支出比率 = \frac{惩罚性环境支出}{环境支出总额} \times 100\%$$

获益性环境支出比率与惩罚性环境支出比率两个指标，反映企业的环境支出结构，分别用于考察企业环保行为的正、负效应。企业的环境支出分为两类：一类是获益性支出，这类支出可以使企业在当期或者以后获得收益，比如企业购买环保专用设备、购买排污权、环境监测支出、付给环境保护人员的工资。这些支出会影响企业的长期经营，增强企业的可持续发展能力，从而提高企业的生态文明绩效。另一类是惩罚性支出，这类支出是由于企业违反了国家相关规定，对生态环境造成破坏而引起的，主要包括应付环境罚款、赔款等。惩罚性支出不仅会对企业的资金流动产生压力，更严重的是会给企业带来负面影响，从而会给企业带来难以估量的损失。惩罚性环境支出通常是由企业被动执行相关环保要求引起的，因此这个比值高说明企业在生态文明保护方面积极性低。获益性环境支出比率与惩罚性环境支出比率之和恒等于1。获益性环境支出比率越大，惩罚性环境支出比率则越小，企业环境支出的结构越好，生态文明绩效越好。

（3）成果指标。反应指标可以评价企业为提高生态绩效做出的行动却无法评价这些行动的结果。两个不同的企业即使采取了相同的环保材料，进行了同样多的环保投资，但由于其营运情况不同，产生的效果也不尽相同，因此需要运用成果指标。评价企业环保成果可以从三个方面进行：一是评价环境优化成果；二是评价环境资产的营运成果；三是评价环境资产的盈利成果。

$$单位收入污染物排放量减少率 = \frac{单位收入污染物排放量减少额}{上一年单位收入污染物排放量} \times 100\%$$

单位收入污染物排放量减少率，反映企业污染程度好转情况，用于评价环境优化成果。可以分别计算气体、液体、固体污染物的单位收入污染物排放量减少率。该指标数值越高说明企业生态文明绩效提高越快。

$$环境资产收入率 = \frac{绿色收入}{平均环境资产总额} \times 100\%$$

其中，$$平均环境资产总额 = \frac{期初环境资产总额 + 期末环境资产总额}{2} \times 100\%$$

环境资产收入率，反映单位环境资产所产生的收入，用于评价企业整个环境资产的营运能力。绿色收入主要指由于产品采用环境资产而使产品质量提高，从而产品价格被提高，而比原产品多出来的收入，即环保增值。该指标越高，说明企业环境资产的投入产出率越高，即环境资产营运能力越强。

$$环保设备收入率 = \frac{绿色收入}{平均环保设备总额} \times 100\%$$

其中，平均环保设备总额 $=\dfrac{\text{期初环保设备总额}+\text{期末环保设备总额}}{2}\times100\%$

环保设备收入率，反映单位环保设备投入所产生的收入，用于评价环保设备的运营情况。该指标值越高说明企业环保设备投入产出比例越高，即环保设备营运能力越强。

$$\text{环境资产报酬率}=\dfrac{\text{环保利润}}{\text{平均环境资产总额}}\times100\%$$

其中，平均环境资产总额 $=\dfrac{\text{期初环境资产总额}+\text{期末环境资产总额}}{2}\times100\%$

环境资产报酬率，反映单位环境资产所产生的环保利润，用于评价企业利用环境投资获利的能力。其中，环保利润 = 绿色收入 - 绿色成本 - 环境税费 - 环境管理费用 - 环境资产减值损失 + 绿色投资收益。该指标越高说明企业单位环境资产获利越多，企业生态绩效越好。

5.4.3 环境绩效评价方法

在确定了环境绩效评价指标和评价标准之后，还需要采用合适的绩效评价方法对绩效指标与标准进行实际运用，以取得比较客观公平的评价结果。评价方法是指企业绩效评价的具体手段（财政部，2002）。通过对目前国内外有关文献的梳理，发现主要有层次分析法（analytic hierarchy process，AHP）、数据包络分析法（data envelopment analysis，DEA）、人工神经网络分析法（artificial neural network，ANN）、模糊综合评价法（fuzzy comprehensive evaluation，FCE）、平衡计分卡法（balance score card，BSC）、生命周期评价法（life cycle assessment，LCA）、其他数理统计分析法等几种综合评价环境绩效的方法。

5.4.3.1 层次分析法

层次分析法是美国著名运筹学家塞蒂（Saaty）于 20 世纪 70 年代末提出的一种多层次权重解析方法，它是通过分析复杂系统所包含的因素及其相关关系，将企业环境绩效评价问题分解为不同的要素，并将这些要素归并为不同的层次，从而形成一个多层次的分析结构模型。层次分析所需要的环境绩效数据量少，能够克服一般评价方法要求样本点多、数据量大的特点，可靠度比较高，误差小，从而使环境绩效评价系统指标间的量化分析成为可能。因此，企业环境绩效评价最初多采用该方法。AHP 目前进一步研究的主要方面是其权重的测算和模糊 AHP 两类。

层次分析法在企业环境绩效这类多层次评价指标权重确定方面具有优越性，但当某一指标的下一层直属分指标超过 9 个时，其有效性降低，则判断矩阵往往难以满足一致性要求。由于该方法要求各评价指标之间严格独立，这就给我们建立评价指标体系造成一定的困难。因为难以找到完全独立的评价指标，所以使得该方法的使用范围受到了一定的限制。

5.4.3.2　数据包络分析法

数据包络分析方法是美国查恩斯（Charnes）等于 1978 年提出的。它是一种根据同一类决策单元（decision making unit，DMU）的输入输出数据来评价各决策单元相对有效性的多指标综合评价方法。该方法是在对前期决策数据分析的基础上进行评价的，强调所评价对象的整体效果最优，为未来决策提供大量的经验信息。与其他评价方法相比，DEA 方法的长处就在于它不仅能够判断决策单元的相对有效性，而且还能有针对性地给出企业环境绩效评价单元的改进信息。另外，DEA 方法求解的最终变量为权重，可以避免事先人为设定企业环境绩效指标权重的困难，使评价结果更具客观性。基于以上，它被广泛用于解决环境绩效这类多因素、多对象的评价问题。

DEA 方法是根据一组多输入和多输出的观察值来确定有效生产前沿面，以评价其对象系统的相对有效性，虽然被广泛应用于多种方案之间的有效性评价，但其仅限于具有多输入和多输出的对象系统的相对有效性评价。而且，该方法只表明评价单元的相对发展指标，无法表示出实际发展水平，从而使得其应用存在一定的局限性。

5.4.3.3　人工神经网络分析法

人工神经网络是由鲁梅尔哈特（Rumelhart）和麦克莱伦德（J. L. McClelland）于 1985 年提出的。该方法是对人类大脑系统阶段特性的一种描述。简单地讲，它是一个数学模型，可以用电子线路来实现，也可以用计算机程序来模拟，是人工智能研究的一种方法。它不仅具有适应性的简单单元组成的广泛并行互联的网络，而且能够模拟生物神经系统对真实世界物体作出交互反应。具体来说，人工神经网络具有以下优点：第一，该网络能够实现一个从输入到输出的映射功能，而数学理论已证明它具有实现任何复杂非线性映射的功能，从而使其特别适合求解内部机制复杂的环境绩效评价问题；第二，具有自学习能力；第三，网络具有一定的推广和概括能力。

目前，在人工神经网络的企业环境绩效应用中，绝大部分的神经网络模型是都采用 BP 网络和它的变化形式，但由于 BP 算法本质上为梯度下降法，且它所要优化的目标函数又非常复杂，因而导致整个网络的学习速度很慢。不仅如此，网络训练失败的可能性较大，难以解决企业环境绩效这类实际应用问题的实例规模和网络规模间的矛盾，网络结构的选择尚无一种统一而完整的理论指导，一般只能由经验选定，增加了人为的主观性，最终使其应用范围存在一定的局限性。

5.4.3.4　模糊综合评价法

对于有着复杂特性的环境绩效评价问题，评价者往往很难或无法直接给出所评价对象的量化结果，而模糊综合评价法以自然语言（语义变量）表达了信息的本质，并以数值计算方式处理了评价信息，从而为定性信息和定量信息提供了一种统一的表达与处理模式。由于模糊综合评价法具有坚实的数学基础和良好结构的概念及技术系统，可以克服传统数学方法中"唯一解"的弊端，根据不同可能性得出多个层次的问题题解，具备可扩展性，符合现代绩效管理中"柔性管理"的思想，因而应用广泛。

另外，在现实生活中，除了精确现象和随机现象外，还存在第三种现象，即模糊现象。模糊现象是指有些事物属性不明确，不可确切分类。环境绩效就属于这一类模糊现象，它受很多因素影响，而且这些因素既具有模糊性，又或多或少存在着一定的相关性，因此难以用一个确定的数值来评价，考虑到这些不确定的因素，很多学者采用模糊数学的方法对环境绩效进行评价，即通过评价获得一系列的评价指标，然后对这些指标进行综合，从而对受到多种因素制约的对象做出一个总的评价。用一般的方法对这些具有不同属性、量纲的多种因素进行综合评价相当困难，而模糊数学解决了这一难题，使评价更准确、更科学。

模糊综合评价法适用于具有模糊因素的综合性评价，在经济和环境绩效管理评价方面应用很广，但其以最大隶属度原则为识别准则，该原则过于简单。因此，该方法在许多场合是不合适的，有时会出现分类不清和结果不合理，不能解决评价指标间相关造成的信息重复问题，而且隶属函数、模糊相关矩阵等的确定方法还有待进一步研究。目前模糊综合评价方法的研究主要集中于对定性客观问题的量化评价和评价方法本身的理论完善。

5.4.3.5 平衡计分卡法

平衡计分卡是由卡普兰（Kaplan）和诺顿（Norton）于 1992 年提出的一种综合绩效评价方法，它既包括传统的财务评价指标，也包括非财务指标，对全面考核企业环境绩效具有重要作用。由于该方法是从财务、客户、经营过程、学习与发展四个方面来综合评价企业环境绩效的，能在财务指标与非财务指标有机结合的基础上，更加有效地实现企业内外部之间、财务结果及其执行动因之间的平衡，因而被广泛应用于企业环境绩效的综合评价。

BSC 主要来源于战略的各种衡量方法一体化的一种新的环境绩效评价框架。与传统主要应用财务指标衡量企业环境绩效方法的不同之处就在于，它是一种以信息为基础的管理工具，分析完成企业任务的关键成功因素以及评价这些关键成功因素的项目，并不断检查、审核这一过程。但它的工作量极大，除对环境战略的深刻理解外，它需要消耗大量精力和时间分解到部门，找出恰当的环境绩效指标，并对部分指标进行量化。此外，要对企业环境绩效进行评价，就必然要综合考虑上述四个层面的因素，这就涉及一个权重分配问题。由于不同的层面及同一层面不同指标分配的权重不同，可能会导致不同的评价结果，因此，其在企业环境绩效评价领域存在一定的局限性。

5.4.3.6　生命周期评价法

国际标准化组织将生命周期评估法（life cycle assessment，LCA）是汇总和评估一个产品（或服务）体系在其整个生命周期间的所有投入及产出对环境造成的影响的方法，是用以评价整个产品生命周期内，其产品对环境所产生的影响的系统工具。主要内容包括以下三个方面。

（1）LCA目标与范围的界定：必须明确被评估对象及其功能，后面评估的所有可比性均基于满足相同功能的前提。可以说，在进行LCA评估时，必须确定所研究系统的边界，包括被评估对象的边界，以及所涉及的环境问题的边界。

（2）数据清单分析："数据清单分析"指对系统范围内所有过程对资源的消耗及对环境的排放进行量化与分析，列出每一个过程的投入、产出清单表。

（3）进行影响分析：把所采集到的数据与具体某个LCA关心的环境问题分别建立对应联系，并给不同的系统（产品或服务过程）打分，其中打分可分两步进行。首先计算出某种排放在此次评价中对某一种环境问题的危害程度，通常用其所占百分比来衡量；其次计算被评估系统对某项环境问题的危害占该环境问题总量的百分比。

生命周期评估法是一个非常复杂的过程，很难确定系统边界和建立数据清单，所以需要大量的时间、专业知识及详细的数据输入。同时，由于市场变化，对市场的动态跟踪性较差，因而导致其最终结果难以被解释。

5.4.3.7　其他方法

除上述方法外，还有一些数理统计方法（mathematical statistical methods，MSM）也广泛应用于企业环境绩效评价中，主要包括主成分分析法、因子分析法和环境杠杆评价法等。这些方法的共性是可以排除主观因素对环境绩效评价过程的影响，适用于评价指标相关性较大的环境绩效综合评价。

5.4.4　环境绩效评价报告

绩效评价报告是对整个绩效评价过程的结果输出，这个结论性的报告文件反映了对评价客体的价值判断，其目的是对评价主体的行为产生影响。评价报告一般包括评价目的、报告对象、评价执行机构、评价客体、数据来源与处理方式、评价指标、评价方法和评价的标准等内容，通常还包括对基本情况的介绍、评价结果与结论、主要评价指标的对比分析、客体面临的环境、未来预测与改进建议等。此外，报告根据需要可能还包括一些特定信息，如报告使用范围、是否经独立第三方审验等信息。

5.4.4.1　报告内容

组织基于对自身竞争地位的保持或提升、利益关系人要求公开报告环境信息的压力、环境目标和法规遵从等压力而需要公开报告环境信息。为满足利益相关者的上述目的，企业需要明确向谁提供报告以及报告哪些环境信息。一般而言，环境绩效报告是对企业环境信息的概括；企业的环境政策、目的与目标，即企业所确定的在经营活动中考虑环境问题的范围环境管理分析、环境绩效分析；术语解释，目的是提高可理解性而提供的补充性信息；第三方意见，即对环境绩效报告信息的可靠性进行的独立验证。其中术语解释和第三方意见是可选择性的内容。

5.4.4.2　报告程序

向利益相关者报告绩效是一个动态的过程，要想较好地报告环境绩效，企业需要将环境报告的政策付诸行动，依照一定的程序将其环境信息报告给信息使用者。企业环境绩效报告的程序一般分为四步：第一，识别环境信息用户（主要包括雇员、投资机构、债权人、政府部门、社团、供应商以及其他用户），这是明确报告目标和决定报告内容的关键；第二，制定环境绩效报告框架，这是整份研究报告的主要议题，需要依赖于各种国际国内组织的相关环境报告指南，内容包括了解环境对企业的影响以及管理和产品对环境的影响，制定企业的环境政策、目标和目的，建立环境管理系统和进行绩效分析；第三，选择环境绩效指标，包括财务或非财务指标，客观或主观指标，指标需数量适当，具可理解性和信息性，指标选择需要在行业协会指导下由利益关系者与企业共同开发；第四，信息准备和列示，需要将工程、科学和技术数据转化为客户可理解的术语，要注意列示信息的趣味性、组织性、创造性、可读性和简明性。

5.4.4.3　报告评价

由于目前尚没有统一的环境绩效报告标准，因此，对环境绩效报告的评价还处于发展阶段。一般而言，较好的报告需要阐述环境目标以及实现目标的措施、企业的实际环境业绩，报告的整体可读性及披露的明晰性也是判断绩效报告的标准之一。具体而言，第一，需要对环境管理或可持续发展做出承诺；第二，环境政策必须是有效的，需要清晰地列示环境目标及其实现途径，以增强可信性；第三，环境绩效的记录需要有数据和统计资料作为证据；第四，列示关键绩效指标来说明环境绩效的整体改善；第五，需要说明经营活动的财务和环境影响；第六，技术语言需要转化为公众可读的通俗术语，以增加信息有用性；第七，直接报告不佳的环境业绩，指明整改措施、期限及可能性等。

练习题

一、简答题

1. 什么是环境管理会计？它的内容有哪些？
2. 环境投资决策有哪几种方法？如何评价这几种方法？

3. 什么是物质流成本会计?

4. 环境绩效的作用是什么?

二、计算题

假设有一个企业 A,购入甲材料 200 千克,乙材料 100 千克。甲材料在生产开始阶段就已投入,而乙材料是在生产工序 2 阶段才投入的。如下图所示。请对材料流动成本进行计算说明。

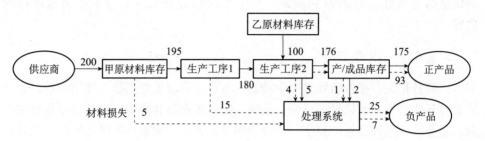

第6章 碳会计

【学习目标】

(1) 了解碳会计的基本内涵及国内外研究进展。

(2) 熟悉和掌握碳会计的核算目标、核算假设及核算原则。

(3) 理解和掌握碳会计实务处理、信息披露等内容。

【学习要点】

碳会计国内外研究进展、碳会计核算体系以及碳信息的披露。

【案例引导】

美国通用电气公司（General Electric Company，GE）是美国也是世界上最大的电气和电子设备制造公司，被称为"世界能源设备巨头"。但作为传统制造业的巨头，尤其作为石化燃料时代能源设备制造的主要企业，通用电气也日益面临能源价格走高、碳排放居高不下、环境挑战加剧、盈利增长空间压缩等压力。

作为工业化时期制造业的巨头，尤其气候变暖日益受到全球关注以后，通用电气的主要客户，包括发电厂、航空企业、机械设备企业、运输部门等，都开始面临来自环境污染、节能减排等方面日益强烈的约束，这些约束与压力自然也传递到它们的设备供应商——通用电气。

通用电气本身也直接遇到了环保危机。一个典型案例是，几十年前通用电气在纽约州哈德森河上游的两个工厂使用多氯联苯，并排进了哈德森河里，虽然这是在不违法和不知后果时的行为，而且后来通用电气在知道危害性后即停止了排放，但通用电气还是在 2002 年被美国环境保护署裁定要对治理哈德森河流负责。通用电气为此花费了数以亿计的美元，还是无法弥补公司形象在公众中的损伤，以及和环保组织之间形成的裂痕。

进入信息化时代后，传统制造业在生产组织形式、产业地域布局方面都开始面临变革，同时也面临新兴技术、新兴产业、新兴国家与地区的挑战。同时，能源等原材料价格的上涨不断压缩制造业企业的利润空间，而且随着技术的进步与普及，以往通过技术领先垄断形成的产品竞争优势不断被削弱。通用电气作为能源机器设备与服务提供商，在这方面的压力感受尤为明显。要走出这一困境，必须形成适应新时代需求的新技术、产品与服务优势，推动发展转型，促使企业可持续发展。

世界已进入绿色发展新时代，企业必须推动绿色转型、适应"绿色"要求方能可持续发展。一方面，随着传统化石能源储量的不断减少与价格的日益上升，企业必须尽可能降低能耗，提高能效，以降低生产成本和提高产品竞争力；另一方面，温室气体排放与气候变化日益受到关注，节能减排不仅成为企业社会责任的重要内容，而且还面临着排放约束方面的直接成本压力，这就要求必须对企业的生产流程与商业流程进行"绿色"再造。同时，绿色消费理念的兴起，更加要求企业提供资源节约、环境友好、低碳绿色的产品与服务，否则企业在市场上将难以得到认同和生存。由此可见，为促进企业在产品或服务整个生命周期内实现"低碳化"，提高能源的利用效率，真正将低碳经济作为企业的核心竞争力，碳会计可以从内控和外部审计角度对企业进行监督。

资料来源：张力．绿色转型发展的国际企业案例——美国通用电气［N］．中国经济时报，2016．

6.1　碳会计概述

要保证低碳经济正常高效运行，需要会计理论与实务工作者们根据低碳经济发展的客观规律，运用科学的研究方法，对现代会计理论予以深化和延伸，从而建立起碳会计特有的基本理论。碳会计的主要学科基础是会计学，而直接的学科构成基础是环境会计，实践基础则是碳排放权制度完善及会计制度和准则的发展。因此，详细论证碳会计的基本内涵和碳排放交易制度是必要的。

6.1.1　碳会计的基本内涵诠释

人类的经济活动给社会环境带来了极端的气候问题，过量的碳排放对人们的日常生活造成了非常大的影响，碳减排成为国内外关注的焦点。在国际上，联合国气候大会签署了《京都议定书》，详细阐述了法定的碳排放限制和各国合作完成碳减排的具体实施方法。我国近年来一直致力于碳减排工作，国家出台了一系列环境法规和引导政策，不断加强政府监管力度。2013年，上海、北京、重庆等7个省份的碳交易试点正式启动，我国的碳交易市场初见雏形。随着碳交易机制的实施，企业的碳会计核算方法也不断得到完善，碳信息披露已经成为一项重要的全球性会计管理活动。

我国出台了《中华人民共和国大气污染防治法》《中华人民共和国环境保护法》等多部与温室气体治理相关的法律法规，不断加强政府对企业碳排放行为的强制性监管。2016年，国务院印发了《"十三五"控制温室气体排放方案》，要求我国应积极参加全球气候治理，不断推进我国经济向绿色低碳的发展方向转型，以实现生态与经济的协调发展。2019年12月，财政部出台了《碳排放权交易有关会计处理暂行规定》，为碳排放权交易的会计处理提供了相关依据。

当前，我国碳会计理论与实务尚处于初级阶段，国家相关政策的制定和发布也略显滞后。因此，开展碳会计研究，能为深入研究碳会计相关问题提供依据，也为丰富和完善会计学科的拓展和会计核算理论提供思路；能为职能部门了解企业碳排放以及碳治理方面的业绩提供一定的依据；能帮助社会公众、债权人、股东等利益相关者了解企业的环保形象，使他们做出正确的投资决策；有助于企业管理者制定兼顾环保责任和经济效益的有效决策，并为我国经济绿色核算提供准确数据。碳会计是适应我国低碳经济发展的一种创新工具。碳会计的发展需要相关理论的指导，只有通过构建碳会计制度的相关理论体系，发现低碳经济发展过程中价值运动的规律，并通过科学的会计方法进行记录和报告，才能真正发挥会计信息对低碳经济发展的重要信息支撑作用。

6.1.2　碳会计的重要价值

碳会计是一项复杂的系统工程：适应低碳经济，完善碳会计理论体系；借鉴先进经验，构建碳会计操作体系；加强碳核算，健全企业绿色运行体系；实施部门联动，创新齐抓共管体系。碳核算与控制是碳会计的核心问题，运用资源环境学、低碳经济学的相关理论和方法，把碳排放问题视为一个具有会计系统特征的研究对象，探讨其特征、机理和演化规律，广泛涉及低碳经济的物质流分析与价值流分析相结合的研究方法，采用碳足迹分析方法对碳排放及交易进行物量核算与追踪反馈，采用价值流分析方法和碳成本逐步结转法来对碳排放及交易进行价值核算与分析，从而提供决策有用的信息。科学设计碳会计制度有重要现实价值：一方面，可为我国企业碳会计准则或体系构建提供理论基础和方法借鉴，同时也是规范企业碳排放与交易发展的重要制度保障；另一方面，碳会计系统的运行与实施可促进企业节能减排，将外部碳因子纳入企业的内部成本管理和外部战略决策过程中来，在构建外部上下游企业的碳价值链、加强企业碳核算与管理识别和防范碳排放风险、创新企业低碳经济发展模式等方面具有重要的实际应用价值。

6.1.3　碳会计核算的研究对象和内容

碳会计是对传统会计在应对低碳经济方面能力不足的理论填补和创新。研究和构建碳会计制度，无论是理论创新还是规范研究，都对深化和推进低碳经济发展、构建和谐社会和人类可持续发展有着极强的现实意义和重大的科学意义。敬采云（2013）分析了碳会计研究的学科基础，认为碳会计是环境会计的基础和支撑但又不同于环境会计的一门新的会计工具，是一种新的会计核算体系，是财务会计的一项创新；提出碳会计的理论创新和规范构建的主要内容包括碳会计的内容及研究目标、碳会计的对象及功能研究、碳会计的理论及创新思路、碳会计信息及披露方式、碳会计绩效及模式研究、碳会计规范及碳会计制度研究等。

基于上述观点，本教材认为，现在碳会计重点研究企业碳会计，即以企业碳核算、碳管理和碳审计为核心内容，建立一种专门的核算工具和信息系统，即碳会计框架（见图6-1），具体包括：（1）碳财务会计核算，主要有关碳会计的确认与计量、碳会计业务处理设计、碳信息披露的基本框架设计。（2）碳管理会计，主要有企业碳预算的制定与优化、企业碳成本核算与控制、企业碳绩效评价设计及初步应用。（3）碳审计，主要有碳审计界定、碳审计目标、碳审计依据与标准体系构建、碳审计分类及主要内容、碳审计流程、碳审计评价。

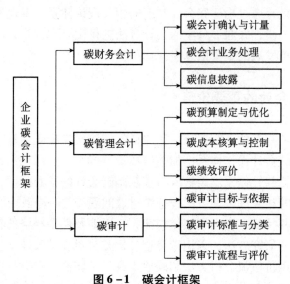

图6-1　碳会计框架

6.2　碳会计核算的基本框架

6.2.1　碳会计核算的目标

碳会计核算的目标是碳会计理论结构的基础和逻辑起点，是碳交易活动的出发点和归宿。它受多种因素的影响，是多种因素综合制衡和互动的结果。碳会计核算的目标可分为终极目标、基本目标和具体目标三种层次。其中，履行低碳减排责任作为一个影响因素，与碳会计终极目标协调一致，二者有着内在的联系和决定性的关系。

6.2.1.1　碳会计核算的终极目标：履行低碳减排责任

企业注重经济效益的同时，必然需从长远角度考虑环境问题，只有实现了良好的环境效益，才会形成良性循环，实现长久而健康的经济效益，即不仅需要经济效益的提高，还应兼顾其环境效益。这才是碳会计制度设计的终极目标，即履行低碳减排的企业目标。具体而言，企业面临的低碳减排责任主要有以下几个方面。

（1）治理和修复低碳减排方面的责任。作为社会组织中的一个重要子系统，企业在开展生产经营活动过程中，既创造了物质财富，也带来一系列低碳减排问题。企业的生产过程不仅消耗资源，而且产生大量废弃物，使得资源日益耗竭，环境容量基本被"吃光"。企业应当承担起节约资源、治理污染和修复环境质量两大责任，充分协调好开发利用自然资源与保护低碳减排之间的关系。

（2）优化企业碳排放行为方面的责任。承担优化企业的碳排放行为责任旨在控制资源消耗、避免工业污染，实现企业的低碳减排。它要求放弃传统的高开采、高消耗、高排放、低利用的"三高一低"的粗放型生产方式，尽可能地少投入、多产出、多利用、再利用、少排放，发展清洁生产，以生态平衡原则来制约和规范企业碳排放行为，大力发展低碳经济。

（3）低碳减排影响信息披露方面的责任。披露企业各种活动对低碳减排产生影响的信息，是企业实施低碳减排管理的一个重要步骤。企业有责任向环境管理者、资源环境的所有者和资源环境的消费者提供有关产品从生产到消费全过程的低碳减排影响情况方面的信息，以帮助他们了解企业资源利用情况和环境污染情况。

（4）低碳减排方面的法律责任。低碳减排的法律责任是指由国家法律所规定的使企业在降低碳排放和治理气候污染方面所承担的环境责任。目前，发挥宏观调控职能的国家在处理经济发展与低碳减排保护的关系中，大都制定了一系列适用于本国的关于节约能源、降低排放和保护环境的法律或行政法规，以规范企业与低碳减排之间的关系。例如，美国的《清洁空气法》、英国的《垃圾法》以及我国的《环境保护法》《水法》《森林法》等各种有关环境问题的法律法规的建立健全使得企业承担了来自国家环保法律方面的环境责任。

6.2.1.2　碳会计核算的基本目标

碳会计的基本目标是指在终极目标指导下，对外提供有关碳活动的会计信息，帮助信息使用者进行决策。从理论上讲，满足碳会计基本目标所提供的信息，也应该符合一般会计信息所应具有的各种质量特征：（1）相关性。碳会计应为管理层提供用于决策、控制、业绩评价等经营活动的与碳排放有关的各种决策信息，旨在支持其终极目标的实现。（2）可靠性。碳会计所提供信息在有效使用范围内必须是正确、可靠的。"不影响决策的正确性"是其提供信息的"有效使用范围"。

6.2.1.3　碳会计核算的具体目标

在其终极目标和基本目标的约束下，碳会计的具体目标主要包括以下方面：（1）协助管理层计算碳足迹、确定碳交易和碳核算的总体战略目标，具体通过阐述有关碳会计的确认与计量的一般原理，设置具体的碳会计科目，并进行相应的碳会计业务处理，然后再对碳会计具体内容进行核算，并就碳信息披露进行具体规范。（2）协助管理层做好碳预算，做好碳管理，确定低碳减排的成本控制目标，包括核算"碳排放"要素，分析碳解锁和碳脱钩过程中所涉及的成本，如购买节能设备、低碳材料及碳固治理设备，使用清洁能源，研发或购买低碳技术用于生产和回收处置环节。（3）协助管理层披露碳会计信息，实施碳鉴证，实现碳绩效评价目标，提高碳资源的利用效率，识别关键碳排放源，达成碳排放目标。

综合以上分析，可以对碳会计目标的具体内容做如下表述：碳会计核算的目标就是通过对其具体目标的逐步实施，以支持其基本目标的实现，最终促进履行低碳减排责任终极目标的达成。

6.2.2 碳会计核算的一般原则

碳会计核算的原则是进行碳会计核算的指导思想，是在碳会计实践普遍经验的基础上通过高度概括形成的关于建立碳会计信息系统和开展碳会计实践的一般规律。碳会计核算应遵循社会性和外部影响内在化、战略性和系统性相结合、强制与自愿性相结合原则等。

6.2.2.1 社会性和外部影响内在化原则

社会性原则要求企业所承担的成本费用不仅包括企业内部产生的，还要包括企业碳排放给自然、环境和社会所带来的外部影响；将这部分外在影响转化而来的环境成本或碳成本计入企业正常生产经营的成本费用，实现企业经济效益、环境效益和社会效益的正确合理计量。

6.2.2.2 战略性与系统性相结合原则

战略性原则是指基于低碳经济管理模式，不断调整企业的发展战略，将碳排放因素作为提高企业竞争力、获取最终目标的战略要素之一，以培育出企业的竞争优势。

同时，碳会计是一个综合决策支持系统和计划与控制系统，还是一个信息反馈系统。整个系统中的各个环节或程序之间存在着密切联系，并相互作用和相互影响，组成一个整体。因此，做好碳会计工作，需将碳交易和预算、碳核算和控制及碳绩效和鉴证等活动视为一个系统，从系统内各个活动的协调和统一出发，实现碳会计的终极目标，这就是系统性原则的表现。

6.2.2.3 强制与自愿相结合原则

碳会计体系构建的目的是完善现有传统财务会计对碳交易事项确认、计量及信息披露方面的不足。在一定程度上，碳会计可以理解为在自由碳交易实现的基础上，若企业实际碳排放量超过政府规定的碳排放配额，超过部分则需通过碳交易市场购买获得。那么，以此为假设前提构建的碳会计体系既能够包含强行交易机制下企业的碳交易核算，也能够涵盖企业在自愿交易机制下的碳交易核算以及在碳市场实现自由交易或购买等行为。

6.2.3　碳会计的核算假设

碳会计核算的基本前提理所当然应传承其传统会计的基本前提，具体有持续经营假设、会计主体假设和会计分期假设。同时，碳会计核算对已有假设予以拓展，赋予新的内涵，并新增可持续发展假设、资源环境有价假设、多元计量假设及所有权归属假设。

6.2.3.1　可持续发展假设

碳会计的基本目标是解决经济增长导致能源消耗和 GHGs 排放的问题，实现减缓气候变化与可持续发展目标的一致性。为了达到这一目标，原本从未以货币形式实现其价值的碳活动被纳入会计系统进行碳会计的核算。可持续发展假设，要求会计人员在对碳会计要素进行确认、计量、报告和披露时要运用可持续发展的观念，而不是传统的经济增长的观念，不以牺牲环境为代价来换取企业经济的高增长。如果没有可持续发展，碳会计必然失去其理论支撑。

6.2.3.2　资源环境有价假设

资源环境价值源于资源和环境的稀缺性。因为自然资源和生态环境在一定时空范围内并非可以被无限利用或任意挥霍的，它们具有稀缺性。目前，资源环境有价假设是企业进行碳会计核算的理论基础，为企业在实施低碳管理活动时所进行的资源和环境的计量和计价提供了指导。根据资源环境有价假设，一般认为生态环境价值包括自然资源价值和环境质量价值两部分。自然资源价值首先取决于它的有用性，价值的大小取决于它的边际效用和供求关系，具体表现为：（1）自然资源本身的价值，未凝结人类劳动，用存在价值对其进行价值衡量，主要依据是资源的边际效用，即当资源越少时，它的利用价值越大。（2）人类劳动投入自然资源开发所产生的价值，可以根据生产价格理论来确定，但也同时要考虑资源的供求关系和货币时间价值。（3）环境质量价值的确定，即具有间接使用价值的环境资源。这一部分价值难以量化，但可通过间接的方法来衡量。例如，地表植被所产生的碳固价值，或称生态效益，由于不能通过市场来体现其价值，只能采用机会成本法来估算。

6.2.3.3　多元计量假设

在传统会计核算中，需要用货币来确认计量、记录和报告会计主体的经营活动。多元计量假设是由传统会计的货币计量假设演变而来的，不过多元计量假设只是过渡阶段的折中选择。多元计量是指用其他的计量属性和计量单位与货币计量相互补充。一方面，采用货币计量形成财务指标；另一方面，采用实物计量、劳动计量、化学或物理计量等形成实物指标、技术经济指标和文字说明等。另外，在货币计量内部也体现多元计量属性，既可使用历史成本，也可使用公允价值、重置成本、可变现净值等。

碳会计计量具有这个多元性特征，不只局限于货币性计量。因为资源环境一部分具有商品的性质，另一部分则不限于商品，在计量上有模糊性特征，难以用货币单位进行精确计量，多元计量手段成为必然。随着技术提高和方法的改进，它必将被货币计量假设所代替的，所以货币计量是会计核算中最主要的和最终统一的计量形式。

6.2.3.4 所有权归属假设

所有权学派理论认为，市场优化资源配置的关键是确立清晰、可行而又可市场流通的产权制度。因此，碳市场的运行就显得重要，将碳排放量当作商品并纳入碳市场在不同所有者之间进行转移，实质就是一种所有权的交易，使得碳排放具有了货币属性。碳排放权交易就是基于上述理论，通过政府介入为碳排放空间确定所有者，让其成为非公共物品，每一个企业或经济参与者就会自觉核算外部性成本并实现内在化，达到低碳减排的目的。在这里，政府介入有几种含义：（1）在碳排放空间是所有权资源的假设前提下，政府对碳排放空间划定产权归属，明确责任，使各种资源各自有归属；（2）划定归属权后，由碳市场介入进行转让对其碳排放量价值予以评估，确定其价值量，由政府拨款使各特定主体的碳排放权价值得以实现，这实质上正好符合了碳排放空间公共物品属性本身所固有的内在要求，是在一定程度上由政府提供免费碳排放额度或者说由政府代替消费者付费；（3）在划定所有权归属的基础上，实行政企分开和科学管理。

6.2.4 碳会计的核算基础

在碳会计中，由于现阶段碳会计内容包括碳排放权会计和碳排放会计两部分，因此在对碳资产等的确认时要以权责发生制为基础，而与碳活动相关的收入与费用的确认要以收付实现制为基础，并遵循收入费用配比和划分收益性支出与资本性支出原则的核算要求。

6.2.4.1 权责发生制基础

在碳排放权会计核算中，企业所从事的各种与碳排放相关的生产经营活动，能提供低碳减排服务，产生碳效益，经过有关权威机构的科学计量可得出其碳收益的大小。从碳会计核算内容来看，一定时期内获得的碳收益应根据权责发生制原则，在被营利单位拥有并能控制的这一时点上确认为资产。但这项资产到底何时确认为营利单位的一项收入呢？根据收入确认原理，碳资产只有被社会认可并得到政府或相关管理机构承诺或正式给予补偿时，这时才能确认这项碳资产带来了收入。由此分析过程可知，权责发生制的核心是根据实际发生的权责关系及影响期间来确认盈利会计主体的收支。权责发生制反映的是某一特定会计期间"应计的"现金流动，而非实际的现金流动。

6.2.4.2　收付实现制基础

收付实现制要求将碳排放相关活动会计事项的入账时间的确认分别与实际的现金流时间相联系。当确认收入和费用时，凡本期内未收到收入和尚未支付的付款，即使归属本期也不能确认为收入和费用。例如，企业出售因节能减排而结余的碳排放配额，政府通过碳交易市场给企业节能减排支出提供补偿这一经济业务，资产和负债的确认时点应是企业真正获得补偿的时点，即企业实现减排并出售转让了碳排放配额的时点，而不是无偿取得配额或使用配额抵销实际排放量后有剩余的时点。这就符合收付实现制的确认基础。如果使用权责发生制的确认基础，势必会导致企业虚增资产和负债。同理，当企业超额排放时，需通过有偿购买碳排放配额支付超额碳排放成本，实际上是一笔超额排放换来的"罚款"，导致企业经济利益流出企业，形成一项负债而得以支付并即时确认。

6.2.4.3　收入与费用的配比

有关收入的确认在权责发生制基础上已论及，那么如何准确确认费用呢？广义上的费用概念是指企业所有生产经营活动中所发生的一切开支，包括了资产的耗费和劳务的消耗价值。但于碳会计核算而言，要精确划分费用的归属期，并将费用与收入达到严格的配比是非常困难的。在此可分两种情况简述之。

其一，配比要求在碳会计中的应用不同于一般制造业企业的应用。比如，当把本期所产生的低碳减排成本在碳排放量与相关的低碳经营产品之间进行分配，如何在本期"库存商品"和期末"在产品"，或在"已销产品"和"未销产品"之间进行分配。理论上讲，可将尚未产出本期低碳减排效益上的"耗费"作为待摊费用递延至以后会计期间与之相关联的未来收入进行配比确认。但是，由于碳排放量核算的特殊性，期末存量的价值无法计量出来，只能将所有耗费在本期进行全额确认，不予待摊或递延，不存在与一般传统制造企业所进行的生产费用再分配的流程或环节。

其二，在碳排放权会计中，采用权责发生制的核算基础，自然应遵循收入与费用配比的要求来核算损益。收入与费用配比的关键是判断两者间的因果关系，若收入要在未来期间才能实现，则相应的费用或成本就需进行递延分配到未来的实际受益期间。出售企业节约的碳排放配额所取得的收入应在被买方实施购买行为时，得到相关机构的认可，那么此时才能确认与此相配比的成本，并予以配比得到当期节能减排的损益。当然，也有例外。有些收入和费用无法严格对应权责关系，不能保持绝对的配比关系，需要特殊处理。例如，在低碳减排过程中所列支的一些管理费用给未来期间所带来的收益是难以预测和计量的，因此很难做到精确划分费用的归属期，只能适当简化核算，将其一次性地计入本期费用中。在这点上的处理与一般企业遵循配比要求时所采用的方法一致。

6.2.4.4　收益性支出与资本性支出的划分

与传统会计一样，碳会计支出业务按其影响的期限可分为收益性支出和资本性支出。我们通常以一项支出的受益期长短来划分收益性支出和资本性支出。具体而言，如果一项业务的支出金额很小，未来收益不多并很难合理衡量，这时我们往往就把此支出列为收益性支出，否则归为资本性支出。一般来说，在碳会计核算体系中，营利性会计主体的业务支出按其目标可分为三部分：第一，低碳管理费用支出；第二，日常研发维护使用各项低碳技术及购买碳排放配额的支出；第三，购置减排设备及低碳无形资产等的支出。其中第一部分列为收益性支出，只对当期收益产生影响。第二部分则要区分两种情形进行判断分类。第一种情形是碳排放权会计中所发生的一切支出，一般将其列为当期费用进行净损益的结算。第二种情形就是碳排放会计中所发生的费用，要根据是否达到预定的节能减排目标来进行分类。如果是在节能减排目标达成前发生的费用，则这种开支明显是为未来发挥效用而发生的支出，应归为非流动性资产，即归为资本化支出。节能减排目标达成后发生的费用，则根据重要性原则，对这部分的支出的处理不再递延到以后各期，则将其作为本期费用处理，即划为收益性支出。第三部分的处理方法与传统会计一样，划为资本性支出，然后逐期摊入成本费用，再在碳排放权会计和碳排放会计间进行分摊。

6.2.5　碳会计核算的要素

业界有关碳会计要素的划分意见不一。此处认为，可将碳会计核算范围内的所有内容作一个大的要素分类，与传统会计一样，也可归类为碳资产、碳负债、碳权益、碳收益、碳成本及碳利润。其中，碳会计的静态等式为：碳资产 = 碳负债 + 碳权益，但此处的三要素除了要考虑碳排放权会计的核算内容外，还需考虑实物计量的碳排放会计。碳会计的动态等式为：碳负债 = 碳资产 - 碳权益 - （碳收益 - 碳成本），此处的碳负债通过差值公式倒推出其金额大小。

6.2.5.1　碳资产

沿袭传统会计对资产的定义方法，碳资产是指由企业过去的交易或事项形成的，所有低碳经济领域内可能适合储存、流通或价值转化的由企业拥有或控制的，预期会给企业带来经济利益的资源。这类资源主要包括碳排放权和碳固资源。碳资产作为一种特殊资源，不但是企业生产的一项重要投入，也是企业碳交易项目中占主体地位的有价商品，符合碳资产要素的定义及确认标准，并能合理地进行可靠计量或估算。

碳资产具有以下特征：第一，效用的可利用性。碳资产在可预见的将来能持续带来价值，不会因为某些不确定性因素的影响而消失，能根据所得到的证据评估其实现的有关效用。第二，碳资产的稀缺性。效用是价值的源泉，价值取决于效用和其稀缺性。据前述可知，效用决定价值的内容，稀缺性决定价值的大小。环境资源具有效用，企业向大气中排放二氧化碳的权利是一种稀缺资源。该资源预期会给企业带来经济利益，所以碳排放权应该作为一项资产进行确认、计量和报告。第三，计量的可靠性。当会计核算资料能如实反映会计信息，并作为信息使用者提供决策依据时，该会计资料的计量就具有了可靠性。当然，由于会计计量方法和反映技术的局限性及碳排放权的复杂性，往往反映的事实可能具有模糊性的特点，但这并不影响计量的可靠性。第四，核算对象的归属性。从某种意义上看，碳会计只能对本会计主体内的碳排放权及碳固资源进行确认。例如，很多企业共用一片森林，因为任一企业都不拥有其所有权或控制权而不能将其确认为该企业的碳资产。综上所述，碳资产的确认必须满足碳资产要素的定义、确认标准及相关属性，并能合理地进行可靠的计量或估算。在碳会计核算体系中，有关碳资产的计量需根据具体情况区别对待。根据形态可设计的碳资产相关账户有"碳排放权""生物资产""碳固定资产""碳无形资产"等，分别用来核算碳排放权、企业的树木和绿化带、企业自行研发的碳减排设备、企业自行研发或通过CDM项目的技术转让等内容，其中碳排放权总账科目下还可设计以下明细科目："配额""国家核证自愿减排量""交易碳排放权"。

由上述分析可知，碳资产内涵丰富，不仅包括今天的资产，也有未来的资产；不仅包括 CDM 资产，也包括在碳交易中获得的无形的社会附加值。例如，企业采用节能减排技术减少了碳排放，并成功申请到 CDM 项目所带来的效用都可确认为碳资产。总之，碳资产的出现给将实现节能减排目标的企业带来了前所未有的挑战和机遇，现代会计理论不得不重新审视这种看不见、摸不着的新型资产的价值，加强碳资产管理是落实"十三五"规划纲要中温室气体减排目标和完善建立碳交易平台的坚实基础。

6.2.5.2　碳负债

碳会计是会计的一个新兴分支，所以对碳负债的释义也不能违背财务会计的概念框架。因此，碳负债也是因过去的碳排放活动而形成的现时义务，履行该义务预期会导致经济利益流出企业，具体包括碳排放活动中所取得的长短期借款、应付职工薪酬及涉及碳活动的各种应付款项。

一项现时义务确认为碳负债，需要在符合碳负债的定义的同时，满足以下三个条件：其一，与该义务有关的经济利益很可能流出企业；其二，企业实现低碳减排直接导致企业碳负债的形成；其三，能够可靠计量未来经济利益的流出。

根据传统会计中负债的定义，可以认为"碳负债"是指企业未参加实施节能减排项目或实施效果不理想，而导致碳排放量高于相关部分规定的基准线而形成的现时义务，履行该义务很可能会导致经济利益流出企业。其主要内容包括企业为进行低碳生产而发生的长短期借款、应付环保费、应付资源税、应付碳税、企业由于碳排放问题而应交未交的罚款以及为购买碳排放权而产生的支付义务等。所以要计量碳负债时，首先要明确企业碳排放量的测算方法，并通过设置"应付碳排放权"等碳负债科目，进行碳负债的初始确认和计量。

在碳负债关系中，债权人主体不单一，因为环境是全人类的，只是国家在行使管理权。如果企业从其他市场主体购买碳排放量，市场主体就成了债权主体。当然企业也可自行研发新能源或低碳技术来减少碳负债。如果企业不采取任何措施，这时国家成了债权主体，将对超排企业进行惩罚，当然这种惩罚成本一定要高于其购买成本或自行研制成本。低碳新技术、替代能源的开发、市场供求关系及低碳经济政策等都会影响到碳负债的风险和不确定性，因此，碳负债计量属性的选择可适度采用公允价值进行计量。

6.2.5.3 碳权益

碳权益，类似于所有者权益的概念，是指企业获得碳排放许可额度的权利，从数额上它等于碳资产减去碳负债。碳权益代表企业所拥有的单位碳排放许可额度净值，碳收益增加碳权益，碳费用减少碳权益，碳收入超过碳费用的净值直接增加碳权益，反映企业碳排放权益的增加。

6.2.5.4 碳收益

碳收益是指在一定时期内因各种交易或事项而产生的各种利益流入。它主要来自三方面：一是政府因无偿分配排放额度而得到的补偿收入；二是因让渡碳资产使用权等日常活动而取得的其他业务收入；三是与企业日常碳活动无关的偶发事项所发生的损失或收益、投资净收益及各种补贴收入等。与传统会计中的收入不同的是碳收益的产生需要一个缓慢而持续的过程，它的实现不一定会伴随着碳资产的减少，有时甚至会伴随着碳资产的增加而产生。但碳收益的实现应假定在某一时点上（如实际收到补偿款时），这样其收益的实现与传统会计收入的实现就可以统一起来。

6.2.5.5 碳成本

据相关文献所给的权威定义：碳成本是本着对大气环境负责的原则，为管理企业活动对大气环境造成的影响而采取或被要求采取措施的成本，以及企业为执行碳排放目标和要求所付出的其他成本。碳成本表示为在其持续发展过程中各种交易或事项所导致的经济利益的流出，该种流出具体可进行两种情况的处理：满足资本化条件的则形成某一项碳成本；满足费用化的则直接计入当期损益中，形成一项碳收益。碳成本内容具体包括碳捕获及储存的成本、碳解锁的成本和获取碳排放权的成本等。在我国碳锁定的现实下，企业进行碳捕获及储存必然产生大量成本，碳解锁过程中需要技术创新，伴随大量低碳技术的应用，需要碳成本支出；同时，基于CDM获取碳排放权，在CDM项目完成的每一步骤上都需要大量的成本，以上这些都可归为碳成本核算内容，并建立成本与收益配比，将碳解锁过程中的外部成本内部化，压缩碳排放企业的利润空间。具体而言，碳成本主要包括补偿费、设备购置费、折旧费、摊销费及应交碳税等。那么，结合上述碳成本核算项目，到底如何降低碳成本呢？可通过围绕碳排放权，大力降低全产品生命周期价值链上每一个环节的碳排放量。例如，在研发环节上，更新环保设备，研发、引入低碳技术，从而将结余的碳排放权出售以获取碳收益，相应地降低了碳成本。在产品生产环节充分利用低碳资源，将废弃产品转为新兴产业的产品原料，循环利用废弃物，减少碳排放量，降低碳成本。另外，充分利用碳税等税收优惠政策，加强对节能减排的扶植力度，达到直接降低碳成本的目的。

6.2.5.6 碳利润

碳利润是指一定期间内企业在有关碳活动的交易或事项中的总成果，包括碳收益减去碳成本和碳税后的余额。它可用来衡量企业在低碳减排中所取得的效果，与一般企业利润的含义一样，是其进行低碳减排活动所引起的净资产的增加。

6.3　碳会计的业务处理

6.3.1　有关碳会计的确认与计量

碳会计的确认与计量是碳会计核算中的最基础工作。只有对碳会计活动予以合理的确认与计量，才能相应地进行信息的加工和披露。

6.3.1.1　关于碳会计确认与计量的可靠性特征

会计确认与计量是会计核算体系的重要基础。会计确认与计量有四项一般标准，其中可靠性和相关性是两个最基本的特征。与碳排放交易相关的信息生成无疑是很有价值的，其相关性是毋庸置疑的。因此，在确认与计量碳交易事项或业务中所产生的碳影响时，能最大限度地约束其主观因素的话，那么碳会计的确认与计量的可靠性特征将保持在一个可以接受的水平。美国财务会计准则委员会第5号《财务会计概念公告》最早对可靠性进行定义，并提出了可靠性的三个部分：反映的真实性、可验证性和中立性。与国际会计准则中对可靠性的定义相比，这个定义强调了两点：一是可靠的信息必须是值得信息使用者信赖的；二是可靠的信息必须是可以验证的。真实性是可靠性的一个内容，但并不等同于可靠性。真实性强调会计信息应与实际相符，应具有客观性。而可靠性不但强调会计信息的客观真实性，而且强调会计信息的主观可信性。具有可靠性的信息必然是真实的，但仅仅具有真实性的信息不一定具有可靠性。会计信息要可靠，就必须是中立的，也就是不带偏向的。如果会计信息通过选取会计信息可靠性相关书籍和列报资料去影响决策和判断，以求达到预定的效果或结果，那它们就不是中立的。某些会计信息即使具有了真实性和可验证性，如果不具有中立性，仍然不值得信息使用者信赖。

作为现代会计的一个分支体系，碳会计的确认与计量也应真实、中立和可验证。例如，在碳足迹评估时，采用合理的确认与计量手段，建立配套的保证机制，经过有关第三方评估机构的科学评估并出具权威的计量报告，才能将碳排放价值纳入会计信息系统予以账务处理，从而充分保证确认与计量时的合理性、中立性和相对科学性。

6.3.1.2 有关碳会计确认与计量的一般分析

目前，有关碳会计的确认与计量还未有一个统一的标准，相关文献也主要集中在碳排放权的会计问题上进行规范。国外研究者们都集中研究了碳排放权，认为应将碳排放权确认为资产，但具体应确认为哪类资产，观点就不一致了，有以下几种观点：有的认为可归类为存货，有的认为可确认为期权，也有认为可确认为无形资产，还有认为可确认为交易性金融资产。另外，有关政府免费发放的碳排放权的确认也有不同选择，有学者提出采用净额法只确认购买的碳排放权，对免费发放的不予确认。但是，国际会计准则理事会在2004年发布的 IFRIC 3《排污权解释公告》却是用总额法的观点。据统计，国外约有60%的样本公司在实务中采用了净额法，只有5%的样本公司采用了总额法。我国学者对碳排放权的研究观点也有上述情况出现，将碳排放权确认为资产已无争议，但应归属于哪类资产却一直存在争议，只是2016年10月我国财政部发布的《关于征求〈碳排放权交易试点有关会计处理暂行规定（征求意见稿）〉意见的函》规定，从政府无偿分配取得的碳排放权，不予确认为资产，只确认购买的碳排放权为资产，并直接设置"碳排放权"一级科目。然而，对于碳会计计量问题，国内外学者们基本都认可了碳排放权的计量模式，即以货币计量为主、实物计量为辅的计量尺度，历史成本与公允价值共存的计量属性。

（1）有关碳会计确认的一般分析。会计确认是指会计人员按一定的标准，将具体业务或事项确定何时以何种方式纳入会计信息系统的一项基础性会计工作。要正确理解碳会计确认，需要把握以下两个要点。

①会计确认实质是一项会计业务的认定工作。简而言之，就是"如何确认和何时确认"两个问题，具体来说有企业经济或非经济事项是否属于考察对象、企业事项纳入会计信息系统的时间、企业事项应归入何种会计要素中去这三个基本要素。

②碳交易活动如何划分。2018年，我国已启动统一的碳交易市场，将碳交易活动划分成无偿取得的碳排放配额、出售取得的免费排放配额、出售国家核证自愿减排量或节约的配额、购买碳排放权用于投资这四类情况。第一种属于政策给定的免费配额，不做账务处理，但后面三种情况都可通过全生命周期进行碳足迹评估，获得碳交易活动中产生的实际碳排放量，当实际碳排放量超过碳排放配额时，将超过碳排放配额的部分予以确认进入会计信息系统。

（2）有关碳会计计量的一般分析。简而言之，计量即量化。会计计量是指将已经确认过的业务或事项的有关数据进行计算、估计、分配、摊销或归集等各种加工处理过程，使之量化进入会计信息系统。因此，加工处理结果会受到量化的方法和步骤的可靠性影响。计量包括计量属性和计量单位两个方面，在碳会计计量过程中需要明确以下几点。

①碳会计的计量单位是以货币计量为主。企业大部分业务或事项是可以货币计量的，但其中有些碳交易活动无法直接予以货币化，需要适当使用实物、技术等计量形式（具体转换方法将在本章有关碳核算内容中进行详细阐述）并将其转化成价值信息融入财务状况和经营成果之中，从而为信息使用者提供全面有用的决策信息。

②在采用货币计量时，其计量属性也是呈现多样化的。会计计量属性主要有历史成本、重置成本、公允价值、可变现净值、未来现金流量等，现行会计的计量模式主要是以历史成本为主，同时采用多种计量属性，但对于碳会计的会计计量，要特别注意对计量属性的选择。由于碳活动中既有有形劳务或服务，也有无形的，主要采用历史成本和公允价值两种计量属性。我国资本市场较为活跃，具备了公允价值计量属性的条件，但是，我国碳交易市场尚未成熟，因此，在选择公允价值计量模式时必须谨慎，严格遵守配比原则。本教材认为，考虑到碳会计的特殊性，对于将要论述的碳固定资产按已有固定资产准则处理，并使用历史成本计量；碳无形资产则按无形资产准则处理，使用年限可以估计的采用历史成本，否则采用公允价值，不核算每年的摊销额；生物资产按《企业会计准则第5号——生物资产》准则处理；碳排放权的处理则可以按排放权交易市场中的公允价值进行处理。

6.3.2 碳会计的业务处理

我们知道，一个完整的会计信息系统首先必有数据输入。碳会计信息系统也一样，通过碳会计科目的特定设置、要素的确认与计量，然后进行碳会计业务的具体处理和披露才能构成碳会计数据的输入来源。有关碳会计业务的具体处理需遵循其基本原则，对碳会计业务进行以下几种情况的分类和处理。

企业经济业务大都交叉杂糅在一起，碳排放业务一般都与企业经济活动融合在一起。因此，碳会计业务处理的难点在于如何处理这些交叉的业务。本教材认为，分三种情况进行处理：第一，单一的碳经济业务就按碳会计的确认、计量和记录方法单独处理。第二，难以分辨何种性质的经济业务，其确认、计量和记录按常规业务进行处理，但需通过设置明细分类账进行分类反映，并予以报表附注详细披露。例如，在节能减排措施中，低碳设备的更新改造所发生的成本并不单独确认，而是确认为固定资产或无形资产或当期费用。第三，对于完全融合在一起的经济业务若取得了可供出售的碳排放权，则应将该碳排放权进行碳会计的确认、计量和记录。这是碳会计进行具体业务设计所应遵循的基本原则。

前面已述及，碳会计核算是碳会计制度的重要基础。碳会计核算的有关碳活动的经济业务主要考虑两部分：一是碳排放业务（重点在于碳足迹核算）；二是碳排放权业务（包括碳排放权交易业务）。那么下面将针对这两部分业务的处理进行具体阐述和设计。

6.3.2.1 碳排放业务的处理

究其实质，碳排放业务的会计处理最终要转化为经济属性的确认与计量，即将碳排放量转化为碳货币的过程，当然，这就离不开碳排放量业务的具体计量。

企业碳排放途径有直接排放和间接排放两种，其中直接排放是指因能源和运输燃料的使用而产生的温室气体排放，而从原材料取得到废弃物处置的整个产品生命周期所产生的温室气体属于间接排放。那么，碳排放业务的会计处理实质就是要进行碳足迹的测算、记录和核算，将碳排放量定义为碳货币，碳排放量的确认转化为碳货币的核算。碳货币是一个中转计量单位，可保证计量属性的一致性。这部分业务属于一个技术的会计处理过程，可配备单独的机构或聘请外部的专业人员来完成这部分业务的确认工作。在确认过程中所发生的相关费用可通过设置单独的明细账户支出确认为碳成本。

（1）碳排放量的测算。碳排放量是指按国家规定的碳排放系数对企业生产经营活动计算出来的排放量。美国能源部给出了国际碳排放系数，如表 6-1 所示。

表 6-1　　　　　国际碳排放系数　　　　单位：万吨/万亿英热

燃料类型	排放率
煤炭	25.33
原油	20.98
天然气	14.54
汽油	19.42
柴油	19.97
喷气式飞机用燃料	19.46
合成天然气	20.00

遵循环境保护或其授权部门所制定的标准，根据其规定的程序与方法对各类碳库（carbon pool）中的碳活动水平和排放因子进行具体的监测与计算，得出含碳资源的利用率，具体换算如下：1 吨碳经过充分燃烧能产生约 3.67 吨二氧化碳，碳的分子量为 12，二氧化碳的分子量为 44.44/12 = 3.67。因此，碳排放量（Q）= E × A × R × 3.67。

其中，Q 表示碳排放量（t）；E 表示能源消费总量（MJ）；A 表示单位能源含碳量（t - C/MJ）；R 表示氧化率。

其他气体与二氧化碳间的换算关系是：1 吨甲烷（CH_4）= 3.67 吨二氧化碳（CO_2）；1 吨四氟化碳（PFC_4）= 6.5 吨二氧化碳（CO_2）；1 吨全氟化碳

（PFC$_S$）=9.2 吨二氧化碳（CO$_2$）。

（2）全生命周期法的碳足迹评估。按照市场上以单位碳的价格将其转换为货币计量。进行全生命周期法的碳足迹评估是碳排放量计量的主要方法。具体的计量原理是根据核算原则，首先找到合适的测算方法与计算工具，确定核算对象、范围及内容，识别碳排放源，编制温室气体排放清单，并计量整个生命周期直接和间接的二氧化碳排放，确定好核算结果，从而了解碳排放的基本情况，实施好清单质量管理体系，以实现碳减排，并增进顾客和股东对相关信息的了解。

具体而言，碳排放的核算对象是市场参与主体，通常有组织（企业）、项目、产品或服务等多个不同主体，核算范围的实质是确认哪些温室气体、哪类排放源是需要承担碳成本的，其核算方法是量化排放的标尺。鉴于组织（企业）是碳排放的基本单元，在总量控制机制中，需借鉴已有的企业层面的温室气体核算标准。企业的碳排放源主要有上面已提及的直接排放和间接排放两大类，其核算原则主要体现在核算范围的完整性上，两大类排放源属于碳排放的核算范围。

在上述有关碳足迹评估的程序中，编制企业温室气体排放清单是必不可少的最基础的工作，是低碳发展的第一步。通过计算企业所有业务范围内的各部分的温室气体排放，并做成一个清单提供给企业，可为企业低碳管理提供数据和参考。在国外，编制温室气体排放清单和财务报表一样重要，备受管理高层重视。

（3）火电厂企业碳足迹全生命周期法的核算流程。目前，碳足迹核算方法及标准主要参考 ISO14064 标准和温室气体核查议定书（GHG protocol）。前者由国际标准化组织发布，包含了一套 GHG 计算和验证准则，对国际上最佳的 GHG 资料和数据管理、汇报及验证模式进行了规定。温室气体核查议定书是一个国际认可的 GHG 排放核查工具，由世界可持续发展工商理事会与世界资源研究所发起，旨在协调各方利益相关者。在此，以 ISO14064 标准和温室气体核查议定书为基础，采用全生命周期评价的相关理论，结合火电厂企业的工艺流程，尝试构建火电厂企业碳足迹全生命周期法的核算流程，具体包括了核算原则、核算内容、核算结果及清单质量管理，旨在提供火电厂企业在全生命周期中二氧化碳排放情况，有助于二氧化碳排放清单的编制。

①两条核算原则。第一，完备性原则。核算必须考虑火电厂企业全生命周期内的整个供应链上的碳足迹，既不能遗漏也不能重复计算。用绝对排放量和单位排放量指标全面报告二氧化碳排放情况。绩效指标的设置要公正、科学和合理。第二，可操作性原则。二氧化碳排放的计算数据和相关排放因子可以获得和计算。

②核算内容。核算内容即指排放源类型，区分排放源有直接排放和间接排放两种。火电厂企业的直接排放源来自锅炉中的原煤燃烧和脱硫系统的脱硫过程。间接排放源包括原料生产与运输及废弃物处置与运输中的能源消耗。

③核算结果。在这一流程中，包括识别全生命周期的排放源并量化排放量。这是最基础和核心的环节，从上述核算内容来看，直接排放源考虑锅炉中的原煤燃烧和脱硫系统的脱硫置换。原煤燃烧产生的二氧化碳排放量取决于煤粉消耗量

和排放因子，其中煤粉消耗量受到生产设备、装机容量、煤质含碳量等因素的影响，而煤的净热值和氧化率影响其排放因子。在尾气净化的脱硫过程中所产生的二氧化碳受年耗煤量、煤炭含硫量、脱硫工艺和脱硫率等因素的影响。另外，二氧化碳的间接排放主要有原料、燃料生产与运输及废弃物处理产生的二氧化碳，在原料、燃料的生产和运输中，要根据火电厂原料、燃煤运输工具的运输能耗、排放系数及运输距离来计算碳排放。脱硫系统的尾气处理中二氧化碳排放较易量化，但在运输处置灰渣、废水时，这部分的碳排放很难量化，需要进一步的研究。

④清单质量管理。这一部分离不开清单质量管理的实施和不确定性分析及处理。其中，清单质量管理的具体步骤有清单质量团队的建立、质量管理计划开发、总体质量检查、特定来源质量检查、最终清单估算和报告的审查、反馈途径制度化以及建立报告、文件编制和归档程序七个方面。火电厂企业不确定的参数来源主要是燃煤的消耗量、低热值及排放因子，使这些不确定性最小的方法则是反复确认上述参数变化值。

在我国碳足迹评估刚起步，相应的碳排放机制仍需完善，数据资料都要完备。火电厂企业应承担更多应对气候变化的责任，将碳足迹评估纳入企业的战略决策。由于全生命周期法评估企业碳足迹，是一个能量开放的系统，核算内容较为复杂，因此需要将企业进行试点研究，设计符合现有条件和基础上的排放系数，更大程度地减少评估误差和不确定性，实现碳排放会计的确认与计量的相对准确和科学。

6.3.2.2 碳排放权的账务处理

碳排放权作为一种特殊的有价商品，不仅是企业的一项重要资产，也是碳会计核算中要处理的主要业务。碳排放权有不同的类型，可分为"配额"和"经核证后的减排量"两种。但由于我国目前主要实行的机制是 CDM 项目，而且有规定，可使用一定数量的中国核证自愿减排量（Chinese certified emission reduction，CCER）抵销的碳排放量不得超过年度碳排放量的 10%，因此暂不考虑 CCER。仅考虑处于强制减排市场环境中的碳排放权业务，主要有两种类型：一是配额的获取；二是碳排放权的交易。相应地，其会计处理也应分为两种情况进行。

（1）配额。我国于 2011 年启动碳排放权交易试点工作，批准了七个试点地区，并分别制定了相应的碳排放权交易管理规定，建立了碳排放权交易市场。目前我国有关碳排放权交易的两部法律效力最高的行政法规分别是国家发改委先后于 2012 年 6 月制定的《温室气体自愿减排交易管理暂行办法》和 2014 年 12 月制定的《碳排放权交易管理暂行办法》。在这些法规中，配额被定义为一种温室气体排放单位，即在总量控制的前提下，免费或有偿分配给排放单位一定时期内的碳排放额度，换算原则为 1 单位配额等于 1 吨二氧化碳当量，即代表一个固定数量的碳排放权，应确认为企业的一项资产，设为一级科目"碳排放权"，明细科目为"配额"。

（2）碳排放权的交易。在获取配额后，会有实际碳排放量可能超过或节余的情况出现，所以进行碳排放权交易是下一步很可能会发生的碳经济活动。那么，到底如何处理企业从政府免费获取和到期履约注销配额，或为了博取差价、以交易为目的而有偿取得配额，这是本部分碳会计核算体系设计中最为关键的部分。

首先，考虑从政府免费获取配额的会计处理。在这里要理解免费获取配额的内涵。从碳市场发展历程来看，政府免费发放配额应是暂时的，是一种过渡性机制，是政府暂时给企业发放的环境补助，以减轻企业承担的环境成本，暂时由政府买单。因此，政府在整个碳排放过程中仅扮演政策制定和监管的角色，并没有向企业直接转移经济资源，只是创造了市场化的方式引导企业节能减排，从这个角度来理解，碳排放权配额超额和节余的设计只是实施了对超额碳排放或减排的一种惩罚和奖励。通常情况下，企业碳排放只要在限额内，不需要获取任何权利和支付任何成本，因此不存在有经济利益的流出，不符合负债确认条件。其次，如果将免费发放的配额确认为资产和负债，会导致企业资产和负债的虚增，原因在于节能减排企业结余配额用于出售，其经济实质是政府通过市场机制对其减排支出所作的一种补偿，确认补偿的时点应是减排成效实现了并成功转让了配额，而不是无偿取得配额的时点，也不是配额抵销后节余的时点。因此，在我国现有条件下，规定对企业从政府免费获取配额时暂不予账务处理，仅考虑企业到期履约再出售结余配额或购买配额补齐差额进行确认，以及以交易为目的、有偿获取配额的会计处理问题。本教材将按以下四种情况来进行会计处理。

第一种情况，企业实际碳排放量超过配额需要从市场进行购买。具体处理如下：第一步，碳排放行为实际发生时。以公允价值来计量超排的碳排放权，借记"制造费用""管理费用"等科目，贷记"应付碳排放权"科目。第二步，资产负债表日的计价。需根据碳排放权公允价值的变动对"应付碳排放权"的账面价值进行调整。如果超额排放对应的公允价值大于其账面价值，则将其差额借记"公允价值变动损益"科目，贷记"应付碳排放权"科目。否则将作相反的会计分录处理。第三步，实际购买配额时。即从碳交易市场购买碳排放权，以弥补其超额排放的部分，则需按照购买时实际支付的价税借记"碳排放权"科目，贷记"库存现金"或"银行存款"等科目。持有期间会计期末仍需根据碳排放权的公允价值调整"碳排放权"的账面价值，分两种情况处理：如果公允价值大于其账面价值，则将其差额记入"碳排放权"科目，贷记"公允价值变动损益"科目。否则将作相反的会计分录处理。第四步，履约交付配额时。实际履约以弥补其超排缺口时，则按应付碳排放权的账面价值，借记"应付碳排放权"科目，贷记"碳排放权"科目，如有差额，借记或贷记"公允价值变动损益"科目。

第二种情况，在企业暂未有碳排放量时，先将所获取配额在碳交易市场进行全部或部分出售。这种情况先要按出售时实收或应收价款扣除相关税费进行会计处理。首先要借记"银行存款"或"应收账款"科目，贷记"应付碳排放权"科目。然后再分以下业务处理：若当期累计碳排放量超过出售后所余碳排放权配额时，应在实际排放业务发生时，按已出售或超额部分的公允价值入账处理，并借记"制造费用"或"管理费用"等科目，贷记"应付碳排放权"科目，期末调整"应付碳排放权"公允价值与账面价值的差额，当前者大于后者时，借记"公允价值变动损益"科目，贷记"应付碳排放权"科目，否则作相反会计分录处理。排放业务发生后，需要购买碳排放权（包括购买原已全部或部分出售的以及后面超额排放的）来补齐差额，按支付价款借记"碳排放权"或"应付碳排放权"科目，贷记"银行存款"科目。实际履约支付碳排放权时，按应付碳排放权的账面价值借记"应付碳排放权"，按碳排放权账面价值贷记"碳排放权"科目，如有差额，则借记或贷记"公允价值变动损益"科目。

第三种情况，出售节约的碳排放权配额。在出售时，按实际收到的税后价款入账，借记"银行存款"科目，贷记"投资收益——碳排放权收益"科目。

第四种情况，以短期获利为目的，从碳交易市场专门购入和出售碳排放权用于投资的碳会计核算，具体来说，包括取得碳排放配额的初始计量、资产负债表日计价、出售三环节的会计处理。一是取得碳排放权的初始计量。按实际支付的价款，借记"碳排放权"科目，贷记"银行存款"科目。二是资产负债表日。要调整碳排放权的账面价值与公允价值之间的差额，当公允价值大于其账面价值时，借记"碳排放权"科目，贷记"公允价值变动损益"科目，否则做相反的会计分录处理。三是出售碳排放权的会计处理。如果出售该碳排放权用于投资，则应按实际收到的税后价款，借记"银行存款"科目，按碳排放权的账面价值，贷记"碳排放权——交易碳排放权"科目，按其差额借记或贷记"投资收益——碳排放权收益"科目。

6.3.2.3 实务探讨

目前，与碳交易配套的碳会计国际、国内会计准则都无明确规定，下面我们用两个案例从碳交易机制初衷展开碳会计探讨，本次探讨不考虑税费问题。

【例6-1】某区域20×9年碳排放总量限额为50 000万吨配额，A、B、C三家企业系该区域的控排企业。1月1日，政府分别向A、B、C企业发放100万吨、50万吨、20万吨免费配额，20×9年全年A、B企业实际消耗配额分别是120万吨（30万吨/季）、40万吨（10万吨/季），C企业由于购买了节能环保设备，上半年实现零排放，6月30日C企业将所获配额全部予以出售，但后半年由于技术故障，实际消耗配额10万吨。12月31日，A企业购买配额20万吨，B企业出售配额10万吨，C企业购买配额10万吨。A企业减排成本为80元/吨，B企业减排成本为20元/吨，C企业减排成本为40元/吨。1月1日、12月31日市场价格分别为30元/吨、45元/吨。

（1）20×9年1月1日，政府分别向A、B、C企业发放100万吨、50万吨、20万吨免费配额时，A、B、C企业均不作账务处理。

（2）20×9年3月31日、6月30日、9月30日，碳排放行为实际发生时的账务处理：以公允价值来计量超排的碳排放权。

A企业账务处理：

$$（300\,000 - 250\,000）\times 30 = 1\,500\,000（元）$$

借：制造费用/管理费用   1 500 000

  贷：应付碳排放权   1 500 000

B企业账务处理：

$$（100\,000 - 125\,000）\times 30 = -750\,000（元）$$

借：应付碳排放权   750 000

  贷：制造费用/管理费用   750 000

C企业账务处理：

①6月30日，C企业将所获配额全部出售：

$$200\,000 \times 30 = 6\,000\,000（元）$$

借：银行存款   6 000 000

  贷：应付碳排放权   6 000 000

②9月30日，C企业碳排放行为实际发生时：

$$50\,000 \times 30 = 1\,500\,000（元）$$

借：制造费用/管理费用   1 500 000

  贷：应付碳排放权   1 500 000

（3）20×9年12月31日，资产负债表日的账务处理：需根据碳排放权公允价值的变动对"应付碳排放权"的账面价值进行调整。

A企业资产负债表日的账务处理：

① $（1\,200\,000 - 1\,000\,000）\times（45 - 30）= 3\,000\,000（元）$

借：公允价值变动损益   3 000 000

  贷：应付碳排放权   3 000 000

②本季度碳排放行为实际发生的账务处理：

借：制造费用/管理费用   1 500 000

  贷：应付碳排放权   1 500 000

③购买配额时的账务处理：

$$200\,000 \times 45 = 9\,000\,000（元）$$

借：碳排放权——配额   9 000 000

  贷：银行存款   9 000 000

④履约交付配额时的账务处理：

借：应付碳排放权   9 000 000

  贷：碳排放权——配额   9 000 000

B企业资产负债表日的账务处理：

① $（400\,000 - 500\,000）\times（45 - 30）= -1\,500\,000（元）$

借：应付碳排放权   1 500 000

  贷：公允价值变动损益   1 500 000

②本季度碳排放行为实际发生的账务处理：

借：应付碳排放权   750 000

  贷：制造费用/管理费用   750 000
③出售节约的配额 10 万吨时的账务处理：
  100 000 × 45 = 4 500 000（元）
借：银行存款   4 500 000
  贷：投资收益——碳排放权收益   4 500 000
C 企业资产负债表日的账务处理：
①100 000 × （45 - 30）= 1 500 000（元）
借：公允价值变动损益   1 500 000
  贷：应付碳排放权   1 500 000
②本季度碳排放行为实际发生的账务处理：
借：制造费用/管理费用   1 500 000
  贷：应付碳排放权   1 500 000
③C 企业购买配额时的账务处理：
  100 000 × 45 = 4 500 000（元）
借：碳排放权——配额   4 500 000
  贷：银行存款   4 500 000

从上述数据不难发现，A 企业以 45 元/吨购买配额，低于其减排成本 80 元/吨，通过碳交易降低碳排放成本 35 元/吨。B 企业以 45 元/吨出售配额，高于其减排成本 20 元/吨，通过碳交易获得收益 25 元/吨。C 企业以 45 元/吨购买配额，低于其减排成本 60 元/吨，通过碳交易降低碳排放成本 15 元/吨。

通过碳交易机制，减排成本高的企业可以降低碳排放成本，减排成本低的企业可以获得碳减排收益，使得控排区域的控排成本效益达到最优，实现成本效益最大化原则。

【例 6 - 2】D 企业是碳重点排放企业，20 × 8 年 3 月 1 日从市场中购入碳排配额 10 万吨用于投资，购入时价格为 30 元/吨。持有到本年末时，碳排放配额价格上涨为 45 元/吨。20 × 9 年 1 月 31 日，碳排放配额价格有下降趋势，D 企业将其全部出售，当日售价为 40 元/吨。

（1）20 × 8 年 3 月 1 日，从市场中购入碳排配额 10 万吨用于投资时的账务处理：
  100 000 × 30 = 3 000 000（元）
借：碳排放权——交易碳排放权   3 000 000
  贷：银行存款   3 000 000
（2）20 × 9 年 12 月 31 日，碳排放配额价格上涨时的账务处理：
  100 000 × （45 - 30）= 1 500 000（元）
借：碳排放权——交易碳排放权   1 500 000
  贷：公允价值变动损益   1 500 000
（3）20 × 9 年 1 月 31 日，D 企业出售碳排放配额：
  100 000 × 40 = 4 000 000（元）

　　借：银行存款　　　　　　　　　　　　　　　　　4 000 000

　　　　碳排放权——碳排放权收益　　　　　　　　　500 000

　　　　贷：碳排放权——交易碳排放权　　　　　　　　　4 500 000

　　借：公允价值变动损益　　　　　　　　　　　　　1 500 000

　　　　贷：碳排放权——碳排放权收益　　　　　　　　　1 500 000

　　最终，D 企业投资于该项资产——碳排放权实际获益：1 000 000 元（20 × 8 期末公允价值增加 1 500 000 元减 20 × 9 期末出售时净损失 500 000 元）。

　　从以上两个实例的会计处理来看，从碳交易机制设计初衷为起点来探讨碳会计实务，包括了以履约和交易为目的持有碳排放权配额等实务的会计处理。碳会计作为碳交易的重要工具，应将碳排放成本真实、完整地反映在会计信息中。投资者从财务报告中获知碳成本，有利于其投资决策；管理者利用会计信息获知各产品的碳排放成本，权衡自行减排与购买配额的利弊，便于其实施经营战略决策。而且，我们不难发现，按照 2016 年 10 月财政部发布的《关于征求〈碳排放权交易试点有关会计处理暂行规定（征求意见稿）〉意见的函》来进行碳排放权的账务处理更加简单易懂，分录数目和篇幅也明显减少。可见，此条规定有其优势所在。

6.4　碳信息披露

　　会计报告是充分披露会计信息的工具。碳会计报告是企业所提供会计信息的最终载体，也就是碳信息的输出。碳信息是企业环境行为、环境工作以及其财务影响的信息，其形式具有多样化：既有定性的信息，也有定量的信息；既有货币信息，也有以实物、技术等指标表示的非货币信息。随着碳交易的展开，企业日益关注碳信息的披露。碳信息的披露不仅体现了企业的环保责任，更体现了企业在温室气体排放行为中承担的风险性及企业的碳风险管理能力。2003 年以来，我国相继出台了一系列政策规定，例如，国家环境保护总局发布了《环境信息公开办法（试行）》、深证证券交易所制定《上市公司社会责任指引》和上海证券交易所制定《上海证券交易所上市公司环境信息披露指引》，以引导和鼓励企业进行碳信息披露。碳信息披露是碳会计核算系统中的一个核心内容，也是碳会计制度数据输入的重要来源。本教材将从碳信息披露的意义、目标、原则、内容、方式等方面阐述其基本框架。

6.4.1　碳信息披露的意义和目标

　　碳交易市场和机制的逐步建立和完善所引致的碳交易中相关资产、负债、收入、费用等要素变化成为会计信息系统中的重要披露内容，包括投资者、债权人、企业管理者、会计师事务所等中介机构、消费者及社会公众等在内的利益相关者越发关注企业的低碳发展、节能减排及需要履行的保护生态环境等社会责任的实际情况。总的来说，碳信息披露成为一项重要的世界性会计管理活动。一方面，碳信息披露可以反映企业发展低碳经济的阶段性成效，为企业低碳减排发展战略和财务战略的实施进行有效的评价；另一方面，碳信息披露为企业外部利益相关者提供碳排放量信息，反映企业履行低碳减排责任的情况，满足政府及监管部门制定低碳发展内政外交政策的要求，不仅为政府、债权人和投资者等提供有关碳交易情况、会计处理及财务状况，还可使企业掌握自身碳排放情况和减排潜力，及时获知碳交易总体收益，并为利益相关者提供决策有用的碳信息，接受各方的监督，树立企业主动承担社会责任的良好形象，为提升企业的核心竞争力服务。因此，碳信息披露对促进低碳经济发展具有重要意义，能更好地提高信息的决策相关性和推动资源的优化配置。

以目标作为框架的逻辑起点是规范研究的重要方法之一。碳信息披露的目标可分为宏观和微观两个层面。从宏观层面来看，我国正处于低碳发展转型的关键时期。2016 年在我国杭州召开的 G20 峰会就是成功实践《巴黎协定》的全新治理模式和新理念的重要标杆，也是继 1997 年《京都议定书》发布后的在全球气候治理领域的又一实质性文件，我们认为，一直处于"萌芽"状态的碳会计将迎来新的发展契机，也将因此推进碳信息披露的发展。碳信息披露将有助于政府及监管部门掌握和监测宏观经济低碳运行走势，制定走低碳发展的国家战略，顺应国际潮流，承担国际责任，合理引导碳资源的配置和分布，有效推进产业结构调整。从微观层面来理解，碳信息披露有助于利益相关者识别碳风险，甄别好项目，降低碳管制和经营风险，制定低碳战略，提高投融资效率和资源配置效率，拓展业务范围，提高企业低碳竞争力，从而为投资者和消费者等提供决策有用的信息。

6.4.2　碳信息披露的原则和内容

6.4.2.1　碳信息披露的原则

具体而言，碳信息披露是传统会计信息披露在低碳经济背景下提出的新要求。在对碳信息进行披露时，应遵循以下原则。

(1) 可靠性原则。企业碳信息不仅要在形式上规范，内容上也必须可靠。其中内容可靠是指在企业披露出的碳排放及碳排放权交易等信息、货币信息、碳绩效信息等都是明确的，能客观、真实地反映企业进行碳排放和碳排放权交易时的会计确认、计量和记录等具体处理方式，以及低碳减排措施中所做出的碳绩效水平和贡献。形式规范则是应遵循重要性原则，对于重要的碳交易或事项及其产生的财务影响进行详细披露，披露的碳信息应清晰明了，便于利益相关者理解和使用。

(2) 可比性原则。碳会计信息系统中要有统一的碳核算标准，将各种气体和影响变成量化的碳标准，从而比较碳排放的成本和所取得的成效，使碳信息需求方和供给方能有效互动。

(3) 全面性原则。该原则要求清晰明确地披露出碳排放及碳排放权交易等碳活动的具体运行情况，不仅要全面处理碳会计业务，还要准确核算所有碳交易的成果，不能有碳信息披露的任何遗漏和虚假行为，充分真实地披露碳交易项目的确认、计量属性及计量方法等，以满足碳信息使用者对决策有用碳信息的需求。

6.4.2.2 碳信息披露的内容

在遵循碳信息披露原则的基础上，有关碳信息披露的内容因目标导向不同而导致各自的侧重点也各有不同。

综合有关气候治理的国际组织及国内学界对碳信息披露内容的相关研究发现，碳信息的披露不仅包括了关于风险、机遇及温室效应气体管理的气候变化项目能带来的各种内部收益，也将气候变化的长期价值和成本纳入企业的财务健康评估及未来的展望中。具体可归纳如下。

（1）在气候风险披露倡议中，重点披露碳排放量总体状况、与碳排放有关的风险分析、气候风险与碳排放管理的战略分析、碳排放法规的潜在影响及企业碳成本的估计数据等。

（2）气候披露准则理事会则提出应披露气候变化的各种风险及战略分析以及碳排放报告期内和组织边界内的碳排放量信息。

（3）在全球报告倡议组织制定的《可持续发展报告指南》（2014）中披露了企业概况及经营管理战略和管理方针，重点披露了企业经济、社会和环境三方面的绩效指标以及直接或间接的碳排放总量、减排措施及成效。

（4）由国际上专门机构投资者发起成立的国际性合作项目——碳披露项目中规定应披露与气候变化有关的机遇风险及应对战略以及温室气体排放管理及排放量核算。

（5）普华永道会计公司在提交的全球第一份碳信息披露中规范了如下所披露的项目：企业提供碳信息报告的目的、有关年气候治理的战略目标与措施、碳活动对企业财务及经营的影响、碳减排的绩效、企业碳排放报表及附注、碳排放报告政策及各业务区域碳排放量资料、第三方鉴证报告等。

（6）国内学界认为，碳信息披露内容丰富，既有政府、社会公众及消费者所关注的企业碳排放量及碳交易、碳减排措施与绩效等方面的信息，也有企业内部管理者、投资者、债权人及第三方独立审计机构所需要的企业碳风险的种类、应对碳风险的战略措施、企业碳排放量及交易状况、碳减排成本及绩效、碳交易损益及碳信息的审计鉴证等。我国财政部于 2016 年 10 月发布的《关于征求〈碳排放权交易试点有关会计处理暂行规定（征求意见稿）〉意见的函》中规定了重点排放企业应当披露与碳排放相关的信息，与碳排放权交易会计处理相关的会计政策、碳排放权持有及变动情况、碳排放权公允价值的获取渠道及财务影响。

6.4.3 碳信息披露的三种方式

碳信息的充分披露可衡量我国企业应对气候变化的最新进展，对开展碳衡量与管理能提供有价值的参考和借鉴。我国碳信息披露刚起步,没有强制规定,还存在很大的主观性。因此,根据我国现有条件和环境,可设计以下三类披露的工具和方式:①在现有的财务报表框架内补充披露,即补充报告模式(见图6-2);②在现有的财务报告框架内单独建表披露(见图6-3);③在企业环境报告中予以披露。前面两种属于表内披露,第三种披露方式则属于表外披露。下面就表内披露和表外披露两种方式进行具体分类阐述。

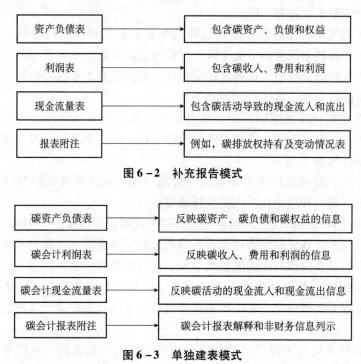

图 6-2　补充报告模式

图 6-3　单独建表模式

6.4.3.1　表内披露方式

根据上述可知,表内披露方式可分为两种情况:补充报告模式和单独建表模式。

(1)补充报告模式。补充报告模式是指在现有的财务报表框架内增加有关碳信息的披露,即在保留原有财务报表项目的基础上增列碳会计项目、加入碳会计的有关核算资料,再辅之以报表附注、文字说明等,揭示企业基本的碳会计信息。补充报告模式可以起到弥补现行财务报告中碳信息披露不足的作用。

在会计期末财务报表列报中,碳排放量和碳排放权及交易引起的资产、负债、损益的变化结果在"碳排放权""应付碳排放权""制造费用""管理费用""投资收益""公允价值变动损益"等相关项目中列示,不需要改变财务报表的列报项目,即在原有披露内容基础上增加有关碳信息的披露内容。例如,应在"存货"项目和"一年内到期的非流动资产"项目之间增加"碳排放权"项目,在"应付账款"项目和"预收账款"项目之间单独设置"应付碳排放权"项目。

具体如表 6 - 2 和表 6 - 3 所示。

表 6 - 2 　　　　　　　　　　　　　　资产负债表

资产	负债和所有者权益
	负债
货币资金	短期借款
……	长期借款
存货	应付债券
碳排放权	……
其中：排放配额	应付账款
国家核证自愿减排量	应付碳排放权
购入的碳排放权	预收账款
交易碳排放权	负债合计
一年内到期的非流动资产	所有者权益
……	实收资本
……	其中：碳排放权投资
……	资本公积
……	盈余公积
……	未分配利润
……	所有者权益合计
资产合计	负债和所有者权益合计

表 6 - 3 　　　　　　　　　　　　　　利润表

项目	本期金额	上期金额
一、营业收入		
其中：出售碳排放权所得收入		
减：营业成本		
其中：购入碳排放权所用成本		
加：公允价值变动收益（损失以 " - " 号填列）		
其中：碳排放权		
应付碳排放权		
投资收益（损失以 " - " 号填列）		
其中：碳排放收益		
二、营业利润（亏损以 " - " 号填列）		
加：营业外收入		
减：营业外支出		
三、利润总额（亏损以 " - " 号填列）		
减：所得税费用		
四、净利润（亏损以 " - " 号填列）		
五、其他综合收益的税后净额		
六、综合收益总额		
七、每股收益		
（一）基本每股收益		
（二）稀释每股收益		

如果需要编制现金流量表，则可在表中增加项目反映有关碳排放及碳排放权交易的相关信息。对于列作当期收益的碳排放权收入和成本可在由营业活动导致的现金流量部分中增设两个项目反映，对于列作流动资产的购买碳排放权的成本可以在由投资活动导致的现金流量中增设一个项目反映。如果碳排放权交易所产生的收益金额较大，则可以单独设置"由碳收益导致的现金流量"予以全面反映。

　　另外，应编制财务报表附注，一般包括三方面的内容：第一，编制基础。在报告中应披露企业基本情况、报表编制基础以及申明所依据的会计准则、会计政策、会计估计等。特别地，因为是在原有的财务报表上增列会计项目，所以计量单位应与传统财务会计相统一，采用货币单位"元"计量。第二，环保责任履行情况。报告可以通过文字描述和数据指标形式对企业环保责任的履行情况进行披露。例如，对环境法律法规执行情况、企业环境质量情况、新型低碳资源利用状况、污染物排放数量、企业对环保做出的环保承诺等方面的信息。第三，国家节能减排指标完成情况。报表可以通过数字指标的形式对各项指标进行计算，然后和国家制定标准进行比较分析，发现问题所在，以便及时采取措施解决问题。

　　结合本教材的研究对象和范围，在报表附注中具体应披露以下几类信息：第一，与碳排放相关的信息，具体包括参与减排机制的企业特征、碳排放清单年度报告（即碳足迹报告）、碳排放战略、节能减排措施等。第二，与碳会计处理相关的会计政策，包括碳会计的确认、计量与列报的方法。第三，碳排放权持有及变动情况（见表6-4），包括报告年度实际碳排放量（含直接排放和间接排放）、碳排放权数量和金额的变动情况、报告年度减排量或超排量以及原因分析、报告年度减排或超排对当年利润的影响金额等。第四，获取碳排放权公允价值的渠道、用于投资的碳排放权的公允价值变动对当期损益的影响金额，以及售卖碳排放权产生的收益计入当期损益的金额等。表6-4中碳排放权计量的都是实物量，而非货币量。以实物量作为计量单位，不仅可以避免碳排放权价格波动对报表的影响，而且更符合企业需要披露碳流量真实情况的初衷。这种报告模式可弥补企业现行会计报告的缺陷，使现行财务报告更加完善。

表6-4　　　　　　　　　　　　　　碳排放权持有及变动情况

项目	数量（单位）	金额（单位）
1. 当期可用的碳排放权		
（1）上期配额及 CCER 等可结转使用的碳排放权		
（2）当期政府分配的配额		
（3）当期实际购入碳排放权		
（4）其他		
2. 当期减少的碳排放权		
（1）当期实际排放		
（2）当期出售配额		
（3）自愿注销配额		
3. 期末可结转使用的配额		
4. 超额排放		
（1）计入成本		
（2）计入当期损益		
5. 因碳排放权而计入当期损益的公允价值变动（损失以"－"号列报）		
6. 因应付碳排放权而计入当期损益的公允价值变动（损失以"－"号列报）		

　　注：除"因碳排放权而计入当期损益的公允价值变动"项目外，表中的金额栏应当以资产负债表日碳排放权公允价值计量的金额列报。

（2）单独建表模式。表内披露方式除了上述的补充报告披露模式外，还可有单独建表模式进行披露。例如，企业可以单独编制碳资产负债表（见表 6-5）来和普通的资产负债表区分，它可以具体反映企业在某一特定日期碳流量的情况。通过碳会计报表，可以提供企业在某一特定日期碳资产的总额及其结构，表明企业占有的碳总量和可排碳额度；可以提供企业在某一特定日期的碳负债总额；碳权益可以反映企业在某一特定日期所拥有的碳权益，据以判断企业碳排放和碳固情况。碳会计报表采用账户式（见表 6-5），左边列示碳资产，右边列示碳负债和碳权益。企业还可单独编制碳会计损益表、碳会计现金流量表及会计报表附注，其中会计报表附注可有碳活动报告书（见表 6-6）、碳成本费用明细表、碳绩效报告及企业年度碳预算表等，专门反映企业有关碳活动的财务状况和经营成果，以及低碳减排的碳效益。同时，为了强调突出碳信息的重要性，便于碳信息使用者一目了然地了解到与碳活动有关的货币化信息，企业可以编制单独的碳成本和碳收益报表，单独披露在碳活动过程中的各项耗费和收益。

表 6-5　　　　　　　　　　碳资产负债表

×××企业　　　　　　　　　×××年×月×日　　　　　　　　　单位：千克

碳资产	期初余额	期末余额	碳负债和碳权益	期初余额	期末余额
碳排放权					
其中：配额					
国家核证自愿减排量			碳负债		
购入的碳排放权			碳负债合计		
交易碳排放权			初始碳权益		
存货含碳量			后续累计权益		
固定资产含碳量			碳权益合计		
森林碳汇含碳量					
碳资产合计			碳负债及碳权益合计		

表 6-6　　　　　　　　　　碳活动报告书

序号	项目	内容
1	企业概况	企业的主营业务、产品及劳务、涉及的碳活动、企业所处的地理位置、低碳政策等
2	企业碳活动政策	企业管理经营理念、与碳活动相关的目标、方针、预算、绩效
3	企业碳活动执行情况	企业生产所用能源的消耗情况、企业为低碳减排所采取的措施及效果
4	主要的碳活动指标	碳成本效率、碳经济效率、碳减排效率、碳排放强度
5	企业碳管理情况	企业的碳管理系统、低碳减排活动推进情况、对相关法规的遵守情况
6	主要碳活动影响情况	推行碳活动对企业利益相关者的影响情况
7	低碳减排目标	对碳排放设定的量化目标，企业低碳减排设定的目标
8	碳足迹评估活动相关企业情况	碳足迹评估流程涉及的相关企业
9	碳会计信息	包括碳会计核算系统，碳资产、负债、权益、收入、费用、收益、绩效指标等
10	重大碳活动事项	对企业产生重大影响的事项进行说明（包括所受到的指控和罚款、事件原委及对环境的影响）
11	相关机构审计报告	对碳会计报告书真实性和公允性的评价

另外，结合本教材相关内容，在此就碳成本报表、碳收益报表和碳绩效报表的单独编制进行简要阐述，具体内容如下。

①单独编制碳成本报表。具体披露的内容包括了企业在碳排放过程中的各项预防成本、检测成本、治理成本和用于碳排放权交易方面的支出等。例如，为达到 ISO14001 各项认证而发生的成本和在生产工序中采用膜分离法封存处理二氧化碳所发生的成本，检测碳排放负荷是否超过购买的碳排放额度，企业为了治理碳污染支付的材料费用、动力费用、人员的工资福利费用以及相关的维修、水电和劳保费，企业周边的绿化率影响到植物吸收二氧化碳等温室气体的量、企业支付的购买碳排放权的成本和缴纳的碳税成本以及对企业所在地域环保活动、环保组织的赞助、与碳排放信息披露、绿色生态和节能减排品牌推广的有关成本支出等都应在碳成本费用明细表中予以披露。

②单独编制碳收益报表。需要对参与低碳减排的各项相关活动中所产生的直接和间接碳收益进行披露。例如，节能减排企业购买各项低碳设备和技术从政府取得的补助或补贴，国家颁发的对低碳经济做出贡献的奖励，国家拨付给企业的用于低碳治理的专项资金，接受各项低碳捐赠。另外，各项费用的节减也应予以披露，如各种税费的节约、排污费及罚款支出的减少、碳金融政策中取得的低息或免息贷款，从而节约了利息支出，也应在此进行披露。

③单独编制碳绩效报表。碳绩效是指企业所做的碳管理工作及效果。例如，对国家低碳政策执行得如何，碳排放造成了多大的污染，对气候治理作出了哪些贡献，环境质量有何改善等，有些难以用价值量进行计量而只能运用某种技术或实物的计量手段进行衡量。上述内容都应在碳绩效报表中进行单独披露。

6.4.3.2　表外披露方式

表外披露方式即指在企业环境报告中予以披露相关信息，主要采用环境报告进行披露。环境报告是一个广义的概念，它所包括的内容不仅仅是关于环境活动的经济影响和直接的环境财务信息报告，还有纯粹的环境技术报告、环境专题报告等形式，这些环境报告中基本上不涉及环境活动的经济问题。

由于碳排放活动的复杂性、不确定性及自身风险因素的影响，所以仅仅通过前述两种表内披露往往是不够的，需要表外披露作为一种补充，即在企业环境报告中披露一部分无法量化的碳信息。这种披露方式是指在环境报告中，企业采用一定的方法和形式，编制独立的碳报告书，披露企业相关活动以及企业活动对生态环境所产生的各种正面和负面影响。在此情况下，企业碳信息作为独立环境报告的一个组成部分予以披露，不仅涉及碳交易、碳技术开发与利用、碳投资、对新能源的利用和节能减排效果等定性方面的描述情况，还包括了碳排放权的市场价格变动、企业的低碳运营、碳交易和交易次数等定量记载情况。

这种披露方式正是目前不少企业所采用的，其披露形式多样化，可以是图表、文字甚至是视频等方式的叙述或描述性的非货币性信息。披露内容相对全面和详尽，披露格式既可以由政府统一规范，也可以由企业根据自身需要来设置。

这种环境报告能提供不同环境利益关系人的信息需要,保证了信息的相关性和可靠性。在环境报告中披露碳信息应注意以下几个方面。

第一,与碳排放活动相关的法律法规、应对战略及方针政策。此部分内容应包括温室气体及碳排放权等方面的国内外协定及法律法规,以及其执行情况与它们对企业发展所产生的影响,包括企业碳排放导致的风险与带来的机遇还需披露企业的环保履行情况,例如,企业过去、现在和预计的碳排放量总量、国家下达的节能减排指标完成情况、新型低碳资源利用情况等,也可自愿披露企业低碳减排绩效信息。

第二,编制基础和确认计量方法的披露。在企业环境报告中,应披露编制基础,碳会计所依据的具体相关资料及所采用的会计方法、碳资产分类,以及对碳资产和碳负债等新设项目的确认计量方法等都应该进行详细披露。尤其在计量方法上,主要是以实物计量为主,辅助以货币计量及文字表述反映企业碳排放交易情况。例如,不同温室气体对温室效应所产生的影响大小各有迥异,一般选择二氧化碳当量进行统一计量和披露。这些内容都应当在环境报告中进行系统披露。

第三,环境报告也需审查验证和制定全国统一的环境报告准则。环境报告也需要进行鉴证,并必须具有足够的独立性,从而使碳信息质量的客观性和可靠性得到充分的保障。

从已有的研究成果来看,目前世界各国流行的环境报告是企业环境报告书。从其报告内容看,仍然是一个环境质量改进、环境技术信息同环境会计信息的结合报告。其中,很多内容还是依赖企业的环境管理部门的工作,不能通过企业现有会计系统生成。

从我国情况来看,环境报告大都以企业年报的方式,特别是上市公司年报中单独开辟一章,将企业的环境影响、业绩等环境信息纳入企业环境报告中对外披露。从我国上市公司环境信息披露的实际情况来看,这种报告形式比较常见。

在环境报告中披露碳信息,能更集中、全面和系统地披露有关企业碳排放相关信息,使信息使用者能依据企业碳信息得出恰当的结论,并作出正确决策。但是在这种披露方式下,披露内容方式参差不齐,企业间的可比性较差,碳排放报告缺乏统一性。据悉,毕马威专业人员调研了全球前 250 家公司在环境报告所披露的碳排放信息,发现 4/5 的企业披露了碳信息,但这些信息的类型和质量各有迥异。例如,250 家公司有 53% 在企业报告中设定了碳减排目标,但有 2/3 的企业未说明制定这些目标的依据。同时,碳排放类型也有很大差异,84% 的企业披露的只是自身业务的排放情况,79% 披露的是与收购电力相关业务的排放情况,50% 的企业披露了供应链的碳排放,7% 的企业公布了因使用和处理产品及服务所产生的碳排放信息。针对这种现状,相关负责人表示,需要行业机构、监管机构、标准制定者和投资者等参与共同制定统一的碳排放报告准则,才能有助于解决上述问题。

总的说来,碳信息披露应强调企业须遵循形式规范、内容可靠、清晰明了可比、全面完整的原则,设定需要披露碳信息的标准,提供包括能源运输、生产及消耗的流程分析的技术和方法，确定温室气体排放种类和数量，根据国际惯例与国内实践计算企业当年度的二氧化碳排放当量，设计披露当年实现碳减排或碳排放增加的各种项目说明指南及对温室气体种类与数量的具体影响，设计碳减排战略规范，披露碳减排战略目标及年度碳减排计划，提出企业碳减排分析方法，以实施碳减排的成本效益分析。

练习题

一、单选题

1. 碳会计核算的终极目标（　　）。
A. 对外提供有关碳活动的会计信息
B. 帮助信息使用者进行决策
C. 优化企业碳排放行为方面的责任
D. 履行低碳减排责任

2. 下列不是碳会计核算基础的是（　　）。
A. 权责发生制基础
B. 收付实现制基础
C. 收入与费用的配比
D. 可持续发展基础

3. 碳会计的动态等式是（　　）。
A. 碳负债 = 碳资产 − 碳权益 − （碳收益 − 碳成本）
B. 碳负债 = 碳资产 − 碳权益 + （碳收益 − 碳成本）
C. 碳资产 = 碳负债 + 碳权益
D. 碳负债 = 碳资产 − 碳权益 − （碳收益 + 碳成本）

4. 下列属于购买碳排放权初始计量的会计分录是（　　）。
A. 借：碳排放权——补助
　　　贷：银行存款
B. 借：碳排放权——配额
　　　贷：碳排放权——补助
C. 借：碳排放权——配额
　　　贷：银行存款
D. 借：银行存款
　　　贷：碳排放权——配额

5. 碳排放权应确认为（　　）会计要素。
A. 资产　　　　　B. 负债　　　　　C. 所有者权益　　　　D. 损益类

6. 下列（　　）为高碳能源。
A. 风能　　　　　B. 天然气　　　　C. 太阳能　　　　　　D. 核能

二、多选题

1. 碳会计核算的研究对象包括（　　）。
A. 碳财务会计　　B. 碳管理会计　　C. 碳审计　　　　　　D. 环境会计

2. 企业面临的低碳减排责任主要有（　　）。

A. 治理和修复低碳减排方面的责任

B. 优化企业碳排放行为方面的责任

C. 低碳减排影响信息披露方面的责任

D. 低碳减排方面的法律责任

3. 碳会计核算的具体目标包括（　　）。

A. 协助管理层计算碳足迹、确定碳交易和碳核算的总体战略目标

B. 协助管理层做好碳预算

C. 协助管理层披露碳相关信息

D. 对外提供有关碳活动的会计信息，帮助信息使用者进行决策

4. 碳会计核算的一般原则包括（　　）。

A. 社会性和外部影响内在化原则

B. 战略性与系统性相结合的原则

C. 激励和取长补短的原则

D. 强制与自愿相结合的原则

5. 碳会计的核算假设包括（　　）。

A. 可持续发展假设

B. 资源环境有价假设

C. 货币与实物计量相结合的多元计量假设

D. 所有权归属假设

6. 加强碳会计信息披露的方法有（　　）。

A. 积极主动对外披露规范的碳排放权交易会计信息

B. 强化社会监管部门和社会审计机构之间的合作

C. 加强有关碳排放权交易会计的相关法律基础建设

D. 培育碳会计操作体系，培养碳会计人才

三、实务题

甲公司分别以两种方式获得碳排放配额：（1）从政府无偿获得 500 万元的碳排放权配额；（2）从碳排放交易市场购买 500 万元碳排放权配额。请分别写出两种方式取得碳排放权的会计分录。

乙公司于 2018 年 1 月 1 日取得政府无偿发放的碳排放权 360 万吨，市场价格 40 元/吨，该造纸厂一年的碳排放量为 300 万吨，剩余 60 万吨碳排放配额于 12 月 25 日出售给甲企业，出售价为 50 元/吨。请写出乙公司的账务处理。

2018 年初市政府向丙公司无偿发放 240 万吨（60 万吨/季）（假设企业配额按季平均分配）。2018 年丙公司在 1~4 季度分别排放 80 万吨、40 万吨、55 万吨、70 万吨。2018 年末，丙公司购买配额 5 万吨弥补配额缺口，丙公司减排成本为 30 元/吨，1 月 1 日、3 月 31 日、6 月 30 日、9 月 30 日、12 月 31 日该市碳交易中心市场价格分别为 40 元/吨、30 元/吨、40 元/吨、45 元/吨、50 元/吨（假设本案例不考虑相关税费核算）。请做出丙公司账务处理。

第7章 森林生态会计

【学习目标】

(1) 了解森林生态会计产生的背景。

(2) 熟悉森林生态会计核算的概念、分类和目标等。

(3) 理解和掌握森林生态会计的确认、计量和报告。

【学习要点】

理解和掌握森林生态会计的确认、计量与披露，森林生态会计核算的基本原则以及森林生态会计核算实务。

【案例引导】

森林不仅为人类提供各种木材、经济植物和食物，而且具有十分宝贵的维护生态环境的功能，诸如，涵养水源和保持水土，吸收有毒有害气体，阻滞粉尘和减低噪声，防风固沙，调节气候，等等。据联合国粮农组织在20世纪90年代的调查，森林的过度砍伐使全球森林平均以每年1130万公顷的速度递减，森林砍伐最为严重的是热带地区的发展中国家，亚洲和大洋洲的热带地区，以每年0.98%的速度递减，1990~1995年，非洲年均的毁林率估计为0.7%。据有关研究，地球上覆盖的森林面积曾经占陆地的2/3，估计为76亿公顷，到1862年减少到55亿公顷。而近百年来，森林破坏速度加快，到20世纪80年代已减少到26亿hm²。

据历史记载，中国黄河中游流域在春秋战国时期，森林覆盖率为49.2%，目前已大幅度下降到10.9%。由于森林面积减少，自然灾害越来越频繁，洪涝和干旱经常发生。在我国北方的吉林省，由于森林过度采伐，每年年平均降水量不断减少，从20世纪50年代的643mm，降到70年代的575mm，20年间共减少68mm。大量砍伐森林，将是一场生态灾难。

资料来源：刘鸣镝. 企业森林资源资产会计研究［D］. 北京：北京林业大学，2004.

7.1 森林生态会计概述

7.1.1 森林生态会计核算的意义

随着可持续发展要求的不断深入，林业的生态经济和社会效益也日益得到重视，促使林业由传统发展模式向现代发展模式转变。森林生态会计正是基于森林生态资源可持续发展的市场经济属性，充分考虑森林生态资源的特点和林业自身的规律所建立的一套森林生态资源价值的核算制度。森林生态会计是一个核算森林生态资源价值的交叉学科分支。本章将通过六个部分的内容来展开对森林生态资源会计的确认、计量、核算和披露等，在此，主要对林地资产（商品林和公益林）、林木资产（商品林和公益林）及公益林衍生的生态服务功能进行核算。

森林生态会计核算，可以使森林生态资源的价值得以量化，并通过市场等得以实现，体现出森林生态建设（保护）主体的工作业绩，改变过去森林生态资源价值只停留于口头上的现状，提高了森林生态建设（保护）单位的积极性，森林生态建设单位创造森林生态之后就如同生产了面包一样可以体现其价值，或者从市场上实现其交换价值或者从政府手中得到足够的补偿，这将从根本上解决森林生态建设（保护）动力不足的问题。

通过森林生态会计核算，一方面，可以抑制对森林生态资源的大量不合理利用。过去由于包括森林在内的自然资源无价，人类生存、经济发展对其利用自然也是肆虐的、无限制的，但当对其价值进行核算、合理计量并确认时，各组织各阶层包括森林生态建设（保护）主体在内对森林生态资源的使用将得到合理的遏制。另一方面，可以从外部监督森林生态资源的破坏或利用。由于森林生态价值的会计核算，森林生态价值的会计信息成为公开信息，各级主管部门、处在享受森林生态效益的其他企业及公民都将有意愿去了解其有关信息，那么该信息也将像一般公司的会计信息一样成为约束其建设活动或保护活动的外部力量。同时，森林生态会计核算能为国家、政府环保部门、林业管理当局、投资者和债权人、社会公众等提供有关森林生态价值方面的资料，以利于环境经济综合核算体系的形成，并有助于做出正确决策，进而更加协调地促进经济的持续发展。

7.1.2 森林生态会计的核算主体

森林生态会计主体也是会计核算为之服务的特定组织，同时还要考虑到可持续发展对会计主体的冲击来研究森林生态会计的核算范围。鉴于森林生态价值所依附的森林生态建设主体和保护主体的不同，以及森林生态建设主体和森林生态保护主体自身资金运动方式、会计管理模式的不同，这里的"特定组织"要划分为森林生态建设单位和森林生态保护单位两大类。

森林生态会计核算主体的界定应该注重会计主体的行为特征，而非传统会计中的所有权特征。即森林生态建设（保护）单位所控制的经济资源，不仅有传统意义上的人造资源，而且自然资源、环境资源因具有价值而应被视为资本性质时，它们也是这些单位的经济资源。森林生态建设（保护）单位之所以对自然资源、生态资源必须承担来自法律、道义等方面的责任，是因为森林生态建设（保护）单位的建设（保护）行为直接或间接促进这些自然、生态资源的形成，那么其反向的行为可能直接或间接导致这些自然、生态资源的破坏，因此森林生态建设（保护）单位应履行这种责任，并向投资者等有关各方做出报告。

所谓的森林生态建设单位是指营利性森林生态建设单位，如国有场圃、集林场等营林单位，其传统会计核算遵循的是1994年财政部修订并颁发的《国有林场与苗圃财务会计制度》，实施林木资产核算制度。森林生态建设单位的建设活动包括育苗、造林和抚育等，这些活动本身是一种生产行为，为社会提供优质苗木、培育、扩大森林生态资源，改善森林环境，通过森林生态会计核算，并通过一定的方式得以补偿，最终又转化为其经济效益。

森林生态保护单位是指非营利性自然及森林保护单位，如森林自然保护区、天然林保护区等，他们从事森林生态保护活动，为国家保护森林生态资源提供社会效益和生态效益。森林生态保护单位的森林生态会计对象就是其业务资金的取得、使用及其结果（见表7-1）。

表7-1　　　　　　　　营利性森林生态建设单位支出分类

期间费用支出			费用化
	森林生态价值应分摊的支出——森林生态效益成本		费用化
日常建设性支出	森林实物资产应分摊的支出	经济林	达到预定生产经营目的后的建设性支出	费用化
			达到预定生产经营目的前的建设性支出	资本化
		公益林及用材林	郁闭后的建设性支出	费用化
			郁闭前的建设性支出	资本化
购置固定资产、无形资产等支出			

7.2　森林生态会计核算的会计要素及科目设置

7.2.1　森林生态会计核算的会计要素

森林资源是森林生态会计主体进行业务活动的基础，会计主体可以从森林资源的利用中获取直接效益和间接效益。由于森林生态建设活动取得的森林生态资产，由于利用森林生态资源而减少资源数量的耗减费用，由于利用森林生态资源而产生的直接效益，由于森林生态资源的过度砍伐而造成生态资源的降级费用，由于森林生态业务活动而发生的人力、物力、财力耗费等费用，都应纳入森林生态会计核算的范围，可归纳为森林生态资产、森林生态负债、森林生态权益、森林生态收入、森林生态费用和森林生态利润六个要素。但由于非营利性森林生态保护单位的事业单位性质，其要素略有不同。按照森林多种功能主导利用的方向不同，森林五大林种（即防护林、用材林、经济林、薪炭林和特种用途林）可相应划分为商品林和公益林两大类。其中，防护林和特种用途林属于公益林，用材林、经济林、薪炭林属于商品林，商品林经营属于营利性森林生态建设单位，公益林则属于非营利性森林生态保护单位。

7.2.1.1 营利性森林生态建设单位的会计要素

（1）森林生态资产。沿袭传统会计对资产的定义方法，森林生态资产是森林生态会计主体因过去的森林生态建设经营活动而形成并由有关权威机构出具证明文件的森林生态资源，以及因森林生态资金循环而形成并由森林生态建设单位拥有或控制的资源，这些资源预期会给会计主体带来经济利益。森林生态资产具体包括生态资产（即森林的生态服务功能，如由森林产生的固碳制氧、净化环境、涵养水源、土壤保育、防风固沙、生物多样性等）、森林生态流动资产、森林生态固定资产及森林生态无形资产（如森林的采伐权、经营权及森林生态环境的经营权等）。其中，森林生态流动资产、森林生态固定资产、林木资产及无形资产是由森林生态资金运动所形成的森林生态资产，其特点与确认标准和现行林业企业会计基本一致。因此，这里主要阐述森林的生态服务功能即生态资产的核算问题。

生态资产是指在林地一定区域内由于森林生态建设经营活动而产出的森林生态价值，这部分资产本身不能由会计主体所控制，但这些产出的本源——林木却可以由会计主体控制，因此生态资产应确认为特定主体的资产。只是这种资产一经产出，使用权即刻转移给以政府为代表的众多消费者，并由政府定期支付买价，实施购买行为。生态资产具有以下特征。

第一，生态资产的开发利用具有不可逆性。不可逆性是指开发利用生态资产的行为改变自然资源的原始状态以后，再改变现状将其恢复到未开发状态，在技术上不可行，或者必须经过一段时期的自然变化。由于生态资产的原始状态被改变以后，必须经过较长时期的人工栽培以及自然变化，才能达到或基本达到原始状态，因此，生态资产的开发具有一定的不可逆性。

第二，生态资产的变化符合生态平衡机制。在一定限度内生态资产的消耗，可以通过生态资源的自我调节机能和再生机能得到补偿。但假如不符合这种平衡规律，将引起生态系统的退化和失衡，因此生态资产的增减变化必须遵循生态平衡规律，这正是森林生态会计核算的根本宗旨。

（2）森林生态负债。森林生态负债是因过去的森林生态建设经营活动而形成的现时义务，履行该义务预期会导致经济利益流出企业，包括森林生态建设活动中所取得的借款、形成的应付职工薪酬、育林基金、应付款项、应交税费以及由于森林生态降级所负的复原义务。其中，由于森林生态降级所负的复原义务在现有的森林生态会计核算中尚不具备核算的条件，因此，在这里暂不阐述这一内容。森林生态负债属于现存义务，而对未来的承诺，例如，拟订将在一定时期内产生一定的制氧量、水源涵养、基因等并不一定构成现存义务。只有单位已经签订不可撤销的协议，如果不履行，将按协议偿付一笔巨额罚款，才是一项现存义务。

（3）森林生态权益。森林生态权益是森林生态建设单位所有者对单位净资产的所有权，从数额上讲，它等于森林生态资产减去森林生态负债。一个单位的森林生态资产和森林生态负债是可以单独计量的，而森林生态权益则不可能单独计量，它一般通过相应资产和负债的计量而间接进行。

森林生态权益代表单位所有者所拥有的单位净值，森林生态收入被视为所有者权益的增加，森林生态费用被视为所有者权益的减少，收入超过费用所形成的净收益，直接归属于所有者权益的增长，反映所有者财富的增加。

（4）森林生态收入。森林生态收入是在一定时期之内，森林生态资产给会计主体带来已实现的森林生态环境功能或服务而产生的经济利益的流入，包括企业因在一定时期内产生的制氧量、固碳量、涵养水源、吸附浮生净化空气及生物多样性价值等流量部分而得到的政府补偿，以及因让渡森林生态资产的使用权等日常经营活动而取得的其他业务收入。

沿用传统会计中"收入"的界定，森林生态收入也采用小口径的界定，只包括营业收入而不包括营业外收入，营业收入主要包括森林生态效益补偿收入和其他业务收入等。

森林生态效益补偿收入是企业已经确认能够从政府或有关管理机构取得的补偿收入，依照谨慎性原则，当企业已经产出了森林生态效益，而不能确定这些资产是否被消费者代表——政府所购买时，即不能说明该资产就能"销售"出去，那么就不具备收入已实现的条件。因此，只能在已确认政府要实施购买行为时，才能按政府的实际购买数额确认收入。

在森林生态建设单位的建设经营活动过程中，对过熟林的采伐、对残次林的间伐等收入属偶发事项，不属于会计主体的日常经营活动，是长期资产所有权的转让收入，应确认为营业外收入，不属于森林生态收入。

（5）森林生态费用。森林生态费用是在其持续发展过程中，因进行生态建设活动及其有关活动而发生的经济利益的流出。

由于森林生态收入的界定采用了小口径，森林生态费用的界定自然也要用小口径，即只包括森林生态建设经营活动费用，不包括建设经营活动外费用（即营业外支出）。持续发展过程是指不牺牲未来几代人需要，保证森林生态质量不下降的情况下，满足当代人的需要。为此，森林生态建设单位有责任维持森林生态资源的基本存量。所以，不正常的森林采伐支出应作为营业外支出。森林生态费用主要包括森林生态效益成本、税金及附加、销售费用、管理费用、财务费用等。

第一是森林生态效益成本。森林生态建设达到预定目的（如预定公益目的、郁闭成林、预定经营目的）之前，营利性森林生态建设单位一定时期内所发生的营林成本（如造林费、抚育费、森林保护费、营林设施费、调查设计费及其他管护费）实质上应由两部分资产承担，一部分是林木资产的实物价值，另一部分是森林生态资源所发挥的生态价值。因此，会计期末，企业应采取一定的分配方法，将营林成本分解为实物资产成本和生态效益成本，其中生态效益成本就构成了森林生态建设的森林生态效益成本的主要部分，当企业确认森林生态效益补偿收入时，就应同时确认一项森林生态效益成本与其森林生态效益补偿收入相配比。

第二是期间费用。当森林达到预定目的（如预定公益目的、郁闭成林、预定经营目的）之后所发生的各种管护费用等后续支出，应当按照与上同样的方法在林木资产的实物价值和森林生态资源发挥的生态价值之间进行分配，将应由森林生态价值负担的部分确认为当期森林生态期间费用。

（6）森林生态利润。森林生态利润是森林生态建设单位一定期间内的建设经营活动的总成果，包括森林生态建设活动中的森林生态收入与森林生态费用相配比后的余额、森林生态建设活动外的营业外收支、投资净收益及补贴收入等。森林生态利润与一般企业利润的含义一样，是其建设经营活动所引起的净资产的增加。

森林生态收入与森林生态费用相配比后的余额是上述两项会计要素数额相减之后得出的结果，其本质是森林生态建设单位的营业利润。另外，因出售、转让、死亡、毁损、盘亏或盘盈森林生态资产而发生的损失或收益，是会计主体森林生态利润的直接构成部分，即属于会计主体的当期损益，再加上其投资净收益及补贴收入即为森林生态利润总额。

7.2.1.2　非营利性森林生态保护单位的会计要素

非营利性森林生态保护单位从事森林生态保护活动所使用的资金基本上属于社会再生产过程分配领域里的财政资金和事业单位业务资金，核算对象就是这些财政资金和业务资金的取得、使用及其结果。具体可分为以下五类。

（1）森林生态资产。森林生态资产是森林生态保护单位因过去的森林生态保护活动而形成并由有关权威机构出具证明文件的森林生态资源，以及因森林生态资金活动而形成并由森林生态保护单位拥有或控制的资源，包括生态资产、库存现金、银行存款、固定资产、其他应收款、林木资产等各种财产、债权和其他权利。

（2）森林生态负债。森林生态负债是森林生态保护单位因过去的森林生态保护活动以及因森林生态资源的资金活动而形成的现时义务，该义务的履行需要单位主体牺牲自己的资产或提供劳务。

首先，森林生态负债是单位主体由于过去的森林生态保护活动或事项所形成的现时义务。对这一特点的理解与森林生态建设单位基本一致。将来这种义务的履行将导致其事业支出增加或事业经费的减少。

其次，森林生态负债的偿还需要森林生态保护单位将来牺牲资产或提供劳务。由于多数负债是在交易中产生的，其清偿需要单位主体将来牺牲资产或未来经济利益，从而表现为该单位主体提供资产或劳务。当然，森林生态保护单位的负债也可能因其他负债的产生或情况的改变而消失，从而未必一定要牺牲资产或劳务，但就大多数负债而言，是需要经济利益流出单位主体的。

（3）森林生态净资产。森林生态净资产是出资人对森林生态保护单位主体拥有的终极所有权所指的对象，等于该主体占有或使用的全部森林生态资产减其担负的全部森林生态负债后的差额或余额，包括生态基金、固定基金、事业结余、林木资本、专用基金等。

森林生态保护单位的出资者主要是国家，对其出资无须经济利益回报。其森林生态净资产主要以基金和结余形式存在，一般不可以出售或转让，也不存在份额退还。

森林生态保护单位通过其保护活动所积累的资金，属于单位自有而无须偿还的资金，这部分资金所形成的森林生态资产，是其实实在在拥有或支配的森林生态资产，但从数量上讲，它等于基金加结余，是就会计主体拥有或支配的森林生态资产总额中一部分额度的权利力度而言的，因此，它并不代表某一部分具体的森林生态资产。

与前述森林生态建设单位相比，其特殊之处有二。

第一，保护单位主体在出售、转让、赎买或清算其森林生态净资产时，不存在明确的出资人利益。

第二，森林生态保护单位提供特定的劳务主要目的不是获取一笔利润或利润等价物，其森林生态资产大多来自政府，政府并不期望按其所出资产的比例收回资产或获取经济利益，但却关心这些资产的使用情况，从而往往对森林生态资产在使用方面施加一定限制，这使得森林生态净资产中不少部分具有特定用途，如生态基金。

（4）森林生态收入。森林生态收入是指单位为开展森林生态保护活动，依法取得的非偿还性资金，包括森林生态效益补偿收入、事业收入、拨入专款、其他收入。

森林生态保护单位的森林生态收入有必要采用"大口径"概念，将全部森林生态收入纳入单位预算进行统一核算和管理。"大口径"收入概念不仅是指单位自身组织的那部分收入，并且将客观存在于单位主体的其他各项收入分项反映，而且按照收付实现制确认各项收入，当单位主体取得实物收入时，根据有关凭证或参照市场价确认或确定其价值。

（5）森林生态支出。森林生态支出是非营利性森林生态保护单位为开展森林生态保护活动和其他活动所发生的资金耗费和有关损失，主要包括事业支出、专款支出等。

森林生态收入要素界定采用了"大口径"概念，与其相呼应，森林生态支出要素界定也采用了"大口径"概念，将全部森林生态支出纳入单位预算进行统一核算和管理。"大口径"支出概念不仅包括正常森林保护业务活动支出，也包括了单位主体的各项辅助活动支出，以及各项偶然支出等。

7.2.2 关于会计科目设置

会计科目是对会计要素具体内容进行分类的项目，设置会计科目是会计核算的一种专门方法，是设置账户、复式记账必须遵循的规则和依据。

7.2.2.1　设置会计科目原则

会计科目的设置，一般要考虑以下原则。

（1）结合各单位会计对象的特点，全面反映会计要素内容。会计科目是对会计要素具体内容进行分类核算的项目，因此，设置的会计科目要将会计要素的具体内容全部包括在内，既不能重复，又不能有任何遗漏。另外，设置会计科目还要考虑各单位会计对象的特点，除了各行业共性的会计科目外，还要设置反映各行业会计对象特点的会计科目。

（2）合理设置总分类科目和明细分类科目。为了满足对外报告会计信息和对单位内部经营管理提供会计信息的需要，就要根据提供会计信息的详细程度，设置总分类科目和明细分类科目。总分类科目是对会计要素具体内容进行总括分类核算的科目，提供的是总括性的指标，基本上能满足向单位外部提供信息的需要。明细分类科目是对总分类科目的进一步分类，它提供的是比较详细的核算资料，主要是为企业内部经营管理提供会计信息。一般来说，会计科目设置越细，相应的核算成本也就越高，因此，会计科目设置并非越细越好，应该根据管理的要求以及单位内部、外部对会计信息的要求来合理地设置总分类科目和明细分类科目。

（3）要符合全国统一会计制度。为了保证会计核算指标能在一个部门、一个行业或全国范围内综合汇总，对比分析，我国在会计准则和会计制度中，对一些主要会计科目及其核算内容做了统一规定。因此，设置的会计科目必须符合国家统一规定，在此基础上根据本单位的具体情况和经济管理要求，对统一规定的会计科目做必要的增补或归并。

（4）会计科目要简明易懂。会计科目的名称、文字必须简单明了，其名称与核算内容要相一致，做到通俗易懂，便于理解和记忆。对每个科目要科学编号，便于电子计算机操作。设置会计科目还要考虑本单位经济业务的发展，预留适当的空间，以便扩充时采用。

7.2.2.2　森工企业、国有林场、国有苗圃会计科目的设置

森林生态会计核算适用于森工企业、国有林场、国有苗圃等企业单位（以下简称企业单位），这些单位按照企业单位会计要素设置会计科目。企业单位的会计要素分为资产、负债、所有者权益、收入、费用、利润六类。有关生态价值会计核算的会计科目如下。

（1）资产类科目。企业单位有关森林生态价值核算的资产包括库存现金、银行存款、其他应收款、固定资产。

"库存现金"科目核算企业单位的森林生态效益资金形成的库存现金。收到现金，借记本科目，贷记"银行存款"等有关科目；支出现金，借记有关科目，贷记本科目。本科目借方余额反映库存现金数额。单位应设置"库存现金日记账"由出纳人员根据收、付款凭证逐笔序时登记，每日业务终了，应结出当日的

现金收支额及余额，并与库存实有现金进行核对，做到账实相符。

"银行存款"科目核算企业单位森林生态效益资金形成的存入森林生态价值经费银行专户的款项。收到森林生态价值经费拨款，借记"银行存款"，贷记"应收账款"。本科目的借方余额反映企业单位银行专户存款的实有数额。企业单位应设置"银行存款日记账"，由出纳人员根据收、付款凭证，逐笔序时登记，每日终了，应及时结出余额，并定期与银行进行对账。月终时，单位账面余额与银行对账余额之间如有差额，应逐笔查明原因进行处理。这属于未达账项，应编制"银行存款余额调节表"，调节相符。

"其他应收款"科目核算企业单位的森林生态效益资金形成的各种应收暂付款项，包括借出款、备用金、应收职工收取的各种垫付款项等。发生各种其他应收款项时，借记本科目，贷记有关科目；收回各种款项时，借记有关科目，贷记本科目。本科目借方余额为尚未结算的应收款项。本科目应按其他应收款项的项目和债务人设置明细账。

固定资产是指使用年限在一年以上，单位价值一般设备在500元以上、专用设备在800元以上的资产。"固定资产"核算森林生态效益资金形成的用森林生态价值经费购置的固定资产原价。购入固定资产时，借记"固定资产"科目，贷记"银行存款"等有关科目。因报废、毁损及盘亏等原因减少的由森林生态价值经费购置的固定资产经批准后，按减少的固定资产净值，借记"固定资产清理"科目，按固定资产累计计提的折旧，借记"累计折旧"，按减少的固定资产原值，贷记本科目。本科目借方余额反映固定资产原值。企业单位应按固定资产分类设置明细账和固定资产卡片进行明细核算。

"生态资产"核算森林生态效益价值，评估增值时，按其增加值部分，借记"生态资产"科目，贷记"生态资本"科目；评估减值时，按其减值部分，借记"生态资本"科目，贷记"生态资产"科目。本科目借方余额反映森林生态效益价值现有数额、本科目应按森林生态效益类别设置明细科目。

"林木资产——消耗性林木资产"账户核算已郁闭的消耗性林木资产的实际成本。暂时难以明确生产性或消耗性特点的林木资产实际成本，也在本科目核算。该账户属于资产类账户。借方记录已郁闭的消耗性林木资产的实际成本，贷方记录消耗性林木资产的实际成本的减少。该账户期末借方余额，反映已郁闭消耗性林木资产的实际成本和暂时难以明确生产性或消耗性特点的林木资产的实际成本。消耗性林木资产在郁闭前发生的实际支出，在"林业生产成本"科目核算，不在本科目核算；消耗性林木资产在郁闭后发生的管护费用，在"营业费用"科目核算，不在本科目核算。企业应当在期末或者至少在每年度终了，对消耗性林木资产进行检查，如果由于遭受自然灾害、病虫害、动物疫病侵袭等导致其可变现净值低于成本的，应按其可变现净值低于成本的差额，计提消耗性林木资产跌价准备。

"林木资产——生产性林木资产"账户核算企业成熟生产性林木资产原价。该账户属于资产类账户，借方登记成熟生产性林木资产原值的增加，贷方登记企业成熟生产性林木资产原值的减少。

"生产性林木资产累计折旧"账户是成熟生产性林木资产的备抵账户,用来核算企业成熟生产性林木资产的累计折旧,属于资产部类账户。当计提成熟生产性林木资产折旧额时,记入该账户的贷方;因出售、盘亏、报废、毁损等原因减少成熟生产性林木资产而应相应转销其所提取的折旧额时,记入该账户的借方;该账户期末贷方余额,反映企业提取的成熟生产性林木资产折旧累计数。企业按月计提的生产性林木资产折旧,借记"生产成本"等科目,贷记"生产性林木资产累计折旧"科目。

"生产性林木资产减值准备"账户核算企业提取的成熟生产性林木资产减值准备。企业计提成熟生产性林木资产减值准备时,按提取的金额登记在本账户的贷方;转回已计提的成熟生产性林木资产减值准备时,记入本账户的借方;期末贷方余额,反映企业已提取的成熟生产性林木资产减值准备。

"未成熟生产性林木资产"账户核算企业未成熟生产性林木资产发生的实际成本。该账户的借方归集未成熟生产性林木资产生长过程中所发生的实际成本,贷方结转已成熟的生产性林木资产。

"林木资产——公益林"科目核算已郁闭公益林的实际成本,属于资产部类的会计科目,"林木资产——公益林"资产如同林地资产一样属于限定用途的资产。

二级及明细科目设置如下:①"无形资产"科目下设"商品性林地资产""公益性林地资产"明细科目。②"林木资产"科目下设"消耗性林木资产""生产性林木资产""未成熟生产性林木资产""公益林"明细科目。③"生态资产"科目下设"固碳价值""涵养水源""土壤保育""森林防护"等明细科目。

(2)负债类科目。企业单位有关森林生态会计核算的负债主要是指其他暂收款项及相关税金。

"其他应付款"科目核算企业单位森林生态效益资金形成的各种应付、暂收其他单位或个人的款项。发生应付款时,借记"银行存款""管理费用"等科目,贷记本科目;支付或偿还时,借记本科目,贷记"银行存款"等科目。本科目应按应付和暂收款项的类别或单位、个人设置明细账。本科目贷方余额反映应付未付款项。

"应交税费"科目核算企业单位森林生态效益资金形成的有关森林生态价值应缴纳的所得税等各种税金。计算应交税费时,借记"税金及附加""所得税费用"等科目,贷记本科目;缴纳税金时,借记本科目,贷记"银行存款"科目。本科目应按税种类别设置明细账。本科目贷方余额反映应交而未交的税金。

"专项应付款"科目核算企业接受国家拨入的专门用于公益林建设经营的款项。本科目期末贷方余额,反映企业尚未支付的专项应付款。

(3)所有者权益类科目。企业单位有关森林生态会计核算的所有者权益包括实收资本、生态资本、利润分配。

"实收资本"核算企业单位森林生态效益资金形成的有关森林生态价值实际

收到的各种投资。收到投资时，借记"银行存款""固定资产""库存现金"等科目，贷记本科目；经批准，减少资本时，借记本科目，贷记相关科目。本科目应按投资人设置明细账。本科目贷方余额反映实际收到的资本额。

"生态资本"科目核算企业单位生态资产所形成的资本。森林生态效益评估增值时，按其增加值部分，借记"生态资产"科目，贷记"生态资本"科目；评估减值时，按其减值部分，借记"生态资本"科目，贷记"生态资产"科目。"生态资本"科目下设"已收生态资本""未收生态资本"明细科目。

"利润分配"核算企业单位有关森林生态价值所形成的利润的分配情况。分配利润时，借记本科目，贷记相关科目；结转利润时，借记"本年利润"，贷记本科目。本科目贷方余额反映累计未分配利润，本科目借方余额反映累计未弥补亏损。本科目应按分配内容设置明细账。

"公益林基金"科目反映由国家拨款形成的公益林基金账面余额。

（4）成本费用类科目。企业单位有关森林生态会计核算的成本费用包括森林生态效益成本、税金及附加、财务费用、管理费用、所得税费用。

"森林生态效益成本"核算企业单位有关森林生态价值所形成的公益林的培育成本。发生成本开支时，借记本科目，贷记"银行存款""应付职工薪酬"等科目；结转利润时，借记"本年利润"，贷记本科目。本科目年末一般无余额。

"税金及附加"核算企业单位有关森林生态价值所形成的相关税金。计算税金时，借记本科目，贷记"应交税费""其他应交款"等科目；结转利润时，借记"本年利润"科目，贷记本科目。本科目年末一般无余额。

"财务费用"核算企业单位有关森林生态价值所形成的筹集资金所发生的相关费用。发生相关支出时，借记本科目，贷记"银行存款"等科目；结转利润时，借记"本年利润"科目，贷记本科目。本科目年末一般无余额。

"管理费用"核算企业单位有关森林生态价值所形成的相关管理费用。发生相关支出时，借记本科目，贷记"银行存款"等科目；结转利润时，借记"本年利润"科目，贷记本科目。本科目年末一般无余额。

"所得税费用"科目核算企业单位有关森林生态价值所形成的所得税支出。计算税金时，借记"所得税费用"科目，贷记"应交税费"科目；结转利润时，借记"本年利润"科目，贷记本科目。本科目年末一般无余额。

（5）收入类科目。企业单位有关森林生态会计核算的收入包括森林生态效益补偿收入、其他业务收入、营业外收入。

"森林生态效益补偿收入"科目核算企业单位实际收到财政部门或林业主管部门的森林生态效益经费。收到森林生态效益评估单时，借记"应收账款"科目，贷记本科目。平时本科目贷方余额反映森林生态效益补偿收入累计数。年终结账时，将本科目贷方余额全数转入"本年利润"科目，年终结转时，借记本科目，贷记"本年利润"科目。本科目年末无余额。

"其他业务收入"科目核算企业单位森林生态效益资金形成的收到的除森林生态效益经费以外的其他营业收入，如公益林的采伐收入、间伐收入。收到相关收入时，借记"银行存款"等科目，贷记本科目；平时本科目贷方余额反映其他业务收入累计数。年终结账时，将本科目贷方余额全数转入"本年利润"科目；年终结转时，借记本科目，贷记"本年利润"科目。本科目年末无余额。

"营业外收入"科目核算企业单位森林生态效益资金形成的收到的与森林生态效益经费无直接联系的收入，如罚没收入等。收到相关收入时，借记"银行存款"等科目，贷记本科目；平时本科目贷方余额反映其他业务收入累计数。年终结账时，将本科目贷方余额全数转入"本年利润"科目；年终结转时，借记本科目，贷记"本年利润"科目。本科目年末无余额。

7.2.2.3　针对林业事业单位的森林生态会计科目的设置

实施森林生态会计核算的林业部门所属事业单位（以下简称事业单位），按照事业单位会计要素设置会计科目。事业单位的会计要素分为资产、负债、收入、支出、净资产五类。有关生态价值会计核算的会计科目如下。

第一类，资产类科目。事业单位有关森林生态价值核算的资产包括库存现金、银行存款、其他应收款、固定资产、林木资产、生态资产。这些科目的核算方法与企业单位的会计核算方法基本一致。

第二类，负债类科目。事业单位有关森林生态会计核算的负债主要是指其他预收应付款。其与企业单位的会计核算方法基本一致。

第三类，收入类科目。事业单位有关森林生态会计核算的收入包括财政补助收入、事业收入、其他收入。

"财政补助收入"科目核算事业单位收到财政部门或林业主管部门拨入的森林生态效益经费。收到森林生态效益经费拨款时，借记"银行存款"科目，贷记本科目；平时本科目贷方余额反映财政补助收入累计数。年终结账时，将本科目贷方余额全数转入"事业结余"科目，年终结转时，借记本科目，贷记"事业结余"科目。本科目应按拨款用途设置以下明细科目：森林管护事业费、养老统筹补助费、政府经费、教育经费、医疗卫生经费、公检法司经费、基本生活补助费、一次性安置补助费。本科目年末无余额。

"事业收入"科目核算事业单位开展森林生态效益专业业务活动及辅助活动取得的收入。取得收入时，借记"库存现金""银行存款"等科目，贷记本科目。年末，应将本科目贷方余额全数转入"事业结余"科目，借记本科目，贷记"事业结余"科目，结转后本科目应无余额。本科目应按收入项目设置明细科目。

"其他收入"科目核算事业单位用于森林生态效益除财政补助收入以外的其他收入。取得收入时，借记"库存现金""银行存款"等科目，贷记本科目。支付银行手续费时，借记本科目，贷记"银行存款"科目。年末，应将本科目贷方余额全数转入"事业结余"科目，借记本科目，贷记"事业结余"科目，结转后本科目应无余额。本科目应按收入项目设置明细科目。

第四类，支出类科目。事业单位有关森林生态效益经费核算的支出包括森林管护事业费、基本养老统筹补助费、教育经费、医疗卫生经费、公检法司经费、政府经费、下岗职工分流安置费等支出。

其中，森林管护事业费是指针对森林生态效益用于森林看护、森林防火、病虫害防治、林区气象监测、林政监察和管护机构以及实行森林生态资源管护责任制的管护人员承包费的支出。基本养老统筹补助费是指针对森林生态效益专项用于事业单位应缴纳基本养老保险费缺口的补助支出。教育经费是指森林生态效益经费承担的林区中小学、中等职业技术学校及教育机构等的经费支出。公检法司经费是指森林生态效益经费承担的林区公安局、检察院、法院、司法局、安全局的经费支出。医疗卫生经费是指森林生态效益经费承担的林区医院、防疫站、卫生所等医疗卫生机构的经费支出。政府经费指森林生态效益经费承担的政企合一单位的政府人员经费和公用经费支出。下岗职工分流安置费是指专项用于下岗职工的基本生活保障费，职工与单位解除劳动合同时的一次性安置费，包括经济补偿金和失业金。

森林生态效益经费支出在"事业支出"科目核算。事业单位发生森林生态效益经费支出时，借记本科目，贷记"库存现金""银行存款""其他应付款"等科目。年末结转时，将本科目借方发生额转入"事业结余"科目，借记"事业结余"科目，贷记本科目，结转后本科目无余额。本科目应按支出项目设置以下明细科目：森林管护事业费、养老统筹补助费、政府经费、教育经费、医疗卫生经费、公检法司经费、基本生活补助费、一次性安置补助费。在明细科目下按国家预算科目设基本工资、补助工资、其他工资、职工福利费、社会保障费、公务费、业务费、设备购置费、修缮费和其他费用进行明细核算。

第五类，净资产类科目。事业单位有关森林生态效益经费的净资产包括事业结余、固定基金、专用基金、林木资本、生态基金。

事业结余核算针对森林生态效益本年财政补助收入、事业收入、其他收入和森林生态效益经费支出相抵后的余额。期末，计算结余时，应将"财政补助收入""事业收入""其他收入"科目余额转入本科目，借记"财政补助收入""事业收入""其他收入"科目，贷记本科目；将"事业支出"科目余额转入本科目，借记本科目，贷记"事业支出"科目。期末贷方余额为森林生态效益经费结余。

"固定基金"科目核算用森林生态效益经费购置的固定资产所形成的基金。购入固定资产时，借记"事业支出"科目，贷记"银行存款"等科目，同时借记"固定资产"科目，贷记本科目；经批准固定资产转出或报废时，借记本科目，贷记"固定资产"科目。

"专用基金"科目核算事业单位针对森林生态效益按规定提取的职工福利费等具有专门用途的资金。提取时，借记"事业支出"科目，贷记本科目；支出时，借记本科目，贷记"银行存款"等科目。

"林木资本"核算公益林的林木资本的增减变动情况。林木资产增加时，借记"林木资产——公益林"科目，贷记"林木资本"科目；林木资产减少时，按其减值部分，借记"林木资本"科目，贷记"林木资产"科目。该科目的贷方余额反映林木资本的结余数额。

"生态基金"科目核算事业单位生态资产所形成的基金。森林生态效益评估增值时，按其增加值部分，借记"生态资产"科目，贷记"生态基金"科目；评估减值时，按其减值部分，借记"生态基金"科目，贷记"生态资产"科目。

本教材主要探讨森工企业、国有林场、国有苗圃企业的会计核算。

二级及明细科目设置如下：①"生态资产"科目下设"固碳价值""涵养水源""土壤保育""森林防护"明细科目。②"生态基金"科目下设"已收生态基金""未收生态基金"明细科目。③"财政补助收入"科目下设"森林生态效益经费"明细科目。④"事业支出"科目下设"森林生态效益管护事业费""教育经费""医疗卫生经费""公检法司经费""政府经费""基本养老保险补助费""基本生活补助费""一次性安置补助费"等明细科目。⑤"事业结余"科目下设"森林生态效益经费结余"明细科目。⑥"专用基金"科目下设"职工福利基金"明细科目。

7.3 森林生态会计的核算——林地资产

7.3.1 林地资产的会计确认

对于林地资产，按照我国有关法律法规的规定，林地资产的所有权归我国政府和集体，但其使用权却分别由各个会计主体所掌握，也就是说，企业虽不具有林地的所有权，但企业却能够控制林地的使用权。对某一特定会计主体而言，林地实际上是一种使用权资产，属于无形资产。因此，会计主体从"可控"这一角度来看，可将其所掌握的林地作为一项资产加以反映。

7.3.2 林地资产的会计计量

相比传统资产的会计计量，森林资源资产的会计计量有其自身特点：第一，计量结果更加侧重相关性原则。森林资源资产最大的特点是具有再生能力和生物转化功能。因此森林资源资产计量的不确定性大，变动比较频繁，存量和增量确定的准确度受到很多条件的制约，表现为计量结果只具有相对的准确性。第二，计量属性呈多重交叉性。计量属性的交叉性主要是指在资源性资产核算中对计量属性的选择并不唯一。森林资源资产的会计计量通常是以货币为计量单位，以稀缺性来确定资源性资产的价值大小；以模糊数学、机会成本等方法作为计量属性来核算生态产品的价值。《森林资源资产评估技术规范（试行）》中规定林地资产价格评估的基本方法包括林地期望价法、地租资本化法和林地费用价法。具体阐述如下。

7.3.2.1　林地期望价法

这方法是指在林地上能按一定作业（皆伐）永续地经营，并能取得的纯收益的现值（前价）合计为前提，并假定每个轮伐期林地上的收益相同，支出也相同，从无林地造林开始计算，亦即经营某块林地能永续地取得土地纯收益，用林业利率加以折算（即贴现）的现值合计。实际上是一个无穷等比递缩级数求和。其公式为：

$$B = \frac{A_n + D_a(1+P)^{n-i} + D_b(1+P)^{n-i} + \cdots - \sum_{i=1}^{n} C_i(1+P)^{n-i+1}}{(1+P)^n - 1} - \frac{V}{P}$$

$$(7-1)$$

其中，B 为林地价；A_n 为现实林分 n 年主伐时的纯收入（指木材销售收入和扣除采运成本、销售费用、管理费用、财务费用、有关税费以及木材经营的合理利润后的部分）；D_a、D_b 为第 a 年、第 b 年间伐的纯收入；C_i 为各年度营林直接投资；P 为利率；n 为轮伐期的年数；V 为平均营林生产间接费用（包括森林保护费、营林设施费、良种实验费、调查设计费以及其生产单位管理费、场部管理费和财务费用）。

此方法其实是资产评估三大基本方法中的收益法在林地资产价值评估中的具体运用，它是以资产的潜在收益为基础的，利用林地资产未来期间的收入与支出来估算林地资产的内在价值。由于此方法在估计林地的收益时主要考虑的是林木的收益而并未计算其他林产品的价值，因此，该方法主要用于同龄林林地资产的评估。

7.3.2.2　地租资本化法

林地资产评估中的地租资本化法（或称为年金资本化法），是以林地每年稳定的收益（地租）作为投资资本的收益，再按适当的投资收益率求出林地资产价值的方法。其计算公式为：

$$B = A/P \qquad\qquad (7-2)$$

其中，B 为林地价；A 为年平均地租；P 为投资收益率。

林地资产评估中的地租资本化方法实质上是财务管理中永续年金折现的模型的具体运用。地租一般采用年平均地租，只要确定了地租，就可以计算出林地价值。目前，此技术方法广泛运用于林地年租金相对稳定的经济林林地资产评估中。

7.3.2.3　林地费用价法

此方法是以林地在购地之后与评估基准日前所消耗的费用支出为基础，加上所消耗费用的利息，从而估算出林地价值的方法。其计算公式为：

$$B = A \times (1+P)^n + \sum_{i=1}^{n} M_i \times (1+P)^{n-i+1} \qquad (7-3)$$

其中，B 为林地资产价值；A 为林地购置费；M~i~ 为林地购置后第 i 年改良费用支出；P 为投资收益率；n 为林地购置年限。

采用林地费用价法评估林地资产价值的关键在于：①被估林地资产的历史生产费用等数据资料齐全、可靠。②确定合适的投资收益率。这种方法仅适用于林地的购入费用明确，而且购入后进行一定程度的改良，但又尚未经营的林地。但是，现实中林地购入后一般要进行经营，故该评估技术方法很难反映林地的实际价值。从我国林地经营管理的现状来看，林地基层管理相对混乱，成本等基础资料并不一定齐全，故其投入成本、费用支出的计量在一定程度上存在着困难，因此，在工作中不常使用。

以上方法均是适用于有林地的林地资产的价格确定。但对于其他林地（包括疏林地、未成材造林地、苗圃地、无林地及转为他用等）的林地资产价格的确定则需区别对待。例如，疏林地资产价格确定可参照用材林的林地资产价格的确认方法；未成材造林地的资产价格可按幼龄林的方法确认；苗圃地林地资产可借用农用地的方法，采用现行市价法、收益现值法、重置成本法确认；无林地的林地资产价格通常可采用收益现值法、现行市价法、清算价格法来确认；转为他用的林地资产，可采用现行市价法和剩余价值法确认。

7.3.3　林地资产取得的账务处理

此处仅介绍通过企业购入、投资者投入、债务重组方式、非货币性交易取得、接受捐赠和无偿划拨六种业务的账务处理。

7.3.3.1　企业购入

企业购入林地资产时，按实际发生的购买价格及其他费用，借记"无形资产——商品性林地资产"或"无形资产——公益性林地资产"科目，贷记"银行存款"等科目。

7.3.3.2　投资者投入

投资者以林地资产，也就是林地使用权来进行投资，按照投资双方确认的价值作为投入林地资产的实际成本。其会计处理为：借记"无形资产"科目，贷记"实收资本"科目，股份制企业为贷记"股本"等科目。

7.3.3.3　以债务重组方式取得

对于企业通过债务人以非现金资产抵偿债务方式取得的林地资产，应按应收债权的账面价值加上应当支付相关税费作为实际成本。如涉及补价的，应当按以下规定确定受让林地资产的实际成本：收到补价的，应当按应收债权的账面价值减去补价，加上应当支付的相关税费作为实际成本；支付补价的，应当按应收债权的账面价值加上支付的补价和应支付的相关税费作为实际成本。企业通过债务重组取得的无形资产，按债权的账面余额加上应支付的相关税费，借记"无形资产"科目，按应收债权的账面余额贷记"应收账款"等科目，按应支付的相关税费，贷记"银行存款"科目。

7.3.3.4 以非货币性交易取得

以非货币性交易取得主要包括短期投资、长期投资、库存商品、固定资产与无形资产等资产置换取得林地资产，若置换资产价值大于林地资产，收到的补价借记"银行存款"科目，按应确认的收益，贷记"营业外收入"科目；若置换资产价值小于林地资产，支付的补价贷记"银行存款"科目。

7.3.3.5 接受捐赠

接受捐赠的林地资产会计处理为：按照林地资产的实际成本或公允价值以及发生的相关费用，借记"无形资产"科目，贷记"资本公积"科目，按支付的相关税费贷记"银行存款"等科目。

7.3.3.6 无偿划拨

通过行政手段划拨给企业的林地资产，划拨单位有账面价值的，按照划拨单位的账面价值，划拨单位无账面价值的，按照公允价值作为入账价值，借记"无形资产"科目，贷记"资本公积"科目。

7.3.4 林地资产摊销的账务处理

关于林地资产的摊销可分为两种情形：一是商品性林地资产的摊销。商品性林地资产的摊销可参照我国《企业会计准则——无形资产》的规定，采用直线摊销法。商品林地的成本应自取得当月起在预计使用年限内分期平均摊销。同时，按照我国现行有关规定，企业林地资产摊销一律计入当期管理费用，并直接抵减商品性林地资产账面价值，借记"管理费用"科目，贷记"无形资产——商品性林地资产"科目，"无形资产——商品性林地资产"科目账面余额通常反映其摊余价值。二是公益性林地资产的摊销。公益林产品的价值不能直接通过市场实现，只能通过政府相关政策扶持来维持其资金循环链的正常运行。因此，公益林占用林地的取得成本就不能直接在其产品价值中得到补偿，从可持续发展的角度考虑，公益性林地使用权期限最好是无限期的。从这个角度考虑，公益性林地资产应永久保留，不予摊销。

7.3.5 林地资产处置的账务处理

林地资产的处置业务主要包括出租、出售和投资转出三种。

7.3.5.1　出租

企业将林地资产出租，即转让林地资产的使用权，就应取得相应的收入。如果合同、协议规定使用费一次支付，且不提供后期服务的，应该一次确认收入；如果提供后期服务的，应在合同、协议规定的有效期内分期确认收入；如果合同规定分期支付使用费的，应按合同规定的收款时间和金额或合同规定的收费方法计算的金额分期确认收入。

企业出租林地资产的使用权，按实际取得的使用费收入，借记"应收账款""银行存款"等科目，贷记"其他业务收入"科目；结转转让林地资产的成本支出，借记"其他业务支出"科目，贷记"银行存款""应交税费"等科目。

7.3.5.2　出售

企业出售资产所取得的收入，应作为企业的其他业务收入，按出售时所取得的价款，借记"银行存款"科目，贷记"其他业务收入"科目；出售商品性林地资产的，应以摊余价值作为转让成本；出售公益性林地资产的，以其全部价值作为转让成本，记入"其他业务支出"科目，即借记"其他业务支出"科目，贷记"无形资产——×××林地资产"科目。

7.3.5.3　投资转出

企业用林地资产对外投资，如投出林地资产的公允价值大于其账面余额的，应按公允价值，借记"长期股权投资"科目，按投出林地资产的账面余额，贷记"无形资产——×××林地资产"科目，按其差额，贷记"资本公积"科目。如果投资转出的林地资产的公允价值小于其账面余额的，应按公允价值，借记"长期股权投资"科目，按投出无形资产的公允价值小于的差额，借记"营业外支出"科目，按投出无形资产的账面余额，贷记"无形资产——×××林地资产"科目。

7.3.6　林地资产置换的账务处理

林地资产的置换主要包括商品林和公益林两类林地资产的相互转换。下面分别介绍两类置换业务的具体账务处理。

7.3.6.1　以商品性林地换入公益性林地

（1）不涉及补价。所谓不涉及补价的置换业务，即被置换的商品性林地资产的价值恰好等于置换的公益性林地价值。其账务处理则为按照换入公益性林地资产的账面价值加上应支付的相关税费，借记"无形资产——公益性林地资产"科目，按换出的商品性林地资产的账面余额，贷记"无形资产——商品性林地资产"科目，按应支付的相关税费，贷记"银行存款""应交税费"等科目。

（2）收到补价。所谓收到补价的置换业务，即被置换的商品性林地资产的价值大于等于置换的公益性林地价值，因此企业应得到补偿，其金额等于二者的差额。

其账务处理则为借记"无形资产——公益性林地资产"科目，按收到的补价，借记"银行存款"科目；按换出无形资产的账面余额，贷记"无形资产——商品性林地资产"科目，按应支付的相关税费，贷记"银行存款""应交税费"等科目，按应确认的收益，贷记"营业外收入——非货币性交易收益"科目。

（3）支付补价。所谓支付补价的置换业务，即被置换的商品性林地资产的价值小于等于置换的公益性林地价值，因此企业应将二者的差额支付给对方企业。

其账务处理则为借记"无形资产——公益性林地资产"科目，按换出商品性林地资产的账面余额，贷记"无形资产——商品性林地资产"科目，按应支付的补价和相关税费，贷记"银行存款""应交税费"等科目。

7.3.6.2　以公益性林地换入商品性林地

公益性林地的取得方式主要是国家行政划拨，属于无偿方式。如果把公益性林地资产进行转让或转化为商品性林地用途，它将由无偿使用转化为有偿使用，这时，要求企业补交林地的出让金以及相关的费用。

以公益性林地换入商品性林地，其账务处理类似于以商品性林地换入公益性林地。但需注意，公益性林地资产自取得时起其价值保持不变，而在置换中涉及的商品性林地资产的价值一定是摊余价值。

7.4　森林生态会计的核算——林木资产

林木资产是森林资源资产的主要组成部分，有广义和狭义之分。广义上可分为森林中的立木、动植物、微生物等；狭义是指森林中的立木，包括用材林、经济林等。本章只考虑狭义理解上的立木，而且是成熟的可立即采伐的林木资产，不考虑未成熟的近期不能采伐的林木资产，因为森林资源经营管理者更多关注的是成熟的可采伐林木。林木资产按其持有目的可分为商品性林木资产（包括生产性林木资产与消耗性林木资产）和公益性林木资产，具体如图7-1所示。

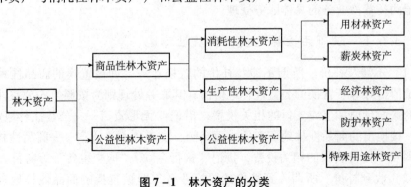

图 7-1　林木资产的分类

7.4.1　林木资产的会计确认

（1）商品性林木资产的确认，需满足两个条件：①林木资源的价值可以用货币计量，并能为某一会计主体所拥有或控制；②商品性林木资产主要向社会提供满足人们物质需要的有形产品，并为其经营者带来经济效益。

（2）公益性林木资产的确认。对于公益性林木能否纳入会计学意义上的资产范畴，目前的争论焦点主要集中于其是否能够给企业带来可能的经济利益流入。其中，对于森林景观林而言，它会为企业带来收益，并且其收益对国家和社会经济的影响越来越大。森林旅游业已经成为中国林业的新兴产业，毫无疑问森林景观林可作为资产纳入会计核算体系。

但是，就被划为国家公益林的森林生态资源而言，它们从现有的市场上几乎无法取得收入。这部分纯公益林所生产的主产品为生态产品，生态产品的效用是森林生态效益，由于森林生态效益具有非排他性或排他的成本很高，并且不能储藏和移动，决定了森林的生态效益无须经过市场交换以及无可用的市场价格。但随着社会的发展以及人们认识水平的提高，形成了将公益林纳入资产的要求及可能，就是对生态产品给予定价的问题，也就是对公益林生产经营的补偿问题。其生态产品的买方可以表现为政府部门，也可以表现为某一部分的社会和个人，前者通过财政拨款的形式给予补偿，后者则类似于购买其他商品。

这样，通过国家政府的举措，企业所拥有的国家公益林也最终具有了资产所要求的特征，能够被确认为资产。

7.4.2　林木资产的会计计量

在森林生态会计核算中，计量属性的争议主要集中于是采用历史成本还是公允价值。这两种计量属性各有利弊，但相对而言，公允价值更为合适。由于林木资产具有生物多样性的特点，以历史成本计价会低估其价值。因此，在林木资产的公允价值能可靠计量的情况下，常采用可实现净值法。例如，在初次确认时，应按其公允价值减去预计至销售将发生的费用计量。若公允价值不能可靠计量时，可按"评估价"近似值计量。具体以林木经营方案、林木资源档案等为依据，修正有效的林木资源数据，区别林木类型及林龄，结合评估目的选用不同评估方法，以总体林木类型或小班为单位，运用实物核查、市场调查、技术经济分析等手段对林木资产进行估算。因此，林木资产公允价值的确定，是一项技术性工作，需要聘请专业的评估人员。在资产负债表日，企业应当对林木资产实物量的"公允价值"进行再次确认与计量。从目前情况看，我国更多地应用自然科学研究成果及森林生态资源两类调查资料，根据不同树种和各龄段的林木自然生长规律来计量与确认。

具体而言，林木资产价值的构成要素包括营林生产成本、资金的时间价值、利润、税金及树种差价等。目前，林木资产价值的计量方法主要有重置成本法、现行市价法和净收益现值法。下面简述之。

（1）重置成本法。该方法是根据现时工价及生产水平，重置与被评估林木资产类似的林木所需的成本费用。其重置成本公式可表示为：

$$E = k \times \sum_{i=1}^{n} C_i (1+P)^{n-i+1} \tag{7-4}$$

其中，E 为林木资产评估值；k 为林分质量调整系数；C_i 为第 i 年以现时工价及生产水平为标准计算的生产成本，主要包括各年投入的工资、物质消耗、地租等；n 为林木年龄；P 为投资收益率。

但由于森林资源资产经营有其特殊性，与一般资产评估的重置成本法相比，林木资产评估的重置成本法有三个不同之处：第一，必须计算复利。木材从投入至主伐的周期长，导致资金的长期占用，根据资金占用原理，必须以复利计算。第二，是否考虑成新率的问题。例如，林木资产中的用材林资产在采伐前不需折旧，也就不需考虑成新率；但经济林资产则存在着折旧问题，即应该考虑其成新率。第三，如何确定用材林资产的 k 值。由于林木资产的林分差异较大，k 往往是需要调整的。

（2）现行市价法。该方法是以相同或类似林木资产的现行市场成交价格作为基础评估林木资产价值的方法，它是市场法的一种情形。其计算公式为：

$$E = k_1 \times k_2 \times k_3 \times k_4 \times G \times M \tag{7-5}$$

其中，E 为林木资产评估值；k_1 为地利调整系数；k_2 为平均胸径调整系数；k_3 为平均高调整系数；k_4 为物价调整系数；G 为参照物单位蓄积量的交易价格；M 为被评估林木资产的蓄积量。

此处的现行市价法应满足两个基本的前提条件：第一，必须有一个公开活跃的林木资产交易市场；第二，交易市场上要有可比较的林木资产及其参考数据。

（3）净收益现值法。该方法是指林木资产价值等于在未来经营期各年的净收益按照一定的资本化折现率所计算的现值之和。其计算公式为：

$$E = \sum_{i=n}^{u} \left[(A_i - C_i) / (1+P)^{i-n+1} \right] \tag{7-6}$$

其中，E 为 n 年生长的林木资产评估值；A_i 为第 i 年的收益；C_i 为第 i 年的年成本支出；u 为经济寿命期；p 为折现率；n 为林木的年龄。

在使用净收益现值法评估林木资产价值时，需满足三个基本要素：①能够合理估计未来各年林木资产带来的收入及必要的成本支出；②折现率或资本化率能够合理确定；③林木资产的经营期应能够合理估计。但是往往估计林木未来各年的收入与成本支出显得非常困难，因此，该方法并不一定适合于所有林木资产的价值评估。

在实际工作核算中，对林木资产的价值评估选择应该根据林木的具体特点来选择适当的评估方法。例如，一般用重置成本法来估算用材林和幼龄林的资产价值，收益现值法多用于中龄林资产的价值评估。

7.4.3　消耗性林木资产的核算

如图 7-1 所示，为了更好反映地消耗性林木资产的存量及其增减变动情况，增设了"消耗性林木资产"和"消耗性林木资产跌价准备"，主要涉及的经济业务包括新造、有偿购入、投资者投入、接受捐赠、接受抵债偿付、以货币性交易换入、主伐、销售、对外投资、毁损、消耗性林木资产转为生产性林木资产等。

（1）新造消耗性林木资产的核算。企业自行营造的消耗性林木资产在会计核算上分郁闭前、郁闭时及郁闭后三种情形确定的实际成本作为入账价值。例如，郁闭前消耗性林木资产，按照其耗用的直接材料、直接人工和其他直接费，直接计入生产成本，借记"林业生产成本"科目，贷记"原材料""应付职工薪酬""库存现金""银行存款"等科目；消耗性林木资产郁闭时，按其账面余额，借记"林木资产——消耗性林木资产"科目，贷记"林业生产成本"科目；消耗性林木资产郁闭后发生的管护费用，借记"管理费用"科目，贷记"银行存款""库存现金""原材料"等科目。

（2）有偿购入消耗性林木资产的核算。企业通过交易购入的消耗性林木资产，按照交易价格作为其入账价值，但不包含交易过程中发生的手续费等附加费用，借记"林木资产——消耗性林木资产"科目，按专用发票上注明的增值税税额，借记"应交税费——应交增值税（进项税额）"科目，按实际支付或应支付的款项，贷记"银行存款""应付账款"等科目。

（3）投资者投入消耗性林木资产的核算。投资者投入的消耗性林木资产，按照投资各方确认的价值作为实际成本，借记"林木资产——消耗性林木资产"科目，区别投资主体，贷记"实收资本"等科目。

（4）接受捐赠的消耗性林木资产的核算。对于接受捐赠的消耗性林木资产，如果捐赠方提供了有关的凭据，按凭据上注明的金额，加上应支付的相关税费，作为实际成本入账；如果捐赠方未提供有关凭据，按公允价值评估入账。接受捐赠时，借记"林木资产——消耗性林木资产"科目，贷记"资本公积"科目。

（5）企业接受债务人以消耗性林木资产抵偿债务的核算。企业接受债务人以非现金资产抵偿债务方式取得的消耗性林木资产，应当按照应收债权的账面价值减去可抵扣的增值税进项税额后的差额，加上应支付的相关税费，作为实际成本，借记"林木资产——消耗性林木资产"科目，按专用发票上注明的增值税税额，借记"应交税费——应交增值税（进项税额）"科目，按应收债权已计提的坏账准备，借记"坏账准备"科目，按应收债权的账面余额，贷记"应收账款"科目，按应支付的相关税费，贷记"应交税费"等科目。

（6）以非货币性交易换入的消耗性林木资产的核算。以非货币性交易换入的消耗性林木资产，按换出资产的账面价值减去可抵扣的增值税进项税额后的差额，加上应支付的相关税费作为实际成本入账。

（7）消耗性林木资产主伐。消耗性林木资产主伐是消耗性林木资产减少最直接的方式，主伐后形成可以直接销售的木材产品，对于采用皆伐方式的，消耗性林木资产的账面价值是构成木材产品成本的主要内容；若采用择伐方式，按照择伐强度与林木资产账面价值的乘积进行成本结转；若生产多种或多规格产品的，应当采用适当的方法将林木资产账面价值在多种或多规格产品之间进行分配结转。

消耗性林木资产采伐时，按其成本，借记"生产成本"科目，按已计提的消耗性林木资产跌价准备，借记"消耗性林木资产跌价准备"科目，按其账面余额，贷记"林木资产——消耗性林木资产"科目。收获的木材产品验收入库时，按其实际成本，借记"库存商品"科目，贷记"生产成本"科目。

（8）消耗性林木资产销售。消耗性林木资产直接销售的，应当在确认业务收入的同时，将相应的消耗性林木资产的账面价值结转入业务成本。确认收入时，借记"银行存款"等科目，贷记"主营业务收入"科目，按照应缴纳的增值税销项税额，贷记"应交税费——应交增值税（销项税额）"科目；同时结转成本，借记"主营业务成本"等科目，贷记"林木资产——消耗性林木资产"科目。

（9）消耗性林木资产对外投资。以消耗性林木资产对外投资的，按消耗性林木资产的账面价值加上应支付的相关税费，借记"长期股权投资——其他股权投资"科目，借记"消耗性林木资产跌价准备"科目，按消耗性林木资产的账面价值，贷记"林木资产——消耗性林木资产"科目，按应支付的相关税费贷记"银行存款""应交税费——应交增值税（销项税额）"科目。

（10）消耗性林木资产毁损。消耗性林木资产因遭受特大自然灾害，如森林火灾、病虫害等，会产生巨大的损失，使得消耗性林木资产成本无法收回。这时，应按照成本与可变现净值孰低的原则计提"消耗性林木资产跌价准备"，而对"消耗性林木资产"账户不做处理。借记"营业外支出——计提的消耗性林木资产跌价准备"科目，贷记"消耗性林木资产跌价准备"科目。

（11）消耗性林木资产转为生产性林木资产。消耗性林木资产郁闭后明确其生产性特点，转为成熟生产性林木资产时，按其账面价值，借记"林木资产——生产性林木资产"科目，按已计提的消耗性林木资产跌价准备，借记"消耗性林木资产跌价准备"科目；按其账面余额，贷记"林木资产——消耗性林木资产"科目。

7.4.4 生产性林木资产的核算

为了更好地反映生产性林木资产的存量及其增减变动情况，增设"生产性林木资产""生产性林木资产累计折旧""生产性林木资产减值准备""未成熟生产性林木资产""未成熟生产性林木资产减值准备"账户。

7.4.4.1 新造生产性林木资产的核算

企业的生产性林木资产很多是通过自行培育取得的。在生产性林木资产成熟前，需要通过"未成熟生产性林木资产"账户对培育生产性林木资产过程中的直接成本及分配的间接费用予以归集，待到林木成熟，能够达到预期的生产目的时，再进行结转。自行营造生产性林木资产时，按发生的实际成本，借记"林木资产——未成熟生产性林木资产"科目，贷记"库存现金""银行存款""原材料""应付职工薪酬"等科目。

企业应当不定期或者至少于每年度终了，对未成熟生产性林木资产进行全面检查。如果由于遭受自然灾害、病虫害等导致未成熟生产性林木资产的可收回金额低于其账面价值的，应按可收回金额低于账面价值的差额，计提未成熟生产性林木资产减值准备。

未成熟生产性林木资产达到预定的生产经营目的开始投产时，按未成熟生产性林木资产账面价值，借记"林木资产——生产性林木资产"科目，按已计提的未成熟生产性林木资产减值准备，借记"未成熟生产性林木资产减值准备"科目；按其账面余额，贷记"林木资产——未成熟生产性林木资产"科目。

7.4.4.2　购置生产性林木资产的核算

购置生产性林木资产的最大特点是取得成本往往是通过市场公平交易确定，成本具有可验证性。企业购入的生产性林木资产，按实际支付的价款作为购入的生产性林木资产原值入账，借记"林木资产——生产性林木资产"科目，按实际支付的税费，借记"应交税费——应交增值税（进项税额）"科目；贷记"银行存款"等科目。

7.4.4.3　接受生产性林木资产投资的核算

企业对投资转入的生产性林木资产，一方面要反映本企业生产性林木资产的增加，另一方面要反映投资者投资额的增加。投入的生产性林木资产按资产评估确定的原价入账，按评估确认的净值作为实收资本，二者之间的差额，计作已提取的生产性林木资产的累计折旧。

接受投资时，借记"林木资产——生产性林木资产"科目，贷记"实收资本""累计折旧"等科目。

7.4.4.4　接受捐赠生产性林木资产的核算

企业接受捐赠的生产性林木资产，因按照公允价值或根据提供的有关凭据确定的金额作为生产性林木资产原价入账。按估计的折旧作为累计折旧，二者的差额先按规定计算递延所得税，余额作为资本公积。借记"林木资产——生产性林木资产"科目，贷记"累计折旧""资本公积""递延税款""银行存款"等科目。

7.4.4.5　无偿划拨生产性林木资产的核算

企业按照有关规定并报经有关部门批准无偿划拨的生产性林木资产，原单位有账面价值的，按账面价值入账，无账面价值按公允价值入账。借记"林木资产——生产性林木资产"，贷记"累计折旧""资本公积"。

7.4.4.6 生产性林木资产出售、报废和损毁

出售、报废、毁损等原因减少的成熟生产性林木资产，按减少的成熟生产性林木资产账面价值，借记"固定资产清理"科目；按已计提的累计折旧，借记"生产性林木资产累计折旧"科目，按已计提的减值准备，借记"生产性林木资产减值准备"科目；按账面原价，贷记"林木资产——生产性林木资产"科目。"固定资产清理"科目是计价对比账户，核算企业因出售、报废和毁损等原因转入清理的固定资产净值以及在清理过程中所发生的清理费用和清理收入，按交易发生时的相关费用，借记"固定资产清理"科目，贷记"银行存款""应交税费"等科目；按照评估价或合同协议价，借记"银行存款"科目，贷记"固定资产清理"科目；结转生产性林木资产交易中的净收益，借记"固定资产清理"科目，贷记"营业外收入"科目。

7.4.4.7 生产性林木资产转为消耗性林木资产

生产性林木资产转化为消耗性林木资产时，按其账面价值，借记"林木资产——消耗性林木资产"科目，按已计提的生产性林木资产减值准备和累计折旧，借记"生产性林木资产减值准备"和"生产性林木资产累计折旧"科目；按其账面余额，贷记"林木资产——生产性林木资产"科目。

7.4.5 公益性林木资产的核算

在开始有关公益性林木资产的论述之前，有必要将公益林与后面7.5节将阐述的公益林生态效益（即生态服务功能）这两个概念相区别。公益林和公益林生态效益是两个完全不同的概念，公益林是提供生态效益的本源，它的经营目标是保证森林生态环境效益的持续产出，减少经济发展中的环境成本，并且满足社会对森林非物质产品的需求。而公益林的生态效益是由公益林提供的生态服务功能，是公益林的产品之一，二者是生产服务源泉与生产服务本身之间的关系。因而，对公益性林木资产的核算和对公益林生态效益（即生态服务功能）的价值评估是不同的。此处的公益林其实质就是商品林。因此，在实践中，公益性林木资产的核算是参照商品林的核算来进行的。

7.4.5.1 企业使用国家专项资金进行公益林的营造与维护

企业收到专项用于公益林营造或管护的款项时，按照收到款项的金额，借记"银行存款"科目，贷记"专项应付款"科目。郁闭前公益林耗用的直接材料、直接人工和其他直接费，直接计入生产成本，借记"林业生产成本"科目，贷记"原材料""应付职工薪酬""库存现金""银行存款"等科目。对于未形成公益性林木资产的，报经批准后，借记"专项应付款"科目，贷记"林业生产成本"科目。公益林郁闭时，按其账面余额，借记"林木资产——公益林"科

目，贷记"林业生产成本"科目。同时，按使用国家拨款金额，借记"专项应付款"科目，贷记"公益林基金"科目。公益林郁闭后发生的管护费用，借记"管理费用"等科目，贷记"银行存款""库存现金""原材料"等科目；同时，按使用国家拨款金额，借记"专项应付款"科目，贷记"公益林基金"科目。

7.4.5.2　公益林郁闭后转为消耗性林木资产或生产性林木资产

将郁闭后的公益林无偿转为企业的消耗性林木资产或生产性林木资产时，按公益林的账面余额，借记"林木资产——消耗性林木资产"或"林木资产——生产性林木资产"科目，贷记"林木资产——公益林"科目；同时，按使用国家拨款的金额，借记"公益林基金"科目，贷记"资本公积"科目。

7.4.5.3　因毁损等导致国家拨款形成的公益林减少

因毁损等减少国家拨款形成的公益林时，按使用国家拨款金额，借记"公益林基金"科目，贷记"林木资产——公益林"科目。

7.4.5.4　国家将企业的消耗性林木资产或生产性林木资产认定为公益林

当国家将企业自有消耗性林木资产认定为公益林时，在账务处理上，应按照消耗性林木资产或生产性林木资产账面价值，借记"林木资产——公益林"科目，贷记"林木资产——消耗性林木资产"或"林木资产——生产性林木资产"科目。当收到国家生态效益补偿金时，借记"应收账款"科目，贷记"森林生态效益补偿收入"科目；收到国家生态效益补偿金收入时，按照实际收到的款项，借记"银行存款"科目，贷记"应收账款"科目。

7.5　森林生态会计的核算——生态服务功能

综合前面所述，森林资源的生态服务价值是指以发挥森林生态服务功能为主要经营目的，并最大限度地发挥其生态效益。生态服务功能的核算和评价一直是国内外研究的焦点问题，至今尚无定论。本教材将参照会计核算的基本原则在此做一探索。

迄今为止，对于森林资源的生态服务功能的会计确认的认识和表述，归纳起来大致有以下观点。

（1）森林资源的生态服务价值形成来源于人类凝结在营林生产活动中的劳动量，否认自然作用形成的天然林的公益效能具有价值。其空气和生态的自然景观等同样具有价值，现在社会生产的一个后果，是整个地球几乎不存在未被污染的空气，人们为满足对清洁空气、淡水等的需求，不得不从事保护、净化等追加生产活动，这就把人类劳动凝结其中，使这些物质本身具有了价值。

（2）森林生态服务价值是由人类在林业生产过程中所投入的社会必要劳动时间决定的。根据马克思劳动价值论，任何商品必须同时具备三个条件——属于劳动产品、有使用价值、生产不是为了自身消费而是为了交换，森林资源经营满足这三个条件，因此具有价值。

（3）森林资源的生态服务功能主要包括森林在固碳释氧、涵养水源、保育土壤、积累营养物质、净化大气环境、保护生物多样性、森林防护和游憩、浏览观光休闲等方面提供的生态效益，这些效益来自森林资源的生产经营。由于森林资源产出的生态效益在使用上具有非竞争性，其生态产品的买方可以表现为政府部门，也可以表现为某一部分的社会和个人，前者通过财政拨款的形式给予补偿，后者则类似于购买其他商品。补偿额（或价格）取决于生态产品的效用大小。通过国家政府，生态产品在能够获取收益这一点上与其他产品并无本质差别。我国目前在试点省份试行的生态效益补助资金制度正是出于上述确认原则，使森林资源产品也能够为企业带来合理的收益。

从生态效益的概念出发，森林资源的生态服务功能必须符合以下条件才能被确认为资产：首先，必须是森林资源所衍生出的生态服务；其次，森林资源必须能够被会计主体拥有或控制；再次，由过去的交易或事项形成的，这一条件的实质是森林资源生态服务功能所带来的生态效益可以用货币反映出来；最后，必须能够为其会计主体带来经济或生态利益。

7.5.1 生态服务功能的会计计量

生态服务功能具有比较虚的舒适性的无形价值。森林资源生态服务功能的会计计量实质是指对森林资源生态效益的价值评估，应以效用理论、稀缺理论和福利经济学作为理论基础，以社会消费和社会收益为依据来评价森林公益效能。根据前面所述，森林生态服务功能主要包括有固碳释氧、涵养水源、固持土壤、保有肥力、净化大气、滞尘等方面提供的生态效益，现具体阐述其计量方法。

7.5.1.1 固碳释氧的价值核算

按《森林生态系统服务功能评估规范》，固碳释氧的实物量计算公式如下：

年固碳量＝生物量净增总量×含碳率　　　　　　　　　　　（7－7）

年固碳价值＝年固碳量×造林成本　　　　　　　　　　　　（7－8）

其中，单位生物量的净增量＝单位面积年末存量－单位面积年初存量。

生物量净增总量＝单位面积生物量的净增量×面积　　　　（7－9）

7.5.1.2 涵养水源的价值核算

森林水源涵养量的会计计量采用森林对降水的蓄存法，即用森林生态系统的蓄水效应来衡量其水源涵养功能。根据径流场的实测数据，可以得到该森林类型的年径流量，用该年度的降雨量减去年径流量则为该林型相应的森林备水能力。

水源涵养价值则以当地灌溉水价格（元/t）为标准加以计量。涵养水源实物量计算公式如下：

$$Q = \left(\frac{R}{1\,000} - \frac{J}{10\,000} \right) \times A \times 10\,000 = （10R - J）A \qquad (7-10)$$

其中，Q 为某森林类型生态系统的涵养水源量（t）；R 为年降雨量（mm）；J 为年地表径流量（m³/hm²）；A 为林地面积（hm²）。

各种不同类型森林的水源涵养量的总和为：

$$\sum Q = \sum （10R - J）A \qquad (7-11)$$

$$水源涵养价值 = 年水源涵养总量 \times 灌溉水价格 \qquad (7-12)$$

7.5.1.3　固土保肥能力的价值核算

森林的土壤保育价值主要是指森林因减少水土流失而产生的增益价值，包括因减少土壤流失而产生的固土价值和保肥价值。按《森林生态系统服务功能评估规范》，固持土壤实物量和价值量计算公式如下：

固土价值可根据因减少土壤流失而产生的减轻河流淤积价值，以每挖取 1 吨泥沙的人工成本来计量。

$$保土重 = 面积 \times （裸地的土壤侵蚀模数 - 该林地的土壤侵蚀模数）$$
$$(7-13)$$

$$固土价值 = 保土重 \times 单位淤泥人工挖取成本 \qquad (7-14)$$

保有肥力价值量计算公式如下：

$$保肥价值 = 保土重 \times 土壤的养分含量 \times 肥料价格 \qquad (7-15)$$

7.5.1.4　森林防护功能的价值核算

森林防护价值只针对符合国家林业和草原局制定的生态公益林建设系列标准的防风固沙林而言，主要针对"三北"风沙区和沿海防护林区，选取固土（沙）价值和防风价值。

单位土地价格以当地农业用地的单位面积价值为标准。

$$沙漠化防治价值 = 固沙面积 \times 单位面积土地价格 \qquad (7-16)$$
$$防风价值 = 森林面积 \times 单位面积森林的防风效益 \qquad (7-17)$$

其中，防风效益是指由于森林存在降低风速而减轻自然灾害的损失所折合成单位面积森林的防护价值。对不同风力的衰减能力，森林的防风效益是不同的，一般可根据当地不同风力所引起的自然灾害的平均损失，计算相应的森林防风效益。

7.5.1.5　净化滞尘功能的价值核算

环境净化包括净化大气（吸收污染物、杀菌、降低噪声等）及滞尘等内容，在此按《森林生态系统服务功能评估规范》核算森林资源净化大气及滞尘功能的价值。根据我国的实际情况，在此我们只考虑了在我国具有普遍意义的酸雨和烟尘污染两个指标。酸雨在我国具有普遍性，且酸雨是由大气污染引起的，而大气的流动性特点决定了该指标可以针对所有森林，其中，净化大气的实物量和价值量公式如下：

$$吸收 SO_2 价值 = SO_2 的年吸收量 × 单位 SO_2 的净化成本 \qquad (7-18)$$

滞尘能力则主要是针对由于人类生产而产生的烟尘污染，只局限于人类活动比较频繁的城（镇）市，因此，关于针对对象，本教材明确是指森林面积的50%以上（不包括50%）位于城（镇）建成区的森林，滞尘的实物量和价值量公式如下：

$$滞尘价值 = 年滞尘量 × 单位尘埃的治理成本 \qquad (7-19)$$

7.5.1.6　森林防护游憩、游览观光休闲等方面的价值核算

这一部分的计量和评估大多采用替代市场法和模拟市场法。其中，替代市场法是以影子价格和消费者剩余来表达公益林效益的经济价值。常用的具体方法有费用支出法、市场价值法、旅行费用法、机会成本法等。费用支出法是一种古老又简单的方法，是从消费者的角度来评价生态服务功能的价值，以人们对某种公益林生态效益所支付的费用来表示其经济价值；市场价值法与费用支出法相似，用于没有费用支出但有市场价值的生态服务功能的价值评估，先定量地评价某种生态服务功能的效果，再根据这些效果的市场价格来评估其经济价值；旅行费用法与费用支出法不同，它不是以游憩费用作为森林的游憩价值，而是以消费者剩余作为森林的游憩价值。机会成本法认为，资源的使用是有限的，选择了这种使用机会就会失去另一种使用机会，也就失去了后一种获得效益的机会，人们把失去使用机会的方案中能获得的最大收益称为该资源选择方案的机会成本。模拟市场法则是以支付意愿和净支付意愿来表达生态服务功能的经济价值。模拟市场法的主要代表是意愿调查法，即直接通过询问来得到人们对环境的评价。模拟市场法的核心是直接调查和咨询人们对生态服务的支付意愿，并以支付意愿和净支付意愿来表达生态服务的经济价值。

7.5.2　生态服务功能的价值核算案例

7.5.2.1　案例简介

墟沟林场位于江苏省的东北部的连云港市。此案例简介如下：（1）气候特点。连云港位于暖温带南缘地区的南北气候交界带，属暖温带季风气候，常年风向东南偏东风，夏秋多东南风，春冬多西北风。沿海春季温度回升慢，秋冬寒风使气温骤降。年平均气温为 11.3 ~ 14.9℃，最低气温 - 13.2℃，最高气温 35.7℃，全年无霜期219天。每年10月至次年4月受强烈的西伯利亚高压控制，受季风影响甚大。春秋干燥，冷暖多变，夏季湿润，雨量集中于7~8月，平均年降水量950mm左右，蒸发量1 674mm，雨量山地多于平原。（2）土壤特点。本区属暖温带落叶、阔叶林区，山地棕壤是本区典型的地带性土壤，是变质片麻

岩残积坡积母质发育的。墟沟林场土壤面积比例见表 7-2。（3）森林生态资源及特征。墟沟林场的总森林面积为 2 619.32hm²，作为国家级自然保护区，林场内大多为风景林。主要森林类型有：针叶林，以赤松、黑松、杉木为主；阔叶林，以刺槐、杂阔及栎类为主；竹类，主要为淡杂竹。（4）森林分布特点。在水平分布上，呈自东向西逐渐减少；在垂直分布上，顶部和底部物种少，中部较多；物种分布受地形和土壤影响，北坡土壤肥沃处为松林，而南坡多为天然次生林；在树种组成方面阳坡物种多于阴坡物种。墟沟林场的主要树种组成见表 7-3，墟沟林场森林生态资源的年龄构成见表 7-4。

表 7-2　　　　　　墟沟林场土壤面积比例

名称	薄层生草土	厚层生草土	少砾质岭砂土	薄层棕壤	厚层棕壤	黄板土
比例（%）	6.65	10.95	16.68	5.74	55.61	4.37

表 7-3　　　　　　墟沟林场的主要树种构成

优势树种	黑松	赤松	杂阔	杉木	刺槐	栎类	淡杂竹
面积（hm²）	457.4	149.9	1 921.12	62.4	0.8	23.6	4.1

表 7-4　　　　墟沟林场森林生态资源的年龄构成

龄组	幼龄林	中龄林	近熟林	成熟林
面积（hm²）	1 384.16	9 112.7	225.2	116.5
比例（%）	52.45	34.59	8.53	4.41

7.5.2.2　森林固碳的价值核算

森林固碳量以生物量及其含碳率的大小计算其碳储量。在江苏地区，不同森林类型的生物量（B）与蓄积量（V）的关系是，马尾松：$B = 0.52V$；栎林：$B = 1.3288V - 3.899$；杉木林：$B = 0.40V + 22.54$；灌木：$B = 0.6V$；竹林：$B = V$。森林固碳价值是价值核算。通常运用碳税法和造林成本法。根据我国的实际情况，采用与劳动力成本相结合的造林成本法更适合我国国情。如根据 2005 年中国木材成本为每立方米 240.3 元，折合成造林成本为每吨碳 260.9 元。根据 7.5.2 节中式（7-1）、式（7-2）和式（7-3），固碳价值核算公式得出连云港墟沟林场 2005 年和 2006 年两年的森林固碳价值（见表 7-5 和表 7-6）。

表 7-5　　　　连云港墟沟林场森林固碳价值（2005 年）

森林类型	面积（hm²）	单位蓄积量（m³/hm²）		单位生物量（t/hm²）			含碳率（%）	年固碳量（t）	固碳价值（万元）
		年初存量	年末存量	年初存量	年末存量	净增量			
栎类	1 953.9	63.28	69.90	80.19	88.98	8.79	49.9	8 570.22	223.597 0
松林	618.1	139.32	155.78	72.45	81.01	8.47	51.2	2 680.48	69.933 7
杉木林	62.4	107.72	128.70	65.63	74.02	8.39	49.3	258.1	6.733 8
杂灌	4.1	28.77	31.70	17.26	19.02	1.76	49.9	3.6	0.093 9
合计	2 638.5	82.09	91.35	77.93	86.65	8.71	50	11 512.4	300.358 84

表 7-6　　　　　　　连云港墟沟林场森林固碳价值（2006 年）

森林类型	面积（hm²）	单位蓄积量（m³/hm²）		单位生物量（t/hm²）			含碳率（%）	年固碳量（t）	固碳价值（万元）
		年初存量	年末存量	年初存量	年末存量	净增量			
栎类	1 953.9	69.9	76.57	88.98	97.85	8.87	49.9	8 648.22	225.632 1
松林	618.1	155.78	172.23	81.01	89.56	8.55	51.2	2 705.79	70.594 1
杉木林	62.4	128.7	149.68	74.02	82.41	8.39	49.3	258.1	6.733 8
杂灌	4.1	331.7	34.63	19.02	20.78	1.76	49.9	3.6	0.093 9
合计	2 638.5	91.35	100.64	86.65	95.42	8.79	50	11 615.71	303.053 9

7.5.2.3　水源涵养的价值核算

根据 7.5.2 中有关水源涵养的价值核算公式——式（7-4）、式（7-5）和式（7-6），可计算出连云港墟沟林场森林的水源涵养价值如表 7-7 和表 7-8 所示。

表 7-7　　　　　　连云港墟沟林场森林的水源涵养价值（2005 年）

森林面积	面积（hm²）	年径流量（m³/hm²）	年降雨量（mm）	年水源涵养量（m³）	水源涵养价值（万元）
栎类	1 953.9	1 235.6	1 020	17 515 541	1 751.554 1
松林	618.1	3 468.7	1 020	4 160 617	416.061 7
杉木林	62.4	1 627.5	1 020	534 924	53.492 4
杂灌	4.1	4 590	1 020	23 001	2.300 1
合计	2 638.5	1 773.2	1 020	22 234 083	2 223.408 3

表 7-8　　　　　　连云港墟沟林场森林的水源涵养价值（2006 年）

森林面积	面积（hm²）	年径流量（m³/hm²）	年降雨量（mm）	年水源涵养量（m³）	水源涵养价值（万元）
栎类	1 953.9	1 238.5	1 067	18 428 208	1 842.820 8
松林	618.1	3 470.8	1 067	4 449 826	444.982 6
杉木林	62.4	1 630.4	1 067	564 071	56.407 1
杂灌	4.1	4 603	1 067	24 875	2.487 5
合计	2 638.5	12 205 826	1 067	23 466 980	2 346.698 0

7.5.2.4　土壤的保育价值核算

根据 7.5.1 中有关固土保肥的价值核算原理［式（7-7）、式（7-8）和式（7-9）］，假设肥料价格按当地上年底复合肥的市场价格 2 500 元/吨计，单位淤泥人工挖取成本按 1 元/t 计，则连云港墟沟林场森林土壤保育价值核算如表 7-9 和表 7-10 所示。

表 7-9　　　　　　连云港墟沟林场森林土壤保育价值（2005 年）

森林类型	面积（hm²）	土壤侵蚀模数（t/hm²）		保土重（t）	养分含量（g/cm³）				保肥价值（万元）	固土价值（万元）
		林地	裸地		N	P	K	合计		
栎类	1 953.9	186.54	4 123.53	7 692 485	0.199	0.108	8.01	8.317	15.994 6	769.248 5
松林	618.1	192.86	4 123.53	2 429 547	0.075	0.109	3.54	3.724	2.261 9	242.954 7
杉木林	62.4	194.67	4 123.53	245 161	0.049	0.169	4.67	4.888	0.286 2	24.516 1
杂灌	4.1	176.87	4 123.53	16 181	0.018	0.078	0.47	0.566	0.002 3	1.618 1
合计	2 638.5		4 123.53	10 383 374					18.545 0	1 038.337 4

表 7 - 10　　　　连云港墟沟林场森林土壤保育价值（2006 年）

森林类型	面积（hm²）	土壤侵蚀模数（t/hm²）		保土重（t）	养分含量（g/cm³）				保肥价值（万元）	固土价值（万元）
		林地	裸地		N	P	K	合计		
栎类	1 953.9	190.45	4 126.38	7 690 414	0.199	0.108	8.01	8.317	15.973 0	769.041 4
松林	618.1	199.32	4 126.38	2 427 316	0.075	0.109	3.54	3.724	2.259 8	242.736 1
杉木林	62.4	204.76	4 126.38	244 709	0.049	0.169	4.67	4.888	0.299 0	24.470 9
杂灌	4.1	194.88	4 126.38	16 119	0.018	0.078	0.47	0.566	0.002 3	1.611 9
合计	2 638.5		4 126.38	10 378 558					18.534 1	1 037.855 8

7.5.2.5　森林防护的价值核算

根据 7.5.2 前述核算原理 [见式（7 - 10）和式（7 - 11）]，假设在这种模式下，各地在具体实施时可由省级部门制定相应的标准：

破坏性风害	风害次数	防风效益
10 ~ 9 级强风	风害次数	每次按 0.5 万元/hm² 计
9 ~ 8 级强风	风害次数	每次按 0.03 万元/hm² 计
8 ~ 7 级强风	风害次数	每次按 0.01 万元/hm² 计
7 ~ 6 级强风	风害次数	每次按 0.001 万元/hm² 计

根据上述已知条件，连云港墟沟林场的森林防护价值计算如表 7 - 11 和表 7 - 12 所示。

表 7 - 11　　　　连云港墟沟林场的森林防护价值（2005 年）

森林类型	面积（hm²）	破坏性风害	风害次数	防风价值（万元）
防护林	2 638.5	10 ~ 9 级强风	0	0
	2 638.5	9 ~ 8 级强风	1	7.915 5
	2 638.5	8 ~ 7 级强风	2	5.277 0
	2 638.5	7 ~ 6 级强风	5	1.319 3
合计	2 638.5			14.511 8

表 7 - 12　　　　连云港墟沟林场的森林防护价值（2006 年）

森林类型	面积（hm²）	破坏性风害	风害次数	防风价值（万元）
防护林	2 638.5	10 ~ 9 级强风	0	0
	2 638.5	9 ~ 8 级强风	1	7.915 5
	2 638.5	8 ~ 7 级强风	3	7.915 5
	2 638.5	7 ~ 6 级强风	4	1.055 4
合计	2 638.5			16.886 4

7.5.2.6　环境净化价值核算

根据 7.5.2 节中有关核算原理及公式（7 - 12）和式（7 - 13），其中单位 SO_2 的净化成本根据设备成本和运行成本取 600 元/t；单位滞尘成本根据设备和运行成本取每吨 170 元。可计算得到滞尘量与环境净化价值如表 7 - 13 至表 7 - 14 所示。

表 7 – 13   2005 年不同月份的滞尘量

森林类型	3 月	4 月	5 月	10 月	11 月	12 月	合计
针叶林	0.396 4	0.387 6	0.385 7	0.346 9	0.347 1	0.311 6	2.175 3
阔叶林	1.046 5	1.041 2	1.018 2	0.915 8	0.916 4	0.822 3	5.760 4

表 7 – 14   连云港墟沟林场森林的环境净化价值（2005 年）

森林类型	面积（hm^2）	生物量（kg/hm^2）	SO_2 的吸收		吸附尘埃		
			吸收量（kg/t）	净化价值（万元）	吸附能力（t/hm^2）	吸附量（t）	净化价值（万元）
栎类	1 953.9	89	0.966 1	10.080 1	2.175 3	4 250.318 7	114.758 6
松林	618.1	81	0.444 4	4.338 9	5.760 4	3 560.503 2	96.133 6
杉木林	62.4	74	0.695 9	0.192 8	5.760 4	359.449	9.705 1
杂灌	4.1	19	0.965 3	0.004 5	2.175 3	8.918 7	0.240 8
合计	2 638.5	86.7	1.018	14.616 3	3.099 9	8 179.189 6	220.838 1

表 7 – 15   2006 年不同月份的滞尘量

森林类型	3 月	4 月	5 月	10 月	11 月	12 月	合计
针叶林	0.387 6	0.387 5	0.385 7	0.357 6	0.349 6	0.321 7	2.189 7
阔叶林	1.043 8	1.040 7	1.018 2	0.916 1	0.917 4	0.831 2	5.767 4

表 7 – 16   连云港墟沟林场森林的环境净化价值（2006 年）

森林类型	面积（hm^2）	生物量（kg/hm^2）	SO_2 的吸收		吸附尘埃		
			吸收量（kg/t）	净化价值（万元）	吸附能力（t/hm^2）	吸附量（t）	净化价值（万元）
栎类	1 953.9	97.85	0.966 1	11.082 5	2.189 7	4 278.454 8	115.518 3
松林	618.1	89.56	1.444 4	4.797 5	5.767 4	3 564.829 9	96.250 4
杉木林	62.4	82.41	0.695 9	0.214 7	5.767 4	359.885 9	9.716 9
杂灌	4.1	20.78	0.965 3	0.004 9	2.189 7	8.977 8	0.242 4
合计	2 638.5	88.02	1.018 10	16.009 6	3.112 4	8 212.148 3	221.728 0

7.5.2.7 连云港墟沟林场的生态服务总价值

根据步骤 26 所得到的 5 个价值量指标进行汇总，连云港墟沟林场的生态服务总价值见表 7 – 17（注：未考虑森林防护游憩、游览观光休闲等方面的价值）。

表 7 – 17   连云港墟沟林场的生态服务总价值

一级指标	二级指标	2005 年	2006 年
固碳价值		300.358 4	303.053 9
水源涵养价值		2 223.408 3	2 346.698 0
土壤保育价值	保肥价值	18.545 0	18.534 1
	固土价值	1 038.337 4	1 037.855 8
森林防护价值	固沙价值		
	防风价值	14.511 8	16.886 4
环境净化价值	吸收 SO_2 的净化价值	14.616 3	16.009 6
	吸附尘埃净化价值	220.838 1	221.728 0
合计		3 830.615 3	3 960.765 8

7.6　森林生态会计的信息披露

森林生态会计信息披露主要有两种方式：（1）在现有的财务报表框架内披露；（2）在现有的财务报告框架内单独建表披露。

7.6.1　在现有的财务报表框架内披露

在现有的财务报表框架内披露，是指利用现行制度规定的资产负债表、损益表、现金流量表等主要报表及其附表来披露森林生态会计信息，实际上也就是把森林生态价值引发对财务状况和经营成果的影响都予以全面考虑，进而纳入现有报表之中予以披露。

（1）在资产负债表中增设专门的项目反映有关森林资源资产、负债及所有者权益。例如，在资产项目下增设"生态资产"并按"固碳价值""水源涵养""土壤保育""生物多样性""森林防护""环境净化"等作为明细项目，在负债项目下增设"森林生态效益应负担的债务"科目，在"实收资本"项目下增设"专项生态投资"科目，如表 7 – 18 所示。

表 7 – 18　　　　　　　　　　资产负债表（企业类）

资产：	负债：
货币资金	短期借款
……	长期借款
其中：生态资产	应付债券
固碳价值	……
水源涵养	其中：森林生态应负担的债务
土壤保育	所有者权益：
生物多样性	实收资本
森林防护	其中：专项生态投资
环境净化	资本公积
生态资产合计	盈余公积
……	未分配利润
资产合计	负债及所有者权益合计

（2）在利润表中增设专门项目，可以反映全部或部分的森林生态支出及相关的收益。

在"营业收入"项目下增设"森林生态效益补偿收入"以反映森林生态效益补偿收入对主营业务收入的贡献，在"营业成本"项目下增设"森林生态效益成本"反映森林生态效益实际负担的成本，如表 7 – 19 所示。

表 7 - 19   利润表（企业类）

项目	
一、营业收入	
其中：森林生态效益补偿收入	
减：营业成本	
其中：森林生态效益成本	
税金及附加	
销售费用	
管理费用	
财务费用	
育林及维简费	
资产减值损失	
加：公允价值变动损益	
投资收益	
其中：对联营企业和合营企业的投资收益	
二、营业利润	
加：营业外收入	
减：营业外支出	
其中：非流动资产处置损失	
三、利润总额	
减：所得税费用	
四、净利润	
五、每股收益	
其中：（一）基本每股收益	
（二）稀释每股收益	

（3）如果编制现金流量表，可以在表中增加项目反映。对于列作当期收益的森林生态效益支出、森林生态效益收入可在由营业活动导致的现金流量部分中增设两个项目反映，对于列作长期资产的森林生态效益支出可以在由投资活动导致的现金流量中增设一个项目反映。如果森林生态效益数额巨大，完全可以将现有的现金流量划分为三类的方式改为划分为四类，单设"由森林生态效益导致的现金流量"予以全面反映。

7.6.2　在现有的财务报告框架内单独建表

这种披露方式的思路是不调整现有财务报表，凡是与生态效益有关的财务问题依然采取传统方式进行表内披露，仅就有关森林生态会计的信息在财务报表以外财务报告其他部分进行披露，即财务报告内的表外披露方式。例如，森林生态会计信息通过增加附表或补充报表方式详细披露。

（1）森林生态效益资产负债表见表 7 - 20。

表 7 - 20   森林生态效益资产负债表（企业类）

资产类项目	负债类项目
生态资产：	流动负债：
固碳价值	短期借款

续表

资产类项目	负债类项目
水源涵养	以公允价值计量且其变动计入当期损益的金融负债
土壤保育	育林基金
其中：保肥价值	应付票据
固土价值	……
生物多样性	……
森林防护	……
其中：固沙价值	……
防风价值	……
环境净化	……
其中：吸收 SO_2 的净化价值	一年内到期的非流动负债
吸附尘埃净化价值	其他流动负债
其中：森林生态效益外在化价值	流动负债合计
应收政府生态效益补偿款	非流动负债：
应收其他单位生态效益补偿款	……
生态资产合计	其他流动负债
流动资产：	非流动负债合计
……	负债合计
其中：消耗性生物资产	
……	
其他流动资产	所有者权益：
流动资产合计	生态资本
非流动资产：	其中：已收生态资本
生产性生物资产	未收生态资本
油气资源	实收资本
……	林木资本
林木资产	……
非流动资产合计	所有者权益合计
资产总计	负债与所有者权益合计

由表 7 - 20 总结的几点变化：在资产类"货币资金"之前单独设立"生态资产"项目，以反映生态资产日渐显露的重要性，同时在负债及所有者权益类下设置"生态资本"，并分别按"已收生态资本"和"未收生态资本"列出，揭示生态资本的现实情况。

（2）森林生态效益利润表见表 7 -21。

表 7 -21　　　　　　森林生态效益利润表（企业类）

项目	
一、营业收入	
其中：森林生态效益补偿收入	
减：营业成本	
其中：森林生态效益成本	
……	
育林及维简费	
……	
二、营业利润	
……	

续表

项目	
三、利润总额	
减：所得税费用	
四、净利润	
五、每股净收益	
……	

由表 7-21 总结的几点变化：在"营业收入"项目下以明细方式增列"森林生态效益补偿收入"，以反映生态资产对收入的贡献，同时在"营业成本"项目下以明细方式增列"森林生态效益成本"，与收入相配比，揭露生态资产的利润实现情况。

（3）增设两张附表：森林生态效益收入明细表（见表 7-22）和所有者权益增减变动表（见表 7-23）。

表 7-22　　　　　　　　森林生态效益收入明细表（企业类）

项目	
森林生态效益补偿收入	
其中：	
1. 固碳价值补偿收入	
2. 水源涵养价值补偿收入	
3. 土壤保育价值补偿收入	
其中：保肥价值补偿收入	
固土价值补偿收入	
4. 生物多样性价值补偿收入	
5. 森林防护价值补偿收入	
其中：固沙价值补偿收入	
防风价值补偿收入	
6. 环境净化价值补偿收入	
其中：吸收 SO_2 的净化价值补偿收入	
吸附尘埃净化价值补偿收入	

由表 7-22 得知，与森林生态效益利润表中"森林生态效益补偿收入"相互勾稽，本表根据当年实际收到的森林生态效益补偿值进行填写，不包括森林生态效益外在价值。

表 7-23　　　　　　　　所有者权益增减变动表（企业类）

项目	
一、实收资本	
年初余额	
本年增加数	
……	
本年减少数	
年末余额	
二、资本公积	
年初余额	

续表

项目	
本年增加数	
……	
本年减少数	
其中：转增资本（或股本）	
年末余额	
三、法定和任意盈余公积	
年初余额	
本年增加数	
……	
本年减少数	
……	
年末余额	
……	
四、未分配利润	
年初未分配利润	
本年净利润	
本年利润分配	
年末未分配利润	

（4）森林生态效益资产负债表见表7-24。

表7-24　　　　　　森林生态效益资产负债表（事业类）

项目	项目
一、资产类	一、负债类
生态资产：	其他应付款
固碳价值	其中：应付企业垫付款
水源涵养	负债类合计
土壤保育	
其中：保肥价值	
固土价值	二、净资产
生物多样性	1. 生态基金
森林防护	已收生态基金
其中：固沙价值	未收生态基金
防风价值	2. 固定资金
环境净化	3. 事业结余
其中：吸收 SO_2 的净化价值	其中：森林管护事业费
吸附尘埃净化价值	政策性社会性经费结余
其中：森林生态效益外在化价值	基本养老保险补助费
应收政府生态效益补偿款	基本生活补助费
应收其他单位生态效益补偿款	一次性安置补助费
生态资产合计	4. 林木资本
（1）库存现金	净资产合计
（2）银行存款	
（3）其他应收款	
（4）固定资产	三、收入类
（5）林木资产	1. 财政补助收入
资产类合计	其中：森林管护事业费

续表

项目	项目
二、支出类	政策性社会性收入
1. 事业支出	其中：（1）政府经费
其中：森林管护事业费	（2）公检法司经费
政策性社会性支出	（3）教育经费
其中：（1）政府经费	（4）医疗卫生经费
（2）公检法司经费	基本养老保险补助费
（3）教育经费	基本生活补助费
（4）医疗卫生经费	一次性安置补助费
基本养老保险补助费	2. 事业收入
基本生活补助费	3. 其他收入
一次性安置补助费	收入类合计
支出类合计	
资产及支出合计	负债、净资产及收入合计

（5）森林生态效益经费收支明细表见表 7-25。

表 7-25 森林生态效益经费收支明细表（事业类）

项目	森林管护事业费	教育经费	医疗卫生费	公检司法经费	政府经费	基本养老保险补助费	基本生活补助费	一次性安置补助费
一、以前年度累计结余								
二、本年收入								
（一）森林生态效益补偿收入								
按明细项目列示：								
1. 固碳价值补偿收入								
2. 水源涵养价值补偿收入								
3. 土壤保育价值补偿收入								
其中：保肥价值补偿收入								
固土价值补偿收入								
4. 生物多样性价值补偿收入								
5. 森林防护价值补偿收入								
其中：固沙价值补偿收入								
防风价值补偿收入								
6. 环境净化价值补偿收入								
其中：吸收 SO_2 的净化价值补偿收入								
吸附尘埃净化价值补偿收入								
按来源项目列示								
1. 财政补助收入								
2. 事业收入								
3. 其他收入								
……								
三、本年支出								
1. 基本工资								
2. 补助工资								
3. 其他工资								

续表

项目	森林管护事业费	教育经费	医疗卫生费	公检司法经费	政府经费	基本养老保险补助费	基本生活补助费	一次性安置补助费
4. 职工福利费								
5. 社会保障费								
6. 助学金								
7. 公务费								
8. 设备购置费								
9. 修缮费								
10. 业务费								
11. 其他费用								
四、累计结余								

表 7-25 总括反映一定时期内森林生态效益经费的收入、支出及结余情况。"以前年度累计结余"项目，按"事业结余——森林生态效益经费结余"账户的上年期末余额填列。"本年收入"项目，按收到的当期财政部门或林业主管部门累计拨款数和事业收入以及其他收入数填列。"其他收入"按照账户余额填列。"事业支出"中的"基本工资""补助工资""其他工资""职工福利费""社会保障费""助学金""公务费""设备购置费""修缮费""业务费""其他费用"项目，分别按事业支出账户所属各明细账户的累计发生额填列。"累计结余"项目，按"以前年度累计结余" + "本年收入" - "本年支出" + "企业负担的费用额"数填列。本表各项目数字，应分别与各附表的相关数字核对相符。年末，本表"累计结余"项目的数字应与资产负债表中的"事业结余"项目的数字核对相符。

（6）在财务报表注释中说明。这种注释说明包括文字的或者是数字的，相互连贯的或者是独立的，详细的或者是简略的。目前大家在财务报表注释中说明的主要事项有企业的会计政策、报表内项目的分解和详细说明、报表上的非常规项目和非正常情况、表内无法反映的重要事项和情况等。将森林生态效益引发的信息项目列入这一部分是完全可行的。

本章采用的是单独建表进行反映，主要是基于突出森林生态效益重要性的考虑，随着条件的成熟，将来也有可能会与传统报表合并在一起反映。

由于森林生态会计核算体系具有很强的操作性和实践性，本章提出的核算体系和具体核算方法，还有待于理论与实践的论证和检验。同时，森林生态会计核算体系的建立是相当复杂的系统工程，尚有不少问题有待解决，也需要有关政府部门的大力支持和协调，以尽早建立与完善我国的森林生态会计核算体系。

练习题

1. 森林生态会计核算的会计要素有哪些？
2. 森林生态会计核算的基本原则有哪些？
3. 林地资产的账务处理。

（1）2020年3月，甲公司在林地市场购买A林地，A林地为经济林地，支付购买价款200万元，契税税率3%，款项均通过银行存款支付。

（2）2020年3月，丙投资者以B林地入股甲股份有限公司，B林地为经济林地，约定B林地作价300万元。

（3）2020年4月，由于乙公司财务困难，所欠甲公司200万元欠款以C林地偿还，C林地剩余25年使用权，双方约定C林地作价250万元，契税税率3%，其余费用甲公司以银行存款支付补价，C林地为经济林地。

4. 林木资产的账务处理。

（1）2017年7月，甲公司新造一批用材林，发生人工费用50万元，幼林抚育费用50万元；2020年7月，该批用材林郁闭；2020年8月，发生林木抚育费10万元，以银行存款支付。

（2）2020年7月，甲公司对已经郁闭的一批用材林进行采伐，该批用材林账面价值200万元，已计提跌价准备20万元，发生采伐成本10万元，加工成本20万元，2020年8月，该批次用材林加工完成，验收入库。

（3）2020年8月，甲公司林区发生重大火灾，有可靠信息表明，甲公司一批用材林发生较大程度损毁，其可变现净值为150万元，账面价值为200万元。

（4）2018年1月，甲公司营造一批经济林，发生幼林抚育费用100万元，林农薪酬50万元；2020年8月，该批次经济林达到预定的生产经营目的，开始投产。

（5）2018年5月，甲公司收到一笔专项用于公益林营造的款项200万元，6月开始营造一批公益林，发生造林费100万元，林农薪酬50万元；2020年8月，经批准，该批公益林郁闭。郁闭后甲公司投入管护费用30万元。

（6）2020年8月，公益林发生重大火灾，经专业人员估计，该片公益林损毁50%，公益林账面价值150万元。

（7）2020年9月，国家将甲公司一片用材林认定为公益林并给予50万元经济补偿，该批用材林账面价值100万元；2020年10月，甲公司收到经济补偿50万元。

第8章 资产弃置义务会计

【学习目标】

结合资产弃置义务会计的相关概念特征，在学习资产弃置义务会计原理和国内外会计准则的基础上，系统地掌握资产弃置义务会计的指导框架以及资产弃置义务会计处理的确认、计量以及披露的一般原理、方法和内容。

【学习要点】

(1) 资产弃置义务会计的定义、内涵、范畴及特征。

(2) 资产弃置义务会计确认、计量的相关原理。

(3) 有关资产弃置义务会计处理准则及差异分析。

(4) 资产弃置义务会计确认、计量以及信息披露的方法、内容和账务处理。

(5) 资产弃置义务的会计处理。

【案例引导】

随着环境法规的复杂化以及环境技术的迅速发展，石油天然气、煤矿开采以及电力等行业因为生产经营活动而应承担的环境负担日渐增加，这些工业行业须在未来有形资产弃置阶段履行环境修复等弃置义务。资产弃置义务不仅对企业的财务报告和经营成果产生显著影响，还将导致一定的环境风险。与此同时，财务报告的使用者希望了解企业的资产弃置义务对财务状况和经营成果的影响程度，以便评价资产弃置义务导致的投资风险。

2011 年 3 月，里氏 9.0 级地震导致日本福岛工业区两座核电站反应堆发生故障，其中福岛第一核电站中一座反应堆震后发生异常，导致核蒸汽泄漏，造成了极其严重的环境污染。如何消除核电站带来的安全隐患受到国际社会的严重关切。

对于服役到期核电站，如何确保其安全退役毋庸置疑是一个重要的核技术课题，但另外一个值得深入研究的课题是核电站弃置义务或弃置费用的处理问题。从会计学的视角来看，履行核电站弃置义务将发生大额的弃置费用，主要涉及乏燃料处理、拆卸以及场地整治，尤其是乏燃料处理，无论在技术层面还是经济效益层面都是核电站弃置的难点所在。到目前为止，世界上还没有一套可供参考的核电站退役费用会计处理方法，已有相关案例多是在核电站建立初期通过计提准备金的方式计提退役费用。然而，由此产生的问题是核电站退役时发生的真实退役费用往往远大于其已计提的准备金。另外，核电站弃置资产处置责任的归属问题也会影响弃置费用预估的准确性。

资料来源：曾辉祥，肖序. 资产弃置义务的会计核算框架及应用——以核电站为例［J］. 财会月刊，2017（34）：38–46.

8.1 资产弃置义务会计的定义、内涵及特征

8.1.1 资产弃置义务会计的定义与内涵

义务是以某种方式行动或办事的职责或责任，理论上包括了法定义务和推定义务。从会计的角度理解，义务则是指在特定事项发生时或应他人要求，需要在将来某一日期或可确定日期，以转移或运用资产、提供服务或其他放弃经济利益的方式来履行对他人的责任或职责。美国 FASB 于 2001 年率先发布了《资产弃置义务会计处理准则》（FAS 143），定义"资产弃置义务"为企业因获得、构建、开发和正常使用长期有形资产，根据法律法规或契约而承担长期有形资产在未来弃置阶段的拆除、清理、填埋和环境修复等义务，并限定这是一种法定义务，使准则制定得以简化，保证应用过程中的一致性和可操作性。资产弃置义务会计则是以相关基础理论为起点，依据环境会计的处理目标、假设及信息质量特征，对企业在资产弃置义务的确认、计量和披露等方面做出准则规范。资产弃置义务会计的实施推进了环境会计实践。

我国首次引入了"弃置费用"这一概念，并在《企业会计准则第 4 号——固定资产》（财政部，2006b）应用指南中给出了定义：根据国家法律和行政法规、国际公约等规定，企业承担的环境保护和生态恢复等义务所确定的支出，例如，开采石油天然气的企业建造开采设备设施、核电站核电设施，在有关的生产经营结束后，拆除设备或者关闭矿井需要承担相应的清理费用及环境恢复义务等。从此定义可推断，我国企业资产弃置义务仅包括因法律、法规、条例、相关监管机构规定或合同规定引起的法定义务，回避了推定义务。至今为止，我国完整的资产弃置义务会计准则仍尚未形成，仅在《企业会计准则第 13 号——或有事项》（CAS13）、《企业会计准则第 4 号——固定资产》（CAS4）和《企业会计准则第 27 号——石油天然气开采》（CAS27）等相关准则中进行了零散规范。

8.1.2 资产弃置义务会计的特征

8.1.2.1 法律强制性

资产弃置义务一般与环境法律法规的要求相关。我国环境保护法是为促进经济社会可持续发展制定的国家法律体系，具有权威性和强制性，明确规定企业应承担环境治理义务。例如，对于大型企业的固定生产设施，如核电站设施、石油

开采设施、煤炭开采设施等，在使用结束后必须进行拆除清理，恢复生态环境原貌。企业在生产经营中的环保责任与义务，是以法律的强制手段进行规定的。因此，企业应承担的资产弃置义务是法律所规定的，具有一定的强制性和约束力。与资产弃置义务直接相关的法律主要有《中华人民共和国土地管理法》《中华人民共和国矿产资源法》《中华人民共和国水土保持法》《中华人民共和国固体废物污染环境防治法》《中华人民共和国放射性污染防治法》及相关的法规。

8.1.2.2　会计估计的随意性

虽然现行会计准则要求企业在针对未来最终发生的弃置费用金额时做出最佳估计，但是与此相关的固定资产使用年限一般高达数十年，弃置费用实际支出金额与企业各种技术条件、管理层意图等密切相关，而这些往往难以预测且存在高度的不确定性。比如，管理层可能受其自身因素影响而选择有利于自身的弃置费用估计手段和金额等。如此看来，当期对未来很长一段时间后的弃置费用进行估计即便遵守相关会计准则的规定也存在较大的随意性。

8.1.2.3　会计确认与计量的特殊性

资产弃置费用金额大，且发生在未来，具有不确定性，因此，会面临诸多问题，例如，资产弃置费用是否确认、何时确认，是在取得阶段将未来费用作为一项负债，还是在使用期间作为应计负债予以记录等，因而具有一定特殊性。资产弃置义务的计量要求，如计量方法、假设基础、弃置成本项目构成和折旧率的选择等也需制定特殊规范。

8.1.2.4　有关会计准则的适用范围有限

我国目前仍未制定资产弃置义务的具体准则，资产弃置义务的信息披露也未有强制性规范和统一标准。企业资产弃置义务的信息披露主要以《企业会计准则第 13 号——或有事项》为依据，其披露要求是对资产弃置义务的整体情况予以说明。后来颁布的新会计准则中将"弃置费用"概念引入了油气、核电站行业，并对其弃置费用的计算有了明确规定，计入"固定资产弃置费用"。

8.2　FAS 143《资产弃置义务会计处理》

8.2.1　FAS 143 准则框架

在全球能源供应不足的背景下，核电是一种重要的清洁能源。有关核电站弃置义务或弃置费用的相关业务处理也就成了一个重要的会计核算问题。在美国联邦核监管委员会（Nuclear Regulatory Commission，NRC）和证监会两大机构的强力推动下，美国 FASB 于 2001 年率先发布了 FAS 143，开创以专门准则形式对某一特定环境会计问题进行规范的先例。FAS 143 系统地规范了资产弃置义务事项和资产弃置义务负债的初始确认及计量、资产弃置成本的后续计量等内容。此后，FASB 又于 2005 年发布了美国财务会计准则解释公告第 47 号《附条件资产弃置义务会计处理》（FIN 47），指出在信息充分的条件下，弃置时间和方法的不确定性仅作为负债计量时的考虑因素，而不应作为是否确认为负债的影响因素。在 FAS 143 中，资产弃置义务会计处理的整体框架是以资产弃置义务为起点，分析义务事项、资产弃置义务负债初始确认与计量、资产弃置成本的确认与分配、资产减值、后续的确认与计量等。其具体框架如图 8-1 所示。

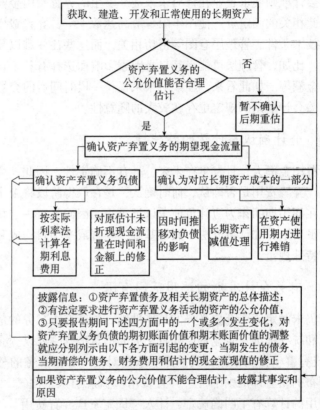

图 8-1　资产弃置义务会计处理框架

8.2.2　FAS 143 确认标准

FAS 143 界定了"弃置"概念，它是"非临时性地移去使用的长期资产。该术语包括销售、放弃、再循环或以其他方式处置，但不含长期资产的临时闲置"。考虑到与资产弃置有关的推定义务规范的复杂性，FASB 还将长期资产弃置义务的范畴限定到了法定义务之内，因此，在确认资产弃置义务负债时，并未采用通常或有负债所使用的"很可能"确认标准。具体确认标准如下。

（1）当主体的资产弃置义务已发生且能合理估计其公允价值时，应确认资产弃置义务负债，其中触发资产弃置义务的事项主要包括：获取、建造、开发和正常使用长期资产。FASB 于 2005 年发布的 FIN 47 进一步对因资产弃置义务的履行时间和（或）方法存在不确定性（FIN 47 称之为附条件资产弃置义务）时的情况进行解释。FIN 47 指出，即使履行资产弃置义务的时间和（或）方式存在不确定性，但履行资产弃置的义务本身是无条件的。因此，当有充分信息时，资产弃置义务在履行时间和金额的不确定性应作为负债计量的考虑因素，而不影响负债的确认；弃置义务负债应在附条件资产弃置义务发生时即予以确认。

（2）就什么样的充分信息能合理地运用期望现值技术，FIN 47 也给出如下情况满足充分信息的要求：①义务履行的时间或可能的时间范围已确定；②履行的方法或潜在的方法已确定；③履行的时间和潜在方法的概率已确定。这类充分信息可能来自但不限于过去公司的经验、行业实践、管理层目的或资产估计的预计经济寿命。

（3）对某项长期资产而言，相应的资产弃置义务事项可能发生于不限某一个会计期间，例如，随着核电站的正常使用，每个会计期间均产生资产弃置义务事项。为此，FASB 采取了分层负债的方法，将以后新增的负债作为原来负债的增加层，在每次触发义务事项发生时确认新的资产弃置义务负债。

8.2.3　FAS 143 初始计量

FAS 143 对资产弃置义务负债的初始计量采用了公允价值计量。由于资产弃置义务负债通常并不存在着活跃的市场，其未来履行义务的时点和金额也存在不确定性，为此，FASB 将期望现值技术作为唯一可行的估价技术，用来估计资产弃置义务负债的现值，其折现率使用信用调整无风险利率。以期望现值技术计量资产弃置义务负债，需先计算未来履行义务的现金流量，包括：（1）第三方履行清理义务的直接成本（人工成本、原材料成本等应为市场价而非企业内部价）；（2）第三方履行清理义务的间接成本（如分配的管理费用、设备折旧）；（3）第三方要求的利润；（4）通货膨胀的影响；（5）因履行弃置义务在时间和金额的不确定性下所要求的市场风险补偿金额。

8.2.4　FAS 143 后续计量

FASB 对资产弃置义务负债的后续计量，并没有使用公允价值，而是使用了会计实务中常用的利息分配法。利息分配法不需要每期对负债按公允价值重新计量，仅需考虑如下影响的处理：（1）时间的推移，导致负债现值的变化；（2）对原先估计的资产弃置义务在解除时间或金额上的修正，导致对义务的未折现现金流量估计的修正，但不包括折现率变化的影响。

FASB 规定，因负债时间的推移产生的货币时间价值，应根据每期期初资产弃置义务负债的账面金额，采用实际利率法计算资产弃置义务负债的增加额，同时增加相应的费用。利率采用资产弃置义务负债当初确认时所使用的折现率。因资产弃置义务负债不同于企业用于建造、开发固定资产等取得的融资负债，FASB 为区别于财务费用，将因资产弃置义务负债的时间推移产生的费用称为增加费用，列在收益表中的营业成本这一大类。

关于资产弃置成本未来期望现金流量估计的修正，FASB 将未来现金流量估计的增加视同一个新负债，就增加的新负债采用当期的估价假设和折现率折为现值；将未来现金流量估计的减少部分，按对应原负债当时的折现率折为现值，如果减少部分的未来现金流量不能有效区分对应的是原来哪一层负债，则采用所有层负债的加权平均折现率进行折现。对新增或减少了的负债，亦同时调整相应的长期资产成本。另外，资产弃置义务负债现值估计的修正是基于因时间的推移而获得更多的估价信息，使得按现有信息估价的金额较之前期更合理，因此，其相应的会计处理属于会计估计变更，FASB 要求按会计估计变更的规定采用未来适用法处理，不必进行追溯调整。但是，如果未来现金流量估计的修正是基于以前错误的估计而做的调整，则不属于会计估计变更范畴，应采用会计差错更正进行处理。

此外，FASB 规定资产弃置义务成本资本化的部分，构成相应的长期资产成本。在后续的计量中，FASB 规定资本化部分应按系统合理的方法在长期资产的使用期限内进行分配费用，即按系统合理的方法进行折旧。但是，采用系统合理的方法进行折旧，并不是排除在一个会计期间同时对资产弃置义务成本资本化和随之的全部折旧费用化。

8.2.5　FAS 143 信息披露

为了便于报表使用者理解资产弃置义务，FASB 规定，企业应披露资产弃置义务的如下信息：（1）对资产弃置义务和与之关联的长期资产的总体描述；（2）有法定要求进行资产弃置义务活动的资产的公允价值或账面价值（如无公允价值）；（3）对资产弃置义务负债的期初账面价值和期末账面价值的调整应分别列示以下各方面引起的变更：当期发生的债务、当期清偿的债务、财务费用和估计的现金流现值的修正。

如果因资产弃置义务负债的金额不能合理估计而未确认资产弃置义务负债，则应披露该项事实以及公允价值不能合理估计的原因。

8.3　IASB 的资产弃置义务会计处理规范

国际会计准则理事会（International Accounting Standards Board，IASB）并没有专门制定资产弃置义务会计处理准则，而是通过国际会计准则第 37 号《准备、或有负债和或有资产》（IAS37）、国际会计准则第 16 号《不动产、厂场和设备》（IAS16）、国际财务报告解释公告第 1 号《已存在的拆卸、复原及其他类似的负债项目的改变》（IFRIC1）、国际财务报告解释公告第5号《拆除、复原和环境修复基金的权利》（IFRIC5）和国际财务报告准则第6号《矿产资产的勘探与评价》（IFRS6）等进行规范。

8.3.1　确认范围及标准

IASB将时间或（和）金额不确定的负债定义为准备。准备确认的范围包括法定义务和推定义务。其中推定义务指因企业的下列行为而产生的义务：（1）根据以往的实务惯例、公开政策或明确声明，企业已向其他方表明其将承担特定的责任；（2）其他方为此建立了有效预期，即企业将承担相应责任（IASB，1998）。

IAS37规定，符合下列所有情况时才应予以确认：（1）企业因过去事项而承担的现时义务；（2）结算该义务很可能导致含经济利益的资源流出企业；（3）能可靠地估计该义务的金额。IAS37对准备的确认设置了"很可能"的门槛，即"结算该义务很可能要求含经济利益的资源流出企业"。

8.3.2　初始计量规范

IAS37对资产弃置义务负债（准备）的计量采用最佳估计法。结算现时义务所要求的支出最佳估计，应是在资产负债表日企业结算该义务或将该义务转让给第三方而合理支付的金额。IASB进一步指出，可根据情况采用不同的方式，对准备金额的不确定性进行处理。如果予以计量的准备涉及很多项目，应对各种可能的结果进行加权平均，用来估计该义务，即所谓的"预期价值法"。另外，计量一个单项义务时，单个最可能的结果可能是该负债的最佳估计。但即便如此，企业也需要考虑其他可能的结果，如果其他可能的结果多数大于或小于最可能的结果金额，则一项较大或较小的金额将是最佳估计金额。

在折现问题上，IASB对准备的估计金额并未强制要求进行折现，仅指出如果货币时间价值的影响重大，应对结算义务预期所要求的支出进行折现，还指出折现率应反映当前市场对货币时间价值的评估以及该负债特有风险的税前折现率，并不得同时在未来现金流估计和折现率中对风险进行调整，只得选择其一。相对而言，IASB对折现的规范为企业的会计处理提供了选择的空间。

8.3.3　后续计量规范

IAS37规定，负债（准备）的后续计量，要求在每个资产负债表日对准备进行重估调整，以反映当前的最佳估计金额。当结算该义务不再是要求含经济利益的资源很可能流出时，准备应予转记。如使用了折现，为反映因时间推移产生的影响，应在各期增加准备的账面价值，同时作为财务费用予以确认。

IFRIC1 是 IASB 首次直接对资产弃置义务进行规范的文件。IASB 将资产弃置义务负债称为拆卸、复原及其他类似的负债。IFRIC1 规定，在发生如下事项时，应改变对拆卸、复原及其他类似负债的估计金额：（1）履行义务，对包括经济利益的资源流出（如现金流出）的估计发生变化；（2）当前市场评估及该负债特有风险的税前折现率发生了变化（包括货币的时间价值的变化和该负债特有风险的变化）；（3）随着时间推移而产生的增加费用（亦称之为折现的展开）。从中可知，IASB 对因估计的变化对资产弃置义务负债金额的调整包括两方面：（1）因履行时间或金额估计的变化；（2）折现率的变化。值得注意的是，FAS 143 对折现率的变化，不要求对资产弃置义务负债金额进行调整。

IASB 对资产的计量允许采用两种模型，即成本模型和重估模型（IASB，1982）。因此，因资产弃置义务负债金额估计的变化，引起相对应资产金额的调整，亦按成本模型和重估模型分别处理。因折现率变化引起资产弃置义务负债金额估计的变化，可调整为成本模型计量的相应资产的成本。另外，如果负债减少的金额超过资产的原账面价值，则超出的部分立即确认为利润或损失。如果因负债的增加而增加资产的成本，企业应考虑新的资产账面价值是否能完全收回。如不能收回，应进行减值测试。对以重估模型计量的资产，如因折现率变化引起负债减少，其对应资产在此之前已确认了重估盈余或亏损，则应确认全面收益和增加重估盈余；而负债的增加则确认为利润或损失。另外，如负债的减少超过原资产账面价值，应就超出部分立即确认为利润或损失。此外，针对负债的变化，IASB 要求对应的资产必须进行重估，以确保其账面价值与公允价值没有实质性的差异。对于随着时间推移而产生的增加费用，类似于负债引起的利息费用，IASB 要求确认为利润或损失，并禁止对此部分增加的费用进行资本化。

8.3.4 成本资本化与基金权利问题的规范

IAS37 本身没有规范资产弃置义务成本的资本化问题，IASB 仅在 IFRS 6《矿产资源勘探与评估》准则中指出，勘探和评估资产的成本包括因勘探和评估矿产资源活动引起的拆除、复原义务的成本（IASB，2004c）。究其原因，在于资产弃置义务负债与其他因或有事项引起的准备存在显著的不同，而 IAS37 准则并未专门针对资产弃置义务进行规范，亦表明 IAS37 准则制定的不完善性。

为保证承担资产弃置义务的企业未来有能力履行义务，有关国家法律法规要求，或企业根据自身考虑而设立了拆除、复原和环境修复基金。在如何规范拆除、复原和环境修复基金的会计处理上，IASB 于 2004 年发布了 IFRIC5《拆除、复原和环境修复基金的权利》，规定除非基金出资人在基金未支付拆除、复原和环境修复下仍无须支付该义务，否则基金出资人仍应确定拆除、复原和环境修复负债，并另行确认基金权益。单独就基金权利而言，IASB 要求按相关准则进行会计处理。也就是说，承担了资产拆除、复原和环境修复义务的企业，不能因出资设置相应的补偿基金而规避资产弃置义务负债。另外，当企业（基金出资人）

负有潜在额外的出资义务时，会计处理应考虑这种潜在的可能性，只有满足 IAS37 很可能的要求才能确认为负债（IASB，2004b）。

8.3.5 信息披露规范

IAS37 要求企业对每种准备，应披露如下信息：（1）准备期初和期末账面价值；（2）包括对现有准备增加部分的当期增加的准备；（3）本期已使用的金额；（4）未使用而在本期转回的金额；（5）因时间的推移而在本期增加的折现金额和折现率的变化。另外，IASB 还要求企业进一步说明：（1）对义务的性质进行简练描述，以及预期经济利益流出的时间。（2）经济利益流出在金额或时间上的不确定性说明。如需提供充足的信息，企业应按要求披露针对未来事项所设定的主要假设。（3）预期补偿的金额，并披露就该预期补偿已确认的资产金额。

8.4 FASB 准则与 IASB 规范的差异比较

从已有国内外文献可知，有关资产弃置义务会计处理规范目前主要有两大流派：一是 FAS 143 流派，以美国 FASB 为主，加拿大和日本与之高度趋同；二是 IFRS 流派，以 IASB 为主，中国和英国等与之高度趋同。因此，本教材将重点介绍 FASB 准则与 IASB 规范的差异，为我国在资产弃置义务会计处理规范上提供依据，并进一步分析我国与 IASB 在资产弃置义务会计处理准则上的细微差异。

8.4.1 确认范围的差异比较

IASB 没有专门制定资产弃置义务会计处理准则，对资产弃置义务会计处理规范建立在 IAS37《准备、或有资产和或有负债》准则基础上。因此，IASB 对引起资产弃置义务负债的义务范畴服从于 IAS37 的规范。在 IAS37 中，IASB 明确指出，当企业因过去事项则承担现时的法定或推定义务、结算该义务很可能要求含经济利益的资源流出企业、该义务的金额能可靠地估计三个条件满足时，应确认为准备。从这点看，IASB 确认范围不同于 FAS143 中规定的资产弃置义务仅限于法定义务。

8.4.2 确认标准的差异比较

IAS37 对负债（准备）的确认标准，与 FAS5 对或有损失及其引起的负债确认标准相同，即强调履行义务必须满足含经济利益的资源流出的"很可能"标准（IASB，1998；FASB，1975）。在 IAS37 的框架下，资产弃置义务只有在义务的履行很可能（概率大于 50%）要求经济利益的资源流出时，才能确认负债。

美国 FAS143 和 FIN47 则直接绕过了负债确认的"很可能"标准，使部分满足负债定义的负债得不到会计确认。因此，IASB 在确认标准上与 FAS 143 不同。

8.4.3 初始计量的差异比较

在资产弃置义务负债的初始计量上，IASB 采用了基于管理层判断的最佳估计法，且没有强制对未来现金流量估计金额要求进行折现（仅当货币时间价值的影响重大时予以折现）。而 FASB 则采用了基于市场判断的公允价值计量，即便在企业预期未来自行履行资产弃置义务的情况下，使用期望现值技术进行计量也应包括市场的风险与报酬因素。

在折现率的选择上，IASB 与 FASB 也存在着细微差异。IASB 要求折现率应是反映货币时间价值的当前市场评估及该负债特有风险的税前折现率，而 FASB 要求基于信用调整的无风险利率折现，但双方均未对折现率的构成进行具体阐述。

8.4.4 后续计量的差异比较

IASB 与 FASB 对资产弃置义务负债后续计量上的主要差异，在于未来资产弃置义务成本的估计发生变化时，是否需要进行调整。未来资产弃置义务成本的估计变化通常包括如下两部分：（1）未来履行资产弃置义务成本金额的估计发生变化；（2）折现率发生变化。

IASB 的 IAS37 准则本身没有涉及准备的后续计量问题，而 IFRIC1 解释公告对资产弃置义务负债金额的后续计量方面进行了补充。IFRIC1 要求对因履行时间或金额估计的变化和折现率的变化两方面进行调整。相对而言，考虑到 FASB 作为公允价值后续计量的新起点法，如每期折现率发生变化，将使新起点计量下的费用确认模式较之利息分配法存在着不稳定性，从而放弃了公允价值计量，转为会计传统上较为常用的利息分配法。而利息分配法仅对未来履行资产弃置义务成本金额的估计发生变化进行调整，后续计量中不考虑折现率的变化。

8.5 我国对资产弃置义务的会计处理规范体系

《企业会计准则第 4 号——固定资产》明确指出，确定固定资产成本时，应当考虑预计弃置费用因素。这是我国会计准则中首次提出"弃置"一词，并在对应的应用指南中进行了解释：弃置费用，通常是根据国家法律和行政法规、国际公约等规定以及企业承担的环境保护和生态恢复等义务所确定的。我国尚无专门的资产弃置义务会计准则，对于资产弃置义务的会计处理参照《企业会计准则》。我国目前的资产弃置义务会计处理规范体系，主要由《企业会计准则第 4 号——固定资产》（CAS4）、《企业会计准则第 13 号——或有事项》（CAS13）和

《企业会计准则第 27 号——石油天然气开采》（CAS27）三个准则组成。其适用范围如表 8 - 1 所示：

表 8 - 1　　　　　　　　　资产弃置义务会计处理规范体系

适用行业	适用准则
石油天然气开采行业	CAS4
	CAS13
	CAS27
其他行业	CAS4
	CAS13

8.5.1　CAS 13 关于资产弃置义务的会计处理规范

《企业会计准则第 13 号——或有事项》（CAS13）规定：（1）负债义务范畴包括了法定义务和推定义务，预计负债（准备）的计量则采用最佳估计法。（2）在 CAS13 准则对应的准则讲解中，对资产弃置义务应用的范围有非常明显的限定导向，规定以油气井及相关的设施或核电站的弃置费用为例，要求对此计提的预计负债进行折现处理。（3）按现值计算确定应计入固定资产成本的金额和相应的预计负债，在固定资产使用寿命内，按照预计负债的摊余成本和实际利率计算确定的利息费用应计入财务费用，旨在将企业未来发生的环境成本内化为企业成本，保证设备退役时企业有足够的财力承担环境恢复义务。

至于资产弃置义务负债金额的提取，我国在《国家核电发展专题规划（2005 - 2020 年）》中规定："核电站投入商业运行时，即可在核电站发电成本中强制提取、积累核电站退役处理费用，在中央财政设立核电站退役专项基金账户，在各核电站商业运行期内提取。"提取的弃置费用为核电站建造成本的 20%，核电设施以固定资产原值的 10% ~ 15% 为最佳估计数进行原始计量，同时应考虑货币时间价值在运营期进行的适当调整。

CAS13 指南规定，预计负债的金额通常应当等于未来应支付的金额，但未来应支付金额与其现值相差较大的，如油气井及相关的设施或核电站的弃置费用等，应当按照未来应支付金额的现值确定。因货币时间价值的影响，资产负债表日后不久发生的现金流出，要比一段时间之后发生的同样金额的现金流出负有更大的义务。因此，如果预计负债的确认时点距离实际清偿有较长的时间跨度，货币时间价值的影响重大，那么在确定预计负债的金额时，应考虑采用现值计量，即通过对相关未来现金流出进行折现后确定最佳估计数。

8.5.2　针对我国具体行业资产弃置义务的会计处理准则要求

我国 CAS4 准则讲解中，界定了具体行业的特定固定资产，如油气资产、核电站核设施等，在确定其初始入账成本时，还应考虑弃置费用。另外，《企业会计准则第 27 号——石油天然气开采》（CAS 27）规范资产弃置义务的适用范围仅限于石油天然气行业，但并没有针对矿山环境修复治理保证金问题的会计处理进行明确规范。

具体来看，CAS27 规定，企业应当根据 CAS13，按照现值计算确定应计入井及相关设施原价的金额和相应的预计负债。井及相关设施以外的油气储存、集输、加工和销售等设施，企业可参照井及相关设施的弃置义务进行处理。在计入井及相关设施原价并确认为预计负债时，企业应在油气资产的使用寿命内，采用实际利率法确定各期间应负担的利息费用。企业应在油气资产的使用寿命内的每一资产负债表日对弃置义务和预计负债进行复核。如必要，企业应对其进行调整，使之反映当前最合理的估计。

对于煤炭采掘业，我国会计处理规范较特殊。《关于执行〈企业会计制度〉和相关会计准则有关问题解答（四）》的通知中首次涉及煤炭企业安全生产费的会计处理规定：企业计提安全费用时，从成本费用中提取，计入"长期应付款"；企业使用安全费时，属费用性支出的直接核销"长期应付款"，属资本性支出的，资产完工交付时一次全额提取折旧，核销"长期应付款"。

在《关于做好执行会计准则企业 2008 年年报工作的通知》中，对安全费、维简费的处理，从负债处理模式转为计提专项储备的模式："安全费、维简费"从未分配利润中提取，计入"盈余公积——专项储备"。企业使用安全费、维简费时，属费用性支出的计入成本费用，属资本性支出的核销"盈余公积——专项储备"；用安全费、维简费购建的固定资产，按规定计提折旧，计入"成本费用"。

2009 年 6 月，财政部在《关于印发企业会计准则解释第 3 号的通知》中进一步作出了规定：企业提取的安全费、维简费，应当计入相关产品的成本或当期损益，同时计入"专项储备"。企业使用安全费、维简费时，属于费用性支出的，直接冲减专项储备；属资本性支出的，资产完工交付时一次全额提取折旧，核销"专项储备"。企业提取的维简费和其他具有类似性质的费用，比照上述规定处理。

但是，中国证监会会计部发布的《对〈关于辖区煤炭行业上市公司有关财务核算问题的请示函〉的复函》，则直接对与资产弃置义务相关的矿山环境恢复治理保证金的会计处理做出规定："按规定计提的矿山环境恢复治理保证金，用途属于固定资产弃置费用的部分，应按照弃置费用核算，不属于固定资产弃置费用的，应按照煤炭安全生产费进行会计处理。"

8.6　我国资产弃置义务的会计处理

8.6.1　资产弃置义务的会计确认

从负债定义的本质分析，应首先确认企业是否承担了现实的资产弃置义务，然后在此基础上，根据可定义、可计量、相关性和如实反映的要求，判断是否对资产弃置义务进行确认。

8.6.1.1 资产弃置义务的界定及确认标准

对负债的会计确认，重点应满足负债定义中的"现时义务"以及相关性、如实反映要求，而抛弃"很可能"的确认标准。因此，对资产弃置义务会计处理中有关负债的确认，重点判断资产弃置义务是否为现时义务，以满足负债的定义，再在此基础上进一步对资产弃置义务计量是否满足相关性与如实反映要求作出判断。只有满足上述要求，才能对负债予以确认。对资产弃置义务负债的确认流程可简化如图 8-2 所示。

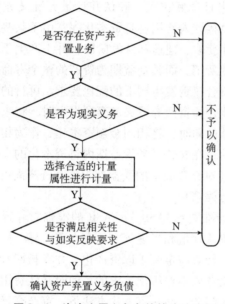

图 8-2 资产弃置义务负债的确认流程

（1）资产弃置义务的界定。前面已述及，当由于获取、建造、开发、正常使用长期资产和新的法律法规、监管机构或合同的清理恢复规定的出现等资产弃置义务事项发生时，即要求企业承担资产弃置义务。通常情况下，由于法律法规、监管机构的规定和合同的约束，使得企业很少或无能力避免未来的利益流出，使得资产弃置义务成为企业的现实义务。因此，在上述弃置义务事项发生时，如能可靠计量，即满足负债的定义，构成企业的资产弃置义务负债。需指出的是，并非所有长期资产在获取、建造、开发和正常使用阶段均构成了资产弃置义务负债，其判断的标准应是上述阶段是否对环境造成损害或使之具有潜在损害。如尽管获取、建造、开发和正常使用等事项发生，但没有对环境造成损害或使之具有潜在损害，不构成资产弃置义务事项，亦不满足负债的定义。

（2）资产弃置义务负债的确认标准。事实上，在资产弃置义务会计处理准则的发展历程中，或有事项准则中负债确认的"很可能"标准或无法合理估计等深刻影响着企业对资产弃置义务负债确认的判断。当只要满足"充分信息"时，资产弃置义务在履行时间和金额的不确定性虽应作为负债计量的考虑因素，但履行资产弃置的义务本身是无条件的，并不影响负债的确认；弃置义务负债应在资产弃置义务发生时即予以确认。此处的"充分信息"包括以下几种情形：①有证据表明义务的公允价值被包括在购买该资产的价格中；②存在主体间转让资产弃置义务的活跃市场；③有充分信息表明能使用现值技术进行估计，包括将履行义务的时间和方法的不确定性纳入公允价值估计中。

8.6.1.2 资产弃置义务会计其他项目的确认

（1）成本资本化与费用摊销的确认。一般情况下，履行资产弃置义务将导致企业经济利益的流出且金额较大，确认并计量弃置义务负债已成为必要。那么，资产弃置成本是直接计入费用还是资本化呢？由于某些资产的弃置义务事项仅发生在或主要发生在获取、建造和开发阶段，并不产生于正常使用阶段，如将对应金额全部计入当期费用，而其受益期为资产的整个寿命周期，将面临不合理分摊费用的局面，不符合权责发生制下的配比要求。可行的办法是将弃置义务负债对应金额予以资本化，即资产弃置义务事项发生时，将未来弃置成本折现的金额确认为一项长期负债的同时，将相同金额资本化，作为相关长期有形资产成本的一个组成部分。此后，在弃置义务受益期内将资本化的弃置成本按系统而合理的方法进行折旧摊销（对弃置成本的受益期为整个资产尚可使用期时，通常以固定资产的折旧形式进行摊销）。

目前我国企业会计准则和 IASB 与 FASB 的准则对弃置义务的规范，尽管在资产弃置义务负债的确认计量和折现等方面存在着差异，但均要求资本化法，对确认计提的弃置义务负债对应金额予以资产化，并在长期有形资产寿命期内进行折旧摊销。资产弃置义务成本费用化追求的是何时确认费用、费用如何分摊以及如何在损益表中反映等问题。而在资本化方法下，资产弃置义务负债的处理则是以资产负债表为导向的，属于资产和负债的确认模式，亦符合资产负债观。具体的会计确认示例如下：

①计提资产弃置义务负债及资本化时：

借：固定资产

    贷：资产弃置义务负债

②资产弃置义务成本分期摊销时：

借：制造费用

    贷：累计折旧

（2）增加费用的确认。资产弃置义务负债作为负债的一种，亦因货币的时间价值，随着时间的推移而增加负债。企业应在每期期末对资产弃置义务负债重新评价，以及时反映最新的负债信息。对负债时间价值的处理，传统会计采用的是实际利率法，计算新增利息。但利息确认是资本化还是费用化呢？

通常来说，因购建固定资产而产生的负债，在固定资产达到预期使用状况前予以资本化，其他情况则费用化，以满足固定资产受益期间的收入与利息支出的配比要求。资产弃置义务负债的利息确认亦可参照此类传统的会计处理方法，即在尚未达到预期使用状况前的阶段（如购建固定资产阶段），利息处理予以资本化确认，然后在达到使用状况后，通过固定资产折旧的形式予以费用化；而在其他阶段则直接予以费用化。

但是，考虑到资产弃置义务负债不同于一般意义上的负债融资，其对应的费用亦应有所区别。如果通过资本化后的费用化确认模式，将使资产弃置义务负债利息费用无法与正常融资的利息费用相区分。另外，企业在购建过程中对资产弃置义务负债确认的时点，通常发生在资产购建即将完成的阶段，甚至是已完成阶段。因此，本教材认为，为简化处理此类问题，建议对资产弃置义务负债的利息全部予以费用化，并为区分正常融资的财务费用，可作为财务费用下单独列示的增加费用。具体会计确认可参照如下会计分录：

借：资产弃置义务负债

　　贷：财务费用（增加费用）

（3）资产弃置义务履行阶段的会计确认。在资产弃置义务履行阶段，企业实际履行资产弃置义务所发生的经济利益流出可能与已计提的资产弃置义务负债金额不一致，其差额作为利得或损失予以确认。在我国企业会计准则中，利得和损失会计要素对应的会计科目为营业外收入和营业外支出。因此，企业实际履行资产弃置义务支出金额大于已计提资产弃置义务负债金额的差异部分，应在履行完毕时确认为营业外支出；实际履行义务支出金额小于已计提负债金额的差异部分，确认为营业外收入。具体的会计确认可参照如下会计分录：

实际履行资产弃置义务支出金额大于已计提资产弃置义务负债时：

借：营业外支出

　　资产弃置义务负债

　　贷：现金（或银行存款或其他资产）

实际履行资产弃置义务支出金额小于已计提资产弃置义务负债时：

借：资产弃置义务负债

　　贷：现金（或银行存款或其他资产）

　　　营业外收入

8.6.1.3　实务分析

实务：2010 年 1 月 1 日，某公司安装完成了一个油气钻井平台并达到了预期使用的状态。按所处行业的惯例，公司认为该项设施可能会在弃置时要履行环境修复弃置义务。为此，该公司按资产弃置义务会计处理的要求，对资产弃置义务负债进行确认，具体流程如下。

流程一：检查是否有确认的依据。公司环保部门技术人员和法律顾问通过查阅现有法规，认为按先行的通用环保法律和特殊行业资产管理规范，该类资产在终止使用时将要求承担法律规定的弃置环保义务。这表明该项资产具有资产弃置义务负债的确认依据。

流程二：判断能否合理估计未来履行资产弃置义务的金额。通过公司内部工程师与财务部门的估计，该资产预计使用寿命约 10 年。估计公允价值的其他假设如下。

假设一：雇用拆除油气钻井平台的人工成本建立在当前劳动力市场的工资水平之上。预期可能花费的成本及概率如表 8-2 所示。

表8-2   拆除油气钻井的人工成本估计

可能的情况	现金流出量（元）	发生的概率（%）	预期现金流量（元）
情况 1	100 000	25	25 000
情况 2	125 000	50	62 500
情况 3	175 000	25	43 750
合计			131 250

假设二：拆除油气钻井平台的行业日常管理费用和设备损耗成本为人工成本的 80%，并且公司没有理由认为未来可能为本公司履行弃置义务的合同承包方的费用水平明显不同于该水平。

假设三：由于合同承包方通常会在人工成本和内部成本的基础上，要求一定的补偿（合同利润）。企业认为 20% 的利润空间是对方可接受的，也能够代表合同方的平均水平。

假设四：合同方通常还要求一定的市场风险补偿，因为按现有价格锁定的利润，合同方将要承担未来十年内的不确定性和不可预见因素带来的风险（除物价风险以外的风险）。因此，该企业估计此金额将为通货调整后估计现金流的 5%。

假设五：企业预计未来十年内每年的通货膨胀利率为 4%。

假设六：预计资产弃置义务负债的折现率为 8.5%。

上述资料是经过内部工程师和公司财务部结合行业水平、企业实际和市场风险评估后得出来的，是对未来弃置义务支出的合理估计，因此表明未来资产弃置义务负债支出金额能够合理估计。

流程三：证实相关资产能带来未来经济利益流入。因为该项油气资产已达到预计可使用状态，且该设施未来产生的产品市场需求乐观，因此可确定该资产能够带来未来经济利益的流入。根据准则的要求，该公司于 2010 年 1 月 1 日确认了此项资产弃置义务负债。

在固定资产建成之时，企业应同时确认资产弃置义务负债和固定资产；在随后的每期期末，亦同时确认增加费用（财务费用）和资产弃置义务负债；另外，每期还需对弃置成本资本化部分进行折旧确认。因此，资产弃置义务会计处理在确认方面涉及资产、负债和费用等多个会计要素的联动。

上述资产弃置义务会计处理要素的确认联动，会计分录表述如下：

2010 年初确认负债和固定资产：

借：固定资产   194 879

  贷：资产弃置义务负债   194 879

2010 年末确认费用（增加费用）和负债：

借：财务费用（增加费用）　　　　　　　　　16 565
　　贷：资产弃置义务负债　　　　　　　　　　　　　16 565

2010 年末确认折旧和费用（制造费用）：

借：制造费用　　　　　　　　　　　　　　　19 488
　　贷：累计折旧　　　　　　　　　　　　　　　　　19 488

中间年度会计分录计算略，假设在 2020 年末履行弃置义务支出为 450 000 元，则确认核销负债。

借：资产弃置义务负债　　　　　　　　　　　440 619
　　营业外支出　　　　　　　　　　　　　　　9 381
　　贷：银行存款等　　　　　　　　　　　　　　　450 000

8.6.2　资产弃置义务的会计计量

8.6.2.1　计量方法的选择

作为一类预计负债，弃置费用的计量不仅可运用部分传统会计处理规范，也同样适用环境会计的其他计量方法。常用的计量方法有市场交易价格法、预期现金流量折现法和恢复费用法，具体阐述如下。

（1）市场交易价格法。当弃置费用相关的非资金流动性负债存在交易市场时，其交易价位就体现了弃置费用的合理评估价格，将同期同种类型或者比较相似的业务交易价格当作弃置费用的公允价值，此时的公允价值能够当作弃置费用确认的可靠依据。

（2）预期现金流量折现法。对预期现金流的折现通常是公司价值评估的有效方式，不仅涉及了资产的市价价值，同样引入了风险元素，能够用来进行资产准确评估。其运作方式主要有：①现金流调整法。重点在于明确当量系数 Q，介于 0 到 1，利用该系数提高预期现金流的准确性，这时通过无风险报酬率的方式来确定折现率。②风险调整折现率法。无风险报酬率加上资产的特有风险利率也就得到了风险调整折现率。尽管笔者研究的资产并非常规意义上的自然，然而弃置义务必然对应资产流动，因而弃置负债也能够通过与预期现金流折现方式进行公允价值的计量。

（3）恢复费用法。该类方式是通过还原或更新因为破坏环境导致自然资本消耗所产生的费用实施评估弃置费用中相关自然资源还原的方式。

8.6.2.2　初始及后续计量

关于初始计量，我国采用以公允价值的方式（即以市场交易价格为主，未来现金流量折现为辅的方式）来构建核算资产弃置义务的核算体系。

在对资产弃置义务的后续计量中，如涉及现值估计调整，根据资产弃置义务负债与固定资产联动的特征，亦应对固定资产的账面价值进行调整。《企业会计准则解释第6号》对预计负债由于技术进步或市场变化等后续变动作出了相应规定，将弃置义务按当时的公允价值对原估计的初始金额进行调整，有助于企业正确且及时处理固定的弃置费用，体现谨慎性的信息质量要求。《企业会计准则解释第6号》性质上属于会计估计变更，这与FASB和IASB的要求一致，也适用未来适用法，应按照准则调整的固定资产，在资产剩余使用年限内计提折旧。根据该文件的要求，表8-3简单列示了我国资产弃置义务的初始及后续计量。

表8-3　　　　　　　　　我国资产弃置义务的初始及后续计量

项目	经济业务	会计处理
资产弃置义务初始计量	确定核反应堆已完工的固定资产成本	借：固定资产 　　贷：在建工程 　　　　预计负债——弃置费用
	确定石油天然气开采成本	借：油气资产 　　贷：预计负债——弃置费用
资产弃置义务的后续计量（以固定资产为例）	技术进步等导致预计负债减少	借：预计负债——弃置费用 　　贷：固定资产 若预计负债减少超出资产账面价值，则： 借：预计负债——弃置费用 　　贷：营业外收入
	企业未跟上市场环境的变化等导致预计负债增加	借：固定资产 　　贷：预计负债——弃置费用
	企业计提资产折旧	借：制造费用 　　贷：累计折旧
	确定各期应负担的利息费用	借：财务费用 　　贷：预计负债——弃置费用
	清偿预计负债	借：预计负债——弃置费用 　　贷：银行存款
	固定资产使用终止	借：预计负债——弃置费用 　　贷：营业外收入
纳税的会计处理调整	可抵扣暂时性差异	借：递延所得税资产 　　贷：所得税费用
	应纳税暂时性差异	借：所得税费用 　　贷：递延所得税负债

8.6.2.3　实务分析

（1）未发生估计调整。

实务①：此实务说明与8.6.1.3中的实务说明一致。其余部分如下：在2010年1月1日，该公司确认了一项资产弃置义务负债，负债的初始计量过程见表8-4。

表8-4　　　　　　　　资产弃置义务负债初始计量过程　　　　　　　　单位：元

项目编号	资产弃置义务负债的计算项目	计算依据	金额
（1）	计算依据	参见表8-1	131 250
（2）	日常费用和设备损耗	=0.8×（1）	10 500

续表

项目编号	资产弃置义务负债的计算项目	计算依据	金额
（3）	合同方利润	$= 0.2 \times [（1） + （2）]$	47 250
（4）	通货膨胀调整前预期现金流量	$= （1） + （2） + （3）$	283 500
（5）	通货膨胀调整后预期现金流量	$= （4） \times P/F （49\%，10）$	419 637
（6）	市场风险补偿金（0.05 × 419 637）	$= 0.05 \times （5）$	20 982
（7）	市场风险调整后预期现金流	$= （5） + （6）$	440 619
（8）	现值	$= （7） \times P/F （8.5\%，10）$	194 879

据此，得出资产弃置义务负债金额为 194 879 元。并根据上述结果确认每期应确认的增加费用和应计提的折旧费用。假设固定资产采用直线法计提折旧且无残值，则每年应计提的折旧费用为 19 488 元（194 879÷10）。增加费用按实际利率法进行计算，其实际利率（即折现率）为 8.5%。每年增加费用具体计算见表 8-5。

表 8-5　　　　　　　　　　　　**增加费用计算过程**　　　　　　　　　　　　单位：元

年度（1）	年初负债余额（2）	增加费用的计算依据（3）	本期确认的增加费用（4）	年末负债余额（5）
2010	194 879	本年（2）×8.5%	16 565	211 444
2011	211 444	本年（2）×8.5%	17 973	229 417
2012	229 417	本年（2）×8.5%	19 500	248 917
2013	248 917	本年（2）×8.5%	21 158	270 075
2014	270 075	本年（2）×8.5%	22 956	293 031
2015	293 031	本年（2）×8.5%	24 908	317 939
2016	317 939	本年（2）×8.5%	27 025	344 964
2017	344 964	本年（2）×8.5%	29 322	374 286
2018	374 286	本年（2）×8.5%	31 814	406 100
2019	406 100	本年（2）×8.5%	34 519	440 619

相关的会计处理如下。

2010 年 1 月 1 日：

初始确认资产弃置义务负债：

　　借：固定资产——资产弃置义务成本　　　　　　　　194 879

　　　　贷：资产弃置义务负债　　　　　　　　　　　　　　194 879

2011～2019 年每年 12 月 31 日：

确认折旧费用：

　　借：制造费用　　　　　　　　　　　　　　　　　　19 488

　　　　贷：累计折旧　　　　　　　　　　　　　　　　　　19 488

确认增加费用：

　　借：增加费用各期发生额　　　　　　　　　　各期发生额

　　　　贷：资产弃置义务负债各期发生额　　　　　　各期发生额

假设 2010 年 12 月 31 日实际支付的弃置成本为 351 000 元，因此应确认弃置资产处理损益：

　　借：资产弃置义务负债　　　　　　　　　　　　　　440 619

　　　　贷：现金、银行存款等资产类账户　　　　　　　　351 000

利得——资产弃置义务负债履行利得　　　　　　　　　　89 619

随着时间的推移，增加了每期的增加费用，相应地，每期资产弃置义务负债的金额亦随之增加，到资产寿命周期末时达到在 2010 年预期的未折现资产弃置义务支出金额 440 619 元。而资产弃置义务成本资本化部分的账面价值，则随着每期的折旧依次递减，直至在资产寿命周期末为 0。

（2）发生估计调整。

实务②：本实务是在实务①的基础上进行改进的，除新增内容为对实务①进行修改外，其余假设条件等与实务①相同。假设在 2015 年 12 月 31 日，公司在对前期资产弃置义务负债公允价值重估时发现资产弃置义务成本的期望现金流量提高了 10%，即：440 619 × 10% = 44 062（元），且当年折现率变为 8%。表 8 - 6 为资产弃置义务负债的重新计算过程。

表 8 - 6　　　　　　　　**资产弃置义务负债的重估计算过程**　　　　　　　单位：元

年度（1）	年初负债余额（2）	增加费用的计算依据（3）	本期确认的增加费用（4）	估计调整（5）	年末负债余额（6）
2010	194 879	本年（2）×8.5%	16 565		211 444
2011	211 444	本年（2）×8.5%	17 973		229 417
2012	229 417	本年（2）×8.5%	19 500		248 917
2013	248 917	本年（2）×8.5%	21 158		270 075
2014	270 075	本年（2）×8.5%	22 956		293 031
2015	293 031	本年（2）×8.5%	24 908	38 316	356 255
2016	356 255	本年（2）×8.5%	28 500		384 755
2017	384 755	本年（2）×8.5%	30 780		415 535
2018	415 535	本年（2）×8.5%	33 243		448 778
2019	448 778	本年（2）×8.5%	34 519		484 681

由于在 2015 年末估计调整增加了资产弃置义务负债金额 38 316 元，故从 2016 年起，每年由此新增折旧 9 579 元（38 316÷4），加上原资本化每年折旧 19 488 元（194 879÷10），则自 2016 年起每年合计折旧额为 29 067 元。

上述资产弃置成本未来期望现金流量估计的修正，引起资产弃置成本资本化部分的折旧及增加费用每期变化，造成对资产账面价值和资产弃置义务负债金额的影响。

8.6.3　资产弃置义务会计的列报与披露

在资产弃置义务会计的列报与披露方面，我国尚无成文规定，现有的列报和披露标准为《企业会计准则第 13 号——或有事项》，是一个广泛性的适用标准，并未有针对资产弃置义务特点的相关条文。但需通过规范披露内容、披露方式等方面来披露资产弃置义务信息，且对明确规定要披露的部分加强监督；在披露内容方面，由于资产弃置义务的确认涉及资产、负债，在后续计量中涉及成本与折旧的增加，这将体现在资产负债表和利润表的变化中。所以，在财务报表的附注中，应对资产弃置义务的确认依据、计量属性、金额变化等进行说明。在披露方式方面，可遵循上市公司一贯的披露原则，分强制性和自愿性两种。

8.6.3.1　披露内容

资产弃置义务信息披露的重点是资产弃置义务负债。资产弃置义务负债属于环境负债的范畴。目前，对环境负债披露的详细规范是 1998 年联合国国际会计和报告标准的《环境成本和负债的会计与财务报告》。[①] 根据此标准，可以对资产弃置义务会计的信息披露内容予以合理规范。

（1）整体描述企业承担的资产弃置义务，包括区分法定义务和推定义务、确认资产弃置义务负债的原因及法律或推定的要求，以及经济利益流出不确定性的说明；（2）对资产弃置义务负债、固定资产中的弃置成本资本化部分账面价值进行披露，并详情披露计量方法、假设基础、弃置成本项目构成和折旧率的选择等信息；（3）对资产弃置义务负债账面价值变动的信息进行披露，包括资产弃置义务负债的期初和期末余额、因时间推移产生的增加费用、现值估计的变更、新确认的资产弃置义务负债、已履行的资产弃置义务负债等，如果是跨国公司还涉及汇率变动产生的影响，其中，对于新确认的资产弃置义务负债和已解除资产弃置义务的应详情说明类别与原因；（4）资产弃置义务对企业财务状况、经营成果和现金流量的影响；（5）企业投入的与资产弃置义务相关的保证金或基金情况说明，包括性质、金额和限制性要求；（6）对于承担了资产弃置义务而未确认资产弃置义务负债的企业，则应披露该资产弃置义务的事实、未确认负债的具体原因，以及可能的对企业财务状况、经营成果和现金流量的影响。

8.6.3.2　披露方式

资产弃置义务会计的信息披露方式可采用表内列示、财务报表附注和表外披露相结合的方式。具体阐述如下。

（1）资产负债表的表内列示。资产弃置义务会计处理的重点在于资产弃置义务负债，从本教材前面对实施资产弃置义务会计处理的现状研究可看出，资产弃置义务负债占非流动负债的比例普遍较高，因此有必要在负债项目中单独披露，建议在负债项目中单独建立"资产弃置义务负债"报表项目，或在预计负债项目下单独列示"其中：资产弃置义务负债"。另外，考虑到每期可能有部分资产弃置义务即将于一年内履行，使此部分的资产弃置义务负债不再具有"非流

---

① 该报告指出，企业对环境负债的信息披露应至少遵循如下要求：（1）环境负债应在资产负债表或报表附注中单独予以披露。（2）环境负债的计量基础（现值法或现行成本法）应予以披露。（3）对每一类重大的负债项目，应披露负债性质的简要描述，清偿时间和条件的简要说明；对于负债金额或偿还时间存在重大不确定性时，应予以披露。(4）任何与已确认的环境负债的计量有关的重大的不确定性和可能的后果范围应予以披露。(5）如果采用现值法作为计量基础，应披露对估计未来现金支出和在报表中确认环境负债起关键作用的假有假定，包括清偿环境负债的现行成本、计算环境负债所使用的预期长期通货膨胀率、对负债的未来清偿成本的估计以及折现率。(6）在财务报表中，应披露所确认的环境负债和成本的性质，包括对环境损害的简要说明，要求企业对这些损害作出补救的法律、规章的简要说明，对以计提准备的现有法律和技术所发生变化的简要说明。

动负债"的性质，因此需要将其调整到一年内到期的非流动负债项目下，单独披露"其中：一年内到期的资产弃置义务负债"。对于资产弃置义务成本资本化及其折旧部分，从现状研究的结果发现，其对固定资产的影响相对较小，根据重要性原则，可不需要在表内进行详情列示。但考虑到有部分企业受到的影响较大，则可在固定资产项目下单独列示"其中：包括资本化的资产弃置义务成本"。资产负债表的表内列示格式见表8-7。

表8-7　　　　　　　　　　　　资产负债表　　　　　　　　　　　单位：元

资产	期末余额	年初余额	负债和所有者权益	期末余额	年初余额
流动资产：			流动负债：		
……			……		
……			一年内到期的非流动负债		
……			其中，一年内到期的资产弃置义务负债		
流动资产合计			流动负债合计		
非流动资产：			非流动负债：		
……			……		
固定资产					
其中：资产弃置成本资本化部分账面价值（可选）					
……			预计负债		
……			其中：资产弃置义务负债		
……			负债合计		
非流动资产合计			……		
……			所有者权益合计		
资产总计			负债和所有者权益总计		

（2）利润表的表内列示。在资产弃置义务会计处理中，随时间推移产生的增加费用会影响到企业的期间费用。为了避免与通常的财务费用相混淆，可在财务费用项目下单独列示"其中：因资产弃置义务负债产生的增加费用"。另外，资产弃置成本资本化亦会对利润表产生影响，但此类影响是通过固定资产折旧而间接产生。因此，对资产弃置成本资本化折旧的影响，不需在利润表表内列示，企业可自行决定是否在报表附注或表外管理层讨论中披露。利润表表内列示格式见表8-8。

表8-8　　　　　　　　　　　　　利润表　　　　　　　　　　　　单位：元

项目	本期金额	上期金额
一、营业收入		
减：营业成本		
……		
财务费用		
其中：因资产弃置义务负债产生的增加费用		
……		
四、净利润（净亏损以"-"号填列）		

（3）现金流量表的表内列示。资产弃置义务在实际履行时，通常会发生现

金流出，从而对现金流量表产生影响。我国现有的现金流量表主要分为经营活动产生的现金流量、投资活动产生的现金流量和筹资活动产生的现金流量三部分。由于资产弃置义务与企业使用固定资产进行生产经营有关，故应纳入经营活动产生的现金流量项目中，可根据重要性原则，具体列入"支付其他与经营活动有关的现金"项目中，或在该项目下单独列示"资产弃置义务履行发生的现金支出"，其格式见表 8－9。

表 8－9　　　　　　　　　　　　　　现金流量　　　　　　　　　　　　　　单位：元

项目	本期金额	上期金额
一、经营活动产生的现金流量：		
……		
经营活动现金流入小计		
……		
支付其他与经营活动有关的现金		
其中：资产弃置义务履行发生的现金支出（可选）		
经营活动现金流出小计		
……		
五、现金及现金等价物净增加额		
加：期初现金及现金等价物余额		
六、期末现金及现金等价物余额		

（4）会计报表附注披露。资产弃置义务会计处理在计量上的高度复杂性，决定了仅在会计报表表内披露相关信息的可理解性差，通过报表附注的披露，有助于报告使用者进一步了解企业承担的资产弃置义务信息。根据重要性的原则，应重点对资产弃置义务负债进行较全面的附注披露；对于固定资产项目，应披露包括将对弃置义务成本资本化的确认以及折旧的会计政策及资本化的账面价值；其他部分可根据重要性原则决定是否需要附注披露。由于资产弃置义务负债涉及的金额通常较大，对资产弃置义务负债的附注披露，应单独列示，而不应纳入现有的预计负债附注披露中。

对资产弃置义务负债信息的附注披露，可在简要介绍本企业承担的资产弃置义务性质的基础上，重点披露所使用的会计政策、计量方法、计量假设、弃置成本项目构成和折旧率的选择等信息。表 8－10 为资产弃置义务负债账面价值变动的信息披露。

表 8－10　　　　　　　资产弃置义务负债账面价值变动的信息披露

项目	20×9 年	20×8 年
资产弃置义务负债期初余额		
增加费用		
新增负债		
其中：新建资产增加		
使用过程新增		
并购资产新增		
因新法律法规而新增		

续表

项目	20×9 年	20×8 年
……		
减少负债		
其中：履行义务减少		
资产转让减少		
……		
估计调整		
其中：未来现金流估计调整		
折现率变动调整		
汇率变动调整		
资产弃置义务负债期末余额		

（5）资产弃置义务会计处理信息的表外披露。就资产弃置义务信息内容含量而言，公司年度或中期报告可充分容纳其信息量。根据最新的中国证监会《公开发行证券的公司信息披露内容与格式准则第 2 号——年度报告的内容与格式（2011 年修订）》（征求意见稿），我国上市公司的公司年报正文由如下部分组成：重要提示及目录、公司基本情况简介、会计数据和财务指标摘要、股份变动及股东情况、董事、监事、高级管理人员和员工情况、公司治理、内部控制、股东大会情况简介、董事会报告、监事会报告、重要事项、财务报告和备查文件目录等内容。其中，征求意见稿指出，董事会报告中应当对财务报告和其他必要的统计数据以及报告期内发生或将要发生的重大事项，进行讨论、分析，可以采用逐年比较、数据列表或其他方式对相关事项进行列示，便于投资者了解其财务状况、经营成果及现金流量情况。讨论、分析不能只重复财务报告的内容，应着重于其已知的、可能导致财务报告难以显示公司未来经营成果与财务状况的重大事项和不确定性因素，包括已对报告期产生重要影响但对未来没有影响的事项，以及未对报告期产生影响但对未来具有重要影响的事项等。

董事会报告中，还鼓励公司披露社会责任报告。社会责任报告应经公司董事会审议通过，并以单独报告的形式在披露年度报告的同时在指定网站披露。列入省级以上环保部门公布的污染严重企业名单或存在其他重大社会安全问题的上市公司及其子公司，应披露公司存在的问题、整改情况。如报告期内被行政处罚，应披露处罚事项、处罚措施及整改情况。

由此，根据中国证监会对公司年报格式内容的要求，对资产弃置义务会计处理信息的表外披露应在董事会报告中体现出来。在董事会报告中，应重点披露企业承担的资产弃置义务的性质、金额、履行时间、风险、履行义务的保障措施和对公司未来发展的影响等信息。其中，在资产弃置义务性质方面，应说明来自法律法规及监管方面的要求及未来可能的变化，可分行业分地区和分国别对现有与资产弃置有关的资产进行整体描述，并应指出在财务报表或附注中对应的资产弃置义务信息详细披露的索引位置，以便使用者充分了解企业承担的资产弃置义务风险，为其决策服务。

8.7 案例分析：以中海油为例

8.7.1 案例概述

中国海洋石油集团有限公司（CNOOC）（以下简称中海油）是中国最大的海上油气生产商。公司成立于 1982 年，总部设在北京。经过 30 多年的改革与发展，中国海油已经发展成主业突出、产业链完整、业务遍及 40 多个国家和地区的国际能源公司。公司形成了油气勘探开发、专业技术服务、炼化与销售、天然气及发电、金融服务五大业务板块，可持续发展能力显著提升。2019 年，公司在《财富》杂志"世界 500 强企业"中排名第 63 位，在《石油情报周刊》（PIW）评选的"世界最大 50 家石油公司"中排名第 31 位。CNOOC 品牌位列全球油气品牌价值榜第 17 名、品牌价值增值榜第 8 名。

8.7.2 业务资料及案例要求

分析 1：油田弃置准备是指当过往事件导致本集团须承担的现时的法律性或推定责任引申的义务，而且该义务的履行很可能导致经济利益流出本集团，以及该义务的金额能够可靠地计量时，本集团应确认油田弃置准备。相关费用被资本化作为油气资产的一部分。被确认的金额是估计将来发生的弃置费用以及考虑该弃置准备相应的特定债务风险的当前税前折现率而折现的未来现金流现值。对由于弃置时点或弃置成本的估计作出的变更，按未来适用法调整相应的准备和油气资产金额。由于贴现拨回而增加的油田弃置准备计入财务费用。弃置费用是指在油气田经营期限接近结束时，本集团某些油气资产将会发生设施弃置相关的费用。由于会受到包括相关法规更改、先进弃置技术的采纳及优秀经验的借鉴等多种因素的影响，最终的弃置费用并不确定。同时，预期弃置时间和费用也会发生变更，例如随油田储量或法律法规及其诠释的变化而变更。由此可能导致对弃置准备的重大调整，从而影响未来的财务经营成果。

分析 2：本集团采用成果法核算油气资产。本集团将油气资产的初始获取成本予以资本化。当发现商业储量时，该成本会被转入已探明资产。资本化的油气资产包括成功探井的钻井及装备成本，所有开发成本，包括建造安装平台，海底管线和油气处理终端等基础设施的建造、安装及完工成本，以及开发井的钻井成本和建造增加采收率设施的成本，也包括为延长资产的开采期而发生的改进费用，以及相关的资本化的借款费用。不成功探井的成本及其他所有勘探的费用于发生时计入当期损益。本集团采用产量法以证实已开发储量为基础，对在产油气田的油气资产进行摊销，对为特定油气资产而建的公共设施按照比例根据相应油气资产的证实已开发储量进行摊销。非为特定油气资产而建的公共设施按照直线法在其预计使用年限内摊销。在开始商业性生产前，有关重大开发成本不计算折旧，其相对应储量于计算折旧时剔除。

分析 3：油田拆除拨备是指海上平台及油气资产的暂估拆除费用，其为一项长期负债。年初余额为 5 487 800 万元，2019 年通过新项目和重新估计油田拆除拨备分别增加成本 330 900 万元和 511 700 万元。本年拆除部分油田设备减少油田拆除拨备 114 100 万元，核销 1 500 万元。随时间推移，使拨备贴现值增加 279 400 万元，汇兑折算差异增加 66 000 万元以及其他应付款及预提费用的拨备减少油田拆除拨备 143 900 万元。计算拆除拨备所使用的折现率为 3.50% ~ 4.25%。（本案例中资产义务负债通过油田拆除拨备会计科目核算）

本年油气资产增加的成本中，包括人民币约 304 800 万元（2018 年约人民币 283 800 万元），计入物业、厂房及设备的资本化利息。在油气资产折旧中，包括人民币约 119 900 万元的对已资本化油气资产拆除费用的折耗（2018 年约人民币 129 800 万元）。

案例要求如下：

（1）编制 2019 年与资产弃置义务负债相关的会计确认与计量的分录；

（2）说明该集团计算折旧使用的方法，并编制 2019 年资产弃置义务成本折耗的会计分录；

（3）做出 2019 年资产弃置义务负债相关信息披露报表。

8.7.3 会计处理

8.7.3.1 编制 2019 年与资产弃置义务负债相关的会计分录

（1）根据业务分析 1、分析 2、分析 3 可知，2019 年初资产弃置义务负债账面为 5 487 800 万元。本年新增项目和重估增加账面 842 600 万元，综上，会计分录为：

借：固定资产　　　　　　　　　　　　　　　　　　6 330 400

　　贷：油田拆除拨备　　　　　　　　　　　　　　　　6 330 400

（2）本年使用油田拆除拨备为 114 100 万元并且核销 1 500 万元，会计分录为：

借：油田拆除拨备　　　　　　　　　　　　　　　　115 600

　　贷：固定资产　　　　　　　　　　　　　　　　　115 600

（3）本年汇兑折算差异为 66 000 万元。

借：财务费用——汇兑差额　　　　　　　　　　　　66 000

　　贷：油田拆除拨备　　　　　　　　　　　　　　　　66 000

（4）根据业务分析 3 随时间推移使拨备贴现值增加，弃置拨备贴现值拨回：

借：财务费用——其他财务费用（弃置拨备贴现值拨回）　279 400

　　贷：油田拆除拨备　　　　　　　　　　　　　　　　279 400

（5）一年内到期计入其他应付款及预提费用的拨备，会计分录为：

借：油田拆除拨备   143 900

    贷：固定资产   143 900

8.7.3.2 编制 2019 年弃置义务成本折耗的会计分录

根据业务分析 2、分析 3 可知，本集团采用产量法以证实已开发储量为基础，对在产油气田的油气资产进行折旧摊销。在 2019 年折旧中，存在 119 900 万元对已资本化油气资产拆除费用的折耗。

借：制造费用   119 900

    贷：累计折旧   119 900

8.7.4 主要报表及附注披露

8.7.4.1 资产负债表

2019 年，中海油的资产负债表见表 8 – 11。

表 8 – 11 资产负债表

编制单位：中海油　　　　　　　　2019 年 12 月 31 日　　　　　　　　单位：万元

资产	期末余额	年初余额	负债和所有者权益	期末余额	年初余额
流动资产：			流动负债：		
存货及供应物	631 400	585 300	银行及其他借款	1 259 000	899 100
应收账款	2 479 400	2 197 900	应付及暂估账款	4 014 600	3 330 700
其他金融资产	11 451 300	1 228 300	租赁负债	142 500	—
其他流动资产：	979 000.00	928 100	合同负债	223 100	203 600
到期日为三个月以上的定期存款	1 685 500	1 376 000	其他应付款及预提费用	2 090 100	1 408 400
现金及现金等价物	3 367 900	1 499 500	应交税费	1 395 600	1 573 900
流动资产小计	20 594 500	19 115 100	流动负债小计	9 124 900	7 415 700
非流动资产			流动资产净值	11 469 600	11 699 400
物业、厂房及设备	44 055 400	41 338 300	总资产减流动负债	66 648 200	61 222 400
其中：油田拆除费用资本化账面价值	6 416 300	5 420 400	非流动负债：		
使用权资产	917 900	—	银行及其他借款	13 615 200	13 347 900
无形资产	1 630 600	1 607 300	租赁负债	706 200	—
联营公司投资	2 451 300	443 300	油田拆除拨备	6 416 300	5 420 400
合营公司投资	2 097 700	2 026 800	递延所得税负债	360 200	318 000
债权投资	160 800	—	其他非流动负债	727 700	145 100
权益投资	293 600	406 600	非流动负债小计	21 825 600	19 231 400
递延所得税资产	2 599 200	2 746 500	净资产	44 822 600	41 991 000
其他非流动资产	972 100	954 200	所有者权益合计	44 822 600	41 991 000
非流动资产小计	55 178 600	49 523 000			
资产总计	75 773 100	68 638 100	负债和所有者权益总计	75 773 100	68 638 100

8.7.4.2　利润表

2019 年，中海油的利润表见表 8 – 12。

表 8 – 12　　　　　　　　　　　利润表

编制单位：中海油　　　　　　　　2019 年 12 月　　　　　　　　　　单位：万元

项目	本期金额	上期金额
一、营业收入		
油气销售收入	19 717 300	18 655 700
贸易收入	3 086 700	3 583 000
其他收入	515 900	532 400
减：营业成本		
作业费用	(2 473 500)	(2 438 800)
除所得税外的其他税金	(915 600)	(914 100)
勘探费用	(1 234 200)	(1 313 500)
折旧、折耗及摊销	(5 769 900)	(5 083 800)
其中：对已资本化油气资产拆除费用的折耗	(119 900)	(129 800)
石油特别收益金	(89 400)	(259 900)
资产减值及跌价准备	(209 400)	(66 600)
原油及油品采购成本	(2 904 000)	(3 355 800)
销售及管理费用	(806 200)	(742 900)
其他	(498 200)	(579 000)
二、营业利润	8 419 500	8 016 700
利息收入	106 700	79 800
财务费用	(586 500)	(516 200)
其中：油田资产弃置拨备贴现值拨回	(279 400)	(256 000)
汇兑损失净额	(21 300)	(14 100)
投资收益	463 200	368 500
联营公司之利润	45 900	40 600
合营公司之利润/（损失）	54 300	(559 300)
其他收益净额	83 100	99 700
三、税前利润	8 564 900	7 515 700
所得税费用	(2 460 400)	(2 248 200)
四、净利润	6 104 500	5 267 500
其他综合收益/（费用）		
后续可能重分类到损益的项目		
汇兑折算差异	284 800	863 800
联营公司其他综合收益	2 500	1 600
其他后续不会分类至损益的项目		
被指定为按公允价值计入其他综合收益之权益投资之公允价值变动	(116 700)	27 800
其他	(13 300)	8 000
其他综合收益合计税后净额	157 300	901 200
归属于本公司股东的本年综合收益合计	6 261 800	6 168 700
五、归属于本公司股东的每股盈利		
——基本（人民币元）	1. 37	1. 18
——摊薄（人民币元）	1. 37	1. 18

8.7.4.3　现金流量表

2019 年，中海油的现金流量表见表 8 – 13。

表 8 – 13　　　　　　　　　　　**现金流量表**

编制单位：中海油　　　　　　　　2019 年 12 月　　　　　　　　　　单位：万元

项目	本期金额	上期金额
一、经营活动产生的现金流量		
经营活动之现金收入	14 597 900	14 008 200
支付所得税	（2 245 800）	（1 568 400）
经营活动流入的现金净额	12 352 100	12 439 800
经营活动现金流入小计		
二、投资活动产生的现金流量		
收购油气资产	（561 900）	（26 400）
资本支出	（6 639 500）	（5 100 200）
增加联营公司投资	（770 700）	（6 400）
（增加）／减少三个月以上到期的定期存款	（309 500）	162 000
收取源自联营公司的股息收入	23 100	16 200
收取源自合营公司的股息收入	17 200	13 200
收取利息	92 300	87 200
收取投资收益	382 200	272 100
购买其他金融资产	（18 780 500）	（17 810 000）
购买权益投资	—	（3 900）
处置其他金融资产	19 795 200	12 790 300
处置权益投资	—	1 700
处置物业、厂房及设备的现金收入	6 400	59 000
投资活动流出的现金净额	（6 745 700）	（9 545 200）
三、融资活动产生的现金流量		
发行债券	1 046 400	995 200
偿还债券	（206 700）	（497 600）
偿还租赁负债	（145 100）	—
新增银行贷款	384 600	287 400
偿还银行贷款	（820 600）	（613 300）
支付股息	（2 897 300）	（2 358 900）
支付利息	（599 800）	（526 400）
收购同一控制下附属公司	（533 500）	—
其他	2 900	2 800
融资活动流出的现金净额	（3 769 100）	（2 710 800）
四、现金及现金等价物的净增加额	1 837 300	183 800
五、现金及现金等价物的年初余额	1 499 500	1 294 900
六、外币折算差异影响净值	31 100	20 800
七、现金及现金等价物的年末余额	3 367 900	1 499 500

8.7.4.4　报表附注信息披露

2019 年，中海油的报表附注信息披露见表 8 – 14。

表 8 – 14　　　　　　　　　　**年油田拔备附注信息披露**

编制单位：中海油　　　　　　　　2019 年 12 月　　　　　　　　　　单位：万元

项目	2019 年
年初余额	5 487 800
新项目	330 900

续表

项目	2019 年
重估	511 700
本年使用	(114 100)
核销	(1 500)
弃置拨备贴现值拨回	279 400
汇兑折算差异	66 000
年末余额	6 560 200
一年内到期计入其他应付款及预提费用的拨备	(143 900)
年末余额	6 416 300

练习题

一、单选题

1. 对于弃置费用形成预计负债之后，由各种原因所造成的预计负债的增加，应该(　　)。

A. 确认为当期损益

B. 增加该固定资产成本

C. 冲减固定资产成本

D. 不进行调整

2. 对于特殊行业的特定固定资产，企业应当根据《企业会计准则第 13 号——或有事项》，按照(　　)计算确定应计入固定资产成本的金额和相应的预计负债。

A. 公允价值

B. 合同约定价款

C. 账面价值

D. 现值

3. 《企业会计准则解释第 6 号》中所称的弃置费用形成的预计负债在确认后，按照实际利率法计算的利息费用应当确认为(　　)。

A. 管理费用　　　　B. 财务费用　　　　C. 营业外支出　　　　D. 营业外收入

4. 对于弃置费用形成预计负债之后，由各种原因所造成的预计负债的减少，应该以(　　)为限扣减固定资产成本。

A. 该固定资产的账面价值

B. 该固定资产的原值

C. 预计负债的期末余额

D. 折现到本期的现值

5. 2013 年 12 月 31 日，甲公司建造了一座核电站达到预定可使用状态并投入使用，累计发生的资本化支出为 210 000 万元。当日，甲公司预计该核电站在使用寿命届满时为恢复环境发生弃置费用 10 000 万元，其现值为 8 200 万元。该核电站的入账价值为(　　)万元。

A. 200 000　　　　　B. 210 000　　　　　C. 218 200　　　　　D. 220 000

6. 关于弃置费用的理解，下列说法中不正确的是(　　)。

A. 对于特殊行业的固定资产，确定固定资产的初始入账成本时需要考虑弃置费用

B. 一般情况下，弃置费用需要按照现值计入固定资产的入账价值，同时确认预计负债

C. 在固定资产的使用年限内，应按照预计负债的摊余成本和实际利率确认利息费用并计入固定资产成本

D. 一般企业固定资产的报废清理发生的费用不属于弃置费用，应在实际发生时作为固定资产处置费用处理

7. 下列关于固定资产弃置费用的会计处理中，正确的是（　　）。

A. 取得固定资产时，按预计弃置费用的现值借记"预计负债"科目

B. 取得固定资产时，按预计弃置费用的终值贷记"预计负债"科目

C. 在固定资产使用寿命内，各期按实际利率法摊销的弃置费用借记"管理费用"科目

D. 在固定资产使用寿命内，各期按实际利率法摊销的弃置费用借记"财务费用"科目

8. 甲公司于 2014 年 1 月 1 日正式建造完成一个核电站并交付使用，全部的成本为 6 000 万元，预计使用寿命为 30 年。据国家法律、行政法规和国际公约等规定，企业应承担环境保护和生态恢复等义务。2014 年 1 月 1 日预计 30 年后该核电站的弃置费用为 300 万元（金额较大）。在考虑货币的时间价值和相关期间通货膨胀等因素下确定的折现率为 5%。已知：（P/F，5%，30）＝0.2314，（P/A，5%，30）＝15.3725。不考虑其他因素，甲公司在 2014 年确认该固定资产的入账价值为（　　）万元。

A. 10 611.75　　　　　B. 6 069.42　　　　　C. 6 000　　　　　D. 6 300

二、多选题

1. 弃置费用的下列表述正确的有（　　）。

A. 一般工商企业的固定资产发生的报废清理费用不属于弃置费用

B. 弃置费用通常是指根据国家法律和行政法规、国际公约等规定，企业承担的环境保护和生态恢复等义务所确定的支出

C. 油气资产、核电站核设施等的弃置和恢复环境义务属于弃置费用的范畴

D. 固定资产履行弃置义务可能发生支出金额、预计弃置时点、折现率等变动而引起的预计负债变动，应根据相关原则调整该固定资产的成本，该固定资产的使用寿命结束，预计负债的所有后续变动应在发生时确认为损益

2. 某项存在弃置义务的固定资产，预计使用 50 年，已经使用了 10 年，已经确认的预计负债余额为 1 000 万元，固定资产账面价值为 80 万元。假定不考虑其他因素，则下列说法正确的有（　　）。

A. 如果预计两年后实际支付的弃置费用将大大减少，折现到本期末的现值为 950 万元，则企业应冲减预计负债和固定资产成本 50 万元

B. 如果预计两年后实际支付的弃置费用将大大减少，折现到本期末的现值为 910 万元，则企业应冲减预计负债和固定资产成本 90 万元

C. 如果预计两年后实际支付的弃置费用将大大提高，折现到本期末的现值为 1 100 万元，则企业应确认固定资产和预计负债 100 万元

D. 不管未来现值怎样变化，都不应调整固定资产和预计负债

E. 按照上述原则调整的固定资产，在资产剩余使用年限内计提折旧

3. 下列有关弃置费用的理解正确的有（　　）。

A. 弃置费用仅适用于特定行业的特定固定资产

B. 弃置费用通常是指根据国家法律和行政法规、国际公约等规定，企业承担环境保护和生态恢复等义务所确定的支出

C. 在固定资产初始计量时，估计未来处置时将要发生的弃置费用，并将该费用予以折现，然后计入固定资产的成本

D. 固定资产存在弃置义务的，应在取得固定资产时，按预计弃置费用的现值，借记固定资产，贷记"预计负债"科目

4. 经国家审批，某企业计划建造一个核电站，其主体设备核反应堆将会对当地的生态环境产生一定的影响。根据法律规定，企业应在该项设备使用期满后将其拆除，并对造成的污染进行整治。2014 年 1 月 1 日，该项设备建造完成并交付使用，建造成本共 100 000 万元。预计使用寿命 20 年，预计弃置费用为 1 000 万元。假定折现率（即为实际利率）为 10%。[（P/F，10%，20）=0.148 64]。下列的会计处理中，正确的有（　　）。

A. 2014 年 1 月 1 日弃置费用的现值为 148.64 万元

B. 2014 年 1 月 1 日固定资产的入账价值为 100 148.64 万元

C. 2015 年应负担的利息费用为 16.35 万元

D. 2015 年 12 月 31 日预计负债的余额为 179.85 万元

三、计算分析题

1. 甲公司主要从事化工产品的生产和销售。2015 年 12 月 31 日，甲公司的一套化工产品生产线达到预定可使用状态并投入使用，预计使用寿命为 15 年，根据有关法律，甲公司在该生产线使用寿命届满时应对环境进行复原，预计将发生弃置费用为 2 000 000 元。甲公司采用的折现率为 10%。（P/F，10%，15）=0.239 4。（假定不考虑固定资产原价中包含的其他支出）

要求：做出甲公司与弃置费用有关的账务处理。

2. 长江公司属于核电站发电企业，2015 年 1 月 1 日正式建造完成并交付使用一座核电站核设施，全部成本为 300 000 万元，预计使用寿命为 40 年。据国家法律和行政法规、国际公约等规定，企业应承担环境保护和生态恢复等义务。2015 年 1 月 1 日预计 40 年后该核电站核设施弃置时，将发生弃置费用 30 000 万元，且金额较大。在考虑货币的时间价值和相关期间通货膨胀等因素下确定的折现率为 5%。已知：（P/F，5%，40）=0.142 0。

要求：

①编制 2015 年 1 月 1 日固定资产入账的会计分录；

②编制 2015 年和 2016 年确认利息费用的会计分录；

③编制 40 年后实际发生弃置费用的会计分录。

3. 2007 年 A 公司征地建设尾矿库、废石堆场发生费用 36 300 万元，与资产弃置义务相关的费用 4 191 万元（安全保障 313 万元、植被恢复及复垦 730 万元、地形景观恢复治理 2 940 万元、地质灾害防治 208 万元）。项目使用期 20 年，利率按集团财务公司存、贷款利率计算，其中：贷款利率 5% 计算，存款利率 2%。不考虑利率调整。已知：（P/F，5%，20）=0.376 9。（计算结果保留整数）

要求：

①取得固定资产时的会计分录；

②纳税的会计处理调整。

第9章 土壤污染修复义务会计

【学习目标】

土壤污染问题逐渐成为企业的一个重要环境事项。与土壤污染的相关会计问题，主要涉及污染修复义务形成的环境负债确认与计量、修复支出是资本化还是费用化等。由于土壤污染在会计处理上也存在较多难点：与清理修复相关的责任人、责任份额、土壤污染类型及程度、修复技术、环境监管机构接受的修复后标准、总支出额、履行义务的方式及完成时间的不确定性等都会影响到会计核算和信息披露。本章将从理论体系开始学起，了解国内外的土壤污染会计的理论与实务。

【学习要点】

（1）美国土壤污染修复义务会计的政策发展。
（2）我国土壤污染会计的会计处理规范和实务。

【案例引导】

大陆土壤及地下水污染现状不容乐观，根据《全国土壤污染状况调查公报》（2014）以及《2013年中国环境状况公报》，全国土壤总的点位超标率为16.1%；全国4778个地下水监测点位中，较差与极差水质比例为59.6%。修复治理工作将是未来环境保护的重点和难点之一，仅我国需要修复的中重度污染耕地就达3.3万平方千米，投入规模预计将超过十万亿元，资金需求巨大，土地污染防治一直是关注的问题。

20世纪七八十年代，中国台湾地区发生了多起土壤及地下水污染事件。中国台湾根据多年的实践，根据中国台湾地区"土壤及地下水污染整治法"设立土壤及地下水污染整治基金；土壤及地下水污染整治基金来源包括征收费用、基金自身利息和管理当局拨款三大类，其基金的主要来源是向企业收取的污染整治费，将企业作为主要的责任主体，例如其考虑到石化行业对象明确、规模较大、利润率较高、对土壤及地下水环境影响较大，将其作为主要征收对象；由环保部门牵头成立基金管理委员会，多方共同决策；管理委员会与多方合作，不仅仅是企业，还与审计部门、环保机构、财经部门共同合作。在对基金的管理运行下，对加油站的土壤及地下水污染调查完成率48.50%，2014年2月，中国台湾地区累计发现污染场地5411处，农地、加油站、储槽和非法弃置场等重点污染场地已有约一半完成修复，总体修复完成率达到 44.58%。在此基础上还带动了环保产业的发展，带来了巨大的经济效益。

资料来源：孙飞翔，李丽平，原庆丹，徐欣. 台湾地区土壤及地下水污染整治基金管理经验及其启示 [J]. 中国人口·资源与环境，2015，25（4）：155-162.

9.1 土壤污染修复义务会计概述

9.1.1 土壤污染修复义务会计的目的和意义

20 世纪 80 年代，可持续发展主要是作为一种思想和观念而存在。进入 20 世纪 90 年代，人们更多地开始把可持续发展的思想转变为行动。在可持续发展战略下，企业作为经济细胞应确立"绿色经营""绿色发展"的新理念，应考虑其生产经营活动对包括土壤在内的自然资源造成的污染而产生的外部成本，并将外部成本内部化。进行土壤污染修复治理的会计核算，既有利于企业生存发展的可持续性，也有利于整个国民经济的可持续性发展。在可持续发展战略下，企业及其经营者的受托责任既包括经济的受托责任也应包括环境的受托责任。土壤污染修复治理的会计核算，目的是向环境信息使用者提供决策有用的信息，并反映受托者在使用土壤资源过程中受托责任的履行情况。对土壤污染修复治理的日常核算，可以反映企业土壤资源利用和耗费补偿情况、履行社会责任情况以及社会成本和社会效益情况。

我国和世界其他国家一样，现代工业在快速发展的同时，环境污染问题也日益凸显尤其是土壤污染，已经危及生存和发展。早在 1994 年我国政府就制定了《中国 21 世纪议程》，将可持续发展战略作为中国社会经济发展的基本战略，而良好的环境条件是经济持续发展的必要条件。然而到目前为止，我国很多企业仍然以污染土壤的重大代价来谋求企业眼前的经济利益，却没有承担污染治理和信息报告的责任。究其原因，一方面是相应专门法律约束的空白；另一方面我国现行会计准则中土壤污染治理义务核算规定的缺失，也使得愿意主动披露土壤污染及治理方面会计信息的企业没有操作指南。

从实践上来说，对土壤污染修复治理的日常核算，可以解决土壤污染修复义务会计主体不明确的问题，有利于政府持久调控；可以进行充分的环境会计信息披露，满足各方信息使用者的需要。

9.1.2 土壤污染的特点及对会计处理的影响

土壤污染是指进入土壤中的有害、有毒物质超出土壤的自净能力，导致土壤的物理、化学和生物上的组织、结构和功能发生改变，微生物活动受到抑制，降低农作物的产量和质量，有害物质或其分解产物在土壤中逐渐积累，间接被人体吸收，从而危害人体健康的现象。土壤污染物分为无机物和有机物两类，无机物主要有汞、铬、铅、铜、锌等重金属以及砷、硒等非金属，有机物主要有酚、有机农药、油类、苯芘花类和洗涤剂类等。上述污染物在土壤中的滞留时间、产生危害的强度对责任人的确认难度影响不同。土壤污染按土壤的污染源和污染途径可分为以下几种。

（1）水质污染型：污水灌溉是引发土壤污染的一条重要途径。我国污水主要是工业和城市生活污水混合类型，且处理率很低，这种未经处理的混合型污水中含有各种各样的污染物质，主要是有机污染物和无机污染物。污染物质大多是未经处理的污水以灌溉形式从地面进入土壤，一般集中于土壤表层，更为严重的是土壤对污染物具有富集作用，一些毒性大的污染物，如汞、镉等富集到作物果实中，人或牲畜食用后引发中毒。或者随着污水灌溉时间的延长，某些污染物质可能自上部向土体下部扩散和迁移，以至达到地下水，危害人畜。

（2）大气污染型：土壤污染物质来自被污染的大气，其中粉尘是重要的污染源，它的污染面大，会对土壤造成严重污染。其特点是以大气污染源为中心呈椭圆状或条带状分布，长轴沿主风向伸长，其污染面积和扩散距离取决于污染物的性质、排放量及形式。大气污染型主要的是酸性物质。

（3）固体废物污染型：固体废弃物包括工业废渣、城市垃圾、剩余污泥以及畜禽粪便、农业秸秆等。这些固体废弃物在土壤表面堆放、处理和填埋过程中，通过扩散、降水淋溶、地表径流等方式直接或间接地造成土壤污染。

（4）农业污染型：农用化学品的不当应用会直接污染土壤。化肥、农药和覆盖塑料薄膜等技术措施的不合理施用，也会使土壤发生过量营养物质积累，重金属、有机污染物和残留地膜污染等危害。

（5）综合污染型：由多种污染源和多种污染途径同时造成的土壤污染，其中以某一种或两种污染源污染影响为主。

因土壤由固体、液体和气体三相组成，其污染的成因来自多方面的时间积累。因此土壤污染较之大气污染、水体污染和固定污染而言，更不易觉察，有以下一些特点。

一是隐蔽性和滞后性。土壤污染从产生到出现问题通常会滞后较长时间，往往要通过对土壤样品进行分析化验和农作物的残留检测，甚至通过研究对人畜健康状况的影响后才能确定。

二是累积性。污染物在土壤中并不像在大气和水体中那样容易扩散和稀释，因此会在土壤中不断积累而超标，同时也使土壤污染具有很强的地域性。

三是不可逆转性。重金属对土壤的污染基本上是一个不可逆转的过程，许多有机化学物质的污染也需要较长时间才能降解。例如，被某些重金属污染后的土壤可能需要一年的时间才能够逐渐恢复。

四是难治理性。积累在土壤中的难降解污染物很难靠稀释和自我净化作用来消除。土壤污染一旦发生，仅仅依靠切断污染源的方法往往很难恢复，有时要靠换土、淋洗等多种方法才能解决。

近年来，随着土地保护法规的不断严格，土壤污染问题逐渐成为企业的一个重要环境事项。与土壤污染的相关会计问题，主要涉及污染修复义务形成的环境负债确认与计量、修复支出资本化还是费用化等。由于土壤污染具有隐蔽性和滞后性、累积性、不可逆转性、难治理性等特征，因此，会计处理上也存在较多难点：与清理修复相关的责任人、责任份额、土壤污染类型及程度、修复技术、环境监管机构接受的修复后标准、总支出额、履行义务的方式及完成时间的不确定性等皆影响到会计核算和信息披露。由于我国会计发展水平低下，会计体系难以完整地反映企业环境经营活动及其影响，且有关政策法律不健全，故在企业会计系统中确认、计量土壤修复义务任重而道远。

9.1.3　土壤污染修复义务会计的研究现状

所谓土壤污染修复义务会计，概括地说是指对已污染土壤进行治理、修复时引起的环境负债的会计核算，属于环境财务会计范畴。国外关于土壤污染治理、修复所引发的环境负债的会计核算研究较早且渐趋成熟，他们的研究主要集中在土壤污染修复债务的确认和计量上。其中美国的理论文献成果对其他国家的影响很大，特别是日本深受其影响。尽管日本对土壤污染治理的立法非常重视并有其独到之处。但是在会计核算上，却主要借鉴了美国资产弃置债务会计的做法。下面主要介绍美国的研究现状。

自 1975 年来，美国财务会计准则委员会、美国注册会计师协会、美国证券交易委员会、美国政府会计准则委员会（Governmental Accounting Standards Board，GASB）等机构已发布了与土壤污染的会计处理或披露有关的不同标准和指导性文件。其中对土壤污染的会计处理最为直接的是 1996 年 AICPA 发布的《环境修复负债》（SOP 96-1）和 2006 年 GASB 发布的《污染修复义务的会计和财务报告》（GASBS 49）。

9.1.3.1　SOP 96-1 对污染土壤的会计处理

（1）SOP 96-1 的适用范围。对土壤污染的会计处理规范不包括污染的预防、控制和自愿清理活动，主要针对与超级基金相关的潜在责任方对土壤污染场地清理活动的会计处理。

（2）发生或有损失可能性的判断及义务事项。SOP 96-1 主要将或有事项的准则运用到环境修复负债的处理上。负债是因过去的交易或事项而产生的在未来需让渡资产或提供服务给他方的现实义务，履行该义务很可能导致企业未来的经济利益的流出。而或有损失则指存在着未来事项，将证实损失或资产的减值或招致负债发生的概率是从不可能到很可能。在很多情况下，计提或有损失是记为一项负债，FASB 为谨慎起见，认为或有损失的计提与会计文献中陈述的负债概念是相关的。按 FAS 5 的要求，当或有损失发生引起的负债发生的概率很可能且能合理估计损失金额时，需确认为一项负债。在超级基金法下，由于作为潜在责任当事方的企业对场地的污染"贡献"与承担清理活动支出的时间上存在较长的间隔，企业是否承担清理义务及承担程度受多种事项影响决定，如谈判的结果、其他的支付能力等，故潜在责任当事方应考虑是否存在或有损失发生的可能性，如很可能，则形成一个现实的环境清理义务，并以此进一步决定是否确认为一项环境负债。

SOP 96 - 1 给出的或有损失发生可能性的决策树测试：

一是因过去事项而被诉讼、被要求参与清理活动声明或评估是否已经开始；或者根据信息表明，上述情况很可能发生；

二是诉讼或声明的结果是否很可能对企业不利。换句话说，企业将因过去的事项而承担参与清理程序的责任。

当作为潜在责任当事方的企业对或有损失的可能性测试满足以上两点时，则应确认企业存在一项环境清理的现实义务，上述两点实质上已构成了其中的两项义务事项。但是，环境负债的会计确认还必须满足合理计量的要求。

（3）SOP 对损失和负债进行金额估计的路线。若对场地污染的责任方仅有一家，其承担的环境负债金额为预计执行清理活动的所有相关成本金额；但是对场地污染的责任方可能不止一家，总的清理成本应在潜在责任当事方之间进行分配，某一企业的环境负债金额应按总清理成本所应承担的责任比例估计。由于存在多家潜在责任当事方的会计处理较为复杂，本部分以多家潜在责任当事方的会计处理研究为主。只存在一家潜在责任当事方企业的会计处理相对简单，仅需对某些处理流程简化。

SOP 96 - 1 对环境负债的金额估计按图 9 - 1 所示路线进行。

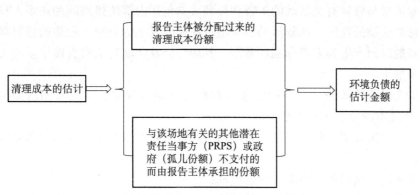

图 9 - 1　SOP 96 - 1 对环境负债的金额估计

（4）对清理成本合理性估计的判断基准。当或有损失的可能性判断标准满足后，对环境负债金额估计是否合理成为环境负债能否确认的重要考虑因素。在多数情况下，特别是场地清理及相关活动的初期，除非作为潜在责任当事方的企业能获得相似案例的数据或要求承担义务的清理活动较简单，否则通常无充分的信息来估计清理成本的所有内容，但是在某些阶段，合理估计部分的清理成本内容的信息依然可能存在。为此，SOP 96 - 1 要求企业分阶段，当在有关部分清理成本的内容能合理估计的信息满足时，可对其进行合理估计并确认环境负债，且需披露其确认的清理成本的内容和未确认的清理成本内容。在后续阶段，随着有关估计信息的完善，企业还需对原先估计的金额进行重新估计。

（5）对清理成本估计应考虑的因素和清理成本的组成内容。就潜在责任当事方企业而言，土壤污染清理相关活动往往需经历被确认为潜在责任当事方、执行修复调查可行性研究、修复设计、修复活动等阶段。随着经历阶段的深入，用于对或有损失估计的信息越来越多，使估计逐步走向精确。因此，对清理成本的估计应在整个清理阶段不断地进行修订。影响估计的因素如下：①土壤中污染物质的类型和污染程度；②可用于修复的技术范围；③监管机构（政府）可接受的修复标准及变化；④潜在责任当事方的财务状况和承担修复场地责任的程度等。

在清理的初期阶段，因责任、修复要求、使用技术等信息的不明确，对清理成本的估计可能很困难，但一般情况下或有损失的估计应存在估计区间，则至少应将最小清理成本予以确认计量或有损失。就清理成本的组成内容而言，SOP 96-1按成本的类型可分为与修复活动有关的直接增量成本和用于雇员直接参与修复有关活动的工资和福利。

修复活动包括清理前的活动如修复调查和可行性研究（RI/FS）、准备修复计划、修复设计或评估《资源保护和恢复法》（*Resource Conservation and Recovery Act*，RCRA）下的设施性能、执行设施调整或矫正方法研究、执行修复工程、RCRA下的矫正工程或类似工程、政府监控和与执行有关活动、修复的运行、维护和修复后的监控。

雇员参与修复有关活动的工资和福利成本包括内部法律顾问和技术人员参与决定修复活动的程度、修复活动的类型、在期间成本的分配和最终的修复等活动而耗费的时间产生的工资和福利费用。其他与修复活动有关的直接增量成本的具体例子如下。

①支付给外部法律事务所的参与和修复活动的程度、修复活动的类型、在PRPs间成本的分配等有关活动的费用；

②支付给外部工程和咨询公司就场地调查、开发修复活动计划和修复设计的费用；

③承包商执行修复活动计划的成本；

④政府监控成本、环保局或其他政府机构处理该场地所发生的成本；

⑤专门用于修复活动而无其他用途的机器或设备成本；

⑥PRPs组为评估PRP组处理场地成本而发生的成本；

⑦修复活动的运行与维护成本，包括按修复活动计划要求的修复后监控的成本。

（6）清理成本的分配。并非所有的清理成本都在潜在责任方之间进行分配，如仅为本公司利益而支付法律人员或法律事务所的相关法律服务费用。除此之外，清理成本需在所有潜在责任当事方之间进行分配。

不管是与环保局的谈判，还是潜在责任方面的和解或司法裁决，每个潜在责任当事方最终承担清理成本的比例往往与多种因素相关。因此在进行清理成本的分配时，应先确认所有的潜在责任当事方以及考虑各潜在责任当事方对环保局要求承担清理义务的态度和可能的未被列入潜在责任当事方名单中的责任方，以便综合考虑估计可能的分配比例，并随着 RI/FS 的进行和一系列清理活动的完成，各潜在责任当事方的责任比例将会逐步明确。下列为 SOP 96-1 中列示的五种潜在责任当事方及其特点。

①参与的潜在责任方：承认与场地的污染有潜在关联关系。

②反抗的潜在责任方：有证据表明其与场地的污染有关，但仍然拒绝承认与之有关系。

③未被证实的潜在责任方：已被列入潜在责任方中，但由于没有重要证据证明他们与场地污染有关，他们拒绝承认与之有关系。

④未列入潜在责任方，但可能与场地污染有关的责任人：除非对场地进行追加调查或者修复活动发生，否则通常难以确认其为潜在责任方。

⑤难以找到的或破产的潜在责任方：被确认为与场地污染有关，但无法找到或无力支付清理活动。

SOP 96-1 给出了四种决定责任分配的因素，可供企业在估计承担的清理成本时参考。

决定责任分配的因素见表 9-1。

表 9-1　　　　　　　　　　决定责任分配的因素

决定责任分配的因素	具体内容
相关成分的比例	以潜在责任方各自对污染场地的污染物质的"贡献"来分配其所应承担的责任，如排放的污染物容量、重量、废弃物类型、废弃物的毒性或使用场地的时间
潜在责任方的类型	成本分配信赖于污染者类型，如场地的所有者、场地的运行者、废弃物的运输者或废弃物的生成者
对支付的限制	在法律法规或规章制度对某一潜在责任当事方承担清理成本的限制，如不管对污染的"贡献"如何，对州政府或地方政府在责任承担上的限制
关注程度	尽管超级基金采用严格责任原则，但在成本分配时往往需考虑潜在责任当事方在选择场地或运输者时对环境污染的关注程度

用于估计清理成本分配的主要资料来源于包括 PRPs，即达成的协议、咨询顾问报告和 EPA 的决定等。企业估计的成本分配如与上述资料提供的分配方法和比例不同的话，应具有客观和可验证性的资料支持其估计，如基于参与的财务状况等。如果认为其他的 PRPs 将不能或不会承担修复成本，则企业应将该承担责任的比例包括进自身的负债中。

（7）环境负债的确认、计量及相关处理。潜在责任当事方在因过去的事项而被与场地污染有关的诉讼、被要求参与清理活动声明或评估等已开始时，应进行或有损失发生的可能性的判断，以判断由此形成的义务是否为现实义务。如可能性为很可能，则为现实义务，需继续对拟清理成本的合理性估计按上述判断基准进行分析判断，如某一部分清理成本内容符合能合理估计的判断基准，则确认为一项环境负债。在确认一项环境负债的同时，关于其对应项目的确认，FAS 5规定：如果同时符合下列两个条件，一项或有损失的估计损失应计入收益表的费用项目确认为一项收益表的费用项目。

一是在财务报告公布前可获得的信息表明，在财务报告编制日一项资产已减值或一项负债已发生是有很大可能的。这种情况意味着一个或多个确认这种损失的未来事件很可能发生。二是能够合理地估计损失金额。

SOP 96-1规定在确认环境负债时，其对应项目为营业费用。对负债的估计包括报告主体为指定场地分配的负债份额，加上与该场地有关的其他潜在责任方或政府（孤儿份额）不支付的而由报告主体承担的份额。对环境负债的计量，采用最优估计法，当在估计的范围内存在最优值时，以该值为损失和负债的金额，否则以估计范围内的最小值计量。SOP 96-1对负债折现进行了规定，即为污染场地支付的预计清理成本在数量、时间固定或可靠确定时才能对未来修复支出负债的金额进行折现，但并未给出如何选择折现率。

（8）对清理成本的补偿。清理成本的补偿可能来自保险公司、非参与的PRPs、政府或第三方基金等，只有当补偿实现的可能性为很可能时，该项补偿才能予以确认，确认为一项补偿性资产如现金或应收款项，同时确认为一项对应的营业收入。成本补偿金额的计量与环境负债金额的计量方法相同。

（9）信息的披露。SOP 96-1建议企业披露如下内容：①引起确认需进行环境修复的或有损失的事项；②对确认补偿在追回的时间上的政策等；预期在短期不能实现补偿，其实现确认补偿的估计时间；③当已确认记录在一定期间内能补偿的金额时，该补偿实现时点上的分布；④实质上影响财务状况或结果的确定，特别是实体应披露会计原则和在存在替代方案时应用这些原则的方法；⑤有关特定场地的其他信息，如确认清理场地的总成本、或有损失很可能的性质、估计可能性、增加的损失或不能估计的原因声明、其他潜在责任方的参与、状况或调整的进程、估计解除或有事项的时间等。

9.1.3.2　GASBS 49对污染土地的会计处理

GASBS 49充分借鉴了SOP 96-1对或有损失合理估计的可能性的判断基准和分阶段部分确认计量负债的规定，并在计量处理上的规范、污染修复义务支出的资本化还是费用化方面较SOP 96-1有更大的推行。尽管GASBS 49主要为针对政府的会计准则，但由于作为潜在责任当事方的企业和政府在超级基金下，对场地污染的处理流程基本一致，故GASBS 49对企业的土壤污染修复义务会计处理有着极其重要的借鉴。GASBS 49借鉴了SOP 96-1的范围界定，并考虑到2001年FASB发布的FAS 143《资产弃置义务的会计处理》准则的影响，将当前的污染预防和控制活动以及与资产弃置有关的未来污染修复活动如垃圾场地关闭和关闭后续维护、核电站的退役等的会计处理排除在该公告规范之外，使之界定的范围更加明确，且与相关准则规范共同构建污染问题会计处理的完善体系。

（1）污染修复义务及义务事项。污染修复义务指旨在通过参与污染修复活动，解决由于已有的污染引起的当前或潜在有害影响的义务，不包括就当前运营而要求进行的污染预防、控制义务和与资产弃置有关的法定清理义务。从其定义可分析此污染修复义务已构成了现实义务。

GASB 对报告主体的污染修复义务事项给出了明确的规定，较之 SOP 96 - 1 更为具体，包括如下事项：①紧急危险迫使政府采取修复行动；②政府违反环境预防或相关许可；③政府被确认为或有理由认为被确认为责任方或 PRP；④政府作为被告或有理由认为作为被告要求进行清理行动；⑤政府开始或有法定义务开始清理、监控或维护和运行活动。

当然，上述义务事项针对的报告主体为政府而非企业。就企业而言，如污染的场地责任人不明确，则并不存在紧急危险迫使企业采取修复行动的义务事项。

（2）污染修复义务支出的资本化和费用化。GASB 认为通常情况下，污染修复义务将导致污染修复负债的确认与报告。总体而言，对使相应长期资产的服务性能或价值提升而导致增加与该资产有关的经济利益流入的污染修复义务支出予以资本化，否则予以费用化，符合资产的定义。故 GASBS 49 对污染修复义务支出的资本化处理较之 SOP 96 - 1 的全部费用化更为合理。

但是 GASB 并未详细给出资本化的处理方式，即何时资本化、是否在义务事项和判断基准事项发生时确认负债。从 GASBS 49 的附录中分析，GASB 资本化的处理侧重于仅在实际支出发生时确认资本化和费用支出，而不考虑负债的确认问题。符合资本化条件下亦应按规定确认计量负债，同时确认一项长期待摊费用，在修复支出实际发生时转入相关资产成本。

（3）GASB 对污染修复义务负债的处理路线。当污染修复义务支出不满足资本化时，应考虑确认计量负债和相应费用。

GASB 对义务事项的处理规避 FAS 5 和 FIN 14 对或有损失的处理，将义务支出发生的概率纳入负债计量的范畴，借鉴了《资产弃置义务会计处理》中对负债计量采用公允价值的处理，从而在确认时不需考虑"很可能"的确认标准。当报告主体因上述过去或现在义务事项而承担污染修复义务时，如能合理估计其金额，即构成一项负债，应予以确认。GASB 对污染修复义务负债的金额估计，主要从报告主体拟履行全部污染修复活动（包括预期代为其他 PRPs 履行）的方式出发考虑，以拟履行的全部污染修复支出的估计为起点，对于报告主体仅预计履行自己份额内的修复活动，由于不需考虑对其他 PRPs 要求补偿的问题，因此相对简单而未明确规范。

GASBS 49 对负债的估计思路与 SOP 96 - 1 略有不同。SOP 96 - 1 中负债的估计，亦是从清理成本的估计开始着手，计算负债的金额为报告主体分配过来的清理成本份额，加上与该场地有关的其他 PRPs 或政府（孤儿份额）不支付的而由报告主体承担的份额的金额。这部分金额与 GASBS 49 在不考虑预期补偿已实现或可实现金额时的负债金额是一致的，只是表述方式不同。但是，GASBS 49 更多地从政府参与并主导污染修复活动的角度出发来考虑补偿的问题。当补偿已实现或可实现时，作为代履行方因需代履行，故增加了相应的负债，但不增加费用，这点处理比 SOP 96 - 1 对补偿的处理更为合理（SOP 96 - 1 未考虑代履行而增加的负债及将实现或可实现补偿作为营业收入）。

（4）污染修复义务支出内容。GASBS 49 对污染修复义务支出采用严格的界定，仅包括与污染修复活动有关联的直接支出和间接支出（包括部分管理费用），但未用 SOP 96 - 1 中的增量成本一词。GASB 采用直接或间接的以与污染修复活动的关系为准界定成本支出的范围，比增量成本的范围限定更加完善，但也为会计人员的处理留下相当的职业判断。

就污染修复义务支出对应的污染修复活动内容而言，GASBS 49 的规定与 SOP 96 - 1 基本一致，本处不再重复。值得注意的是，GASB 特别指出与自然资源的损害相关的支出（如恢复植被的支出）只有作为污染修复活动的一个组成部分才能作为污染修复义务支出；罚款、罚金、由有毒而引起的民事赔偿、产品和生产过程中的安全支出、为可能的补偿发生的法律诉讼等支出和由社会承担的支出不包括在污染修复义务支出的范围内。此点进一步明确了污染修复义务支出组成内容，即必须是污染修复活动的必要组成部分，不包括责任扩大产生的义务活动。

（5）污染修复负债的确认基准。在污染修复义务事项产生时，报告主体即构成一项现实的义务，如能合理估计义务金额，即应确认污染修复负债，但因场地污染的特殊性和污染修复活动的复杂性，金额的合理估计有一定的难度。GASB 在此充分借鉴了 SOP 96 - 1 对清理成本合理估计的判断基准，规定了在何种情况下应能部分或全部合理估计义务（清理成本/支出的估计直接决定了义务金额的估计）金额，以此决定何时确认部分或全部的污染修复负债，要求报告主体不得在晚于判断基准发生时对污染修复负债进行估计。GASBS 49 亦指出，在政府经历过相似场地情况或有场地修复情况下，应能在早期即合理估计全部污染修复负债的范围。

（6）污染修复负债的确认、计量及相关处理。报告主体根据上述的判断基准，在不同阶段应能合理估计污染修复支出，并由此合理估计部分或全部污染修复负债。因此，当存在义务事项时，根据不同的基准事项，应确认相应的污染修复负债，或对原先确认的污染修复负债进行重估修正。

污染修复负债的计量以污染修复活动支出的估计为基础，减去预期从其他责任方得到的补偿金额，再加上预期补偿已实现或可实现时的金额。

①第三方为履行污染修复工作所要求的利润和风险补偿金，仅在政府预期使用第三方进行修复时才能包括在负债的计量中。从这点看，GASBS 49 比 SOP 96 - 1 规定得更明确，但主要从特定主体观角度出发，并未从市场参与者的公允价值观分析。

②尽管污染修复并不一定在当期执行，但应使用当前价值进行估计。如基于现行的法律法规和预期将用于清理的现有技术。这和当前各主流会计准则对未来的估计处理方法一致，是基于可靠性的考虑。

③使用期望现金流量技术计量负债。将各种估计的金额及其概率加权平均，实质是反映公允价值的思想。当缺乏有关预期的现金流量范围和概率分布时，政府可使用其他污染修复项目实际发生的现金流量，并根据不同环境差异进行调整。从期望现金流量技术的使用，可看出 GASBS 49 对负债的计量已部分体现了公允价值的思想。

④对期望现金流量不使用折现处理。考虑到使用折现将会使计量带来的主观性超过相关性。从这点也可看出对修复负债公允价值运用的一些担忧，从而未全面采用公允价值。

对污染修复负债进行确认计量时，修复支出如满足资本化，应同时确认一项费用，即污染修复费用，其金额为报告主体拟履行的全部污染修复支出的估计（包括预期代为其他 PRPs 履行）减去预期从其他责任方得到的补偿金额。由于土壤污染场地修复支出的复杂性和非日常性，在负债确认时，应同时确认一项损失（营业外支出）。

当有新增的与修复支出估计有关的信息时，如新的判断基准事件发生时，污染修复负债应根据最新信息进行重估。

（7）补偿问题。如上所述，GASBS 49 对补偿的处理，在污染修复负债计量中即已考虑进去。故当补偿可实现或已实现时，应增加负债的金额和对应的补偿资产的金额。此点的规定较 SOP 96 – 1 更合理。

对期望补偿金额的计量，要求与之相关的污染修复支出计量的假设和方法一致，规定了来自保险人补偿的可实现标准：保险人承认补偿。

如果在所有修复工作完成后，才发生了预期得到的补偿，因污染修复负债已不存在，应将其计入一项收入和补偿资产。

（8）大致流程和报告披露。先看污染修复义务支出的一个或者多个组成内容的金额的范围能否合理估计，若不能估计，直接进入最后的披露步骤：披露为履行义务的污染修复活动性质的总体描述，或如因不能合理估计而未确认的部分。

若污染修复义务支出的一个或者多个组成内容的金额的范围能合理估计，则使用期望现金流量技术估计支出的当前价值，当有新的信息表示估计支出增加或减少时，应重新计量。再看在金额的范围能合理估计的前提下是否满足资本化标准，如果不能满足资本化标准，进入确认负债步骤：①记录污染修复负债；②根据确认基准，如污染修复负债的部分内容的金额范围能合理估计，予以确认；③当收到用于污染修复的商品或服务时记录负债（补偿问题）。然后进入披露部分：①披露确认的污染修复负债和污染修复支出的补偿相关内容；②披露为履行义务的污染修复活动性质的总体描述，或如因不能合理估计而未确认的部分。

如果在之前就满足了资本化标准，就要看期望支出是否超过应资本化的金额，如果超过应资本化的金额，就要将期望支出分为两部分：超出资本化限额的金额和资本化限额内的金额。超出资本化限额的金额直接进入确认负债步骤再直接进入披露步骤。期望支出没有超过资本化金额的部分或者是资本化限额内的金额都就此期望支出不确认污染修复负债，当获得商品或服务时资本化。

9.2 土壤污染修复义务会计处理

9.2.1 土壤污染修复义务事项

土壤污染修复义务事项主要包括企业违反环境法律法规或相关行政许可，对土壤造成污染；企业被环境管理机构责令进行土壤污染修复活动；企业作为被告或很可能作为被告要求进行土壤污染的修复等。当企业面临土壤污染修复义务事项时，应对可能的情况进行评估，分析预计的土壤修复义务支出的范围和估计金额，如能合理估计，则应确认土壤污染修复义务负债；不能合理计量的，应进行披露污染的性质、程度和不能合理计量的原因等。

9.2.2 土壤污染修复义务支出

土壤污染修复义务支出包括与污染修复活动有关联的各种直接支出和间接支出。其涉及的支出活动组成，按修复的程度和要求的不同而不同，可包括但不限于法律支出、土壤监测与评价支出、土壤修复方案设计支出、土壤修复活动的运行与维护支出，包括按修复方案要求的修复后监控的支出等。

9.2.3 土壤污染修复义务确认

按我国《企业会计准则——基本准则》要求在现实义务事项发生时，应评估其承担修复义务的可能性。如承担修复义务的可能性为很可能且义务支出金额能合理估计时，应确认一项负债。但由于采用"很可能"标准将更多地借助于报告主体自身拥有的信息，而非市场参与者所拥有信息的判断，使某些未达"很可能"标准的负债无法表内披露。因此在污染修复义务事项产生时，报告主体即构成一项现实的义务，如能合理估计义务金额，即应确认污染修复负债。由于土壤污染修复义务负债包括多个组成部分，部分或全部的土壤修复义务负债的确认时点如表 9 - 2 所示。

表 9 - 2   土壤污染修复义务负债确认的判断基准

土壤污染修复义务负债确认的判断基准	可能合理估计的修复支出内容
收到责任认定及相关修复通知	如有类似的土壤污染场地修复经验或数据，应估计全部修复活动支出，相关法律费用；可能估计通知要求所执行的活动支出，如土壤检测与评价支出
土壤检测与评价	土壤监测与评价的支出，支出分配份额；可能估计全部修复活动支出
土壤修复方案的制订	全部修复活动支出，支出分配份额
土壤修复方案实施	全部修复活动支出，支出分配份额

9.2.4　土壤污染修复负债计量

　　土壤污染修复负债计量应兼顾可靠性与相关性。如果在土壤污染修复义务支出估计范围内存在一个最佳估计数，企业应以此最佳估计数为计量金额。

　　如果在估计范围内不存在最佳估计数，则企业应依据上述判断基准，用期望现金流量法分别计量所能合理估计的土壤修复活动支出（即对所有可能的支出金额按各自的发生概率进行加权平均得出的数学期望；如无法估计各自发生概率，则采用估计支出金额范围内的平均值），并根据企业拟履行的污染修复活动支出的估计金额减去预期从其他责任方得到的补偿金额，作为费用计量；如预期补偿已实现或可实现（按我国的或有事项准则，应为基本实现时），应将该金额增加负债的计量，并同时确认一项补偿资产，如现金、银行存款或其他应收款。

　　对土壤修复活动支出金额的估计，应按当前价值进行计量，即以现行的法律法规的要求，按现有的技术、材料、人工等成本作为假设基础。如能合理估计其在土壤修复活动实施时或前的变化，则应考虑该变化因素。修复活动应以第三方修复假设，支出金额包括第三方所要求的利润和对不确定性所要求的风险补偿金。

　　如果预计土壤修复的未来应支付金额与其现值相差较大的，应当按照未来应支付金额的现值确定计量土壤污染修复义务负债。对于折现率的选择，由于现有公允价值在非金融负债中运用存在理论上的不足，因此，可暂时考虑选用无风险利率。

9.2.5　土壤污染修复支出的费用化和资本化

　　一般情况下，在确认土壤污染修复义务负债的同时，修复支出应予以费用化，计入营业外支出。但如修复支出使相应长期资产的服务性能或价值的提升，而导致增加与该资产有关的经济利益流入的，则修复支出应予以资本化。在符合资本化条件下应将修复支出确认一项长期待摊费用，在修复支出实际发生时转入相关资产成本。

　　污染修复义务将导致污染修复负债的确认与报告，在如下情况时，应予以资本化：

　　一是为预期销售的资产进行的污染修复。在此情况下，资本化的金额应使资产的总账面价值不超过其完成修复后资产的公允价值。

　　二是当获取的资产已知或怀疑存在预期的污染修复时，为该资产的使用而进行的污染修复。在此情况下，资本化的金额应为预期使该资产进入预计使用地点和状况下的污染修复支出。

　　三是为恢复因污染造成的服务性能下降的资产减值而进行的污染修复。在此情况下，资本化的部分为使资产进入预计使用地点和状况下的污染修复支出。

四是为获得的财产、工厂和设备未来具有其他的用途。在此情况下，资本化的部分应为在污染修复活动停止后使之估计的服务性能存在的部分。

9.2.6　后续确认与计量

随着土壤污染修复活动的阶段性进行，企业将逐步获得对修复支出估计进行重新估计的有用信息。此时，一方面，应不断修正原先对土壤修复义务负债的估计，作为会计估计变更处理；另一方面，亦随着新判断基准事件的出现，可能会对新的修复活动支出作出合理估计，应确认计量新的负债，并将之与原负债合并。

如土壤修复义务负债采用对未来期望现金流量折现的技术计量，对负债的处理则应使用分层负债而非合并负债的处理方式，即每新确认的负债，作为单独一层负债，以便于负债的后续重估调整（因每期的折现率可能不同，不管是无风险利率还是无风险信誉调整利率）。对负债的后续确认计量可采用利息分配法（interest method of allocation），包括两部分：

（1）时间的推移，导致负债现值的变化；

（2）对原先估计的资产弃置义务在解除时间或金额上的修正，导致对义务的未折现现金流量估计的修正。

首先，处理因时间推移而增加的负债，采用实际利率法计算土壤污染修复义务负债的增加额，同时确认相应的费用（可作为财务费用，或单独作为一项费用列示），利率采用土壤修复义务负债初始计量时使用的折现率。其次，对原先估计的修复活动义务，因新的情况导致对义务的未折现现金流量估计的修正，如新估计的未折现现金流量高于原估计金额，那么增加的部分作为新的分层负债，使用当前的折现率折现计量新增分层负债；如新估计的未折现现金流量低于原估计金额，减少的部分能有效区分对应的是原来哪一层负债，则使用原分层负债初始确认时的折现利率进行折现，否则采用所有层负债的加权平均折现率进行折现。

随着负债的重估与调整，相应的资本化或费用化部分如有影响亦应调整。

9.2.7　报告与披露

企业应披露引起确认需进行土壤污染修复活动性质的总体描述、土壤污染修复义务事项、确认的土壤污染修复义务负债及负债所涉及修复活动内容、修复支出的补偿情况、未能合理估计的土壤污染修复活动部分及原因、新的信息造成土壤修复义务负债估计的变动及原因等。根据或有准则，应披露预计负债、或有负债和或有资产等方面。对或有资产的披露，准则要求：企业通常不应当披露或有资产，但应当披露可能会给企业带来经济利益的或有资产的形成原因以及其预计产生的财务影响等。

9.3 土壤污染修复义务会计案例分析

随着我国《土壤污染防治法》的起草和污染修复治理工作，预计治理污染的场地范围将更广、污染原因更加的复杂（特别是遗弃的场地）。责任方的认定和涉及责任方的数量将可能不会简单地单一化，极有可能会出现类似于美国超级基金运作下的较复杂的清理程序、责任划分、清理成本分配和补偿等问题。因此，本章设计的案例尽可能结合了上述因素，说明我国企业在前述修复流程下进行分阶段的环境负债确认、计量和报告。

9.3.1 企业接到被确认为土壤污染潜在责任者的行政通知，进行自查

假设2006年，A公司接到环保局的通知，要求其根据我国土壤污染防治法规进行应对。通知声明：环保局相信某一场地的污染与A公司有关，A公司已被列为土壤污染潜在责任者，要求A公司检查相关的排污和处理危险物记录并回答与该场地有直接关系的一系列问题，或与场地污染的使用或运输有关的问题。

A公司检查了其相关记录，并于2006年底认为其对该场地的污染有"贡献"，但不能确定其运送到该场地的有害物质占场地总有害物质的危害程度，尽管公司不能合理估计总的预计支出，但能估计针对初步谈判的法律服务支出的金额范围为50 000~80 000元，该范围内没有哪个金额能更好地估计。

接到被确认为潜在责任者的通知为一义务事项，迫使该公司自行检查相关记录。A公司应确认与预期检查支出相应的一项负债和费用。但是，由于A公司已在当年执行了检查事项，2006年该负债为0。当A公司确认其对场地污染有"贡献"时，应确认计量针对初步谈判的法律服务的一项负债和费用，金额为65 000元。

A公司应披露：根据土壤污染防治法，环保局将本公司和其他责任方确认为某场地的潜在责任者。因此，本公司记录了一污染修复负债，采用期望现金流量法计量。

因A公司没有充分的信息合理估计污染修复负债其他部分的预计金额范围，故还应披露：该负债不包括初步谈判后的修复、法律服务的负债部分。如果污染修复负债没有在财务报表中单独披露，应在附注中注明。

9.3.2 潜在责任者之间就土壤污染修复事项进行协商与谈判

承9.3.1的例子，假设2007年环保局确认一些废弃物的产生者、运输者、场地的现在和曾经使用者为土壤污染潜在责任者。他们被邀请参加会议，被要求其中的一位或多位自愿执行土壤监测与评价，以评估场地情况和开发提出可供环

保局参考的修复方法，再由环保局选择其中一修复方法并要求其执行。但潜在责任者之间没有达成协议。

2007 年，没有什么新的信息帮助 A 公司估计损失的范围，因此对或有损失对应的负债的会计处理和披露和上期一样。但是，负债需每期重估和估计的法律服务成本的增加，将导致负债和修复费用的增加。当然，随着法律服务费用的支出，相应的负债也减少。

9.3.3 接到行政令，进行土壤检测与评价

（1）土壤检测与评价支出分配比例未确定时。承 9.3.2 的例子，假设在 2008 年早期，环保局声明：根据土壤污染防治法，认定该场地具有紧急和实质性危害。并对 A 企业发布了行政命令，要求其进行土壤检测与评价。

考虑到法律对不服从行政命令处以三倍处罚的规定，A 企业同意进行土壤检测与评价。并要求其他潜在责任者偿还各自应承担的支出比例。A 公司开始估计进行土壤检测与评价的支出在 1 000 000 ~ 2 000 000 元。基于对该场地的有限信息，A 公司起初估计自己最终承担土壤检测与评价支出的 20% ~ 50%。也就是说，其他潜在责任者将补偿的比例为支出的 50% ~ 80%。A 公司还估计其与修复活动有关的单独法律服务支出在 200 000 ~ 2 000 000 元，没有什么在此之间的金额是最好估计的。因缺乏关于要求修复类型和程度的信息，全部的修复支出的范围无法估计。

由于担心面临 A 公司的诉讼，2008 年底，其他潜在责任者和 A 公司组成专门小组，就行政命令的执行方法、支出分配与资金筹集达成协议，并提出对非参与的潜在责任者要求补偿。A 公司获得其他的土壤污染潜在责任者的财务状况信息，并有合理的基础相信他们中的一些会全部支付其所承担比例的土壤检测与评价支出。

确认与计量：

在 2008 年，当 A 公司同意进行土壤检测与评价，应记录净修复费用 1 625 000 元，计算如下。

土壤检测与评价支出的期望成本：

  （1 000 000 + 2 000 000）÷ 2 = 1 500 000（元）

从其他责任方的期望补偿金额：

  （50% + 80%）÷ 2 × 1 500 000 = 975 000（元）

土壤检测与评价的净期望成本：

  1 500 000 - 975 000 = 525 000（元）

增加的单独法律服务期望成本：

  （200 000 + 2 000 000）÷ 2 = 1 100 000（元）

总成本合计：

  525 000 + 1 100 000 = 1 625 000（元）

如果 A 公司估计能取得其他同意参与土壤检测与评价的潜在责任者的补偿，应将可实现补偿确认为一项应收款项而非减少 A 公司修复负债，因此修复负债的报告金额应为较大数。即：A 公司的净期望成本＋A 公司单独的法律服务期望成本＋期望从其他责任方的补偿＝A 公司应确认的修复负债。计算公式等号左边前两项 A 公司的净期望成本和 A 公司单独的法律服务期望成本就是 A 公司应确认的净修复费用。本例中 A 公司应确认的净修复费用为 1 625 000 元，应确认的修复负债为 2 600 000 元。

除了上述环境负债、修复费用的披露以外，就其他披露而言，A 公司可披露如：随着时间的推移，由于商品和服务成本的变化、修复技术的变化或与修复有关的法律法规变化，负债亦可能变化。

（2）土壤检测与评价支出分配比例确定时。假设 2009 年因缺乏合理分配的充分数据，经行政裁决，按"公允份额"在参与的潜在责任者中进行支出的分配，初步分配为 4 个参与的潜在责任者分配 65% 的支出，具体如表 9－3 所示。

表 9－3　　　　　　　　不同责任者评价支出分配比例　　　　　　单位:%

项目	分配比例
A 公司	20
潜在责任者甲	20
潜在责任者乙	15
潜在责任者丙	10
无法确认的潜在责任者份额	25
反抗的潜在责任者份额	10

没有足够信息说明反抗的潜在责任者最终会支付其份额的成本。因此，A 公司的土壤检测与评价支出比例除了包含自身所占比例外，还应包含无法确认的潜在责任者和反抗的潜在责任者所分配的份额。即 27.7%（0.2＋0.2÷0.65×0.25）到 30.8%（0.2＋0.2÷0.65×（0.25＋0.1））之间。也就是说，其他潜在责任者最终可能的补偿支出的比例为 69.2%～72.3%，其范围内没有任何一个数值为最好估计数。

A 公司前期确认了其单独的法律服务的期望支出 1 165 000 元（65 000＋1 100 000）。但根据已发生的法律服务等事项，A 公司现估计其增加的单独的法律服务支出范围为：225 000 元（30% 的可能）、600 000 元（20% 的可能）和325 000元（50% 的可能）。估计的土壤检测与评价支出范围为 1 200 000～2 200 000元，其范围内没有任何一个数值为最好估计数。

尽管在 2009 年没有确认基准的事项存在，当有新增的重要信息时，A 公司仍需对其负债进行重估。例如，在 2009 年，当初步的成本份额分配公式被裁决确定和估计的土壤检测与评价支出被修订时，A 公司应重估其土壤检测与评价支出的份额金额，并调整其污染修复负债。A 公司应确认的净修复费用 847 250 元的计算过程如下：

土壤检测与评价支出的期望成本：

$$（1\,200\,000 + 2\,200\,000）\div 2 = 1\,700\,000（元）$$

从其他责任方的期望补偿额：

$$（69.2\% + 72.3\%）\div 2 \times 1\,700\,000 = 1\,202\,750（元）$$

土壤检测与评价的净期望成本：

$$1\,700\,000 - 1\,202\,750 = 497\,250（元）$$

增加的法律服务期望成本：

$$（225\,000 \times 0.3）+（325\,000 \times 0.5）+（600\,000 \times 0.2）= 350\,000（元）$$

总成本合计：

$$497\,250 + 350\,000 = 847\,250（元）$$

应确认的修复负债 = 净修复费用 + 从其他责任方得到的可实现补偿的期望值 - 已支出的商品或服务，本例中假定已支出的商品或服务为 0，则 A 公司应确认的修复负债为 2 050 000 元（847 250 + 1 202 750）。

除了上述环境负债、修复费用的披露以外，A 公司需要披露如新的信息造成土壤修复义务负债估计的变动及原因等。

9.3.4　土壤修复方案制订和实施

假设 2011 年完成了土壤检测与评价，分配比例没有改变。根据制订的土壤污染修复方案等有关信息，最初估计执行环保局要求的修复支出的当前价值为 25 000 000 ~ 30 000 000 元，其范围内没有任何一个数值为最好估计数。该估计数包括修复活动所有的支出组成内容，如需分配的法律费用、工程、建造、监控、运行和维护支出（包括修复后的监控）等。

A 公司有理由相信潜在责任者甲和潜在责任者丙有能力且会支付其承担的修复活动支出份额的金额。然而，潜在责任者乙由于处于恶化的财务状况，可能不能支付超过 15% 中的 2/3 的份额，且无法对其分配无法确认的潜在责任者份额和反抗的潜在责任者份额。因此，A 公司承担的清理支出的份额为 32% ~ 40%，其范围内没有任何一个数值为最好估计数，计算过程如表 9 - 4 所示。

表 9 - 4	不同责任者的分配比		单位：%
项目	原先分配	最好的分配	最差的分配
A 公司	20	20	20
潜在责任者甲	20	20	20
潜在责任者丙	10	10	10
小计	50	50	50
潜在责任者乙	15	10	0
小计	65	60	50
无法确认份额	25	30	40
反抗的责任者份额	10	10	10
合计	100	100	100

其中 A 公司承担的清理支出的份额最好的分配为：$0.2 + 0.2 \div 0.5 \times 0.3 = 0.32$

A 公司承担的清理支出的份额最差的分配为：$0.2 + 0.2 \div 0.5 \times (0.4 + 0.1) = 0.4$

2011 年完成的土壤检测评价与土壤污染修复方案的制订是计量的基准，要求 A 企业确认污染修复负债的所有组成内容。因此，A 企业调整其负债以其预期反映全部清理支出所占份额的金额。基于上述信息，A 公司应确认估计的期望清理成本为 9 900 000 元。计算如下：

期望的清理成本：

$$(25\,000\,000 + 30\,000\,000) \div 2 \times (0.32 + 0.40) \div 2 = 9\,900\,000 \ （元）$$

同时，A 公司增加期望清理支出 9 900 000 元到本年重估的负债中（以前的负债仅包括与土壤检测及评价和单独的法律服务有关的负债）。而负债总额将因 A 公司商品或服务的支出而减少，因从其他责任方得到补偿的实现或可实现而增加。

在实施既定的土壤修复方案过程中，A 公司根据新增可用信息，如既定的土壤修复方案目标没有实现时环保局提出的额外要求等，应对污染修复负债进行重估。

练习题

一、多选题

1. PRPs 包括的类型有（　　）。

A. 参与的 PRPs　　　B. 反抗的 PRPs　　　C. 未被证实的 PRPs　　　D. 未列入 PRPs

2. GASB 认为通常情况下，污染修复义务将导致污染修复负债的确认与报告，但在（　　）情况时应予以资本化。

A. 为预期销售的资产进行的污染修复

B. 当获取的资产已知或怀疑存在预期的污染修复时，为该资产的使用而进行的污染修复

C. 为恢复因污染造成的服务性能下降的资产减值，而进行的污染修复

D. 为获得的财产、工厂和设备未来具有其他的用途

3. 土壤污染按土壤的污染源和污染途径可分为（　　）。

A. 水质污染型　　　B. 大气污染型　　　C. 固体废物污染型　　　D. 农业污染型

4. 土壤污染较大气污染、水体污染和固定污染而言，不易觉察，其特点有（　　）。

A. 隐蔽性　　　B. 滞后性　　　C. 累积性　　　D. 不可逆转性

二、判断题

1. 可持续发展是以保护自然资源环境为基础，以激励经济发展为条件，以改善和提高人类生活质量为目标的发展理论和战略，最终目的是达到共同、协调、公平、高效与多维。（　　）

2. GASB 对报告主体的污染修复义务事项给出了明确的规定，较之 SOP 96 - 1 更为具体。（　　）

3. 企业清偿预计负债所需支出全部或部分预期由第三方补偿的，补偿金额在预期能够收到时作为资产单独确认。（　　）

三、简答题

污染修复义务将导致污染修复负债的确认与报告，应予以资本化的情况有哪些？

第 10 章　绿色核算原理与实务

【学习目标】

（1）了解绿色核算的背景和现状。

（2）熟悉当前我国绿色核算的基本内容。

（3）掌握自然资源核算的方法和具体实务。

【学习要点】

绿色核算的目标与内容、自然资源资产核算原理以及自然资源资产负债表的编制。

【案例引导】

人们"唯 GDP 独尊"的发展思想，已经造成了自然资源和环境的极大浪费和破坏，日益严重的环境问题已经引起了全世界的关注，为了实现可持续发展，很多政府和国家都开展了绿色 GDP 核算项目，旨在弥补原有 GDP 的不足，更全面真实地反映国家发展水平。目前我国已经开始学习和借鉴一些先进国家的先进经验，对绿色 GDP 自然体系研究发展迅速。2001 年，国家统计局对自然资源进行实物核算，主要包括森林、土地、水、土地四种自然资源。2004 年国家统计局、国家环境保护总局、国家发展和改革委员会、国家林业局等联合课题组启动"绿色 GDP 核算体系研究"，同年 9 月，完成了《中国资源环境经济核算体系框架》和《基于环境的绿色国民经济核算体系框架》两份报告，这两份报告为中国推行绿色 GDP 核算体系奠定了重要的理论基础。2005 年，北京、天津、河北、辽宁、浙江、安徽、广东、海南、重庆和四川 10 个省市启动了以环境核算和污染经济损失调查为内容的绿色 GDP 试点工作，主要分为技术准备、研究调查、全面核算和总结四个部分。2006 年 9 月，中国首次正式对外发布了《中国绿色国民经济核算研究报告》，这是中国第一份由官方正式发布的考虑环境损害的绿色 GDP 核算研究报告。近年来，中国正在积极研究环境—经济核算制度中央框架的基本概念、定义、分类、表格和账户，与国际专家一起探讨试验性生态系统账户的路线图和一般概念。

资料来源：曹茂莲，张莉莉，查浩. 国内外实施绿色 GDP 核算的经验及启示 [J]. 环境保护，2014，42（4）：63-65.

10.1　绿色核算概述

10.1.1　绿色核算的产生背景

国民经济核算体系（the system of national accounts，SNA），它是以国民生产、收入、分配和使用为基础来描述国民经济的运行过程。国内生产总值是国民经济核算体系中用来计算国民经济增长速度和衡量一个国家或地区经济是否进步的最重要的核心指标。于是在现实经济活动中，经济发展表现为对国内生产总值和对经济高速增长的热烈追逐，但这种 GDP 的快速增长往往是以牺牲环境为代价的，忽视了经济效益与社会效益的统一协调。具体表现在以下两个方面：（1）SNA 没有反映自然资源的经济贡献。现行以 GDP 为主要指标的国民经济核算体系是以市场交易为基础，物品和服务都是以其交易的货币价值进行核算的，即以市场化的产出来衡量经济增长，而那些没有参与市场交易的自然资源如大气、水源、土壤等均被排斥在国民经济核算体系之外。通过开发利用自然资源来获得和保持高的经济增长率，导致的结果是使国民经济产值和国民收入的虚假增长，从而导致环境资源的枯竭与进一步恶化。（2）SNA 没有反映生态环境恶化带来的经济损失。生态环境指的是人类和生物赖以生存的自然环境，它包括大气环境、水体环境、土壤环境等。人类的经济活动都是在生态环境中运行的，因而，其所排放的废水、废气和废物等进入环境，当超过环境容量和环境的自净能力时，就会造成环境质量恶化；同时，生产过程中对自然资源的过度开发利用造成的某些资源的枯竭，往往引发一系列的连锁反应，使生态平衡遭到破坏，进一步引起环境的退化和恶化。环境恶化带来的经济损失一般来说也没有相应的市场表现形式，因而同样被排斥在国民经济核算体系。总之，传统的国民经济核算体系不能反映经济发展对资源环境所造成的负面效应，不能准确反映一个国家财富变化，不能反映非市场经济活动，不能全面反映人们的福利状况。

20 世纪 60 年代末 70 年代初，绿色核算作为社会核算的一部分被提了出来，并产生了广泛的影响。1993 年"绿色核算"这一概念正式被提出，原意是针对"绿化经济 GDP"而言，即在普通 GDP 核算的基础上，用环境降级成本和资源损耗价值去调整现有 GDP 值，以此反映经济发展对资源环境的影响程度，或反映资源、环境的良性状况。因此，绿色核算是指将自然资源和环境要素纳入 SNA 中，使有关统计指标和市场价格能较准确地反映经济活动对资源和环境所造成的影响的相关核算。绿色核算的真正目的不是改变现有 SNA 惯例，而是要改变人们的经济行为本身，提醒人们在发展经济的同时，要重视资源与环境问题。绿色核算既可以为分析经济与环境之间的相互关系提供有价值的信息，有助于公共决策和私人的投资消费决策，也可以帮助一个国家以可持续方式利用现有的自然资源和环境资产存量，可以引导一个国家制定更加有效的经济、环境和自然资源政策。

10.1.2 绿色核算的研究现状

10.1.2.1 国际社会的努力

国外绿色核算研究较早，1972 年挪威环保部就开始负责建立自然资源资产核算体系。各国自然资源核算研究循着微观与宏观两个不同方向发展。联合国为了弥补《国民经济核算体系》对自然资源资产耗费及其环境功能重视不足的短板，于1993 年推出了《环境经济核算体系》（*The System Of Integrated Environmental And Economic Accounting*，SEEA），即以附属体系的形式将用实物量和价值量表示的环境因素纳入 SNA 体系中的各个方面，并在此基础上提出环境因素修正的宏观经济指标。后来经过 2003 年和 2012 年两次修订，《2012 年环境经济核算体系中心框架》（SEEA2012）已经成为各国组织开展自然资源资产核算的参照性文件。

挪威是最早进行自然资源核算的国家，1981 年挪威政府首次公布并出版了"自然资源核算"数据、报告和刊物。1987 年公布了"挪威自然核算"研究报告，在挪威的自然资源账户中，将挪威自然资源分为环境资源和实物资源两大类，构建了包括森林、土地、水资源、石油、天然气等一系列较完整的实物资源核算体系。经过多年发展，挪威已经将统计项目扩展至环境污染等方面，通过建立国家经济模型，为决策者提供参考。据悉，欧盟结合近年在挪威和芬兰开展的研究，制定了基于 SEEA 框架的欧盟环境经济综合核算统一模式。

1990 年，在联合国支持下，墨西哥先将石油、水、空气、土壤和森林列入环境经济核算范围，将各种自然资产的实物量数据转化为货币数据，从而得出石油、木材、地下水的耗减成本和土地转移引起的损失成本，并据此得出环境退化成本。与此同时，在资本形成概念基础上，还产生了两个净积累概念经济资产净积累和环境资产净积累。这些方法，目前印度尼西亚、泰国、巴布亚新几内亚等国纷纷仿效，并且已收到了一些成效。

日本自 1991 年起开始进行绿色核算工作，并于 1995 年起开始根据联合国所提供的 SEEA 标准架构设计了一个整合环境账户与传统账户的会计基本架构，其中，环境账户主要内容为环保支出、自然资源消耗、环境质量变化以及对地球的影响等。

在美国，1992 年，美国经济分析局（Bureau of Economic Analysis，BEA）和商务部开始从事自然资源卫星核算方面的工作，1994 年 5 月，BEA 发表了他们创立的综合经济与环境卫星核算的成果。在这份成果中，将矿物资源作为生产资产看待，构建和补充了 BEA 国民经济核算，突出了经济与环境的相互作用。BEA 也计划将这项工作扩展到渔业存量和森林的核算，但是由于预算约束了这项工作的进一步开展。墨西哥虽是发展中国家，但也率先实行了绿色 GDP。

目前，在自然资源资产核算方面走在最前面的是澳大利亚，该国甚至还建立了水会计核算准则和水审计准则。

10.1.2.2　我国绿色核算现状

我国的绿色核算真正始于 20 世纪 80 年代。1980 年我国开始全面建立反映环境污染和环境治理水平的统计报告制度。我国在 1988 年由国务院发展研究中心牵头，在美国福特基金会的帮助下与美国世界资源研究所合作，进行了"自然资源核算及其纳入国民经济核算体系"课题研究，该项目主要侧重于探索自然资源纳入国民经济核算体系的理论与方法。1996～1999 年，北京大学先后应用"投入产出表"基本原理，提出了可持续发展下的绿色核算，即对中国资源—经济—环境的综合核算，该研究侧重于对"中国综合经济与绿色核算体系"的核算模式、理论与方法的探索。

2002 年，我国在《中国国民经济核算体系》（修订本）中新增了附属核算部分，设计了"自然核算与环境实物量核算表"。全面的研究始于 2004 年，国家统计局和国家环保总局成立绿色 GDP 联合课题小组，研究适合我国国情的绿色 GDP 核算体系，并于 2005 年在北京等十个省份启动了以绿色核算和污染经济损失调查为内容的绿色 GDP 试点工作。试点工作包括三方面内容：一是建立适合本地区的资源环境经济核算体系框架；二是开展污染损失调查，建立地区污染经济损失估算模型和估算方法，确定估算技术参数；三是在污染损失调查、污染实物量核算和环境污染治理成本调查的基础上，进行绿色核算。

10.1.3　绿色核算的主要内容

绿色核算是关于环境、经济综合核算的一套理论与方法，是在原有国民经济核算体系的基础上，将环境因素纳入其中，通过核算描述环境与经济之间的关系，提供系统的核算数据，为社会、经济的全面发展和分析以及决策提供依据。因此，绿色核算的目标包括三个方面：（1）以绿色 GDP 指标为核心，综合反映环境与经济的关系及经济发展成效；（2）探索绿色核算的具体实践，为社会、经济和环境的协调发展提供数据信息；（3）绿色核算理论与实践为推动生态文明建设目标提供了重要依据。

在绿色核算框架中，整个内容由下面三部分构成，即存量和流量核算，实物量和价值量核算，自然资源和环境（狭义）核算。这三部分内容由四组核算表格组成：第一组是关于环境、经济间实物流量的核算，第二组是关于经济系统内发生的环境保护活动的核算，第三组是对环境存量及其变化的核算，第四组是对国民经济总量进行的调整。自然资源和环境核算部分，主要是对经济过程中排放的污染物、生态破坏和环境损害及环境影响的核算，它与广义的环境概念，如能量（太阳能、光能、热能等）、物质（CO_2、O_2、水、无机盐等）、介质（水、空气、土壤等）、基质（岩石、砾石、沙、泥等）等是有区别的，因此是狭义的环境污染和环境损害的概念。整个内容主要考虑存量和流量的概念。由于环境存量很难用数量表示，因此，更多地从流量方面进行核算。

10.1.3.1 环境实物量核算

环境实物量核算主要是运用实物单位建立不同部门和不同地区的环境污染及生态破坏的实物量账户及经济—环境综合投入产出表，描述与经济活动对应的各类污染物排放量、生态破坏量，通过污染物排放的来源和去向，将经济活动的发生与环境状况的变化联系起来，并为环境价值量核算奠定基础。主要内容包括各部门和各地区的污染物实物排放核算，各地区的生态破坏实物量核算，以及将污染物排放纳入投入产出表的经济—环境混合投入产出核算。具体来说：

（1）按照部门类别和地区编制污染物排放的实物核算表。部门分类与经济核算采用的分类一致，具体的分类如表 10 – 1 所示。生态破坏按产业部门分类很难核算，一般按地区进行生态破坏损失的实物核算。

表 10 – 1　　　　　　　　　　国民经济行业分类

国民经济行业分类（GB/T4754 – 2011）	国民经济行业分类（GB/T4754 – 2011）
A 农、林、牧、渔业	31 黑色金属冶炼和压延加工业
01 农业	32 有色金属冶炼和压延加工业
02 林业	33 金属制品业
03 畜牧业	34 通用设备制造业
04 渔业	35 专用设备制造业
05 农、林、牧、渔服务业	36 汽车制造业
B 采矿业	37 铁路、船舶、航空航天和其他运输设备制造业
06 煤炭开采和洗选业	38 电气机械和器材制造业
07 石油和天然气开采业	39 计算机、通信和其他电子设备制造业
08 黑色金属矿采选业	40 仪器仪表制造业
09 有色金属矿采选业	41 其他制造业
10 非金属矿采选业	42 废弃资源综合利用业
11 开采辅助活动	43 金属制品、机械和设备修理业
12 其他采矿业	D 电力、热力、燃气及水生产和供应业
C 制造业	44 电力、热力生产和供应业
13 农副食品加工业	45 燃气生产和供应业
14 食品制造业	46 水的生产和供应业
15 酒、饮料和精制茶制造业	E 建筑业
16 烟草制品业	47 房屋建筑业
17 纺织业	48 土木工程建筑业
18 纺织服装、服饰业	49 建筑安装业
19 皮革、毛皮、羽毛及其制品和制鞋业	50 建筑装饰和其他建筑业
20 木材加工和木、竹、藤、棕、草制品业	F 批发和零售业
21 家具制造业	51 批发业
22 造纸和纸制品业	52 零售业
23 印刷和记录媒介复制业	G 交通运输、仓储和邮政业
24 文教、工美、体育和娱乐用品制造业	53 铁路运输业
25 石油加工、炼焦和核燃料加工业	54 道路运输业

续表

国民经济行业分类（GB/T4754-2011）	国民经济行业分类（GB/T4754-2011）
26 化学原料和化学制品制造业	55 水上运输业
27 医药制造业	56 航空运输业
28 化学纤维制造业	57 管道运输业
29 橡胶和塑料制品业	58 装卸搬运和运输代理业
30 非金属矿物制品业	59 仓储业
60 邮政业	78 公共设施管理业
H 住宿和餐饮业	O 居民服务业、修理和其他服务业
61 住宿业	79 居民服务业
62 餐饮业	80 机动车、电子产品和日用产品修理业
I 信息传输、软件和信息技术服务业	81 其他服务业教育
63 电信、广播电视和卫星传输服务	82 教育
64 互联网和相关服务	Q 卫生和社会工作
65 软件和信息技术服务业	83 卫生
J 金融业	84 社会工作
66 货币金融服务	R 文化、体育和娱乐业
67 资本市场服务	85 新闻和出版业
68 保险业	86 广播、电视、电影和影视录音制作业
69 其他金融业	87 文化艺术业
K 房地产业	88 体育
70 房地产业租赁和商务服务业	89 娱乐业
71 租赁业	S 公共管理、社会保障和社会组织
72 商务服务业	90 中国共产党机关
M 科学研究和技术服务业	91 国家机关
73 研究和试验发展	92 人民政协、民主党
74 专业技术服务业	93 社会保障
75 科技推广和应用服务业	94 群众团体、社会团体和其他成员组织
N 水利、环境和公共设施管理业	95 基层群众自治组织
76 水利管理业	T 国际组织
77 生态保护和环境治理业	96 国际组织

（2）编制经济产品—污染物排放的混合核算表。即将污染物排放纳入经济投入产出表之中，形成混合核算表。在这里，经济投入产出部分是价值表，污染物排放部分是实物数据，不涉及价值估价。另外，把污染物的排放和中间产品投入同时反映出来，反映国民经济各部门与污染物排放之间的关系。

（3）一般来说，各部门和各地区的污染物实物排放类型分为水污染、大气污染和固体废物污染。水污染主要为 COD、NH_3 和有毒物质等的产生、处理和排放。大气污染包括 SO_2、烟尘、工业粉尘等的产生、处理和排放。固体废物污染包括工业固体废物、危险废物和生活垃圾等的产生、处理和排放。在生态破坏实物核算中，主要分地区核算水土流失面积、荒漠化面积、土地盐碱化面积、草场退化面积、生物多样性减少等。

10.1.3.2 环境价值量的核算

环境的价值量核算与环境的实物量核算相对应，它是在环境实物量核算的基础上，通过一定的估价方法将环境实物量转换为环境价值量，进而计算经环境调整的 GDP 总量，即得到绿色 GDP 总量，并且进行资产的价值核算。只有环境的价值量核算，才能和现有的国民经济核算体系综合起来，形成综合环境经济核算。

环境价值量核算包括两部分：一是对污染治理成本或环境保护成本等环境流量的货币核算；二是在环境实物量核算的基础上，对各种环境损害和生态破坏的货币核算。要进行环境的价值量核算，必须搞清几个概念，并需对环境价值进行评估。

（1）几个环境成本概念：①环境降级成本，也叫环境退化成本、环境虚拟成本或环境损害成本。它是指因污染物排放引起的环境功能价值降低的货币表现。它的内容一般不包括生态环境因素，如能量、介质、基质等，因而是狭义的环境降级成本。②污染治理成本，也叫污染治理支出、污染治理投资等，是指为了减少经济活动中污染物的排放，对产生的污染物进行处理而实际发生的成本。它一般是用货币量直接表示的。③生态环境退化成本，也叫生态环境降级成本或生态破坏损失，是指由各种经济活动导致生态环境恶化，生态环境价值降低的货币表现。它与环境降级成本的概念相对应。在现实经济活动中，这种损失已经存在，但没有发生实际支出，要计算生态环境退化成本，必须根据不同的方法进行评估。

（2）环境价值量的核算方法：一是基于成本的估价法，主要有结构调整成本法、消除成本法和恢复成本法；二是基于损害/受益的估价法，主要包括估算损害法、市场定价法、享乐定价法、旅行费用法、陈述偏好法等。要了解上述这些方法的具体细节，可参考 SEEA 手册和有关资料。

10.1.3.3　绿色 GDP 核算

我们知道，国民经济核算会得到一组以国内生产总值（GDP）为中心的综合性指标。在核算中计算 GDP 有如下三种方法：

（1）生产法：GDP = 总产出 − 中间投入；

（2）收入法：GDP = 劳动报酬 + 生产税净额 + 固定资本消耗 + 营业盈余；

（3）支出法：GDP = 最终消费 + 资本形成 + 净出口。

在绿色核算中，也会得到经环境调整的 GDP 指标，即绿色 GDP。在绿色 GDP 核算中，就是把经济活动的环境成本，包括环境损害成本、污染治理成本和生态破坏损失从 GDP 中扣除掉，从而得出经环境调整的 GDP，综合反映经济发展和环境损害以及资源消耗之间的关系。那么，在计算绿色 GDP 时可按以下三种方法进行：

（1）生产法。从总产出中要扣除中间消耗、固定资本消耗和环境成本。

（2）收入法。在计算中，劳动报酬、生产税不发生变化，环境成本要从营业盈余中扣除。

（3）支出法。在计算中，要把资本形成总额中的环境成本扣除，即要考虑环境成本对资本积累的影响。

根据所计算的环境成本的不同，形成不同层次的绿色 GDP，如"经环境损害调整的 GDP""经污染治理成本调整的 GDP""经环境保护成本调整的 GDP""经生态破坏损失调整的 GDP"，以反映不同的含义。例如，绿色核算中环境损害调整 GDP 的过程为：

国内生产总值 – 固定资本消耗 = 国内生产净值（NDP）– 不包括在固定资本消耗中的资产损害调整估价 – 自然资源耗减 = 经耗减调整的 NDP（dpNDP）= 经耗减调整的国民收入 – 污染导致的人类健康损害 = 经损害调整的国民收入（daNNI）

在绿色核算中，推荐的若干核算如表 10 – 2 所示。

表 10 – 2　　　　　　　　绿色核算推荐的绿色 GDP 核算

项目	GDP	NDP
选择 1	GDP = P – IC	NDP = GDP – CFC
选择 2	GDP = P – IC	dpNDP = GDP – CFC – D
选择 3	eaGDP = P – IC – M = GDP – M	eaNDP = eaGDP – CFC – D = GDP – CFC – D – M
选择 4	eaGDP = P – IC – M = GDP – M	eaNDP = eaGDP – CFC – D = GDP – CFC – D – M
选择 5	eaGDP = P – IC + M = GDP + M	eaNDP = eaGDP – CFC – D – M = GDP – CFC – D

注：P 表示生产（产出）；IC 表示中间消耗；M 表示维护成本；CFC 表示固定资产的消耗；D 表示净耗减；dpNDP 表示经耗减调整后的 NDP；eaGDP 表示经环境调整后的 GDP；eaNDP 表示经环境调整后的 NDP。

10.2　绿色核算的基本原理

10.2.1　绿色核算的主体、目标及对象

10.2.1.1　绿色核算主体

环境资源具有地理区域属性，从社会组织的管理范围看，对区域内资源具有管辖权的是政府，因此，各级政府应当成为绿色核算主体。层级低的地区或政府，如最基层的政权，虽然管辖范围小，但是仍然可以对其辖区内的环境资源和常住单位实施管控。层级高的政府，如国家，需要在辖区范围内协调各地区对环境资源的开发、利用和环境治理。因此，国家或地区往往作为绿色核算的默认主体。

10.2.1.2　绿色核算目标

其目标是利用价值尺度反映国家或地区的环境资源开发利用情况，为政府制定发展目标和经济社会政策、调控宏观经济运行、促进社会经济的可持续发展提供依据。具体目标和用途大致有如下几种：（1）摸清我国自然资源的"家底"，客观评价经济社会发展的资源潜力和状况；（2）为国家决策者提供自然资源利用信息库，帮助人们更明智地规划使用资源；（3）评价政府官员资源环境绩效，

对领导干部进行自然资源资产离任审计；（4）助力生态文明建设，建立生态环境责任终身追究制度；（5）反映政府资源管理和生态环境公共受托责任履行情况，接受社会公众监督；（6）完善环境经济核算体系，为界定资源产权、有偿使用资源、生态价值补偿等政策提供基础性帮助。

10.2.1.3　绿色核算对象

绿色核算对象是指自然资源的赋存、消耗与转化状态。此处的自然资源是指可通过收获、开采或提取直接用于经济体系的生产、消费或积累，或者为开展经济活动提供空间的自然实体。此处强调了资源的有用性和经济价值。因此，绿色核算对象应具有可计量性、动态性、发展性三重属性。可计量性和动态性毋庸赘述，其发展性是指随着人类对客观世界认识的不断深化和科学技术的发展，自然资源的内容、用途和种类也在不断发展。例如，现代工业的发展使得人们对化石类能源资源的开发和二氧化碳的排放呈指数增长，进而产生温室效应，全球气候随之发生迅速变化，绿色核算就必须核算有关化石类能源的赋存、开发、利用状况及其产生的碳排放状况，核算与之相关的收益与成本。当新的能源得到有效的开发和利用时，就必须把该能源的赋存、开发、利用状况及其产生的负面影响加以核算。按《中国自然资源手册》中的分类来看，可将自然资源按属性和用途分为土地资源、森林资源、草地资源、水资源、气候资源、矿产资源、海洋资源、能源资源和其他生物资源九大类。但本章绿色核算报表编制仅考虑土地、矿产、水、森林、海洋、能源六类常用自然资源。

10.2.2　绿色核算期间及逻辑

绿色核算期间是指将某区域自然资源存量变化情况分为多个间隔同等、连续的区间，来编制自然资源资产负债表，按期向报告使用者提供有关自然资源资产耗用、环境质量损害和生态破坏的信息和状况。自然资源资产负债表可以按照编制目的进行分期，分为自然和管理两种周期：（1）自然周期，按照年、季度进行，可以为公历年度1月1日到12月31日，反映每年、每季度的自然资源期初量、期末量及变化水平，及时报告自然资源资产的消耗情况。（2）管理周期，将责任人的任期作为核算期间，编制任期内的报表，服务于资源离任审计，通过报表反映自然资源使用、损耗状况，摸清自然资源家底，将经济发展与资源损耗挂钩，形成对自然资源与生态保护的倒逼机制和权责明确的自然资源产权制度。

下面有关绿色核算逻辑的内容则包括了核算路径、计量单位、估值定价方法及推广应用原则四个方面。

（1）核算路径。核算资源和编制自然资源资产负债表主要存在两条核算路径和两种基本平衡观。一条路径是资源统计路径，也可以称为环境经济核算体系核算路径。该路径不存在自然资源负债和自然资源权益，只存在自然资源资产，核算各项资源资产的基本平衡公式是：期初存量＋期内增加量－期内减少量＝期末存量。同时，与该基本公式相配套的公式包括：期内增加量＝期内生产量＋进口量；期内减少量＝国内消耗量＋出口量＋其他消耗；国内消耗量＝生产用量＋投资用量＋生活用量；中间投入量＋最初投入量＝总投入；中间产出量＋最终产出量＝总产出；总投入＝总产出。该核算路径及其一整套平衡公式几十年来一直是绿色核算领域的主流形式，例如，耿建新认为，在编制自然资源资产负债表时，应当遵循环境经济核算体系的平衡观，并且建议把"自然资源资产负债表"更名为"自然资源资产平衡表"。本章节"绿色核算"内容采用此种核算路径。

另一条路径是会计路径，这是目前学者研究较多的一条路径，但在实践中还未大范围推广应用。会计路径与资源统计路径最本质的区别在于确认自然资源所附带的产权性质和权益属性，不仅认同自然资源资产概念，还认同自然资源负债、权益以及其他概念，其基本平衡公式是：自然资源资产＝自然资源负债＋自然资源权益（注：本教材前面章节所采用的核算路径就是这一会计路径）。当然，该公式是一个时点资源存量公式，与资源统计路径平衡公式并不是互斥不相容的，在核算具体自然资源资产、负债、权益及其他要素时，也可以运用资源统计路径平衡公式。

（2）计量单位。无论采用何种路径进行资源核算和编制自然资源资产负债表，都需要采用适当的计量单位表示资源对象和各种要素。如果对自然资源仅仅采用实物计量，则计量单位有三种，即自然计量单位、标准计量单位和折合计量单位；如果还要计量资源的货币价值，其计量单位就是主权货币单位，比如人民币元。因此，绿色核算的计量应当以实物核算为基础，价值核算与实物核算并重，综合采用实物计量单位和货币价值计量单位，唯有如此，才能弥补各项资源之间因为实物计量单位不同而不能加总的困难，而货币化的自然资源资产负债表也才能更好地融入国家和地区综合资产负债表。

（3）估值定价方法。资源实物计量可以借助很多科学技术测量手段，现有方法比较成熟完备。而如果要对自然资源进行货币价值核算，由于很多自然资源并没有成熟的市场交易价格，就只能采用一定的估值定价方法确定资源价值量。针对某项资源一般采取特定估值定价方法，如历史成本法、支付意愿法、旅行费用法、维护成本法、替代市场法、模糊综合评价法、净现值法、避免成本法、享乐价值法、重置成本法、资源租金折现法、影子工程法、规避行为法、选择实验法等。

（4）推广应用原则。在推广应用资源核算和自然资源资产负债表编制等绿色核算业务时，应当遵循先实物量后价值量、先存量后流量、先分类后综合、先微观后宏观、先重点后一般等核算原则。

10. 2. 3　绿色核算方法

目前，国际上绿色核算方法主要有三种：一是自然资源核算法，它注重实物量的核算；二是货币量核算法，通过这种方法可使环境资源与国民经济核算相联系；三是福利核算法，主要研究某些生产者的活动对其他生产者或个人造成的环境影响。以下分述之：（1）实物量核算。自然资源核算是实物量核算，它使用实物量账户，注重材料、能源和自然资源的实物资产平衡，即期初、期末存量和流量的变化，类似于一些国家的自然资源平衡统计。在适当的情况下，它还包括用环境指数表示的环境质量变化。从实际来看，现在已有个别国家进行了上述实践，联合国开发的多用途"环境数据研究框架"中也包括了构造实物资产平衡的环境统计数据项目。（2）货币量核算。货币量附属核算是价值量核算，与国民经济账户联系密切，通过它能够得出用于环境保护的实际支出，以及各经济部门在计算净产值时需要处理的环境费用。货币量附属核算包括广义和狭义两种类型，狭义的核算仅在国民经济账户中分别列出用于环境保护的各项支出内容和数额，而广义的核算是指在国民经济核算中对国内生产总值就所选择的环境费用进行调整，这些费用通常包括石油耗减、森林砍伐、鱼类资源耗减和水土资源流失等费用。尽管这些研究是建立在详细的实物分析基础上，区分了各类树木，并依据地理位置和农业用途区分了不同类型的土壤，但最终的焦点还是集中在国内生产总值的调整上。（3）福利法核算。福利法是指对生产活动中发生的环境费用不予考虑，而是从社会福利角度集中注意生产如何影响环境的一种方法。这种方法考虑了自然界向生产者免费提供的环境服务和自然界受到的损害，免费提供的环境服务和自然界受到的损害分别隐含着社会福利的减少，可在此基础上调整国民净收入。

10.2.4　绿色核算的报表系统

我国绿色核算报表系统经历了几个时间。

（1）在我国资源核算初期，报表系统主要设计了自然资源实物量平衡表、自然资源价格形成与比较表、自然资源产品平衡表、自然资源产品部门投入产出表、自然资源价值量综合平衡表、国民财富平衡表等。

（2）SEEA被引入国内之后，以环境经济核算体系表格作为基础，再结合中国国情，选择性地设计出适合中国的相关资源核算和环境经济核算报表体系。

（3）到了环境会计和资源会计时期，在微观环境会计层面，应当披露独立环境会计报告，主要包括环境资产负债表、环境损益表、环境绩效报告、企业年度环境保护计划等。在宏观环境会计层面，报告体系应当定期披露三张报表，即自然资源平衡表、资源使用和环境保护资金流量表、持续收益表，并设计出环境资产变动表、环境资产负债表、环境损益表三张报表。环境资产变动表是一张时期报表（动态报表），反映报告期辖区范围内环境资产的增减变动情况，根据"期初存量＋本期增加量＝本期减少量＋期末存量"平衡公式编制。环境资产负债表是一张时点报表（静态报表），反映的是报告日的环境资产负债状况，根据"环境资产＝环境负债＋环境权益"的原理编制。环境损益是一张时期报表，反映的是报告期间环境资源的变化情况，根据"收入－成本＝

收益"的原理编制。

（4）到自然资源资产负债表编制时期，可编制设计的绿色核算报表体系包括自然资源存量表、自然资源流量表、自然资源实物量表与价值量综合核算表、自然资源资产负债表、自然资源净资产表。自然资源资产负债表系统是由相应的账户系统来支撑的。为此，需要设置自然资源资产类科目和自然资源负债与权益类两大类科目及其增减结构相反的账户。

后面绿色核算业务内容主要介绍自然资源资产负债表编制实务。

10.3　绿色核算实务：自然资源资产负债表编制

确立自然资源资产负债表的编制基础，是绿色核算实务的重要内容之一，也是开展自然资源资产负债表实践应用的基本前提。按照资产负债表的逻辑，自然资源资产负债表是汇总分类反映自然资源赋存、变化及其权益关系与环境责任的核算报表。其遵循从国民经济核算体系发展而来并为世界各国普遍认同的 SEEA 报表体系的路径，从宏观视角出发，在前述绿色核算基本原理的基础上，确定自然资源资产负债表编制的具体框架，具体包括编制的报表要素界定、确认与核算以及报表体系。

10.3.1　要素界定及账户设置

从自然资源实物角度来看，绿色核算要素可分为自然资源资产、自然资源负债、自然资源权益和其他要素等。

10.3.1.1　自然资源资产

根据经济学理论，认定自然资源是一种资产，自环境经济核算体系出现之后，自然资源一直作为国民经济核算体系非金融资产类附属卫星账户。自然资源资产的准确定义是指国家或政府部门通过过去的法定授权或让渡使用权形成的，由国家和集体所有，政府、企业或个人管理、使用或控制的，预期能给各权益主体带来经济利益的自然资源，或者在开发利用自然资源的过程中给权益主体带来经济流入的经济事项。自然资源资产具有稀缺性、有用性、收益性、产权清晰等特性，具体包括自然资源资产、政府私有的自然资源资产再开发使用中获取的现金收入、收取的应收税费款项等。自然资源资产不同于其他资产，其产权归属于国家和政府，国家和政府拥有对自然资源资产的所有权、使用权、经营权、监督权和收益权。

在自然资源资产核算范围内，并不是前述九大类自然资源都能被确认为自然资源资产。例如，土地资源资产按其用途可分为耕地资源、林地资源、牧草地、建筑用地、城镇工矿用地等；但未开发利用的土地由于未给政府带来经济利益流入而不予确认为土地资源资产，在矿产资源中已发现但未探明的资源由于实物价值不能确定而不能确认为矿产资源资产，在水资源中由于不能直接或间接带来经济利益而不能认定为水资源资产，如用于农田灌溉的水资源、已蒸发的水资源、受到污染的水资源等。生活用水在产权明晰、市场价格明确的前提下可以被确认为资产；能源资源资产中光能和太阳能等新能源由于产权难以界定，因此不包括在能源资源资产中；有关森林资源的内容前面章节已有阐述，在此不再赘述。

自然资源资产核算一级账户根据自然资源分类标准设置，目前暂无统一的自然资源国家分类标准的选取行业标准，暂无标准的则应由国家相应机关及时协调进行规范。明细账户可以借鉴 SEEA 的方法，根据自然资源资产增减变动的原因进行设置。

综上所述，自然资源资产账户列报的内容有：自然资源资产一级科目，下设"土地资源资产""矿产资源资产""水资源资产"等级科目，在"土地资源资产"二级科目下设"耕地资源资产""林地资源资产"等三级科目，其他二级科目依次类推。现金收入资产项目下包括水资源资产中排污权收入、矿产资源中碳排放收入等，还包括政府征收的各项自然资源税费收入。

10.3.1.2 自然资源负债

自然资源负债可从两个角度定义：其一是资源过度消耗和实物量角度，将自然资源负债定义为一个国家或地区在一定时期内因对公共产权资源的过度使用和消耗而导致未来生产条件受阻、经济产出减少所必须承担的一种现时义务，这种现时义务表现为一种推定义务，其确认取决于公共产权资源承载力的临界点。其二是基于资源价值补偿角度的绿色 GDP 思维。该思维将环境经济核算体系中对自然资源耗减、损失的定义作为自然资源负债，即一定时期内由人类各种活动以及不可预期、不可抗力灾害导致的自然资源资产耗减、损失的价值量。

自然资源负债是人对自然的责任，这种责任基于法律法规而产生，主要是违法、违规开发利用资产或自然资源养护不到位而造成的，这将造成自然资源总量减少、自然资源质量下降和生态环境破坏，甚至自然资源灭失。自然资源负债应反映自然资源责任产生的直接原因和责任主体，因此，应根据自然资源责任类型设计一级账户，根据责任主体设置明细账户。根据自然资源特征可以将自然资源责任类型分为耗竭责任、损害（超量）责任、降等责任和环境损害责任，分别对应耗竭负债、超量负债、降等负债和环境损害负债。

其中，耗竭负债主要针对耗竭性资源，使用权人超出开发许可范围开发利用造成数量减少以及耗竭性资源无法恢复，造成了未来可利用量的减少，使用权人需要承担相应的责任。根据当前的法律规定主要是赔偿的责任，因此，应设定耗竭负债进行核算。

超量负债和降等负债针对非耗竭性资源。非耗竭性资源会因开发利用而减少，在一定范围内的减少之后，通过一段时间又会自然恢复。一定范围内的超规定量使用，会造成短期内资源数量下降，但又可以自然恢复，这种范围内的超规定量视为超量负债。超过超量负债更多的违规超规使用，将会导致资源质量下降，需要更长的时间或借助人工支持，恢复资源数量和质量，这一超出范围的部分称为降等性负债。如果严重超标准开发，可能导致可再生资源因质量严重下降而无法恢复到可利用水平，这一部分应该列入耗竭负债。

损害负债是指在资源的开发利用过程中因造成了生态环境破坏、污染了环境而需要减少或消除污染、改进资源利用方式而形成的负债。

10.3.1.3 自然资源权益

同自然资源负债一样，自然资源权益概念在自然资源资产负债表研究之前很少出现，但却有自然资源资本概念。自然资源权益可理解为自然资源资产扣除自然资源负债后可为自然资源权益主体拥有或控制的相关资源的剩余权益，即"自然资源净权益 = 自然资源资产 − 自然资源负债"。

自然资源净权益反映的是某一地区政府投入的原始投入资本、自然资源资本增值和归属于政府的剩余收益。由于经济—资源—环境之间复杂的互动关系，政府初始投入和最终的留存权益难以核算出来，因此自然资源的净权益只能通过"资产 − 负债 = 净资产"计算出来。自然资源权益在资产负债表中可按照政府对自然资源权益要求的程度列示，包括政府初始投资和剩余收益两个项目。

自然资源净权益不但反映自然资源权利的数量，而且反映自然资源的归属。根据自然资源权益归属的不同分为所有权益和使用权益。使用权益为自然资源使用权人所有，自然资源已设立使用权，自然资源开发利用带来的收益主要归使用权人，虽然国家作为所有者，会因税收等获得部分收益，但是收益主要体现为使用权人收益。所有权益为自然资源所有者所有，即国家所有，自然资源尚未设置使用权，开发利用主要受国家调控，因此主要表现为所有权益。根据所有权和使用权的增减变动原因设置二级科目，根据权利归属设置明细科目，可反映自然资源权益的增减变动和权利归属。

10.3.1.4 其他要素

绿色核算基本只有"自然资源资产"这一概念，其他要素概念多出自本教材前面章节所包括的微观企业环境会计和宏观环境会计。

最后需要说明的是，学术界对"是否确认、如何确认资源负债及权益""债权主体如何界定"等问题还存在较大争议，在实践中暂时只确认和核算自然资源资产。

10.3.2 要素核算内容

10.3.2.1 自然资源资产和负债的核算

自然资源具有历史性和现实性，具体内容和数量因经济和技术条件不同而不

(1)(2)

同，因此应根据经济和技术条件，结合管理需要确定各类自然资源核算的技术标准。只有达到技术标准、具有开发利用价值、能够进行测量计算的自然资源才纳入核算范围。在企业会计中核算要素必须可量化才能核算，这一条件称为确认条件，因为确认条件的存在，自然资源资产实际核算范围小于自然资源资产概念范围。

（1）自然资源资产的核算。自然资源大于自然资源资产，资产强调有用性和产权关系，基于国家主权的自然资源所有权，虽未配置使用权，但应纳入动态监管，根据规划逐步配置使用权，应列入自然资源资产核算的范围。因未被利用部分不存在人类干预，所以不存在人与自然之间的责任关系，无须核算自然资源负债，一方面计入自然资源资产；另一方面计入自然资源净权益，在所有权益中列示。

自然资源种类繁多、分布广泛、各具特色，应结合开发管理需要进行确认。自然资源在国土空间内共生，伴生矿共生矿均是多种矿产资源一体共存，森林和草资源依托土地资源而存在，水资源中蕴藏矿物质和热能。有些共生资源可以共同开发甚至只能共同开发，有些共生资源只能开发个别资源而舍弃其他资源。这使得自然资源内容和数量确认上存在现实困难。因此，国土空间规划和自然资源开发利用规划，应根据资源特征和发展需要，对共生自然资源开发做出规划；根据规划中对资源开发利用的规定进行核算，对开发利用的资源进行核算，对放弃开发的不进行核算，纳入备案管理，若规划调整，则随之调整。

（2）自然资源负债的核算。自然资源负债核算的主要内容有：在让渡自然资源使用权、经营权等过程中政府应付补贴款项，如对土地资源实行退耕还林补贴款；自然资源过度耗减时未来修复过程中应付过度损失成本，这是一种或有负债，是在自然资源过度耗减时所需承担的生态修复成本；自然资源质量下降时对自然资源环境和生态系统的破坏而造成的应付环境治理成本，这通过核算当期政府环保支出来反映，包括环保设备投入成本、环保技术开发成本、环保资金投入成本以及环境管理费用等其他成本。

10.3.2.2 资产与负债差额的处理

权责对等是一种理想状态，现实中权利与责任并不必然相对等。单位和个人依法通过有偿使用制度获得自然资源使用权，依法依规开发利用自然资源，则不存在相应的责任。单位和个人未能依法获得自然资源使用权开发利用自然资源，则需要承担相应责任，并不存在对应的权利。因此权利和责任并不必然相等。会计核算中，资产和负债也并不必然相等。当资产大于负债，核算主体拥有正的权益；当资产小于负债，核算主体拥有负的权益。当自然资源的权利和责任存在差异时，自然资源资产和负债必然不等。借鉴传统资产负债表利用可以设置净权益核算来反映两者的差额。

自然资源净权益是一定区域一定时间内尚可利用的自然资源资产净额，是人可以开发利用的自然资源资产的权利。自然资源资产无论在单项资产还是整体资产都保持"自然资源净权益 = 自然资源资产 − 自然资源负债"。

10.3.3　报表系统设计

在确定了自然资源资产和自然资源负债及净权益的定义及核算内容后，即可设计绿色核算报表系统。绿色核算报表系统主要是指自然资产负债表的编制，通过自然资源资产负债表来反映特定地区在特定日期的自然资源状况，对各类自然资源资产量、消耗量、损害程度、结余量等进行综合列报，是一个反映自然资源拥有、消耗、退化的系统化账户。因此，此报表编制应涉及反映自然资源资产实物与价值存量和变动情况，包括自然资源资产的实物量表、质量表、价值量表；反映自然资源过度耗减和环境治理需要付出的成本代价，即自然资源负债核算表；再通过"净资产 = 资产 − 负债"等式，构建出自然资源资产负债总核算表，其编制思路如图 10 − 1 所示。

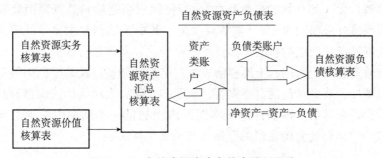

图 10 − 1　自然资源资产负债表编制思路

如图 10 − 1 所示，自然资源资产负债表不是一张会计核算报表，而是一套反映自然资源资产数量、质量、价值的综合管理报表。但报表数量不宜过多，各类自然资源资产、负债核算表在进行数据的集约与汇总之后，形成反映某地区的自然资源资产负债综合核算表，主要包括自然资源实物核算表、自然资源资产质量表、自然资源价值核算表、自然资源资产汇总核算表、自然资源负债表和自然资源资产负债表简表六大核心报表。

10.3.3.1　自然资源实物核算表

自然资源实物核算表包括土地资源、水资源、矿产资源等六类自然资源资产的实物核算。针对每一类自然资源，围绕其增减变化，按其生命周期反映出某类资源的实物流动过程，建立如表 10 − 3 所示的自然资源实物核算表。

表 10 - 3 自然资源实物核算表（样表）

项目	土地资源	矿产资源	森林资源	能源资源	水资源	海洋资源
期初存量						
本期增加量： 自然生长量 新发现量 经济因素引起增加量 重估增加量						
本期减少量： 自然消亡量 经济因素引起消耗量 重估减少量						
期末存量						

　　从表 10 - 3 中可看出，纵列按自然资源分类来计算其在不同状态下的实物量，横列列示每类自然资源的期初、期末存量以及流量变化情况。其中流量变化情况按引起自然资源增加、减少的原因进行分类，自然资源增加量包括自然生长量（如树木的自然生长）、新发现量（如矿产资源的勘探发现）、经济因素引起的增加量（如耕地面积由于农业的发展而扩大）、重估增加量；自然资源减少量包括自然消亡量（如动物的自然死亡）、经济因素引起的自然资源消耗量（如矿产资源因经济开采而减少等）、重估减少量。其中重估调整主要是外界条件改变而对自然资源统计造成的影响，如技术价格变化以及评估方法的改进。以土地资源——耕地资源资产为例，土地整治、农村结构性调整以及其他原因等引起耕地资源资产增加，减少量包括自然灾害、土地非农化、农村结构性调整等其他引起的资产减少，在满足"期初存量 + 本期期内增加量 - 本期期内减少量 = 期末存量"等式中得出耕地资源资产的存量及其动态平衡关系。

10.3.3.2　自然资源资产质量表

　　该表具体可分为水资源质量表、土地资源质量表、森林资源质量表等，其中水资源质量表和土地资源质量表为水资源实物核算及土地资源物理量核算提供基础。在不同质量等级下统计不同自然资源状态，可汇总建立某类自然资源实物核算表。另外，根据自然资源资产质量表，运用适当的自然资源估算方法，可核算自然资源因过度耗减而造成的自然资源修复成本，因此，自然资源资产质量表可为自然资源资产实物价值核算以及自然资源负债核算提供依据和来源。在上述翔实的自然资源实物统计基础上，采用适宜的自然资源价值评估方法，建立某地区自然资源实物核算表和价值核算表，通过简单加总法，可得到自然资源存量及其流量变化的总核算表，用来表示该地政府在特定时点上的自然资源资产拥有量，具体如表 10 - 4 所示。

表 10 – 4 　　　　　　　　**自然资源资产汇总核算表（样表）**

项目	土地资源		森林资源		矿产资源		……
	实物量	价值量	实物量	价值量	实物量	价值量	
期初存量							
本期增加量							
其中：自然增长量							
新发现量							
经济因素导致增长							
重估增加量							
其他							
本期减少量							
其中：自然消亡量							
经济因素导致减少							
重估减少量							
其他							
期内净变动量							
期末存量							

表 10 – 4 中，自然资源综合实物和价值量表为自然资源资产核算提供必要前提。自然资源本期增加量属于本期新增的自然资源资产，自然资源的本期减少量当作自然资源资产减值来处理，本期自然资源净资产变动量 = 新增自然资源资产减值，因此，报表中填列的自然资源资产期末数 = 自然资源资产期初数 + 本期自然资源资产净变动量。

10.3.3.3　自然资源负债表

此表的构成包括被过度消耗所需要在未来应付的过度损失成本，在自然资源质量下降到一定标准时对资源过度耗减进行补偿；自然资源质量下降对环境造成破坏，可直接通过某地区环保投入、环境保护费用等账户得出环境治理成本数值。另外，政府在让渡自然资源部分权利时会发生支出款项，如在进行土地整治时发生的退耕还林补贴款项，可通过自然资源部国土资源公报以及《中国统计年鉴》提供数据来源。自然资源负债表样本如表 10 – 5 所示。

表 10 – 5 　　　　　　　　**自然资源负债核算表（样表）**　　　　　　单位：元

项目	期初数额	本期变动额	期末数额
应付政府补贴款			
应付自然资源过度耗减成本			
应付环境治理成本			
环保投入			
环保设备投入			
环保技术投入			
环保资金投入			
环境管理费用			
自然资源负债合计			

在前述自然资源资产账户、负债账户建立的基础上，按照"资产=负债+权益"的会计平衡等式原理，采用账户式格式编制自然资源资产负债表。左边为资产账户，表示自然资源资产项和自然资源资产带来的资金收入项；右边为负债和权益账户，反映自然资源资本的来源。虽然自然资源资产负债表不追求严格的平衡关系，但账户式样表既能揭示出自然资源资产的表现形式和存量状态，也重视了自然资源负债给自然资源资产带来的负担和压力，更能体现出自然资源资产负债表在生态文明背景下的生态绩效考核。自然资源资产负债表样表格式如表10－6所示。

表10－6 自然资源资产负债表

日期：

项目	期初余额		期末余额		项目	期初余额		期末余额	
	实物量	价值量	实物量	价值量		实物量	价值量	实物量	价值量
一、自然资源资产					自然资源负债				
土地资源资产					一、应付政府补贴				
耕地资源资产					其中：土地资源				
……					森林资源				
土地资源资产合计					……				
森林资源资产					应付补贴款项合计				
林木资源资产					二、应付过度损耗				
……					其中：土地资源				
森林资源资产合计					森林资源				
矿产资源资产					……				
金属资源资产					应付过度损耗合计				
……					三、应付环境治理				
矿产资源资产合计					环保投入				
水资源资产					环保设备投入				
生活用水					环保技术投入				
……					环保资金投入				
水资源资产合计					环境管理费用				
能源资源资产					应付环境治理合计				
煤炭资源资产					自然资源负债合计				
……									
能源资源资产合计					自然资源净资产				
海洋资源资产									
海洋生物资源					一、政府初始投入				
……									
海洋资源资产合计					二、剩余收益				
其他自然资源资产									
二、现金收入					自然资源权益合计				
排污权收入									
……									
自然资源资产总计					自然资源负债和权益合计				

由表10－1到表10－6构成的这一整个绿色核算报表系统，能够体现自然资源产权关系，清晰反映自然资源上的权责利关系；绿色核算报表以实物量为基础、货币量为辅助进行编制，弥补了无法反映非经济资源的弊端；存量和流量指

标并重，能够弥补沿用 SEEA 等统计思路的不足，为自然资源监管、自然资源资产离任审计、生态环境损害责任追究、资源有偿使用和生态补偿提供信息和工具。

10.4　案例分析：以水资源表的编制为例

10.4.1　案例概述

饮用水资源作为自然资源的重要组成部分，与人类日常生活紧密相关，目前国内有关水资源资产负债表编制的研究较少，涉及饮用水资源的更是鲜有报道。以深圳市长流陂水库为例，通过搭建饮用水资源资产负债表框架体系，全面核算其实物量、质量、价值、负债和所有者权益（净资产）。长流陂水库位于深圳市宝安区，属于典型的湖库型水库，入库水主要为降雨和山水。水库控制集雨面积 8.8km²，正常库容 622.7 万 m³，总库容 747.0 万 m³，为小型水库，主要功能是供水、防洪。2016 年供水量为 543 万 m³，年末蓄水量为 77.8 万 m³。

根据饮用水资源资产负债表框架体系，以深圳市长流陂水库为例，编制深圳市长流陂水库饮用水资源资产负债表。根据水库所在地生态环境部门提供的数据，对 2011～2016 年的实物量和质量进行整理分析，可编制长流陂水库饮用水资源实物量表和质量表；根据数据收集、实地调研和遥感解译结果，对 2016 年价值量和负债量进行核算，可编制长流陂水库饮用水资源价值表、资产负债表。

其中，实物量表选取水库正常库容和总库容 2 项指标，用于反映饮用水资源的实物数量。质量表用于反映辖区饮用水资源的质量状况，指标与《深圳市环境质量状况评价技术指引》中饮用水源质量评价指标一致，选取水质类别和平均综合污染指数 2 项指标，其中，水质类别根据《地表水环境质量标准》（GB 3838-2002）进行划分；平均综合污染指数根据《地表水环境质量标准》（GB3838-2002）Ⅲ 类标准核算，指标评价项目选取 pH 值、溶解氧、高锰酸盐指数、生化需氧量、氨氮、总磷、铜、锌、氟化物、硒、砷、汞、镉、六价铬、铅、氰化物、挥发酚、石油类、阴离子表面活性剂、硫化物 20 项。

价值表选取实物资产价值和生态系统服务功能价值 2 项指标，根据相关文献研究，实物资产价值选取供水价值和水产品生产价值，生态系统服务功能价值选取涵养水源价值、储蓄洪水价值、固碳价值、释氧价值、水质净化价值、气候调节价值和生物多样性维持价值。价值表是编制资产负债表的核心内容，是以货币的形式对饮用水资源进行统一度量和比较，用于反映饮用水资源的价值。

资产负债表选取资产、负债和所有者权益 3 项指标，采用左资产、右负债和所有权益的表格形式。资产即为饮用水资源价值；负债指标用于反映饮用水资源资产维护管理耗用的外部资金，通过实地调研，选取污染治理投入、生态恢复投入和生态维护投入 3 项一级指标，选取入库支流综合整治投入、水库扩建投入、水质监测费用、库区内植被养护费用等 14 项二级指标；所有者权益（净资产）为饮用水资源资产价值与负债的差值，用于反映饮用水资源资产净值。

10.4.2 实物量表的编制

长流陂水库实物量表包括正常库容和总库容 2 项指标，如表 10 -7 所示，相关数据由水库管理部门提供。2011 ~ 2016 年，长流陂水库正常库容由 512.6 万 m³ 变为 622.7 万 m³，增长率 21.48%；总库容由 733.6 万 m³ 变为 747.0 万 m³，增长率 1.83%。

表 10 -7 　　　　　　　　　　长流陂水库水资源资产实物量表

项目	正常库容	总库容
2011 年（期初）（万 m³）	512.6	733.6
2012 年（万 m³）	512.6	733.6
2013 年（万 m³）	512.6	733.6
2014 年（万 m³）	512.6	733.6
2015 年（万 m³）	622.7	747.0
2016 年（期末）（万 m³）	622.7	747.0
变化量（万 m³）	110.1	13.4
变化率（%）	21.48	1.83

10.4.3 质量表的编制

长流陂水库质量表包括水质类别和平均综合污染指数 2 项指标，相关数据由深圳市宝安区环境监测站提供，如表 10 -8 所示。2011 ~ 2016 年，长流陂水库水质逐年改善，由 V 类逐渐变为 Ⅲ 类；长流陂水库水质平均综合污染指数变化较小，始终保持在 0.2868 ~ 0.3212 的范围内，水质状况较好。

表 10 -8 　　　　　　　　　　长流陂水库水资源资产质量表

项目	水质类别	平均综合污染指数
2011 年（期初）	V类	0.286 8
2012 年	Ⅳ类	0.316 4
2013 年	Ⅳ类	0.321 2
2014 年	Ⅲ类	0.293 9
2015 年	Ⅲ类	0.294 9
2016 年（期末）	Ⅲ类	0.286 8
变化量	+2	0
变化率	—	0

10.4.4 价值表的编制

根据已搭建的饮用水资源资产负债表体系，结合长流陂水库实地调研结果，确定长流陂水库价值表核算指标包括实物资产价值和生态系统服务功能价值。因长流陂水库未发现养殖、捕捞等行为，因此无水产品生产价值，长流陂水库实物资产价值为供水价值；生态系统服务功能价值包括涵养水源价值、调蓄洪水价值、固碳价值、释氧价值、水质净化价值、气候调节价值、生物多样性维持价值 7 项指标。具体核算方法、核算公式和指标、数据来源见表 10 - 9。

表 10 - 9　　　　　　　　　　　　宝安区饮用水资源资产核算方法

价值类型	核算方法	核算公式和指标
供水价值	市场价值法	$W_{供} = N \times P$ 式中：$W_{供}$ 为供水价值，单位：万元。N 为供水量，单位：万吨/年。P 为供水市场单价，单位：元/吨
涵养水源价值	替代工程法	$W_{涵} = C \times Q$ 式中：$W_{涵}$ 为水源涵养价值，单位：万元。C 为库容造价单位成本，单位：元/m^3。Q 为正常蓄水库容，单位：万 m^3
调蓄洪水价值	替代工程法	$W_{调} = C \times (Q_{总} + Q_{防})$ 式中：$W_{调}$ 为调蓄洪水价值，单位：万元。C 为库容造价单位成本，单位：元/m^3。$Q_{总}$ 为总库容，单位：m^3。$Q_{防}$ 为防限库容，单位：m^3
固碳价值	碳税法	$W_{碳} = A \times C \times N$ 式中：$W_{碳}$ 为固碳价值，单位：万元。A 为水库水域面积。C 为固碳价格，单位：元/吨。N 为单位面积水库固碳量，单位：吨/m^3
释氧价值	生产成本法	$W_{氧} = A \times C \times N$ 式中：$W_{氧}$ 为释氧价值，单位：万元。A 为水库水域面积。C 为氧气价格，单位：元/吨。N 为单位面积水库释氧量，单位：吨/m^3
水质净化价值	替代成本法	$W_{净} = \sum C_{浓i} \times X_i \times Q_{正} \times C_{净i} \times 10^{-6}$ 式中：$W_{净}$ 为水质净化价值，单位：万元/年。$C_{浓i}$ 为第 i 种污染物浓度，单位：mg/L。X_i 为第 i 种污染物去除率，单位：%。$Q_{正}$ 为正常蓄水库容，单位：m^3。$C_{净i}$ 为净化第 i 种污染物的单位成本，单位：万元/吨
气候调节价值	替代工程法	$W_{气} = \dfrac{C_{热}}{3\,600} \times \dfrac{E}{\alpha} + \beta \times Q_{水} \times E$ 式中：$W_{气}$ 为气候调节价值，单位：万元。$C_{热}$ 为水面蒸发所吸收的热值，单位：千焦。α 为空调能效比（取值为 3.0）。E 为深圳市电价，单位：元/千瓦时（取值 0.8）。β 为 $1m^3$ 水蒸发耗电量（市场常见加湿器功率为 32 瓦，将 $1m^3$ 水转化为蒸汽耗电量约为 125 千瓦时），单位：千瓦时。$Q_{水}$ 为水面蒸发的水量，单位：m^3
生物多样性维持价值	机会成本法	$W_{生} = B \times A$ 式中：$W_{生}$ 为生物多样性维持价值，单位：万元。B 为单位面积生态效益，单位：万元/万 m^3。A 为水库水域面积，单位：万 m^3

经核算，长流陂水库饮用水资源资产价值为 55 745.6 万元，其中实物资产价值 1 472.8 万元，生态系统服务功能价值 54 272.8 万元，如表 10 - 10 所示。生态系统服务功能价值中，气候调节价值、涵养水源价值和调蓄洪水价值占生态系统服务功能价值的比重较高，为 97.29%，分别占比 73.15%、16.88% 和 7.26%。

表 10 – 10 　　　　　　　　　　2016 年长流陂水库水资源资产价值表 　　　　　　　单位：万元

一级指标	二级指标	期初值	期末值
实物资产价值	供水价值	—	1 472.8
生态系统服务功能价值	涵养水源价值	—	9 412.1
	调蓄洪水价值	—	4 045.8
	固碳价值	—	2.7
	释氧价值	—	5.0
	水质净化价值	—	8.0
	气候调节价值	—	40 780.0
	生物多样性维持价值	—	19.2
资产合计		—	55 745.6

10.4.5　水资源资产负债表的编制

水资源资产负债表包括资产价值、负债和所有者权益 3 项指标。其中，资产价值与价值表中的指标对应；负债包括污染治理投入、生态恢复投入和生态维护投入，相关数据由水库管理部门提供；所有者权益为饮用水资源资产价值与负债的差值。

经核算，如表 10 – 11 所示，2016 年长流陂水库负债合计 580.2 万元，均为生态维护成本投入、无污染治理投入和生态恢复投入，具体为水质监测费用 38.4 万元，库区内植被养护费用 70.0 万元，库区办公用品及基础人员的经费投入 472.0 万元。根据价值核算和负债核算结果，2016 年长流陂水库饮用水资源所有者权益 55 165.2 万元（见表 10 – 11）。2016 年长流陂水库水资源资产负债表见表 10 – 12。

表 10 – 11 　　　　　　　　2016 年长流陂水库水资源资产负债核算情况 　　　　　　单位：万元

一级指标	二级指标	负债量
污染治理投入	入库支流综合整治投入	0
	水库配套管网建设与养护投入	0
	水库截污工程投入	0
生态恢复投入	水体生态修复工程投入	0
	水体生态景观建设投入	0
	调水工程建设及运营投入	0
生态维护投入	水库扩建投入	0
	水闸建设与运营投入	0
	泵站建设与运营投入	0
	水质监测费用	38.4
	库区内违法开发管控及整改资金投入	0
	科研经费投入	0
	库区内植被养护费用	70.0
	库区办公用品及基础人员的经费投入	472.0
负债合计		580.4

表 10－12　　　　　　　2016 年长流陂水库水资源资产负债表　　　　　　　单位：万元

日期：2016 年 12 月 31 日

资产	行次	期初值	期末值	负债和所有者权益	行次	期初值	期末值
实物资产	1	—	/	负债：	1	—	—
供水	2	—	1 472.8	污染治理投入：	2	—	0
无形资产	3	—	/	生态恢复投入：	3	—	0
涵养水源	4	—	9 412.1	生态维护投入：	4	—	580.4
调蓄洪水	5	—	4 045.8	负债合计	5	—	580.4
固碳价值	6	—	2.7	—	—	—	—
释氧价值	7	—	5.0	—	—	—	—
水质净化	8	—	8.0	—	—	—	—
气候调节	9	—	40 780.0	—	—	—	—
生物多样性维持	10	—	19.2	—	—	—	—
资产总计	11	—	55 745.6	所有者权益	11	—	55 165.2

练习题

一、案例分析题

建设海洋强国，构建海洋命运共同体，推动海洋经济全面发展，是新时代新征程的历史方位中提出的新的要求。为了核算海洋的高质量发展给我国带来的利益，真实、准确地反映出海洋经济发展过程中付出的资源、环境、生态、社会代价，提高海洋资源利用效率，维持海洋生态的持续生产力，推动海洋经济高质量快速增长，我们必须得建立绿色海洋 GDP 核算制度来反映海洋的开发与环境保护之间的关系。因此，在经过查阅资料，分析综合很多因素后，构建了绿色海洋 GDP 核算指标体系，如图 10－2 所示。

绿色海洋 GDP ＝ 海洋 GDP －（资源损耗价值 ＋ 环境污染损失 － 生态效益价值 ＋ 社会牺牲成本）

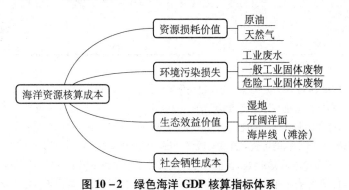

图 10－2　绿色海洋 GDP 核算指标体系

对海洋 GDP 要重点考虑四个部分，即资源损耗价值、环境污染损失、生态效益价值和社会牺牲成本。对于资源损耗价值，我们通过查阅资料并仔细分析，决定采用收益现值法对原油、天然气的资源存量进行货币核算。建立模型可知：

$$Rv = Rr \left[\frac{(1+r)^n - 1}{r(1+r)^n} \right]$$

注：各海洋矿产资源年末存量价值用 Rv 表示；折现率 r 按照同期凭证式一期的 5 年期国券

利率计算，取 5.32%；资源租金 Rr 为单位资源租金乘年末资源产量，原油、天然气销售价格按同期计算为 3 299.31 元/吨、2.05 元/m³，n 为可供开采年限。

辽宁省 2015 年原油产量约为 52.99 万吨，天然气产量约为 1 991 万立方米，同期销售价格分别约为 3 299.31 元/吨、2.05 元/m³，按照从价定律的办法，资源税税率取 6%，可得到原油和天然气的单位资源租金为 197.96 元/吨、0.12 元/m³，而后计算得出资源租金。全省海洋原油资源累计探明储量 1.25 亿吨，海洋天然气累计探明储量 13.5 亿 m³，计算出可开采年限 n 分别约为 235.89 年、67.81 年。由此，可计算出辽宁省海洋资源损耗单位价值，最终得到海洋资源损耗总价值，如表 10 – 13 所示。

表 10 – 13 资源损耗价值

原油	产量（万吨）	52.99
	单位资源租金（元/吨）	3 299.31
	价值（亿元）	19.72
天然气	产量（万 m³）	1991
	单位资源租金（元/m³）	2.05
	价值（亿元）	0.46

资料来源：《中国海洋统计年鉴》《辽宁省海洋功能规划》。

环境污染损失指的是在海洋经济发展过程中为了获得更高效益或维护现有效益，近海区域建设了大量的近海工程，因操作不当、缺乏重视等情况给近海生态和资源环境带来了严重的污染损失。理论上可以用恢复环境状态的治理成本来估算该环境污染损失，如某处环境由于受到人为污染，损失重大，那么采取治理措施对受污染的水体保护或尽量恢复到原本状态，则该治理措施所需全部费用，就是该资源资产水体的环境污染损失。考虑到近海工程对海洋环境排放的污染物主要为工业废水、一般工业固体废物和危险工业固体废物，绿色海洋 GDP 核算分别计算其产生的成本处理费用作为海洋环境污染损失，其单位处理价格根据市面平均处理价格确定，采用恢复成本法，得出 2015 年辽宁省海洋环境污染损失核算结果，如表 10 – 14 所示。

表 10 – 14 环境资源损失

项目	处理总量（万吨）	单位处理价格（元/吨）	污染损失价值（亿元）
工业废水	25 477.6	2.3	5.86
一般工业固体废物	8 067.3	110	88.74
危险工业固体废物	51.7	4 588	23.72

资料来源：《辽宁统计年鉴 2016》。

绿色海洋 GDP 核算不仅要考虑由于人为经济生产活动产生的环境成本，还应关注自然生态系统供给的服务价值，也就是海洋生态效益。在这里使用实物量的存量变化来反映其质量方面的变化，由于各区域存在的差异性，因此，通过区域生态调查可进行生态价值的质量核算。海洋生态系统包含数量繁杂，鉴于数据的可获得性和对海洋经济的影响相关度，仅考虑滨海湿地、开阔洋面和海岸带（滩涂）三个生态系统的效益价值。先分别统计单个生态系统的面积，整理出单位生态系统的总面积，再核算生态服务在单位生态系统中产生的平均价值系数，得出单位生态系统的总生态效益价值，最终把各个单位的生态系统的效益价值汇总，得出在一年的期间中整个生态系统为海洋经济发展提供的总服务价值，计算公式为：

$$V_e = \sum_{i=1}^{n} V_i = \sum_{i=1}^{n} X_{ij} \times S_i$$

其中，V_e 表示全部生态系统的经济价值总量；V_i 表示第 i 种生态系统服务的价值；X_{ij} 表示第 j 种生态服务在第 i 种生态系统中的单位面积产生的平均价值系数；S_i 表示第 i 种生态系统的总面积。

通过查阅资料，选取前人计算的具有典型性的单位效益价值数据，我们可知辽宁省单位面积的生态价值高达 6 922 元/km²，开阔洋面和海岸线（滩涂）生态系统面积生态价值分别为 1 967.1 元/km²、32 826.5 元/km²。汇总得到 2015 年辽宁省海洋生态效益价值，如表 10 - 15 所示。

表 10 - 15　　　　　　　　　　生态效益价值

生态系统类型	面积（km²）	单位面积的生态价值（元/km²）	生态效益价值（亿元）
滨海湿地	9 273	6 922	0.64
开阔洋面	68 000	1 967.1	1.34
海岸线（滩涂）	2 070.2	32 826.5	0.68

资料来源：《辽宁省海洋生态环境保护规划》《辽宁省海洋功能区划 2011 - 2020》。

海洋经济在发展过程中，忽视了资源、环境、生态的长期贡献，导致的是资源短缺、环境恶化、生态破坏等一系列恶果，其中，还涉及社会成本经济牺牲问题。由于环境为人类提供必要的生存空间和活动场所，社会生产活动和人们的生活方式都要受到环境的影响和制约。资源、环境、生态的恶化对人类的活动产生了连锁反应，如海域由于经济的发展遭到严重污染，大量的废水或固体废物倾入海域，造成海水浑浊、赤潮泛滥，看见这样恶劣景色的人类产生反感或厌弃的心理，这种心理成本会影响到社会活动，进而作用到社会成本的经济损益。心理成本既不是物质成本也不是实际成本，它是心理现象的不同形式对现实动态反映的一个心理活动过程，心理成本难以量化，会对社会成本产生不可估量的经济损失，影响海洋经济的高质量发展，应该得到高度的重视。

考虑到社会牺牲成本难以量化和非标准化的特性，本教材中的绿色海洋 GDP 核算中暂不考虑其数据指数。基于以上研究汇总得出 2015 年辽宁省海洋资源损耗价值为 20.18 亿元，海洋环境污染损失为 118.32 亿元，海洋生态效益为 2.66 亿元。参照《中国海洋统计年鉴 2016》，数据表明，2015 年辽宁省海洋 GDP 为 3 529.2 亿元，依据绿色海洋 GDP 计算公式，2015 年辽宁省绿色海洋 GDP 为 3 393.36 亿元。绿色海洋 GDP 核算充分反映海洋经济发展与海洋资源消耗、海洋环境污染、生态效益价值、社会牺牲成本之间的关系，推动在海洋经济发展过程中实现对海洋资源、环境开发、生态保护、社会和谐的协调统一，加快海洋经济高质量发展进程，建设海洋强国。

根据该案例材料分析以下问题：

（1）结合自己的观点分析，对绿色海洋的 GDP 分析是否有必要？请说明理由。

（2）结合材料和所学内容，谈一谈如何使绿色海洋 GDP 核算工作开展更加顺利，如何使核算指标更加准确？

二、简答题

1. 经济增长与资源环境有何关系？

2. 简述国民经济核算体系的基本内容。

3. 简述环境价值量核算的估价方法。

4. 自然资源核算方法有哪几种？

参考文献

［1］安庆钊. 环境会计理论结构的探讨［J］. 财税与会计，1999：9－10.

［2］白英防. 环境会计与传统会计的比较［J］. 陕西经贸学院学报，2001（2）：39－42.

［3］白英防. 环境资源会计的新构想［J］. 财会月刊，2002（2）：8－9.

［4］柏连玉. 制定森林生态效益会计核算办法的必要性与可行性［J］. 林业财务与会计，2002（4）：15－17.

［5］宝钢集团有限公司，上海国家会计学院. 环境会计的理论与实务［M］. 北京：经济科学出版社，2011.

［6］毕艳霞. 企业环境成本核算体系研究［D］. 天津：天津财经大学，2006.

［7］财政部. 企业会计准则第13号——或有事项［Z］. 2006c.

［8］财政部. 企业会计准则第27号——石油天然气开采［Z］. 2006d.

［9］财政部. 企业会计准则第4号——固定资产［Z］. 2006b.

［10］财政部. 企业会计准则——基本准则［Z］. 2006a.

［11］操建华，孙若梅. 自然资源资产负债表的编制框架研究［J］. 生态经济学，2015（10）：25－28.

［12］曹原. 我国碳市场体系的现状与展望［J］. 江西社会科学，2014（9）：64－68.

［13］陈波，杨世忠. 会计理论和制度在自然资源管理中的系统应用——澳大利亚会计准则研究及其对我国的启示［J］. 会计研究，2015（2）.

［14］陈华，王海燕，荆新. 中国企业碳信息披露：内容界定、计量方法和现状研究［J］. 会计研究，2013（12）：18－24，96.

［15］陈立菁. 我国上市公司资产弃置义务的会计问题研究［D］. 北京：中国财政科学研究院，2016.

［16］陈明坤. 可持续发展成本理论刍议［J］. 企业经济，2006（10）：130－131.

［17］陈思维. 环境审计［M］. 北京：经济管理出版社，1998.

［18］陈晓芳，崔伟. 关于产品生命周期成本的理性思考［J］. 财会通讯（学术版），2006（3）：52－55.

［19］陈应发. 旅行费用法——国外最流行的森林游憩价值评估方法［J］.

生态经济, 1996 (4): 35 - 38.

[20] 陈仲新, 张新时. 中国生态系统效益的价值 [J]. 科学通报, 2000 (1): 17 - 22.

[21] 崔也光, 马仙. 我国上市公司碳排放信息披露影响因素研究——基于 100 家社会责任指数成分股的经验数据 [J]. 中央财经大学学报, 2014 (6): 45 - 51.

[22] 崔也光, 王守盛, 周畅. 我国碳交易市场会计信息披露探析 [J]. 财会通讯, 2017 (34): 14 - 16.

[23] 崔也光, 周畅. 京津冀区域碳排放权交易与碳会计现状研究 [J]. 会计研究, 2017 (7): 3 - 10.

[24] 崔煜晨. 环境会计的计量方法及其应用研究 [D]. 昆明: 云南大学, 2016.

[25] 戴广翠. 对森林游憩价值评估的研究 [J]. 林业经济, 1998 (2): 65 - 74.

[26] 丹尼斯·米都斯, 梅多斯. 增长的极限: 罗马俱乐部关于人类困境的报告 [M]. 李宝恒, 译. 长春: 吉林人民出版社, 1997.

[27] 邓明君, 罗文兵. 日本环境管理会计研究新进展——物质流成本会计指南内容及其启示 [J]. 华东经济管理, 2010, 24 (2): 90 - 94.

[28] 方健, 徐丽群. 信息共享、碳排放量与碳信息披露质量 [J]. 审计研究, 2012 (4): 105 - 112.

[29] 方文辉. 环境会计的理论结构体系与核算 [J]. 广西会计, 1999 (11): 24 - 26.

[30] 封志明, 杨艳昭, 李鹏. 从自然资源核算到自然资源资产负债表编制 [J]. 中国科学院院刊, 2014 (4): 449 - 456.

[31] 封志明, 杨艳昭, 闫慧敏. 自然资源资产负债表编制的若干基本问题 [J]. 资源科学, 2017 (9): 1615 - 1627.

[32] 冯丽梅. 建立新的森工企业会计核算体系的研究 [J]. 绿色财会, 2020 (2): 9 - 13.

[33] 冯巧根. 基于环境经营的物料流量成本会计及应用 [J]. 会计研究, 2008 (12): 69 - 76, 94.

[34] 付加锋, 张保留, 刘倩. 排污权交易与碳排放权交易协同管理对策研究 [J]. 环境与可持续发展, 2018 (4): 105 - 107.

[35] 高建来, 文晔. 碳排放权交易会计的国际进展及借鉴 [J]. 生态经济, 2015 (4): 56 - 59.

[36] 高敏雪, 王金南. 中国环境经济核算体系的初步设计 [J]. 环境经济, 2004 (9): 27 - 33.

[37] 葛家澍. 财务会计: 特点·挑战·改革 [J]. 财会通讯, 1998 (3): 4 - 9.

[38] 耿建心，房巧玲．环境会计研究视角的国际比较 [J]．会计研究，2004（1）．

[39] 耿建新，安琪，等．我国森林资源资产平衡表的编制工作研究——以国际规范与实践为视角 [J]．审计与经济研究，2017，32（04）：51–61．

[40] 耿建新，胡天雨，刘祝君．我国国家资产负债表与自然资源资产负债表的编制与运用初探——以 SNA2008 和 SEEA2012 为线索的分析 [J]．会计研究，2015（1）：15–24．

[41] 耿建新．我国自然资源资产负债表的编制与运用初探讨：基于自然资源资产离任审计的角度 [J]．中国内部审计，2014（9）：15–22．

[42] 郭晓梅．环境管理会计研究：将环境因素纳入管理决策中 [M]．厦门：厦门大学出版社，2003．

[43] 国际会计准则第 37 号——准备、或有负债和或有资产 [J]．会计研究，1999（4）：50–56．

[44] 侯伟丽．环境经济学 [M]．北京：北京大学出版社，2016．

[45] 黄溶冰，赵谦．自然资源核算——从账户到资产负债表：演进与启示 [J]．财经理论与实践，2015（1）：74–77．

[46] 霍斯特·西伯特．环境经济学 [M]．蒋敏元，译．北京：中国林业出版社，2002．

[47] 蒋尧明．环境会计的计量方法研究 [J]．税务与经济，2001（5）：75–77．

[48] 敬采云．碳会计理论发展创新研究 [J]．财会月刊，2010（32）：8–10．

[49] 康云雷，张瑞明．环境审计推动企业履行社会责任 [J]．会计之友，2011（24）：114–116．

[50] 孔含笑，沈镭，钟帅．关于自然资源核算的研究进展与争议问题 [J]．自然资源学报，2016（3）：363–376．

[51] 乐菲菲，郑凤旺．关于环境会计的几点思考 [J]．会计之友，2002（2）：16．

[52] 蕾切尔·卡逊，阿尔·戈尔序．寂静的春天 [J]．吕瑞兰，等译．科学之友，2002（11）：42–42．

[53] 李冰．森林资产会计核算体系探讨 [D]．呼和浩特：内蒙古大学，2012．

[54] 李芳．试论"绿色会计"在我国的建立 [J]．财会研究，2003（3）：23–24．

[55] 李怀恩，谢元博，史淑娟．基于防护成本法的水源区生态补偿量研究——以南水北调中线工程水源区为例 [J]．西北大学学报（自然科学版），2009，39（5）：875–878．

[56] 李金昌．资源核算及其纳入国民经济核算体系初步研究 [J]．中国人口·资源与环境，1992（2）：25–32．

[57] 李连华．环境会计学 [M]．长沙：湖南人民出版社，2001．

[58] 李勐. 企业环境管理会计相关问题研究 [D]. 大连: 东北财经大学, 2005.

[59] 李心合, 汪艳, 陈波. 中国会计学会环境会计专题研讨会综述 [J]. 会计研究, 2002 (1): 58 - 62.

[60] 李秀莲. 环境会计的目标与职能 [J]. 统计与决策, 2004 (12): 121 - 122.

[61] 李月. 环境会计研究的必要性分析 [J]. 商业经济, 2013 (4): 100 - 101, 106.

[62] 李震. 我国企业环境会计制度构建研究 [D]. 长沙: 中南大学, 2004.

[63] 联合国国际贸易与发展会议. 环境成本和负债的会计与财务报告 [M]. 北京: 中国财政经济出版社, 2003.

[64] 林万祥, 冷平生, 张亚连. 基于产品生命周期的环境成本分析与评估 [J]. 徐州工程学院学报, 2007 (11): 14 - 18.

[65] 林万祥, 肖序. 企业环境成本的确认与计量研究 [J]. 财会月刊, 2002 (6): 14 - 16.

[66] 林万祥. 成本论 [M]. 北京: 中国财政经济出版社, 2001.

[67] 刘光栋, 吴文良, 靳乐山. 人力资本法评估农业污染地下水环境价值损失 [J]. 中国环境科学, 2004 (3): 447 - 457.

[68] 刘明辉. 走向 21 世纪的现代会计 (中) [M]. 大连: 东北财经大学出版社, 1996.

[69] 刘鸣镝, 杨旭东. 森林资源资产会计核算研究综述 [J]. 北京林业大学学报, 2002 (5): 67 - 72.

[70] 刘鸣镝. 企业森林资源资产会计研究 [D]. 北京: 北京林业大学, 2004.

[71] 刘阳. 我国煤炭企业的环境会计核算研究 [D]. 财政部财政科学研究所, 2013.

[72] 刘永祥, 贺花. 环境会计研究的几个理论问题 [J]. 北方工业大学学报, 2001, 13 (4): 19 - 21.

[73] 罗绍德, 任世驰. 论环境会计的几个基本理论问题 [J]. 四川会计, 2001 (7): 9 - 10.

[74] 罗素清. 环境会计研究 [M]. 上海: 三联书店, 2014.

[75] 美国环保局. 作为商业工具的环境会计导论: 主要概念和术语 [R]. 1995.

[76] 孟凡利. 财务会计理论 [M]. 成都: 西南财经大学出版社, 1995.

[77] 孟凡利. 环境会计研究 [M]. 大连: 东北财经大学出版社, 1999.

[78] 孟凡利. 论环境会计信息披露及相关的理论问题 [J]. 会计研究, 1999 (4): 16 - 25.

[79] 潘雅红. 国外环境会计发展对我国的启示 [J]. 商业会计, 2008

（24）：15－16.

[80] 乔世震. 欧洲的环境会计 [J]. 中国发展, 2003 (1)：41－45.

[81] 邱琼. 首个环境经济核算体系的国际统计标准——《2012 年环境经济核算体系：中心框架》简介 [J]. 中国统计, 2014 (7)：60－61.

[82] 沈洪涛, 廖菁华. 会计与生态文明制度建设 [J]. 会计研究, 2014 (7)：12－17.

[83] 沈洪涛. 企业环境信息披露：理论与证据 [M]. 北京：科学出版社, 2011.

[84] 施德群, 张玉钧. 旅行费用法在游憩价值评估中的应用 [J]. 北京林业大学学报 (社会科学版), 2010, 9 (3)：69－74.

[85] 孙飞翔, 李丽平, 原庆丹, 徐欣. 台湾地区土壤及地下水污染整治基金管理经验及其启示 [J]. 中国人口·资源与环境, 2015, 25 (4)：155－162.

[86] 孙美, 永田胜也. 物料流量成本会计的发展及向中国的引进 [J]. 财会月刊, 2011 (15)：89－91.

[87] 唐国平, 李龙会, 辛锐. 环境会计基础理论在当代的发展 [J]. 财会通讯, 2012 (4)：137.

[88] 涂建明, 迟颖颖, 石羽珊, 李宛. 基于法定碳排放权配额经济实质的碳会计构想 [J]. 会计研究, 2019 (9)：87－94.

[89] 王爱国. 我的碳会计观 [J]. 会计研究, 2012 (5)：3－9.

[90] 王丹. 环境会计发展现状及对策建议 [J]. 环境管理, 2011 (10).

[91] 王佳音. 资产弃置义务会计问题研究 [D]. 北京：中国财政科学研究院, 2017.

[92] 王家璇. 企业环境会计核算的实务分析 [J]. 低碳世界, 2018 (11)：57－58.

[93] 王简, 庄鑫. 低碳经济下碳排放权交易会计处理研究 [J]. 中央财经大学学报, 2014 (4)：66－71.

[94] 王杰, 朱晋, 李玲. 适用于低碳经济建设的会计核算方法——物质流成本会计 [J]. 农业经济, 2010 (4)：91－93.

[95] 王金南, 於方, 曹东. 中国绿色国民经济核算研究报告 2004 [J]. 中国人口·资源与环境, 2006 (6)：11－17.

[96] 王立彦, 蒋洪强. 环境会计 [M]. 北京：中国环境出版社, 2004.

[97] 王立彦. 环境成本与 GDP 有效性 [J]. 会计研究, 2015 (3)：3－11.

[98] 王立彦. 绿色 GDP 宏观核算与微观环境会计 [J]. 中国金融, 2006 (19)：15－16.

[99] 王荣. 再谈绿色会计 [J]. 地质财会, 1994 (3).

[100] 王燕祥. 环境成本计算研究 [J]. 北方工业大学学报, 2002 (2)：1－4.

[101] 王跃堂, 赵子夜. 环境成本管理：事前规划法及其对我国的启示 [J]. 会计研究, 2002 (1)：54－57.

[102] 王智飞, 赫雁翔. 关于自然资源资产负债表编制的思考 [J]. 林业建设, 2014 (5).

[103] 蔚丹, 李学峰. 环境会计在我国应用的必要性分析 [J]. 中国集体经济, 2017 (7): 25.

[104] 魏明海. 会计理论新体系探索——会计理论基本结构 [M]. 广州: 中山大学出版社, 1994.

[105] 魏素艳, 肖淑芳. 环境会计: 相关理论与实务 [M]. 北京: 机械工业出版社, 2006.

[106] 温作民. 森林生态会计 [M]. 北京: 科学出版社, 2008.

[107] 相福刚. 企业环境会计核算体系的构建研究 [J]. 会计之友, 2018 (18): 43 – 48.

[108] 向书坚, 郑瑞坤. 自然资源资产负债表中的负债问题研究 [J]. 统计研究, 2016 (12): 74 – 83.

[109] 向书坚, 郑瑞坤. 自然资源资产负债表中的资产范畴问题研究 [J]. 统计研究, 2015 (12): 3 – 11.

[110] 项国闯. 在中国建立绿色会计的构想 [J]. 财会月刊, 1997 (3): 10 – 11.

[111] 肖华, 李建发. 现代环境会计 [M]. 大连: 东北财经大学出版, 2004.

[112] 肖维平. 环境会计基本理论研究 [J]. 财会月刊, 1999 (5): 3 – 5.

[113] 肖序, 毛洪涛. 对企业环境成本应用的一些探讨 [J]. 会计研究, 2000 (6): 55 – 59.

[114] 肖序, 王玉, 周志方. 自然资源资产负债表编制框架研究 [J]. 会计之友, 2015 (19): 21 – 29.

[115] 肖序, 许松涛. 资产弃置义务会计: 理论诠释与准则展望 [J]. 会计研究, 2013 (2): 9 – 14.

[116] 肖序, 郑玲. 低碳经济下企业碳会计体系构建研究 [J]. 中国人口·资源与环境, 2011, 21 (8): 55 – 60.

[117] 肖序, 郑玲. 资源价值流转会计——环境管理会计发展新方向 [J]. 会计论坛, 2012, 11 (2): 3 – 12.

[118] 肖序, 周志方. 环境管理会计国际指南研究的最新进展 [J]. 会计研究, 2005 (9): 80 – 85.

[119] 肖序. 环境成本论 [M]. 北京: 中国财政经济出版社, 2002.

[120] 肖序. 环境会计理论与实务研究 [M]. 大连: 东北财经大学出版社, 2007: 33 – 34.

[121] 肖序. 环境会计制度构建问题研究 [M]. 北京: 中国财政经济出版社, 2010.

[122] 肖序. 建立环境会计的探讨 [J]. 会计研究, 2003 (11).

[123] 谢琨. 环境管理会计工具的特征化 [J]. 商业研究, 2003 (14): 67-70.

[124] 修瑞雪. 绿色 GDP 核算指标的研究进展 [J]. 生态学杂志, 2007 (7): 1107-1113.

[125] 徐爱玲. 企业碳会计研究述评 [J]. 当代财经, 2014 (8): 111-120.

[126] 徐泓. 环境会计理论与实务研究 [M]. 北京: 中国人民大学出版社, 1998.

[127] 徐玖平, 蒋洪强. 企业环境成本计量的投入产出模型及其实证分析 [J]. 系统工程理论与实践, 2003 (11): 36-41.

[128] 徐瑜青, 王燕祥, 李超. 环境成本计算方法研究——以火力发电厂为例 [J]. 会计研究, 2002 (3): 49-53.

[129] 徐瑜青, 王燕祥. 环境成本计算的有效方法——作业成本法 [J]. 环境保护, 2003 (6): 35-37.

[130] 徐中民, 张志强, 程国栋. 甘肃省 1998 年生态足迹计算与分析 [J]. 地理学报, 2000 (5): 606-616.

[131] 许佳林, 孟凡利. 环境会计 [M]. 上海: 上海财经大学出版社, 2004.

[132] 许家林. 环境会计: 理论与实务的发展与创新 [J]. 会计研究, 2009 (10): 36-43, 94-95.

[133] 许新霞. 关于会计基本假设的思考 [J]. 财会月刊, 1999, 199 (6): 10-11.

[134] 阎达五, 贾华章, 肖伟. 会计准则原理与实务 [M]. 北京: 科学普及出版社, 1993.

[135] 杨海龙, 杨艳昭, 封志明. 自然资源资产产权制度与自然资源资产负债表编制 [J]. 资源科学, 2015 (9): 1732-1739.

[136] 杨世忠, 曹梅梅. 宏观环境会计核算体系框架构想 [J]. 会计研究, 2010 (8): 9-15.

[137] 杨仕辉, 魏守道. 气候政策的经济环境效应分析——基于碳税政策、碳排放配额与碳排放权交易的政策视角 [J]. 系统管理学报, 2015, 24 (6): 864-873.

[138] 姚霖. 自然资源资产负债表编制理论与方法研究 [M]. 北京: 地质出版社, 2017.

[139] 叶超飞, 彭东生. 林业财务会计 [M]. 北京: 中国林业出版社, 2011.

[140] 游静. 基于公允价值视角的环境资产和环境负债会计研究 [D]. 长沙: 湖南大学, 2014.

[141] 袁广达, 王子悦. 碳排放权的具体资产属性与业务处理会计模式 [J]. 会计之友, 2018 (2): 11-16.

[142] 袁广达, 吴杰. 环境成本视角下生态污染补偿标准确定的博弈机理研

究 [J]. 审计与经济研究, 2016, 31 (1): 65 - 74.

[143] 袁广达. 环境财务会计 [M]. 北京: 经济科学出版社, 2015.

[144] 袁广达. 环境会计与管理路径研究 [M]. 北京: 经济科学出版社, 2010.

[145] 曾华锋. 森林生态资产的特殊性及其会计核算研究 [J]. 生态经济, 2006 (9): 42 - 45.

[146] 曾辉祥, 肖序. 资产弃置义务的会计核算框架及应用——以核电站为例 [J]. 财会月刊, 2017 (34): 28 - 46.

[147] 曾锴, 王小波, 陈程. 低碳经济视角下我国碳会计体系研究 [J]. 国际商务财会, 2010 (10): 16 - 19.

[148] 曾勇, 蒲富永, 杨学春. 产品生命周期环境成本核算实例研究 [J]. 上海环境科, 2001 (5): 241 ~ 243

[149] 张梦晗. 环境管理会计与环境成本评价方法研究 [J]. 商, 2016 (31): 165.

[150] 张维伟. 绿色会计确认与计量新模式探究 [J]. 绿色财会, 2014 (6): 9 - 11.

[151] 张为国, 赵宇龙. 会计计量、公允价值与现值——FASB 第 7 辑财务会计概念公告概览 [J]. 会计研究, 2000 (5): 9 - 15.

[152] 张鑫懿. 生态环境价值计量方法探索及改良 [J]. 时代金融, 2019 (2): 176 - 178.

[153] 张亚连, 等. 跨组织环境成本管理及方法选择: 一种有效的绿色供应链管理模式 [J]. 管理现代化, 2012 (2): 18 - 20.

[154] 张亚连, 李彩. 碳会计确认、计量及具体业务处理规范浅探 [J]. 会计之友, 2012 (18): 101 - 102.

[155] 张亚连. 可持续发展管理会计研究 [M]. 北京: 中国财政经济出版社, 2010.

[156] 张亚连. 我国碳会计制度设计与运行机制研究 [M]. 北京: 经济科学出版社, 2019

[157] 张以宽. 可持续发展与环境会计研究 [J]. 会计之友 (下旬刊), 2007 (12): 7 - 9.

[158] 张燚, 孙芳芳, 陈龙, 等. 饮用水资源资产负债表编制与实践——以深圳市长流陂水库为例 [J]. 生态经济, 2020, 36 (4): 183 - 187.

[159] 郑剑锋. 森林资源资产会计核算探究 [J]. 纳税, 2019, 13 (32): 148.

[160] 郑玲, 周志方. 全球气候变化下碳排放与交易的会计问题: 最新发展与评述 [J]. 财经科学, 2010 (3): 111 - 117.

[161] 郑爽, 孙峥. 论碳交易试点的碳价形成机制 [J]. 中国能源, 2017, 39 (4): 9 - 14.

[162] 中国会计学会. 环境会计专题 [M]. 北京: 中国财政经济出版社, 2002.

[163] 中国绿色国民经济核算体系框架研究课题组. 中国资源环境经济核算体系框架 [EB/OL]. https: //wenku. baidu. com/view/57e8d1a5c57da26925c52cc58bd63186bceb921b. html.

[164] 周宏, 何艳华, 刘彤. 环境资产定价研究评述 [J]. 经济学动态, 2012 (7): 137 – 142.

[165] 周谧. 资产弃置义务会计处理的国际比较 [J]. 财会通讯, 2018 (1): 111 – 114.

[166] 周守华, 陶春华. 环境会计: 理论综述与启示 [J]. 会计研究, 2012 (2): 3 – 10.

[167] 周守华, 谢知非, 徐华新. 生态文明建设背景下的会计问题研究 [J]. 会计研究, 2018 (10): 3 – 10.

[168] 周树勋, 任艳红. 浙江省排污权交易制度及其对碳排放交易机制建设的启示 [J]. 环境污染与防治, 2013, 35 (6): 101 – 105.

[169] 周艳芳. 土壤污染修复义务会计研究 [D]. 长沙: 中南大学, 2010.

[170] 周羽中. 环境资源价值评估方法 [J]. 中华建设, 2008 (11): 39 – 40.

[171] 周志方, 肖序. 国外土壤污染债务会计的最新发展述评及启示 [A] //中国会计学会环境会计专业委员会. "环境会计与西部经济发展" 学术年会论文集 [M]. 北京: 中国会计学会环境会计专业委员会, 2010: 8.

[172] 周志方, 肖序. 土地污染会计指南与实务国际比较及借鉴——兼议我国准则体系的构建思路 [J]. 石家庄经济学院学报, 2009, 32 (6): 59 – 63.

[173] 周志方. 环境会计学 [M]. 长沙: 中南大学出版社, 2020.

[174] 朱小平, 徐泓, 包小刚. 环境会计计量的基本理论与方法 [J]. 财会月刊, 2002 (6): 35 – 37.

[175] 竹森一正. 日本环境会计的开展 [J]. 会计之友, 2003 (3): 4 – 6.

[176] 左兴睿. 浅析我国环境会计核算 [J]. 中国总会计师, 2018 (8): 112 – 113.

[177] AASB. AASB 1022 Accounting for the Extractive Industries [Z]. 1989.

[178] Adkins L, Garbaccio R F, Ho M S, et al. The Impact on US Industries of Carbon Prices with Output-Based Rebates over Multiple Time Frames [J]. Resources for the Future Discussion Paper, 2010 (10 – 47).

[179] AICAP. SOP NO. 96-1. Environmental Remediation Liabilities [Z]. 1996.

[180] Anja Schmidt, Uwe Götze, Ronny Sygulla. Extending the scope of material flow cost accounting methodical refinements and use case [J]. Journal of Cleaner Production, 2015: 108.

[181] Ball A. Environmental accounting as workplace activism [J]. Critical Per-

spectives on Accounting, 2007, 18 (7): 759-778.

[182] Bartelmus P, Tardos A. Integrated environmental and economic accounting-methods and applications [J]. Journal of Official Statistics, 1993, 9 (1): 179.

[183] Bebbington K J. Full cost accounting from an environmental perspective [J]. Social and Environmental Accountability Journal, 1998, 18 (1): 21 –21.

[184] Blanco E, Rey-Maquieira J, Lozano J. The economic impacts of voluntary environmental performance of firms: a critical review [J]. Journal of Economic Surveys, 2009, 23 (3): 462 –502.

[185] Burritt R L, Saka C. Environmental management accounting applications and eco-efficiency: case studies from Japan [J]. Journal of Cleaner Production, 2006, 14 (14): 1262 – 1275.

[186] Charnes A. , Cooper W. W. , Rhodes E. . Measuring the efficiency of decision making units [J]. North-Holland, 1978, 2 (6).

[187] Christine Jasch. The use of Environmental Management Accounting (EMA) for identifying environmental costs [J]. Journal of Cleaner Production, 2003, 11 (6) : 667 –676.

[188] Davis L W, Muehlegger E. Do Americans consume too little natural gas? An empirical test of marginal cost pricing [J]. The RAND Journal of Economics, 2010, 41 (4): 791 –810.

[189] Dillard J, Brown D, Marshall R S. An environmentally enlightened accounting [C] //Accounting Forum. No longer published by Elsevier, 2005, 29 (1): 77 – 101.

[190] Farizah Sulong, Maliah Sulaiman, Mohd Alwi Norhayati. Material Flow Cost Accounting (MFCA) enablers and barriers: the case of a Malaysian small and medium-sized enterprise (SME) [J]. Journal of Cleaner Production, 2015: 108.

[191] FASB Interpretation No. 14 Reasonable Estimation of the Amount of a Loss an interpretation of FASB Statement No. 5 [Z]. 1975.

[192] FASB. FAS No. 143 Accounting for Asset Retirement Obligations [Z]. 2001.

[193] FASB. FAS No. 15 Accounting by Debtors and Creditors for Troubled Debt Restructurings [Z]. 1977a.

[194] FASB. FAS No. 157 Fair Value Measurements [Z]. 2006.

[195] FASB. FAS No. 19 Financial Accounting and Reporting by Oil and Gas Producing Companies [Z]. 1977b.

[196] FASB. FAS No. 5 Accounting for Contingencies [Z]. 1975.

[197] FASB. FIN No. 47 Accounting for Conditional Asset Retirement Obligation [Z]. 2005.

[198] FASB. SFAC No. 5 Recognition and Measurement in Financial Statements

of Business Enterprises ［Z］. 1984.

［199］FASB. SFAC No. 8 Statement of Financial Accounting Concepts ［Z］. 2010.

［200］FASB. SFAC No. 6 Elements of Financial Statements ［Z］. 1985.

［201］FASB. SFAC No. 7 Using Cash Flow Information and Present Valuein Accounting Measurements ［Z］. 2000.

［202］FASB. SFAS NO. 5 Accounting for Contingencies ［Z］. 1975.

［203］Francisco Ascui, Heather Lovell. As frames collide: making sense of carbon accounting ［J］. Accounting, Auditing & Accountability Journal, 2011, 24 (8).

［204］Freedman M, Jaggi B. Sustainability, environmental performance and disclosures ［M］. Emerald Group Publishing, 2010.

［205］Friend AM. Towards Pluralism in National Accounting Systems, in Franz Stahmer (eds.), Approaches to Environmental Accounting, Heidelberg, 1993.

［206］Frost G R. The introduction of mandatory environmental reporting guidelines: Australianevidence ［J］. Abacus, 2007, 43 (2): 190 –216.

［207］GASBNo. 49. Accounting and Financial Reporting for Pollution Remediation Obligations ［Z］. 2006.

［208］Gray M A. The United Nations Environment Programme: An Assessment ［J］. Envtl. L. , 1990 (20): 291.

［209］Gray R, Bebbington J. Accounting for the Environment ［M］. Sage, 2001.

［210］Gray R, Owen D, Maunders K. Corporate social reporting: emerging trends in accountability and the socialcontract ［J］. Accounting, Auditing & Accountability Journal, 1988.

［211］Herbohn K. A full cost environmental accounting experiment ［J］. Accounting, Organizations and Society, 2005, 30 (6): 519 –536.

［212］IASB. Exposure Draft Measurement of Liabilities in IAS 37 ［Z］. 2010.

［213］IASB. Conceptual Framework for Financial Reporting ［Z］. 2010.

［214］IASB. Framework for the Preparation and Presentation of Financial Statements ［Z］. 1989.

［215］IASB. IAS37. Provisions, Contingent Liabilities and Contingent Asset ［Z］. 1998.

［216］IASB. IFRIC 1. Changes in Existing Decommissioning, Restoration and Similar Liabilities ［Z］. 2004a.

［217］IASB. IFRIC5. Rights to Interests arising from Decommissioning, Restoration and Environmental Rehabilitation Funds ［Z］. 2004b.

［218］IASB. IFRS 13. Fair Value Measurement ［Z］. 2011.

［219］IASB. IFRS 6. Exploration for and Evaluation of Mineral Resources

[Z]. 2004c.

[220] IASCF. Revised Constitution [Z]. London: IASCF, 2009.

[221] Imperatives S. Report of the World Commission on Environment and Development: Our commonfuture [J]. Accessed Feb, 1987, 10: 1 – 300.

[222] Jacobs F A, Beams F A. Social cost conversion – A commentary [J]. Journal of Accountancy (pre-1986), 1972: 134.

[223] Jan Bebbington, Carlos Larrinaga-Gonzalez. Carbon Trading: Accounting and Reporting Issues [J]. European Accounting Review, 2008, 17 (4) .

[224] Jones M J, Solomon J F. Social and environmental report assurance: Some interview evidence [C] //Accounting forum. No longer published by Elsevier, 2010, 34 (1): 20 – 31.

[225] Kaplan R S, Norton D P. The balanced scorecard——measures that drive performance. [J]. Harvard Business Review, 1992, 70 (1) .

[226] Katherine L. Christ, Roger L. Burritt. Material flow cost accounting: a review and agenda for future research [J]. Journal of Cleaner Production, 2015, 108.

[227] Kloepfer M. Corporate environment protection as a legal problem. Betrieblicher Umweltschutz als Rechtsproblem [J]. Betrieb (Germany), 1993, 46 (22) .

[228] Kloock J, Bommes W. Methoden der Kostenabweichungsanalyse [J]. Kostenrechnungspraxis, 1982 (26): 225 – 237.

[229] Kloock J. Umweltkostenrechnung [M] Heidelberg: physica-Verlag HD, 1990.

[230] Kokubu K, Kurasaka T. Corporate environmental accounting: A Japanese perspective [M] //Environmental management accounting: Informational and institutional developments. Springer, Dordrecht, 2002: 161 – 173.

[231] Kristin Stechemesser, Edeltraud Guenther. Carbon accounting: a systematic literature review [J]. Journal of Cleaner Production, 2012: 36.

[232] Kunsch P L, Ruttiens A, Chevalier A. A methodology using option pricing to determine a suitable discount rate in environmental management [J]. European journal of operational research, 2008, 185 (3): 1674 – 1679.

[233] Lohmann L. Toward a different debate in environmental accounting: The cases of carbon and cost-benefit [J]. Accounting, Organizations and Society, 2009, 34 (3 – 4): 499 – 534.

[234] Markus J. Milne. On Sustainability; the Environment and Management Accounting [J]. Management Accounting Research, 7: 135 – 161.

[235] Marlin J T. Accounting for pollution [J]. Journal of Accountancy (pre-1986), 1973: 135.

[236] Matteo Bartolomeo, Martin Bennett, Jan Jaap Bouma, Peter Heydkamp,

Peter James, Teun Wolters. Environmental management accounting in Europe: current practice and future potential [J]. European Accounting Review, 2000, 9 (1).

[237] McClelland J L, Rumelhart D E. Distributed memory and the representation of general and specific information [J]. Journal of Experimental Psychology. General, 1985, 114 (2).

[238] Mylonakis J, Tahinakis P. The use of accounting information systems in the evaluation of environmental costs: a cost-benefit analysis model proposal [J]. International Journal of Energy Research, 2006, 30 (11): 915-928.

[239] Pearce D, Markandya A, Barbier E. Blueprint for a Green Economy [M]. London: Earthscan Publications Ltd, 1989.

[240] Pigou A C. The economies of welfare [M]. London, McMillan, 1920.

[241] Roth H P, KellerJr C E. Quality, profits, and the environment: Diverse goals or common objectives [J]. Management Accounting (USA), 1997, 79 (1): 50 - 55.

[242] Saaty T L, Vargas L G. Estimating technological coefficients by the analytic hierarchy process [J]. Pergamon, 1979, 13 (6).

[243] Schaltegger S, Burritt R. Contemporary environmental accounting: issues, concepts and practice [M]. Routledge, 2017.

[244] Solomon J F, Thomson I. Satanic Mills-An Illustration of Victorian External Environmental Accounting [J]. Accounting Forum, 2009, (33).

[245] Stefan Schaltegger, Tom Thomas. Pollution added credit trading (PACT): New dimensions in emissions trading [J]. Ecological Economics, 1996, 19 (1).

[246] Transnational corporations and regional economicintegration [M]. Taylor & Francis, 1993.

[247] Ullmann A A. The corporate environmental accounting system: a management tool for fighting environmental degradation [J]. Accounting, Organizations and Society, 1976, 1 (1): 71 - 79.

[248] US EPA. An introduction to environmental accounting as a business management tool: key concepts and terms [Z]. 1995.

[249] Ward B, Dubos R. Only one earth: the care and maintenance of a small planet [J]. New York Norton, 1972: 225.

[250] Wiel H S. The new environmental accounting: A status report [J]. Electricity Journal, 1991, 4 (9): 46 - 54.

[251] Yoke Kin Wan, Rex T. L. Ng, Denny K. S. Ng, Raymond R. Tan. Material flow cost accounting (MFCA) -based approach for prioritisation of waste recovery [J]. Journal of Cleaner Production, 2015: 107.

敬 告 读 者

　　为了帮助广大师生和其他学习者更好地使用、理解和巩固教材的内容，本教材配课件和部分习题答案，读者可关注微信公众号"会计与财税"浏览相关信息。

　　如有任何疑问，请与我们联系。

QQ：16678727

邮箱：esp_bj@163.com

教师服务 QQ 群：606331294

读者交流 QQ 群：391238470

经济科学出版社

2023 年 2 月

会计与财税　　　　教师服务 QQ 群　　　　读者交流 QQ 群　　　　经科在线学堂